“十二五”江苏省高等学校重点教材

编号：2013-2-051

无机化学简明教程

总主编　姚天扬　孙尔康

主　编　李巧云　李荣清

副主编　陈晓峰　胡　霞　汤小芳

参　编　（按姓氏笔画为序）

邓海威　孙　磊　季红梅

夏昊云　唐晓艳　殷竟洲

主　审　贾定先

南京大学出版社

图书在版编目(CIP)数据

无机化学简明教程 / 李巧云,李荣清主编. --南京:南京大学出版社,2014.8(2022.6 重印)

高等院校化学化工教学改革规划教材

ISBN 978-7-305-13599-6

Ⅰ.①无… Ⅱ.①李… ②李… Ⅲ.①无机化学—高等学校—教材 Ⅳ.①O61

中国版本图书馆 CIP 数据核字(2014)第 157936 号

出版发行 南京大学出版社
社　　址 南京市汉口路 22 号　　邮编 210093
出 版 人 金鑫荣

丛 书 名 高等院校化学化工教学改革规划教材
书　　名 无机化学简明教程
主　　编 李巧云　李荣清
责任编辑 沈旭杰　郭　琼　蔡文彬　　编辑热线 025-83686531

照　　排 南京开卷文化传媒有限公司
印　　刷 南京新洲印刷有限公司
开　　本 787×960 1/16 印张 21 字数 451 千
版　　次 2022 年 6 月第 1 版第 2 次印刷
ISBN 978-7-305-13599-6
定　　价 49.00 元

网　　址:http://www.njupco.com
官方微博:http://weibo.com/njupco
官方微信号:njupress
销售咨询热线:(025)83594756

高等院校化学化工教学改革规划教材

编委会

序

教材建设是高等学校教学改革的重要内容，也是衡量教学质量提高的关键指标。高校化学化工基础理论课教材在近几年教学改革中取得了丰硕成果，编写了不少有特色的教材或讲义，但就其内容而言基本上大同小异，在编写形式和介绍方法以及内容的取舍等方面不尽相同，充分体现了各校化学基础理论课的改革特色，但大多数限于本校自己使用，面不广、量不大。由于各校化学基础课教师相互交流、相互讨论、相互学习、相互取长补短的机会少，各校教材建设的特色得不到有效推广，不能实施优质资源共享；又由于近几年教学经验丰富的老师纷纷退休，年轻教师走上教学第一线，特别是江苏高校广大教师迫切希望联合编写有特色的化学化工理论课教材，同时希望在编写教材的过程中，实现教师之间相互教学探讨，既能实现优质资源共享，又能加快对年轻教师的培养。

为此，由南京大学化学化工学院姚天扬、孙尔康两位教授牵头，以地方院校为主，自愿参加为原则，组织了南京大学、南京理工大学、苏州大学、南京师范大学、南京工业大学、南京邮电大学、南通大学、苏州科技大学、南京晓庄师院、淮阴师范学院、盐城工学院、盐城师范学院、常熟理工学院、淮海工学院、淮阴工学院、江苏第二师范学院、南京大学金陵学院、南理工泰州科技学院等18所江苏省高等院校，同时吸收了解放军第二军医大学、湖北工业大学、华东交通大学、湖南文理学院、衡阳师范学院、九江学院等6所省外院校，共计24所高等学校的化学专业、应用化学专业、化工专业基础理论课一线主讲教师，共同联合编写“高等院校化学化工教学改革规划教材”一套，该系列教材包括《无机化学（上、下册）》、《无机化学简明教程》、《有机化学（上、下册）》、《有机化学简明教程》、《分析化学》、《物理化学（上、下册）》、《物理化学简明教程》、《化工原理（上、下册）》、《化工原理简明教程》、《仪器分析》、《无机及分析化学》、《大学化学（上、下册）》、

《普通化学》、《高分子导论》、《化学与社会》、《化学教学论》、《生物化学简明教程》、《化工导论》等18部。

该系列教材适合于不同层次院校的化学基础理论课教学任务需求，同时适应不同教学体系改革的需求。

该系列教材体现如下几个特点：

1. 系统介绍各门基础理论课的知识点，突出重点，突出应用，删除陈旧内容，增加学科前沿内容。

2. 该系列教材将基础理论、学科前沿、学科应用有机融合，体现教材的时代性、先进性、应用性和前瞻性。

3. 教材中充分吸取各校改革特色，实现教材优质资源共享。

4. 每门教材都引入近几年相关的文献资料，特别是有关应用方面的文献资料，便于学有余力的学生自主学习。

该系列教材的编写得到了江苏省教育厅高教处、江苏省高等教育学会、相关高校化学化工系以及南京大学出版社的大力支持和帮助，在此表示感谢！

该系列教材已被评为“十二五”江苏省高等学校重点教材。

该系列教材是由高校联合编写的分层次、多元化的化学基础理论课教材，是我们工作的一项尝试。尽管经过多次讨论，在编写形式、编写大纲、内容的取舍等方面提出了统一的要求，但参编教师众多，水平不一，在教材中难免会出现一些疏漏或错误，敬请读者和专家提出批评和指正，以便我们今后修改和订正。

编委会

前　言

无机化学是化学、应用化学及其相关专业的第一门化学基础课程，也是后续化学课程的基础。随着我国高等教育教学改革的不断深入、教育理念的不断更新，各高等学校相继调整了本科生的培养方案、课程设置及教学大纲，其中部分高等学校对原有的基础课程进行了较大篇幅的压缩。为了适应短学时无机化学的教学需要，我们编写了本教材。本教材的改革思路与主要特色为：

1. 注重课程体系科学完整、条理清晰、融会贯通。教学内容以“原理→结构→元素”为条线。

2. 注重教材的可读性与可讲授性，力求取舍合理、易学易教、叙述简明，突出实用性。适用短学时无机化学的教学需要。

3. 注重教学内容的更新，将相关的学科前沿知识引入教材，努力跟踪现代科技发展，反映现代无机化学前沿，反映科学研究的新方法、新技术、新理论、新成果。特别是引入了相应研究成果的参考文献，以拓展学生的知识面。

4. 注重突出应用性，紧密联系生产生活实际，力求教材内容恰当反映在能源、材料、信息、环境及生命等社会关注的热点，特别是在元素化学部分，注重介绍化合物的应用及应用前景。

5. 注重吸收各高校教学改革的特色，反映江苏省教学改革的新成果。

6. 注重控制理论的深度，删除了某些基础理论的繁琐、复杂的公式数学推导。

本书可作为高等学校化学、化工、材料、物理、生物、食品、农学、医学、药学、环境等专业无机化学及相关课程的教材及相应的教学参考书。

参加编写的院校人员为：常熟理工学院李巧云、季红梅、唐晓艳，淮阴师范学院李荣清、殷竟洲，南京师范大学陈晓峰，湖南文理学院胡霞，江苏第二师范学院邓海威，南京理工大学泰州科技学院汤小芳、夏昊云，苏州大学贾定先教授主审全书。

本教材的编写得到了江苏省高等教育学会的支持，得到了孙尔康、姚天扬等专家的悉心指导和帮助，本书的编写还参考了许多已出版的教材，在此一并表示衷心感谢。

由于编者的学识和水平有限，本书中错误和疏漏在所难免，敬请同行专家和使用本书的师生批评指正。

目　录

第1章　气体和溶液

物质的聚集状态通常有气态、液态和固态，这三种聚集状态各有其特点，它们在一定条件下可以相互转化。在特殊的条件下，物质还以等离子状态存在。本章重点介绍理想气体的基本性质及难挥发非电解质稀溶液的依数性。

§1.1　气　　体

1.1.1　理想气体状态方程

1. 理想气体模型

符合下列两点假设的气体，称之为理想气体。

(1) 忽略气体分子自身的体积。

(2) 忽略气体分子间的作用力。

理想气体实际上并不存在。但对于真实气体而言，在压力不太高、温度不太低的情况下，分子间的距离比较大，分子间的作用力比较弱，分子自身的体积远远小于气体体积，这时可以近似地将真实气体当做理想气体。

2. 理想气体状态方程

研究表明，理想气体的体积(V)、压力(p)、温度(T)和物质的量(n)之间存在如下关系：

$$pV = nRT \tag{1-1}$$

该式称为理想气体状态方程。式中 R 称为摩尔气体常数。在国际单位制中，p 以 Pa(帕斯卡)、V 以 m^3(立方米)、T 以 K(开尔文)为单位，此时 $R=8.314\ Pa \cdot m^3 \cdot mol^{-1} \cdot K^{-1}$，也常以 $8.314\ J \cdot mol^{-1} \cdot K^{-1}$表示。

由理想气体状态方程可以推导出如下的关系式：

$$M = \frac{mRT}{pV} \tag{1-2}$$

$$\rho = \frac{m}{V} = \frac{pM}{RT} \tag{1-3}$$

式中，M 表示摩尔质量，m 表示质量，ρ 表示密度。

例 1-1 氩的质量为 0.799 0 g,温度为 298.15 K 时,其压力为 111.46 kPa,体积为 0.444 8 L。计算氩的摩尔质量、相对原子质量以及标准状况下的密度。

解:根据理想气体状态方程得

$$M = \frac{mRT}{pV}$$

$$M(\text{Ar}) = \frac{0.779\,0\ \text{g} \times 8.314\ \text{J} \cdot \text{mol}^{-1} \cdot \text{K}^{-1} \times 298.15\ \text{K}}{1.114\,6 \times 10^{5}\ \text{Pa} \times 4.448 \times 10^{-4}\ \text{m}^{3}} = 39.95\ \text{g} \cdot \text{mol}^{-1}$$

$$\text{A}_{\text{r}}(\text{Ar}) = 39.95$$

标准状况时, $p = 1.013 \times 10^{5}\ \text{Pa}, T = 273.15\ \text{K}$

$$\rho(\text{Ar}) = \frac{pM}{RT} = \frac{1.013 \times 10^{5}\ \text{Pa} \times 39.95\ \text{g} \cdot \text{mol}^{-1}}{8.314\ \text{J} \cdot \text{mol}^{-1} \cdot \text{K}^{-1} \times 273.15\ \text{K}} = 1.782 \times 10^{3}\ \text{g} \cdot \text{m}^{-3}$$

根据理想气体状态方程,可以由摩尔质量求得一定条件下的气体密度,也可以由测定的气体密度来计算摩尔质量,进而求得相对分子质量或相对原子质量。这是测定气体摩尔质量常用的经典方法,现代通常用质谱仪等测定摩尔质量。

1.1.2 混合气体的分压定律

当两种或两种以上的气体混合,如果相互之间不发生化学反应,称为混合气体,混合气体中的每种气体被称为该混合气体的组分气体。若忽略混合气体中分子自身的体积及分子间的作用力,则为理想气体混合物。

混合气体中某组分气体对器壁所施加的压力叫做该组分气体的分压。对于理想气体混合物,某组分的分压等于在相同温度下该组分气体单独占有与混合气体相同体积时所产生的压力,即

$$p_{\text{B}}V = n_{\text{B}}RT \tag{1-4}$$

式中, p_{B}表示 B 组分气体的分压, n_{B}表示 B 组分气体的物质的量。

1801 年,英国科学家道尔顿(J. Dalton)通过实验研究得出:混合气体的总压等于各组分气体的分压之和。这一定律称为道尔顿分压定律,即总压:

$$p = \sum_{\text{B}} p_{\text{B}} \tag{1-5}$$

以 n 表示混合气体中各组分的物质的量之和,即

$$n = \sum_{\text{B}} n_{\text{B}}$$

对于理想气体混合物,将 $pV = nRT$ 与 $p_{\text{B}}V = n_{\text{B}}RT$ 结合,可以得到:

$$\frac{p_{\text{B}}}{p} = \frac{n_{\text{B}}}{n}$$

令 $\frac{n_B}{n} = x_B$，有

$$p_B = x_B p \tag{1-6}$$

式中，x_B表示 B 组分气体的物质的量分数，又称为摩尔分数。

例 1－2　理想气体混合物中有 4.4 g CO_2、14 g N_2 和 12.8 g O_2，总压为 2.026×10^5 Pa，求各组分气体的分压。

解：

$$n(CO_2) = \frac{4.4\ \text{g}}{44\ \text{g}\cdot\text{mol}^{-1}} = 0.10\ \text{mol}$$

$$n(N_2) = \frac{14\ \text{g}}{28\ \text{g}\cdot\text{mol}^{-1}} = 0.50\ \text{mol}$$

$$n(O_2) = \frac{12.8\ \text{g}}{32\ \text{g}\cdot\text{mol}^{-1}} = 0.40\ \text{mol}$$

$$n = n(CO_2) + n(N_2) + n(O_2) = 1.0\ \text{mol}$$

$$p(CO_2) = x(CO_2)p = \frac{0.10\ \text{mol}}{1.0\ \text{mol}} \times 2.026\times10^5\ \text{Pa} = 2.0\times10^4\ \text{Pa}$$

同理　　$p(N_2) = 1.0\times10^5$ Pa　　$p(O_2) = 8.1\times10^4$ Pa

例 1－3　制备氢气时，在 295 K 和 100.0 kPa 下，用排水集气法收集到气体 1.26 L，在该温度下水的蒸气压为 2.7 kPa，求所得干燥氢气的物质的量。

解：收集到的气体为氢气与水蒸气的混合气体，则

$$p(H_2) = 100.0\ \text{kPa} - 2.7\ \text{kPa} = 97.3\ \text{kPa}$$

由 $p(H_2)V = n(H_2)RT$，得

$$n(H_2) = \frac{p(H_2)V}{RT} = \frac{97.3\times10^3\ \text{Pa}\times1.26\times10^{-3}\ \text{m}^3}{8.314\ \text{J}\cdot\text{mol}^{-1}\cdot\text{K}^{-1}\times295\ \text{K}} = 5.00\times10^{-2}\ \text{mol}$$

§1.2　溶　　液

1.2.1　溶液浓度的表示方法

1. 物质的量浓度

物质的量浓度用每升溶液中所含溶质的物质的量来表示，符号为 c，单位为 $\text{mol}\cdot\text{L}^{-1}$。例如 1 L 氯化钠溶液中含有 0.1 mol NaCl，则该溶液的物质的量浓度为 $0.1\ \text{mol}\cdot\text{L}^{-1}$。

2. 质量摩尔浓度

质量摩尔浓度用 1 000 g 溶剂中所含溶质的物质的量来表示，符号为 b 或 m，单位为 $mol \cdot kg^{-1}$。例如 0.016 7 mol 尿素溶于 0.048 1 kg 的水中，所得溶液的质量摩尔浓度为 $0.347\ mol \cdot kg^{-1}$。

3. 质量分数

质量分数用溶质的质量与溶液的质量之比来表示，符号为 w。例如将 15 g NaCl 溶解在 85 g 水中，所得溶液中 NaCl 的质量分数为 0.15。

4. 物质的量分数

物质的量分数(又称摩尔分数)用溶质的物质的量与溶液的总物质的量之比来表示，符号为 x。例如 0.015 mol 尿素溶于 3.5 mol 的水中，则该溶液中尿素的物质的量分数为 4.3×10^{-3}。

1.2.2 难挥发非电解质稀溶液的依数性

研究发现，难挥发非电解质稀溶液的某些性质，如蒸气压的下降、沸点的上升、凝固点的下降和渗透压等，仅与溶质的粒子数目有关，而与溶质的本质无关，这类性质称为稀溶液的依数性。

1. 蒸气压的降低

将一种纯溶剂置于一个封闭容器中，如图 1-1(a)所示，一部分溶剂分子从溶剂表面逸出，扩散到容器上方的空间中成为蒸气，这种发生在溶剂表面的气化现象叫蒸发。在溶剂分子不断蒸发的过程中，有一些蒸气分子碰到溶剂表面又成为溶剂分子，这一过程称为凝聚。在一定温度下，当蒸发速率与凝聚速率相等时，即单位时间内蒸发的分子数与凝聚的分子数相等时，气、液两相处于平衡状态。这时的蒸气压叫做此温度下该溶剂的饱和蒸气压，简称蒸气压。蒸气压与温度有关，温度升高，则蒸气压增大。

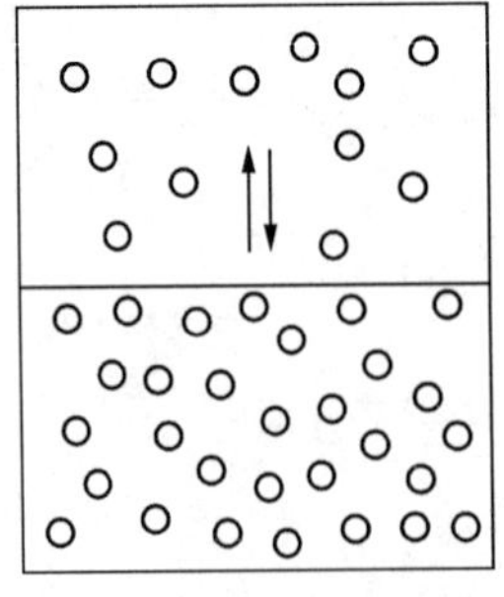

(a) 溶剂的蒸气压

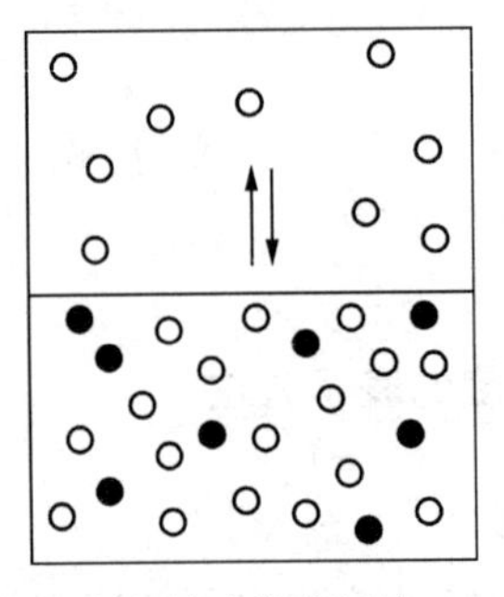

(b) 溶液的蒸气压

图 1-1 难挥发非电解质稀溶液蒸气压下降示意图

在相同温度下，当把难挥发的非电解质溶入溶剂形成稀溶液后，稀溶液的蒸气压比纯溶剂低。这是因为对于溶液来说，溶质是难挥发的，溶液的蒸气压是由溶剂分子产生。由于部分溶液的液面被溶质分子所占据，因此在单位时间内逸出液面的溶剂分子就比纯溶剂相应减少，导致平衡时溶液的蒸气压小于纯溶剂的蒸气压，如图 1－1(b)所示。

1887 年，法国物理学家拉乌尔(F. M. Raoult)根据实验结果，得出如下结论：在一定温度下，难挥发非电解质稀溶液的蒸气压等于纯溶剂的蒸气压乘以溶剂的摩尔分数，这就是拉乌尔定律，即

$$p = p^* x_A \tag{1-7}$$

式中，p 表示溶液的蒸气压，p^* 表示纯溶剂的蒸气压，x_A表示纯溶剂的摩尔分数。设 x_B 表示溶质 B 的摩尔分数，则

$$x_B + x_A = 1 \qquad x_B = 1 - x_A$$

$$\Delta p = p^* - p = p^* x_B \tag{1-8}$$

因此，拉乌尔定律也可以表述为：在一定温度下，难挥发非电解质稀溶液蒸气压的下降值 Δp 与溶质的摩尔分数成正比。

对于稀溶液，当 n_A(溶剂)$\gg n_B$(溶质)时，有

$$\Delta p = p^* x_B = p^* \frac{n_B}{n_A + n_B} \approx p^* \frac{n_B}{n_A}$$

若溶质溶解在 1 000 g 溶剂中，则 Δp 与溶液的质量摩尔浓度(b)之间的关系为

$$\Delta p \approx p^* \frac{n_B}{n_A} = p^* \frac{b}{\frac{1\,000}{M}} = K \cdot b$$

式中，M 则溶剂的摩尔质量，K 为比例常数，称为蒸气压的下降常数。

因此，拉乌尔定律还可以表述为：在一定温度下，难挥发非电解质稀溶液蒸气压的下降值 Δp 与溶液的质量摩尔浓度成正比。

2. 沸点的升高和凝固点的降低

当液体的蒸气压等于外界大气压时，液体即沸腾，这时的温度称为该液体的沸点。

某物质的凝固点是指该物质的液相和固相达到平衡时的温度，也就是该物质的液相蒸气压和固相蒸气压相等时的温度。

图 1－2 为水、冰和水溶液的蒸气压随温度变化的曲线。当外界压力等于101.325 kPa时，水的沸点为 373 K(见图 1－2 中 A 点)。该温度下，水溶液(设溶有少量难挥发非电解质)的蒸气压小于外界大气压，故水溶液未达到沸点。只有升高温度到 T_1时，溶液的蒸气压等于外界大气压，溶液沸腾(见图 1－2 中 B 点)，故溶液的沸点与纯溶剂相比升高。

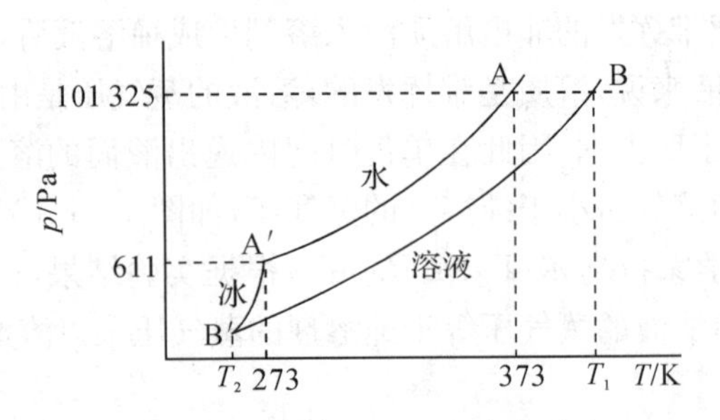

AA′:水线;BB′:溶液线;A′B′:冰线

图 1-2 水、冰和水溶液的蒸气压随温度变化的曲线

在冰线和水线的交点 A′点处,冰和水的蒸气压相等,此时的温度为 273 K,即为水的凝固点。该温度下,水溶液的蒸气压小于外界大气压,故水溶液未达到凝固点。只有降低温度到 T_2 时,冰线和溶液线交于 B′点,此时冰的蒸气压与溶液的蒸气压相等,溶液达到凝固点,故溶液的凝固点与纯溶剂相比下降。

由此可见,造成溶液沸点升高和凝固点下降的原因是溶液的蒸气压下降。研究表明,难挥发非电解质稀溶液的沸点上升和凝固点下降与溶液的质量摩尔浓度呈正比,即

$$\Delta T_b = K_b \cdot b \tag{1-9}$$

$$\Delta T_f = K_f \cdot b \tag{1-10}$$

其中,ΔT_b为溶液沸点的升高值,ΔT_f 为溶液凝固点的下降值,K_b为溶剂的沸点升高常数,K_f 为溶剂的凝固点下降常数,K_f 与 K_b的单位均为 $K \cdot kg \cdot mol^{-1}$。$K_f$ 与 K_b的大小只取决于溶剂的本性而与溶质的本性无关。

可以通过对溶液沸点升高和凝固点下降的测定来估算溶质的相对分子量的大小。由于溶液凝固点下降常数要比沸点升高常数来得大,且溶液凝固点的测定比沸点的测定容易,同时所测样品的结构和组成在低温下不易被破坏,因此通常用测定凝固点的方法来估算溶质的相对分子量。

例 1-4 将 5.50 g 某纯净试样溶于 250 g 苯中,测得该溶液的凝固点为 4.51 ℃。求该试样的相对分子质量(已知纯苯的凝固点为 5.53 ℃,K_f 为 5.12 $K \cdot kg \cdot mol^{-1}$)。

解:设该试样的摩尔质量为 M,根据 $\Delta T_f = K_f \cdot b$,有

$$(5.53 - 4.51)\mathrm{K} = 5.12\ \mathrm{K \cdot kg \cdot mol^{-1}}\ \frac{\frac{5.50\ \mathrm{g}}{M}}{0.250\ \mathrm{kg}}$$

$$M = 110\ \mathrm{g \cdot mol^{-1}}$$

即该试样的相对分子量为 110。

在实际生活、生产及科学研究中,溶液凝固点的下降这一性质得到了广泛的应用。例如

撒盐可将道路上的积雪融化；冬天施工的混凝土中常添加氯化钙以防冻结；为防止冬天汽车水箱冻裂常加入甘油、乙二醇或乙醇等；实验室常用氯化钠或氯化钙与冰混合配制制冷剂等。

3. 溶液的渗透压

如图1-3所示，用一种半透膜(如动物的膀胱、植物的表皮层、人造羊皮等)将稀蔗糖水溶液与纯水分隔开来，这种半透膜只允许溶剂水分子通过，而不允许溶质蔗糖分子通过。开始时半透膜两侧蔗糖水溶液与水的液面高度是相同的[见图1-3(a)]，放置一段时间后，发现蔗糖水的液面升高，而纯水的液面降低[见图1-3(b)]。这种溶剂分子透过半透膜从纯溶剂进入到溶液(或从稀溶液进入浓溶液)的过程称为渗透。随着蔗糖溶液液面的升高，液柱的静压增大，当压力达到一定值时，单位时间内从两侧通过半透膜的水分子数相等，此时渗透达到平衡[见图1-3(b)]，两侧的液面不再变化。两个液面高度差所产生的静压称为溶液的渗透压。换句话说，渗透压是为了阻止溶剂渗透而必须在溶液上方所施加的最小额外压力[见图1-3(c)]。

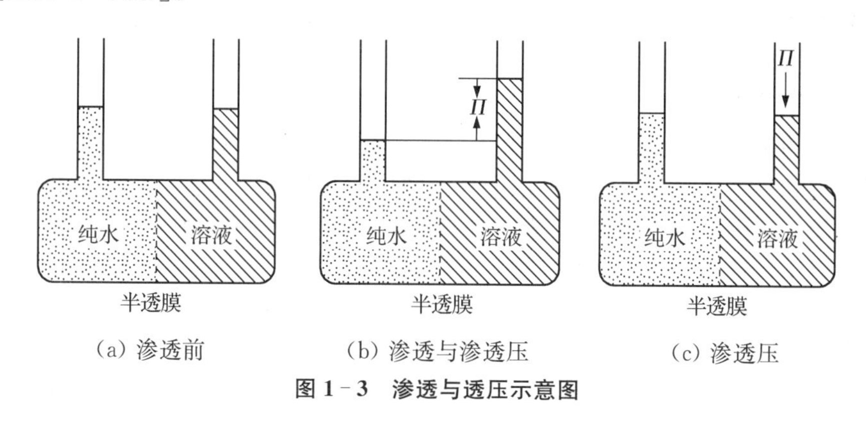

图1-3 渗透与透压示意图

稀溶液的渗透压与浓度、温度的关系可以用下式表示：

$$\Pi V = nRT$$

或

$$\Pi = cRT \tag{1-11}$$

式中，Π 是溶液的渗透压，V 是溶液的体积，n 为该体积中所含溶质的物质的量，c 为溶质的物质的量浓度，R 为摩尔气体常数，T 为热力学温度。对于很稀的溶液，c 的数值与质量摩尔浓度 b 的数值很接近，因此，也可以用 b 代替 c 进行近似计算。

从式(1-11)可以看出，在一定温度下，稀溶液的渗透压与溶液的浓度成正比，也就是说与溶液中所含溶质的粒子数目成正比，而与溶质的本质无关。

溶液的渗透压也可以用来测定溶质的相对分子量，而且它特别适合测定高分子化合物的相对分子量。由于高分子化合物的相对分子量大，在水中的溶解度小，溶液的浓度低，因此溶液的沸点上升和凝固点下降数值都非常小，而渗透压的数值则较大。

例 1-5 有一蛋白质的饱和水溶液，1.00 L 该溶液中含有蛋白质 5.18 g，已知在 298 K 时，溶液的渗透压为 413 Pa，求此蛋白质的相对分子质量。

解：设该蛋白质的摩尔质量为 M，根据 $\Pi V = nRT$，有

$$M = \frac{mRT}{\Pi V} = \frac{5.18 \times 8.314\ \mathrm{J \cdot mol^{-1} \cdot K^{-1}} \times 298\ \mathrm{K}}{413\ \mathrm{Pa} \times 1.00 \times 10^{-3}\ \mathrm{m^3}} = 3.11 \times 10^4\ \mathrm{g \cdot mol^{-1}}$$

即该蛋白质的相对分子质量为 3.11×10^4。

渗透压对于动植物的生理活动具有重要意义。例如若植物的根部施肥过多，植物就会因细胞脱水而枯萎；将淡水鱼放入海水中，它会因细胞大量失水而死亡。人体血液平均渗透压约为 780 kPa，在作静脉输液时，应该使用与细胞液具有相同渗透压溶液（医学上称为等渗溶液）。如果输入溶液的渗透压小于血浆的渗透压（医学上称为低渗溶液），会导致血红细胞的肿胀甚至破裂；若输入溶液的渗透压大于血浆的渗透压（医学上称为高渗溶液），会导致血红细胞的皱缩。

如果外加在溶液上的压力超过其渗透压，则会使溶剂由高浓度溶液向低浓度溶液或由溶液向纯溶剂扩散，这个过程叫做反渗透。反渗透广泛用于海水淡化、工业废水、污水的处理及溶液的浓缩等方面。

应该指出的是，非电解质的浓溶液和电解质溶液也同样有蒸气压的下降、沸点的上升、凝固点的下降和渗透压等现象。但是以上介绍的依数性与浓度的定量关系却不适应于浓溶液和电解质溶液。因为在浓溶液中，溶质粒子间以及与溶剂粒子间的相互影响增大，使依数性的定量关系不再适用；在电解质溶液中，电解质解离成正负离子，一方面溶质的粒子数增加，另一方面正负离子间存在较强的相互作用，所以依数性的定量关系也不适用于电解质溶液。

习 题

1. 在一个 250 mL 容器中装入一未知气体至压力为 101.3 kPa，此气体试样的质量为 0.164 g，实验温度为 298 K，求该气体的相对分子质量。

2. 实验测得在 353 K、1.56×10^4 Pa 时，气态 XeF_x 的密度为 0.899 $\mathrm{g \cdot L^{-1}}$，试确定 XeF_x 的分子式。（已知 Xe 和 F 的相对原子质量分别为 131、19）

3. 将 273 K、98.0 kPa 下的 2.00 mL N_2 和 333 K、53.0 kPa 下的 50.0 mL O_2，于 273 K 下混合在一个 50.0 mL 的容器中，问混合后氮气与氧气的分压及混合气体的总压力各为多少？

4. 在 291 K 和 1.01×10^5 Pa 条件下，将 2.70 L 含有饱和水蒸气的空气通过 $CaCl_2$ 干燥管，完全吸水后干燥空气为 3.21 g，空气的摩尔质量为 29 $\mathrm{g \cdot mol^{-1}}$，求 291 K 时水的饱和蒸气压。

5. 303 K、7.97×10^4 Pa 时，由排水集气法收集到 1.50 L 氧气。问有多少氯酸钾按下式发生了分解？（已知 303 K 时水的饱和蒸气压为 4.23×10^3 Pa，$M(KClO_3) = 122.6\ \mathrm{g \cdot L^{-1}}$）

$$2KClO_3(s) \xrightarrow[\triangle]{MnO_2} 2KCl(s) + 3O_2(g)$$

6. 质量分数为0.030的过氧化氢水溶液的密度为1.0 g·mL^{-1}，求该溶液过氧化氢的质量摩尔浓度、物质的量浓度和摩尔分数。(已知过氧化氢的摩尔质量为34 g·mol^{-1})

7. 已知333 K时水的饱和蒸气压为19.9 kPa，在此温度下将180 g葡萄糖($C_6H_{12}O_6$)溶到180 g水中，此水溶液的蒸气压为多少？

8. 取0.817 g苯丙氨酸溶于50.0 g水中，测得其凝固点为−0.184 ℃，水的K_f为1.86 K·kg·mol^{-1}，求苯丙氨酸的摩尔质量。

9. 3.24 g硫溶于40 g苯中，测得该溶液的沸点比纯苯升高0.81 K，问该溶液中的硫分子由几个硫原子构成的？(已知苯的K_b为2.53 K·kg·mol^{-1})

10. 在293 K时，将5.0 g血红素溶于适量水中，然后稀释到500 mL，测定其渗透压为0.366 kPa，试计算血红素的相对分子质量。

11. 医学上用的葡萄糖($C_6H_{12}O_6$)注射液是血液的等渗溶液，测定其凝固点比纯水降低了0.543 ℃。(已知水的K_f=1.86 K·kg·mol^{-1})

(1) 计算该溶液中葡萄糖的质量分数。

(2) 如果血液的温度为310 K，计算血液的渗透压。

12. 解释下列现象：

(1) 淡水鱼不能生活在海水里，海鱼不能生活在淡水里。

(2) 盐碱地上植物难于生长或生存。

(3) 有些昆虫的血液中因含有较高浓度的甘油而能够抗寒。

(4) 实验室常用氯化钠或氯化钙与冰混合配制制冷剂。

(5) 人作静脉输液时，所使用溶液的渗透压应该与人体血液的渗透压相同。

13. 举例说明反渗透技术的实际应用。

第2章　化学热力学基础

热力学是研究能量相互转变过程中的规律的一门科学。化学热力学是热力学在化学中的应用,即用热力学的基本原理和方法研究化学反应以及化学反应所伴随的物理变化。化学热力学主要研究和解决两大问题:(1) 化学反应中的能量变化;(2) 化学反应进行的方向和限度。用化学热力学研究和讨论物质变化时,只考虑物质宏观性质的变化,不考虑物质的微观结构;只需知道研究对象的始态和终态,不需知道变化过程的机理。化学热力学不涉及时间的问题,因此不能解决变化过程的速率问题。

化学热力学的内容既宽广又深入,详细的讨论将在物理化学课程中进行,在无机化学中仅介绍化学热力学的最基本的概念、理论、方法和应用。

§2.1　基本概念和术语

2.1.1　体系和环境

为了研究方便,常把所研究的那部分物质和空间与周围其他的部分划分开来作为研究对象,并称之为体系(或系统、物系),体系以外与体系密切相关的其他部分称为环境。例如,一个充有氧气的钢瓶,如果仅研究钢瓶中的氧气,则氧气就是体系,钢瓶及其以外的部分则是环境。

体系与环境之间有着密切的联系,它们之间存在着物质与能量的交换。按照体系与环境之间物质和能量的交换关系,可将体系分为三类:

敞开体系:体系与环境之间既有物质交换,又有能量交换。如敞口玻璃瓶中盛有热水,以水为体系。

封闭体系:体系与环境之间没有物质交换,但有能量交换。如密闭玻璃瓶中盛有热水,以水为体系。

孤立体系:体系与环境之间既无物质交换,也无能量交换。如把上述密闭的玻璃瓶换为绝热的保温杯,仍以水为体系。

2.1.2　状态和状态函数

体系的各种性质都可以用一系列宏观可测的物理量来描述，体系的状态就是所有这些性质的综合表现。当体系的所有性质都有确定值时，就说体系处于一定的状态。当体系的一个或几个性质发生变化时，体系的状态也随之变化。确定体系状态的物理量称为体系的状态函数。例如，理想气体的状态方程为 $pV = nRT$，当理想气体的压力 p、体积 V、物质的量 n 和温度 T 一定时，则气体处于一种状态，而 p、V、n 和 T 则是体系的状态函数。

状态函数有三个特征。第一个特征是体系的状态一定，则状态函数有确定的值（“状态一定值一定”）。体系的一个或几个状态函数发生变化，则体系的状态必然发生变化。

通常把体系变化前的状态称为始态，变化后的状态称为终态。体系从始态变到终态，其各种状态函数（X）会随之发生变化，改变量 $\Delta X = X_{终态} - X_{始态}$。

以烧杯中的水为例，当把这杯水由 300 K 加热到 350 K 时，状态函数温度的改变量 $\Delta T = T_2 - T_1 = 350\ \text{K} - 300\ \text{K} = 50\ \text{K}$。我们也可以把这杯水由 300 K 先降温到 250 K，再加热到350 K，这一过程温度的改变量仍是 $\Delta T = T_2 - T_1 = 350\ \text{K} - 300\ \text{K} = 50\ \text{K}$。由此可见，状态函数的变化量仅与体系的始态和终态有关，而与变化的具体途径无关。这便是状态函数的第二个特征，即“殊途同归变化等”。如果再把这杯水由 350 K 冷却到 300 K，即变回到始态，$\Delta T = T_2 - T_1 = 300\ \text{K} - 300\ \text{K} = 0\ \text{K}$。由此得出状态函数的第三个特征，即“周而复始变化零”。

2.1.3　过程和途径

体系的状态发生变化，从始态变到终态，则体系经历了一个热力学过程，简称过程。热力学过程常见的有等温过程、等压过程、等容过程和绝热过程。

完成某一状态变化过程的具体步骤称为途径。实现体系某一热力学过程可以采取多种不同的途径。例如，一定量的理想气体由 $T_1 = 298\ \text{K}$，$p_1 = 100\ \text{kPa}$ 的始态变到 $T_2 = 373\ \text{K}$，$p_2 = 500\ \text{kPa}$ 的终态，完成这一变化的途径有多种，图 2-1 列出的是其中的两种。

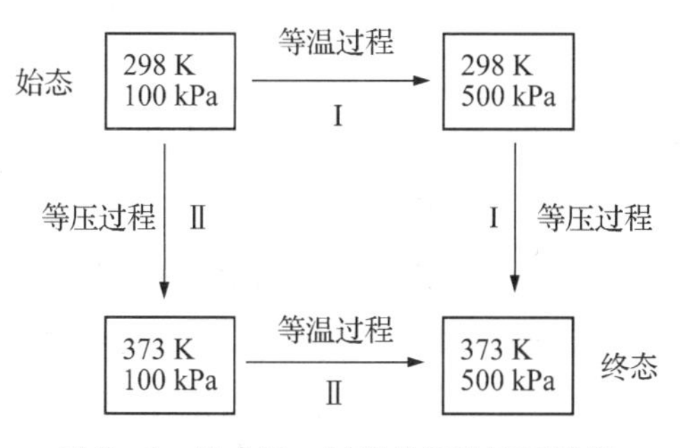

图 2-1　完成同一过程的两种不同途径

显然，过程和途径有着本质的不同，过程只关注始态和终态，而途径则着眼于实现过程的具体方式。

2.1.4 热力学标准态

为研究方便，热力学对标准状态（简称为标准态或标态）做了明确的规定：对于气体，是指各物质分压为标准压力（ $p^{\ominus} = 100\ \text{kPa}$ ）下纯气体的状态；对于溶液中的溶质，是指在标准压力（$p^{\ominus}$）下其质量摩尔浓度为 $1\ \text{mol} \cdot \text{kg}^{-1}$（对于稀溶液，常近似等于物质的量浓度 $1\ \text{mol} \cdot \text{dm}^{-3}$，即 $c^{\ominus} = 1\ \text{mol} \cdot \text{dm}^{-3}$）时的状态；对于固体和液体，是指处于标准压力（$p^{\ominus}$）下纯固体、纯液体的状态。注意热力学标准态并无温度的规定。

2.1.5 化学计量数与反应进度

1. 化学计量数

对于某一化学反应

$$cC + dD = eE + fF \tag{2-1}$$

移项后可表示为

$$0 = -cC - dD + eE + fF \tag{2-2}$$

令

$$-c = v_C, -d = v_D, e = v_E, f = v_F$$

代入式(2-2)得

$$0 = v_C C + v_D D + v_E E + v_F F \tag{2-3}$$

式(2-3)可简化为

$$0 = \sum_B v_B B \tag{2-4}$$

式(2-4)中的B代表反应物和产物，v_B则称为物质B的化学计量数。并且规定，反应物的v_B为负，产物的v_B为正。因此，v_C、v_D、v_E、v_F 分别为物质C、D、E、F的化学计量数。

2. 反应进度

为了表示化学反应进行的程度，引入反应进度的概念。对于化学计量方程式(2-4)有

$$d\xi = v_B^{-1} dn_B \tag{2-5}$$

式(2-5)中 n_B 为B的物质的量，v_B 为B的化学计量数，ξ 为反应进度，单位为mol。对式(2-5)进行积分[从反应开始时 $\xi_0 = 0$ 的 $n_B(\xi_0)$ 到 ξ 时的 $n_B(\xi)$ 积分]，得到

$$\xi - \xi_0 = v_B^{-1}[n_B(\xi) - n_B(\xi_0)]$$

即

$$\xi = v_B^{-1} \Delta n_B \tag{2-6}$$

对反应式(2-1)而言：

$$\xi = \frac{\Delta n_C}{v_C} = \frac{\Delta n_D}{v_D} = \frac{\Delta n_E}{v_E} = \frac{\Delta n_F}{v_F}$$

可见，反应进度可以描述为反应物减小的物质的量或产物增加的物质的量与反应式中相应各物质的化学计量数之比。反应进度可以为零、正整数、正分数，但不能为负数。用反应体系中任一反应物或产物来计算反应进度 ξ，在同一时刻时其值完全相同。

§2.2　热力学第一定律

2.2.1　热和功

热和功是体系经历某一过程时与环境之间进行能量交换或传递的两种形式。体系与环境之间因存在温度差而传递的能量称为热。除了热之外在体系与环境之间其他各种形式传递的能量称为功。

热力学中功分为两类：一类是由于体系体积的变化(膨胀或压缩)而与环境交换的能量，称为体积功。除体积功外其他形式的功称为非体积功。通常热用符号 Q 表示，功用符号 W 表示，单位为焦耳(J)或千焦耳(kJ)。

热力学规定，Q 和 W 的正、负号以体系的得失能量为标准。体系从环境吸收热量，Q 取正值；体系对环境放热，Q 取负值。环境对体系做功，W 取正值；体系对环境做功，W 取负值。例如，气缸内气体抵抗恒定外压膨胀而对环境做功，如体系体积由始态 V_1 膨胀到终态 V_2，$\Delta V>0$，则体系失功：

$$W(\text{膨胀}) = -p(V_2 - V_1) < 0$$

反之，如果气缸内气体在恒定外压作用下被压缩($\Delta V<0$)，则体系得功：

$$W(\text{压缩}) = -p(V_2 - V_1) > 0$$

由此可得，在恒定外压 p 下，体系做的体积功为

$$W(\text{体积功}) = -p(V_2 - V_1) = -p\Delta V$$

需要注意的是，热和功不是状态函数，不是体系固有的性质，它们受过程的制约，不仅与体系始态和终态有关，还与过程所经历的具体途径有关。过程的具体途径不同，热和功的数值也发生变化。

2.2.2　热力学能

热力学能(以往称内能)是体系内部所含的各种能量的总和，用符号 U 表示。它包括体

系内物质分子或原子的平动能和振动能、势能、电子运动能、原子核能等。由于体系内部质点运动及相互作用很复杂，因此热力学能的绝对值难以确定。但是，热力学能既然是体系内部能量的总和，因此它是体系自身的性质，仅取决于体系所处的状态，在一定状态下，体系热力学能应有一定的数值。因此热力学能 U 是一个状态函数，其改变量 ΔU 仅取决于体系的始态和终态，而与体系状态变化的途径无关。

2.2.3 热力学第一定律

自然界中能量有各种不同的形式，能量既可以相互传递，也可以从一种形式转化为另一种形式，但在转化的过程中能量的总和不变。这就是能量转化和守恒定律。把能量转化和守恒定律应用于热力学体系就是所谓的热力学第一定律。

对一个封闭体系，若体系与环境之间有能量交换（Q 和 W），使得其状态发生了变化，从热力学能为 U_1 的状态变化到了 U_2 的状态，根据能量转化和守恒定律，体系热力学能的改变量 ΔU 为

$$\Delta U = Q + W \tag{2-7}$$

式(2-7)就是热力学第一定律的数学表达式。

§2.3 热化学

2.3.1 化学反应的热效应

1. 反应热

化学反应常常伴随着吸热或放热。在不做非体积功时，体系发生化学反应后，使生成物温度回到反应开始前反应物的温度，这个过程中体系吸收或放出的热量称为该反应的热效应，简称反应热。

2. 恒容反应热

在恒容条件下进行的反应的热效应称为恒容反应热，用符号 Q_V 表示。由于 $\Delta V = 0$，则 $W = -p\Delta V = 0$。若体系不做非体积功，根据热力学第一定律：

$$\Delta U = Q + W$$

则

$$\Delta U = Q_V \tag{2-8}$$

式(2-8)表示在不做非体积功的条件下，体系在恒容过程中所吸收的热全部用来增加其热力学能。

3. 恒压反应热

在恒压条件下进行的反应的热效应称为恒压反应热，用符号 Q_p 表示。此时热力学第一

定律可以表示为

$$\Delta U = Q_p + W$$

则 $$Q_p = \Delta U - W$$

若体系不做非体积功，则 $$W = -p\Delta V = -p(V_2 - V_1)$$

所以 $$\begin{aligned} Q_p &= \Delta U + p\Delta V \\ &= (U_2 - U_1) + p(V_2 - V_1) \\ &= (U_2 + pV_2) - (U_1 + pV_1) \end{aligned}$$

因 U、p、V 都是状态函数，则它们的组合 $(U+pV)$ 也是状态函数，在热力学上把其定义为焓，用符号 H 表示。令

$$H = U + pV$$

则 $$Q_p = H_2 - H_1$$

也即 $$Q_p = \Delta H \qquad (2-9)$$

式(2-9)表示在不做非体积功的条件下，体系在恒压过程中所吸收的热全部用来增加其焓。

焓和热力学能一样，其绝对值难以测定，但其改变量 ΔH(称为焓变)能够测定且具有实际意义。因为 ΔH 只与体系的始态和终态有关，而与变化的途径无关，其值就等于恒压反应热，而恒压反应热可以测定。当 $\Delta H < 0$ 时，反应为放热反应；当 $\Delta H > 0$ 时，反应为吸热反应。

例如，恒压反应

$$C(s) + O_2(g) = CO_2(g) \qquad \Delta H = Q_p = -393.509\ \mathrm{kJ \cdot mol^{-1}}$$

因其 $\Delta H < 0$，则该反应为放热反应。

$$N_2(g) + 2O_2(g) = 2NO_2(g) \qquad \Delta H = Q_p = 66.36\ \mathrm{kJ \cdot mol^{-1}}$$

因其 $\Delta H > 0$，则该反应为吸热反应。

2.3.2 热化学方程式

表示化学反应与热效应关系的方程式称为热化学方程式。例如：

$$H_2(g) + \frac{1}{2}O_2(g) \xrightarrow[100\ \mathrm{kPa}]{298.15\ \mathrm{K}} H_2O(g) \qquad \Delta_r H_m^{\ominus} = -241.818\ \mathrm{kJ \cdot mol^{-1}}$$

反应方程式后的 $\Delta_r H_m^{\ominus}$ 表示在一定温度下反应的标准摩尔焓变，下标 r 表示反应(reaction)，下标 m(molar)表示反应进度为 1 mol，上标"⊖"表示热力学标准态。$\Delta_r H_m^{\ominus}$ 在等温($T_1 = T_2$)、等压($p_1 = p_2$)条件下与反应过程中体系吸收或放出的热量 Q_p 值相等。因此，此式表示在热力学标准态且温度为 298.15 K 的条件下，当反应进度为 1 mol 时，亦即1 mol

$H_2(g)$与$\frac{1}{2}$mol $O_2(g)$反应生成 1 mol $H_2O(g)$时，放出了 241.818 kJ 的热量。

由于反应热与反应方向、反应条件(温度、压力等)、物质的状态等有关，因此，在书写热化学方程式时应注意：

(1) 应注明反应的温度和压力。如果反应是在常温(298.15 K)和常压(100 kPa)下进行，可略去不写。

(2) 应注明各物质的状态。通常以 g、l 和 s 分别表示气态、液态和固态，有确定晶型的固态物质还应注明晶型。因为状态不同，反应热的值也不同。例如：

$$\mathrm{C(石墨)} + O_2(g) \longrightarrow CO_2(g) \qquad \Delta_r H_m^{\ominus} = -393.509\ \mathrm{kJ \cdot mol^{-1}}$$

$$\mathrm{C(金刚石)} + O_2(g) \longrightarrow CO_2(g) \qquad \Delta_r H_m^{\ominus} = -395.404\ \mathrm{kJ \cdot mol^{-1}}$$

(3) 同一反应，反应式系数不同，反应热的值也不同。如：

$$2H_2(g) + O_2(g) \longrightarrow 2H_2O(l) \qquad \Delta_r H_m^{\ominus} = -571.66\ \mathrm{kJ \cdot mol^{-1}}$$

$$H_2(g) + \frac{1}{2}O_2(g) \longrightarrow H_2O(l) \qquad \Delta_r H_m^{\ominus} = -285.83\ \mathrm{kJ \cdot mol^{-1}}$$

(4) 正、逆反应的反应热的绝对值相等，符号相反。如：

$$3H_2(g) + N_2(g) \longrightarrow 2NH_3(g) \qquad \Delta_r H_m^{\ominus} = -92.22\ \mathrm{kJ \cdot mol^{-1}}$$

$$2NH_3(g) \longrightarrow 3H_2(g) + N_2(g) \qquad \Delta_r H_m^{\ominus} = 92.22\ \mathrm{kJ \cdot mol^{-1}}$$

2.3.3 盖斯定律

反应热通常可以用实验测定得到。但是很多反应由于热量散失或反应时间太长等原因，反应热不能准确测量。另外，有些复杂反应的某一步反应，由于反应条件难以控制，该步反应的反应热也不易准确测定。例如，在等温等压下，碳燃烧生成 CO_2 的反应可以有两种途径：一种是碳燃烧直接生成二氧化碳；另一种是碳先燃烧生成一氧化碳，一氧化碳再燃烧生成二氧化碳，如图 2-2 所示。

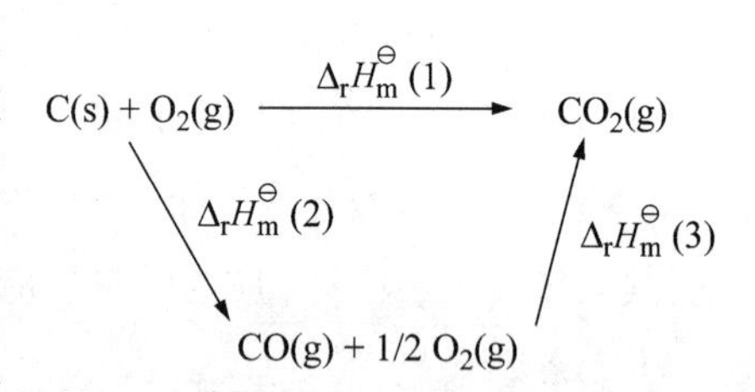

图 2-2 碳燃烧生成二氧化碳示意图

在这些反应中，碳不完全燃烧生成一氧化碳的反应条件是很难控制的，反应产物中总会或多或少含有二氧化碳，因此该步反应的反应热很难测定。

1840 年，俄罗斯籍瑞士科学家盖斯(G. H. Hess)总结了大量的实验结果，提出一条定律，即任一化学反应，不管是一步完成还是分几步完成，其总反应的反应热等于各步反应的反应热之和。这就是盖斯定律。从热力学角度而言，化学反应的焓变只取决于反应的始、终态，而与变化的具体途径无关。对上述例子而言，由于碳燃烧生成 CO_2 的反应热和 CO 燃

烧生成 CO_2 的反应热可知：

$$C(s)+O_2(g) \longrightarrow CO_2(g) \qquad \Delta_r H_m^{\ominus}(1)=-393.509\ kJ\cdot mol^{-1}$$

$$CO(g)+\frac{1}{2}O_2(g) \longrightarrow CO_2(g) \qquad \Delta_r H_m^{\ominus}(3)=-282.984\ kJ\cdot mol^{-1}$$

根据盖斯定律：

$$\Delta_r H_m^{\ominus}(1)=\Delta_r H_m^{\ominus}(2)+\Delta_r H_m^{\ominus}(3)$$

因此

$$\begin{aligned}\Delta_r H_m^{\ominus}(2) &= \Delta_r H_m^{\ominus}(1)-\Delta_r H_m^{\ominus}(3)\\ &=(-393.509\ kJ\cdot mol^{-1})-(-282.984\ kJ\cdot mol^{-1})\\ &=-110.525\ kJ\cdot mol^{-1}\end{aligned}$$

提出盖斯定律的时间在热力学第一定律提出之前。在热力学第一定律提出后，盖斯定律实际上是热力学第一定律的必然结果。应用盖斯定律可以从已知化学反应的反应热计算出难以准确测量或根本不能测量的反应热。

2.3.4 标准摩尔生成焓

1. 标准摩尔生成焓的概念

对于一个化学反应而言，若能够知道反应物和产物焓的绝对值，则反应的焓变就是产物的焓的总和减去反应物的焓的总和。然而，由于物质的热力学能的绝对值无法确定，因此，根据 $H=U+pV$，则物质的焓的绝对值也无法确定。为此，采用相对的方法计算反应的焓变 $\Delta_r H_m$。即先确定各物质的相对焓值，再计算反应的焓变。为了确定物质的相对焓值，则要选取合适的相对零点。

一般而言，每一种物质都可以假设是由单质转化得到，如：

$$C(石墨)+O_2(g) \longrightarrow CO_2(g)$$

若选取单质的焓值为相对零点，那么，上述反应的反应热就是 $CO_2(g)$的相对焓值。化学热力学定义，在某温度下，由处于标准状态的各种元素的指定单质生成 1 mol 某物质的焓变，称为该物质的标准摩尔生成焓，用符号 $\Delta_f H_m^{\ominus}$ 表示，单位为 $kJ\cdot mol^{-1}$。其中，上标“⊖”表示热力学标准态，下标“f”(formation)表示生成反应。

由标准摩尔生成焓的定义可知，指定单质的标准摩尔生成焓为零。

热力学对各种元素的指定单质有明确的规定，大多数情况下选择某元素在标准态下的最稳定单质为指定单质，但也有例外。例如，常温下，碳的指定单质是石墨，而不是金刚石；氧的指定单质是 $O_2(g)$，而不是 $O_2(l)$、$O_2(s)$或 O_3；碘的指定单质则是 $I_2(s)$；对于磷而言，尽管白磷不如红磷和黑磷稳定，但热力学仍规定白磷作为磷的指定单质。

已知在标准态下、298.15 K 时，C(石墨)⟶(金刚石)的标准摩尔反应焓变 $\Delta_r H_m^{\ominus}$ 为

1.895 kJ · mol^{-1}，则

$$\Delta_r H_m^\ominus = \Delta_f H_m^\ominus(\text{金刚石}) - \Delta_f H_m^\ominus(\text{石墨})$$

因此

$$\begin{aligned}\Delta_f H_m^\ominus(\text{金刚石}) &= \Delta_r H_m^\ominus + \Delta_f H_m^\ominus(\text{石墨}) \\ &= 1.895\ \text{kJ}\cdot\text{mol}^{-1} + 0 \\ &= 1.895\ \text{kJ}\cdot\text{mol}^{-1}\end{aligned}$$

也即金刚石的标准摩尔生成焓不为零。

附表三列出了 298.15 K 时一些物质的标准摩尔生成焓 $\Delta_f H_m^\ominus$ 和其他热力学函数。

根据 $\Delta_f H_m^\ominus$ 数值，可以定性判断同类型化合物的相对热稳定性。例如，298.15 K 时 CaO 的 $\Delta_f H_m^\ominus = -635.09$ kJ · mol^{-1}，CaO 加热到很高温度也不分解；HgO(s)的 $\Delta_f H_m^\ominus = -90.83$ kJ · mol^{-1}，HgO 加热到 500 ℃以上时就分解为 Hg 和 O_2。这表明 $\Delta_f H_m^\ominus$ 的代数值越小，化合物越稳定。

2. 标准摩尔反应焓变的计算

对于任一化学反应

$$a\text{A} + b\text{B} = m\text{M} + n\text{N}$$

其标准摩尔反应焓变为

$$\Delta_r H_m^\ominus = [m\Delta_f H_m^\ominus(\text{M}) + n\Delta_f H_m^\ominus(\text{N})] - [a\Delta_f H_m^\ominus(\text{A}) + b\Delta_f H_m^\ominus(\text{B})] \qquad (2-10)$$

或

$$\Delta_r H_m^\ominus = \sum_i v_i \Delta_f H_m^\ominus(\text{生成物}) + \sum_i v_i \Delta_f H_m^\ominus(\text{反应物}) \qquad (2-11)$$

式中，v_i 表示反应式中物质 i 的化学计量数。从热力学数据表中查得反应物和生成物的标准摩尔生成焓的数值后，则可应用式(2-10)计算反应的标准摩尔焓变。

例 2-1 计算反应

$$\text{CO(g)} + \frac{1}{3}\text{Fe}_2\text{O}_3\text{(s)} \longrightarrow \frac{2}{3}\text{Fe(s)} + \text{CO}_2\text{(g)}$$

在 298.15 K 时的标准摩尔反应焓变 $\Delta_r H_m^\ominus$。

解：查热力学数据表得

$$\text{CO(g)} \quad + \quad \frac{1}{3}\text{Fe}_2\text{O}_3\text{(s)} \longrightarrow \frac{2}{3}\text{Fe(s)} + \text{CO}_2\text{(g)}$$

$\Delta_f H_m^\ominus$/(kJ · mol^{-1})　-110.525　-824.4　0　-393.509

根据式(2-11)：

$$\begin{aligned}\Delta_r H_m^\ominus &= \sum_i v_i \Delta_f H_m^\ominus(\text{生成物}) + \sum_i v_i \Delta_f H_m^\ominus(\text{反应物}) \\ &= \Delta_f H_m^\ominus(\text{CO}_2,\text{g}) - \Delta_f H_m^\ominus(\text{CO},\text{g}) - \frac{1}{3} \times \Delta_f H_m^\ominus(\text{Fe}_2\text{O}_3,\text{s})\end{aligned}$$

$$= -393.509\ \mathrm{kJ \cdot mol^{-1}} - (-110.525\ \mathrm{kJ \cdot mol^{-1}}) - \frac{1}{3} \times (-824.4\ \mathrm{kJ \cdot mol^{-1}})$$

$$= -8.2\ \mathrm{kJ \cdot mol^{-1}}$$

§2.4　熵

2.4.1　混乱度与熵

1. 自发过程

自然界发生的过程都有一定的方向性。例如，水总是自发地从高处流向低处；铁在潮湿的空气中容易生锈；两个温度不同的物体相接触，热自动地由高温物体传导到低温物体。这种在一定条件下不需环境对体系做功，一经引发就能自动进行的过程，称为自发过程。如是化学过程则称为自发反应。相反，需要环境对体系做功才能进行的过程，称为非自发过程。因此，要使非自发过程能够进行，外界（环境）必须对体系做功。例如，水从低处到高处的流动是非自发的，但可以借助水泵做机械功实现；热从低温物体传到高温物体是非自发的，但通过制冷机消耗外功就可以实现。

自发过程具有如下特征：

(1) 具有一定的方向和限度。自发过程具有明确的方向（单向性），且不会无限进行下去，最终会达到平衡状态，即有一定的限度。如热自动地由高温物体传导到低温物体，直到两物体温度相同。

(2) 具有不可逆性。自发过程一经发生且达到平衡状态后，如无外界做功，不可能自动向相反方向进行并返回到原来转态，也即其逆过程是非自发的。需要指出的是，自然界一切自发过程都是热力学的不可逆过程。

(3) 自发过程不受时间的限制，即与反应速率无关。能够自发进行的反应，并不表示其反应速率一定很大。有些自反反应速率很大，有些却很小。

(4) 可以做非体积功。

热力学可以预测某一过程能否自发进行。

2. 焓变和自发性

研究发现，自发过程一般都朝着能量减小的方向进行。能量越低，体系的状态越稳定。就化学反应而言，放热反应（$\Delta_r H_m < 0$）在 298.15 K 且是标准态时一般都可以自发进行。例如：

① $HCl(g) + NH_3(g) \longrightarrow NH_4Cl(s)$　　$\Delta_r H_m^\ominus = -176.01\ \mathrm{kJ \cdot mol^{-1}}$

② C(石墨) + O_2(g) ⟶ CO_2(g)　　$\Delta_r H_m^\ominus = -393.51\ \text{kJ} \cdot \text{mol}^{-1}$

③ $2NO(g) + O_2(g) \longrightarrow 2NO_2(g)$　　$\Delta_r H_m^\ominus = -114.14\ \text{kJ} \cdot \text{mol}^{-1}$

因此曾有人提出用反应的焓变($\Delta_r H_m$)作为反应自发与否的判据,认为在等温等压下自发反应向着焓减小($\Delta_r H_m < 0$,放热反应)的方向进行。

但是,有些吸热反应在常温下也能自发进行。例如:

④ $H_2O(s) \longrightarrow H_2O(l)$　　$\Delta_r H_m^\ominus = 6.9\ \text{kJ} \cdot \text{mol}^{-1}$

⑤ $NH_4Cl(s) \longrightarrow NH_4^+(aq) + Cl^-(aq)$　　$\Delta_r H_m^\ominus = 14.7\ \text{kJ} \cdot \text{mol}^{-1}$

又如,石灰石的分解反应是吸热反应,$\Delta_r H_m > 0$:

⑥ $CaCO_3(s) \longrightarrow CaO(s) + CO_2(g)$　　$\Delta_r H_m^\ominus = 178.32\ \text{kJ} \cdot \text{mol}^{-1}$

在热力学标准态且常温时,该反应是不能自发进行的。但当温度升高到约 1 123 K 时,该分解反应就变成了自发反应,而此时反应仍为吸热反应,焓变仍近似为 178.32 $\text{kJ} \cdot \text{mol}^{-1}$(温度对焓变影响很小)。

总之,反应热只是化学反应自发与否的一种影响因素,对化学反应的方向有一定的影响,但不是唯一的因素。因此,把焓变作为化学反应自发性的普遍判据是不准确且不全面的。因为除了反应焓变之外,体系的混乱程度和温度也是过程自发与否的影响因素。

3. 熵

分析向吸热反应方向自发进行的反应可以发现,反应④是由固体→液体,反应⑤是由固体→水合阴、阳离子,反应⑥是由固体→气体。这说明与反应物分子比,生成物分子的活动范围更大了,或者是活动范围大的生成物分子数增多了。换句话说,体系的混乱程度增大了。由此可见,这些自发的吸热反应是向着体系混乱程度(简称混乱度)增大的方向进行。

体系的混乱度增大是化学反应自发进行的又一种趋势。

组成体系的物质的微观粒子的混乱度可以用热力学函数"熵"来表示,其符号为 S。一定条件下处于一定状态的物质和体系都具有各自确定的熵值,因此,熵是状态函数。物质或体系的混乱度越大,其熵值就越大。

熵是状态函数,单位为 $\text{J} \cdot \text{K}^{-1}$。因此,熵的改变量(熵变,$\Delta S$)仅与过程的始态和终态有关。如果过程以可逆方式完成,则热量 Q_r[Q_r 称为可逆过程热,r 表示可逆(reversible)]值最大。对于恒温可逆过程,热力学第二定律表明其熵变:

$$\Delta S = \frac{Q_r}{T} \tag{2-12}$$

2.4.2 热力学第三定律和标准熵

1. 热力学第三定律

在0 K时，任何纯净物质的完美晶体的熵值为0。这就是热力学第三定律。所谓完美晶体是指质点仅以一种几何方式排列，完全有序，因此，$S_0 = 0\ J \cdot K^{-1}$。以此为基础，可以求得其他温度下的物质的熵值(S_T)。

2. 标准熵

如果某一纯净晶体物质从0 K升温到任一温度(T K)，则该过程的熵变ΔS可表示为

$$\Delta S = S_T - S_0 \tag{2-13}$$

S_T就是该纯物质在温度T时的熵。纯物质的熵的绝对值是可以求算的，这一点与物质的热力学能U和焓H不同。

某单位物质的量的纯物质在热力学标准态时的熵值称为该物质的标准摩尔熵，符号为$S_m^\ominus$，单位为$J \cdot mol^{-1} \cdot K^{-1}$。要注意的是纯净单质的标准摩尔熵不为零。这与指定单质的标准摩尔生成焓为零不相同。物质的熵值随温度升高而增大，气态物质的熵值随压力增大而减少。

298.15 K时常见物质的标准摩尔熵值可以查热力学数据表(附表三列出了298.15 K时部分物质的标准摩尔熵$S_m^\ominus$的值)。比较物质的标准熵数据可得：

① 对同一物质：$S_m^\ominus(g) > S_m^\ominus(l) > S_m^\ominus(s)$

② 对同一系列物质：摩尔质量越大，$S_m^\ominus$越大。如：

$$S_m^\ominus(HI,g) > S_m^\ominus(HBr,g) > S_m^\ominus(HCl,g) > S_m^\ominus(HF,g)$$

③ 对气态物质，多原子分子的$S_m^\ominus$值大于单原子分子的$S_m^\ominus$值。如

$$S_m^\ominus(O_3,g) > S_m^\ominus(O_2,g) > S_m^\ominus(O,g)$$

④ 对摩尔质量相同的物质，结构越复杂，$S_m^\ominus$值越大。如：

$$S_m^\ominus(CH_3CH_2OH) > S_m^\ominus(CH_3OCH_3)$$

标准熵的这些规律可以从熵的物理意义加以理解。

3. 化学反应熵变的计算

熵与焓一样，也是状态函数，因此，化学反应的熵变($\Delta_r S_m$)只取决于反应的始态与终态，而与变化的途径无关。$\Delta_r S_m$的计算方法与焓变($\Delta_r H_m$)的计算相类似。所以，化学反应的标准摩尔熵变($\Delta_r S_m^\ominus$)可以通过反应物和生成物的标准摩尔熵值($S_m^\ominus$)计算得到，即

$$\Delta_r S_m^\ominus = \sum_i v_i S_m^\ominus(\text{生成物}) + \sum_i v_i S_m^\ominus(\text{反应物}) \tag{2-14}$$

例 2-2 试计算 298.15 K 时反应 $2CO(g) + O_2(g) \longrightarrow 2CO_2(g)$ 的标准摩尔熵变 $\Delta_r S_m^\ominus$。

解：查热力学数据表得

	$2CO(g)$	$O_2(g)$	$2CO_2(g)$
$S_m^\ominus/(J \cdot mol^{-1} \cdot K^{-1})$	197.674	205.138	213.74

$$\Delta_r S_m^\ominus = \sum_i v_i S_m^\ominus(\text{生成物}) + \sum_i v_i S_m^\ominus(\text{反应物})$$
$$= 2S_m^\ominus(CO_2, g) - 2S_m^\ominus(CO, g) - S_m^\ominus(O_2, g)$$
$$= 2 \times 213.74\ J \cdot mol^{-1} \cdot K^{-1} - 2 \times 197.674\ J \cdot mol^{-1} \cdot K^{-1} - 205.138\ J \cdot mol^{-1} \cdot K^{-1}$$
$$= -173.01\ J \cdot mol^{-1} \cdot K^{-1}$$

$\Delta_r S_m^\ominus < 0$，说明在 298.15 K、热力学标准态时该反应为熵减小的反应。

§2.5 吉布斯自由能

2.5.1 吉布斯自由能与化学反应方向的吉布斯自由能变判据

通过前面的分析可以知道，化学反应的自发与否，不仅与反应的焓变 ΔH 有关，还与熵变 ΔS 和温度 T 有关。因此，要判断化学反应自发进行的方向，需要综合考虑 ΔH、ΔS 和 T 的影响。

在恒温、恒压且过程中有非体积功的条件下，由热力学第一定律：

$$\Delta U = Q + W_{\text{体积}} + W_{\text{非体积}}$$

则

$$Q = \Delta U - W_{\text{体积}} - W_{\text{非体积}}$$

当 $W_{\text{体积}} = -p\Delta V$ 时，得

$$Q = \Delta U + p\Delta V - W_{\text{非体积}}$$

等压时 $\Delta H = \Delta U + p\Delta V$，则

$$Q = \Delta H - W_{\text{非体积}} \tag{2-15}$$

热力学告诉我们，可逆过程体系吸收的热量 Q_r 最大，因此式(2-15)可以写为

$$Q_r \geqslant \Delta H - W_{\text{非体积}} \tag{2-16}$$

对可逆过程，式(2-16)用等号，对不可逆过程用大于号(>)。由于等温可逆过程的熵变

$$\Delta S = \frac{Q_r}{T}$$

则 $$Q_r = T\Delta S$$

代入式(2－16)得

$$T\Delta S \geqslant \Delta H - W_{非体积}$$

移项得 $$T\Delta S - \Delta H \geqslant -W_{非体积}$$

对于恒温过程 $$T_2 = T_1$$

因此 $$(T_2S_2 - T_1S_1) - (H_2 - H_1) \geqslant -W_{非体积}$$

对上式整理得

$$-[(H_2 - T_2S_2) - (H_1 - T_1S_1)] \geqslant -W_{非体积} \tag{2-17}$$

由于 H、T、S 都是状态函数，其组合($H-TS$)也是状态函数，因此，可以定义一个新的状态函数 G：

$$G = H - TS$$

G 称为吉布斯(J. W. Gibbs)自由能，单位与焓相同。因此，式(2－17)变为

$$-(G_2 - G_1) \geqslant -W_{非体积}$$

即 $$-\Delta G \geqslant -W_{非体积} \tag{2-18}$$

式(2－18)的物理意义是在恒温恒压的条件下，一个封闭系统对环境所做的非体积功，小于或等于体系 Gibbs 自由能 G 的减小值(G_1-G_2)。其中对于可逆过程，体系做的非体积功最大，就等于 G 的减小值。

如果过程是在恒温恒压且不做非体积功的条件下进行，则 $W_{非体积}=0$，则式(2－18)变为

$$\Delta G \leqslant 0 \tag{2-19}$$

式(2－19)的物理意义是在恒温恒压不做非体积功的条件下，任一自发过程的吉布斯自由能都将减小，也即任一自发过程都是向着吉布斯自由能减小的方向进行。这是热力学第二定律的一种表达方式。

根据 G 的定义式 $G = H - TS$，在恒温条件下，吉布斯自由能变为

$$\Delta G = \Delta H - T\Delta S$$

可以看出，ΔG 综合了焓变、熵变和温度对化学反应的影响，也即在恒温恒压下，ΔG 值取决于 ΔH、ΔS 和 T。由于化学反应通常都是在恒温恒压下进行的，因此，吉布斯自由能变 ΔG 可以作为化学反应自发性的最基本判据。在恒温恒压不做非体积功的条件下，化学反应自发进行的方向的判据：

$\Delta G < 0$，反应自发向正反应方向进行；

$\Delta G = 0$，反应可逆进行，处于平衡状态；

$\Delta G > 0$，正反应不能自发进行，但逆反应可以自发进行。

2.5.2 标准摩尔生成吉布斯自由能

对于任一化学反应，只要能计算出该反应的吉布斯自由能变 $\Delta_r G$，就能判断反应自发进行的方向。与 U、H 类似，物质的吉布斯自由能 G 的绝对值也无法得到。因此，无法直接利用物质的 G 值计算化学反应的 $\Delta_r G$，但可以用类似于计算化学反应的焓变 $\Delta_r H$ 的方法来间接计算 $\Delta_r G$。为此，要引入物质的"标准摩尔生成吉布斯自由能"。

在标准态及某个温度时，由指定单质生成单位物质的量的某物质时的吉布斯自由能变称为该物质的标准摩尔生成吉布斯自由能，用符号 $\Delta_f G_m^\ominus$ 表示，单位是 $kJ \cdot mol^{-1}$。在标准态时，任何指定单质的标准摩尔生成吉布斯自由能均为零。附表三列出了 298.15 K 时一些物质的标准摩尔生成吉布斯自由能。

在标准态下，利用标准摩尔生成吉布斯自由能，可以用下式计算化学反应的标准摩尔吉布斯自由能变 $\Delta_r G_m^\ominus$：

$$\Delta_r G_m^\ominus = \sum_i v_i \Delta_f G_m^\ominus(\text{生成物}) + \sum_i v_i \Delta_f G_m^\ominus(\text{反应物}) \quad (2-20)$$

2.5.3 吉布斯-亥姆霍兹公式

根据 G 的定义式 $G = H - TS$，在恒温条件下，可以得到任一化学反应的吉布斯自由能变、焓变和熵变之间的关系，即

$$\Delta_r G_m = \Delta_r H_m - T\Delta_r S_m \quad (2-21)$$

如果反应处于标准态，则有

$$\Delta_r G_m^\ominus = \Delta_r H_m^\ominus - T\Delta_r S_m^\ominus \quad (2-22)$$

式(2-21)和式(2-22)都称为吉布斯-亥姆霍兹(Gibbs-Helmhotz)公式。需要指出的是，由于温度对焓变和熵变的影响比较小，因此，温度 T 时的 $\Delta_r H_m^\ominus(T)$ 和 $\Delta_r S_m^\ominus(T)$ 可近似用 298.15 K 时的 $\Delta_r H_m^\ominus(298.15\ K)$ 和 $\Delta_r S_m^\ominus(298.15\ K)$ 代替，也即 $\Delta_r H_m^\ominus(T) \approx \Delta_r H_m^\ominus(298.15\ K)$，$\Delta_r S_m^\ominus(T) \approx \Delta_r S_m^\ominus(298.15\ K)$。但是，从式(2-21)和式(2-22)可以看出，温度对 $\Delta_r G_m$ 和 $\Delta_r G_m^\ominus$ 的影响不能忽略。

吉布斯-亥姆霍兹公式综合了 $\Delta_r H_m$、$\Delta_r S_m$ 和温度 T 对化学反应 $\Delta_r G_m$ 的影响。利用式(2-21)[标准态时式(2-22)]，根据 $\Delta_r H_m$、$\Delta_r S_m$ 的正负，就可以定性判断 $\Delta_r G_m$ 的正负，从而判断反应自发进行的方向。可以分四种情况，结果见表 2-1。

表2-1 恒压下 $\Delta_r H_m$、$\Delta_r S_m$ 和 T 对 $\Delta_r G_m$ 及化学反应自发性的影响

	$\Delta_r H_m$	$\Delta_r S_m$	$\Delta_r G_m$	反应自发性
1	−	+	−	任何温度下正反应都能自发进行
2	+	−	+	任何温度下正反应都不能自发进行
3	+	+	常温,+	常温下正反应不能自发进行
			高温,−	高温下正反应能自发进行
4	−	−	常温,−	常温下正反应能自发进行
			高温,+	高温下正反应不能自发进行

表(2-1)说明,当 $\Delta_r H_m$ 与 $\Delta_r S_m$ 符号相同时,反应方向与温度有关;当 $\Delta_r H_m$ 与 $\Delta_r S_m$ 符号相反时,反应方向与温度无关。

2.5.4 吉布斯自由能变的计算

1. 标准摩尔吉布斯自由能变 $\Delta_r G_m^\ominus$ 的计算

(1) 由标准摩尔生成吉布斯自由能 $\Delta_f G_m^\ominus$ 计算

查热力学数据表得到 298.15 K 时各反应物和生成物的标准摩尔生成吉布斯自由能数据,利用式(2-20)计算 298.15 K 时化学反应的 $\Delta_r G_m^\ominus(298.15\ \mathrm{K})$,即

$$\Delta_r G_m^\ominus(298.15\ \mathrm{K}) = \sum_i v_i \Delta_f G_m^\ominus(\text{生成物}) + \sum_i v_i \Delta_f G_m^\ominus(\text{反应物})$$

(2) 由吉布斯-亥姆霍兹公式计算

查热力学数据表并利用式(2-20)只能计算 298.15 K 时反应的 $\Delta_r G_m^\ominus(298.15\ \mathrm{K})$,但是在 $\Delta_r H_m^\ominus(T)$ 和 $\Delta_r S_m^\ominus(T)$ 知道或者可以求算的情况下,可以用吉布斯-亥姆霍兹公式(式 2-22)计算任何温度时反应的标准摩尔吉布斯自由能变 $\Delta_r G_m^\ominus(T)$,即

$$\Delta_r G_m^\ominus(T) = \Delta_r H_m^\ominus(T) - T\Delta_r S_m^\ominus(T)$$

由于 $\Delta_r H_m^\ominus(T) \approx \Delta_r H_m^\ominus(298.15\ \mathrm{K})$,$\Delta_r S_m^\ominus(T) \approx \Delta_r S_m^\ominus(298.15\ \mathrm{K})$,因此:

$$\Delta_r G_m^\ominus(T) \approx \Delta_r H_m^\ominus(298.15\ \mathrm{K}) - T\Delta_r S_m^\ominus(298.15\ \mathrm{K}) \qquad (2-23)$$

例 2-3 通过计算说明在热力学标准态且 298.15 K 时,下列反应能否自发进行?如果反应温度为 1 300 K,反应能否自发进行?

$$CaCO_3(s) \longrightarrow CaO(s) + CO_2(g)$$

解:查附表三的热力学数据表得

	$CaCO_3(s)$	$\longrightarrow$	$CaO(s)$	+	$CO_2(g)$
$\Delta_f G_m^\ominus/(\mathrm{kJ \cdot mol^{-1}})$	−1 128.79		−604.03		−394.359

$\Delta_f H_m^\ominus/(kJ \cdot mol^{-1})$	−1 206.92	−635.09	−393.509
$S_m^\ominus/(J \cdot mol^{-1} \cdot K^{-1})$	92.9	39.75	213.74

应用式(2－20)：

$$\begin{aligned}\Delta_r G_m^\ominus(298.15\ K) &= \sum_i v_i \Delta_f G_m^\ominus(\text{生成物}) + \sum_i v_i \Delta_f G_m^\ominus(\text{反应物}) \\ &= (-604.03\ kJ \cdot mol^{-1}) + (-394.359\ kJ \cdot mol^{-1}) \\ &\quad -(-1\ 128.79\ kJ \cdot mol^{-1}) \\ &= 130.40\ kJ \cdot mol^{-1}\end{aligned}$$

或首先算出 298.15 K 时的 $\Delta_r H_m^\ominus(298.15\ K)$和 $\Delta_r S_m^\ominus(298.15\ K)$，再用吉布斯-亥姆霍兹公式算出 $\Delta_r G_m^\ominus(298.15\ K)$。

$$\begin{aligned}\Delta_r H_m^\ominus(298.15\ K) &= \sum_i v_i \Delta_f H_m^\ominus(\text{生成物}) + \sum_i v_i \Delta_f H_m^\ominus(\text{反应物}) \\ &= (-635.09\ kJ \cdot mol^{-1}) + (-393.509\ kJ \cdot mol^{-1}) - (-1\ 206.92\ kJ \cdot mol^{-1}) \\ &= 178.32\ kJ \cdot mol^{-1}\end{aligned}$$

$$\begin{aligned}\Delta_r S_m^\ominus(298.15\ K) &= \sum_i v_i S_m^\ominus(\text{生成物}) + \sum_i v_i S_m^\ominus(\text{反应物}) \\ &= 39.75\ J \cdot mol^{-1} \cdot K^{-1} + 213.74\ J \cdot mol^{-1} \cdot K^{-1} - 92.9\ J \cdot mol^{-1} \cdot K^{-1} \\ &= 160.6\ J \cdot mol^{-1} \cdot K^{-1}\end{aligned}$$

$$\begin{aligned}\Delta_r G_m^\ominus(298.15\ K) &= \Delta_r H_m^\ominus(298.15\ K) - T\Delta_r S_m^\ominus(298.15\ K) \\ &= 178.32\ kJ \cdot mol^{-1} - 298.15\ K \times 160.6\ J \cdot mol^{-1} \cdot K^{-1} \\ &= 178.32\ kJ \cdot mol^{-1} - 298.15\ K \times 160.6 \times 10^{-3}\ kJ \cdot mol^{-1} \cdot K^{-1} \\ &= 130.4\ kJ \cdot mol^{-1}\end{aligned}$$

上述计算结果表明，该反应是吸热、熵增的反应，在 298.15 K 且是标准态时不能自发向右进行。

$$\begin{aligned}\Delta_r G_m^\ominus(1\ 300\ K) &= \Delta_r H_m^\ominus(298.15\ K) - T\Delta_r S_m^\ominus(298.15\ K) \\ &= 178.32\ kJ \cdot mol^{-1} - 1\ 300\ K \times 160.6\ J \cdot mol^{-1} \cdot K^{-1} \\ &= 178.32\ kJ \cdot mol^{-1} - 1\ 300\ K \times 160.6 \times 10^{-3}\ kJ \cdot mol^{-1} \cdot K^{-1} \\ &= -30.5\ kJ \cdot mol^{-1}\end{aligned}$$

由计算看到，尽管该反应在常温(298.15 K)时不能自发进行，但当温度升高到 1 300 K 的高温时，$\Delta_r G_m^\ominus < 0$，反应则可以自发向右进行，即石灰石在 1 300 K 时可以分解为氧化钙和二氧化碳。

2. 非标准态时摩尔吉布斯自由能变 $\Delta_r G_m$ 的计算

化学反应并非总在标准态下进行。在非标准态且是等温等压时，对某一化学反应

$$aA + bB = mM + nN$$

用热力学原理可以得到(物理化学中会学习),反应的非标准态摩尔吉布斯自由能变:

$$\Delta_r G_m = \Delta_r G_m^{\ominus} + RT\ln J \tag{2-24}$$

式(2-24)称为化学反应等温方程式。式中的 J 称为反应商,无量纲,表示在任意状态下,生成物与反应物的相对分压或相对浓度间的关系,表达式:

对于气体反应: $$J = \frac{\{p(M)/p^{\ominus}\}^m \{p(N)/p^{\ominus}\}^n}{\{p(A)/p^{\ominus}\}^a \{p(B)/p^{\ominus}\}^b}$$

对于水溶液中的(离子)反应: $$J = \frac{\{c(M)/c^{\ominus}\}^m \{c(N)/c^{\ominus}\}^n}{\{c(A)/c^{\ominus}\}^a \{c(B)/c^{\ominus}\}^b}$$

式中,$p(A)/p^{\ominus}$ 称为相对分压,$c(A)/c^{\ominus}$ 称为相对浓度。为简化起见,在本教材中,在不引起歧义的情况下,以后$\{c(A)/c^{\ominus}\}$简写为$\{c(A)\}$,$\{p(A)/p^{\ominus}\}$简写为$\{p(A)\}$。

当反应物或产物是固体或液体时,不管是否处于标准态,其对反应的影响较小,因此它们在反应商 J 的表达式中不出现。例如下列反应

$$MnO_2(s) + 4H^+(aq) + 2Cl^-(aq) = Mn^{2+}(aq) + Cl_2(g) + 2H_2O(l)$$

非标准态时反应商 J 的表达式为

$$J = \frac{\{c(Mn^{2+})/c^{\ominus}\}\{p(Cl_2)/p^{\ominus}\}}{\{c(H^+)/c^{\ominus}\}^4 \{c(Cl^-)/c^{\ominus}\}^2}$$

例 2-4　在 1 300 K、CO_2 分压为 10^7 Pa 时,石灰石能否分解为氧化钙和二氧化碳?

($\Delta_r G_m^{\ominus}(1\,300\ K) = -30.5\ kJ\cdot mol^{-1}$)

解:反应为　　$CaCO_3(s) \longrightarrow CaO(s) + CO_2(g)$

反应商

$$\begin{aligned} J &= p(CO_2)/p^{\ominus} \\ &= 10^7\ Pa/10^5\ Pa \\ &= 100 \end{aligned}$$

根据等温方程式:

$$\begin{aligned} \Delta_r G_m &= \Delta_r G_m^{\ominus} + RT\ln J \\ &= -30.5\ kJ\cdot mol^{-1} + 8.314\ J\cdot mol^{-1}\cdot K^{-1} \times 1\,300\ K \times \ln 100 \\ &= -30.5\times 10^3\ J\cdot mol^{-1} + 2.303\times 8.314\ J\cdot mol^{-1}\cdot K^{-1}\times 1\,300\ K\times \lg 100 \\ &= 1.93\times 10^4\ J\cdot mol^{-1} \\ &= 19.3\ kJ\cdot mol^{-1} \end{aligned}$$

由计算可知,在 1 300 K、非标准态时,$\Delta_r G_m > 0$,因此在该条件下石灰石不能分解为氧化钙和二氧化碳。

§2.6 化学平衡

在一定的条件下，不同的化学反应进行的方向和限度是不同的。如何控制反应条件，使化学反应朝着我们所希望的方向进行？如何使尽可能多的反应物转化为我们所需要的生成物？这类问题在生物学、化学、化工生产和环境保护等方面具有重大的现实意义。本节所讨论的化学平衡及其影响因素将有助于我们寻求上述问题的答案。

2.6.1 化学平衡状态

人们习惯上把从左向右进行的化学反应称为正向反应，把从右向左进行的化学反应称为逆向反应。在同一条件下，既可以向正向进行又可以向逆向进行的化学反应称为可逆反应。一般说来，反应的可逆性是化学反应的普遍特征，但反应的可逆程度不同。例如下列两个反应：

$$H_2(g) + I_2(g) \rightleftharpoons 2HI(g)$$

$$Ag^+(aq) + Cl^-(aq) \rightleftharpoons AgCl(s)$$

前者的可逆程度较大，而后者的可逆程度较小。

在一定条件下，当可逆反应的正反应速率等于逆反应速率时，反应所处的状态称为化学平衡。

化学平衡的特征是：

(1) 化学平衡为可逆反应进行的最大限度。

(2) 化学平衡状态时，反应物和生成物的浓度(或分压)不再随时间变化而改变。

(3) 化学平衡是一种动态平衡，反应并没有停止，只是平衡时正反应速率等于逆反应速率。

(4) 化学平衡是有条件的。当外界条件改变时，正反应速率不等于逆反应速率，原有的平衡被破坏，直到在新的条件下又建立新的平衡。

2.6.2 标准平衡常数

1. 标准平衡常数

对于一般的可逆反应

$$aA + bB \rightleftharpoons mM + nN$$

在一定的温度下，当反应达到平衡时，其标准平衡常数 $K^\ominus$ 的表达式：

对于气体反应：
$$K^\ominus = \frac{\{p(M)/p^\ominus\}^m \{p(N)/p^\ominus\}^n}{\{p(A)/p^\ominus\}^a \{p(B)/p^\ominus\}^b}$$

对于水溶液中的(离子)反应：　$K^{\ominus} = \dfrac{\{c(\mathrm{M})/c^{\ominus}\}^m \{c(\mathrm{N})/c^{\ominus}\}^n}{\{c(\mathrm{A})/c^{\ominus}\}^a \{c(\mathrm{B})/c^{\ominus}\}^b}$

例如：

$$\mathrm{PCl_5(g) \rightleftharpoons PCl_3(g) + Cl_2(g)}$$

$$K^{\ominus} = \frac{\{p(\mathrm{PCl_3})/p^{\ominus}\}\{p(\mathrm{Cl_2})/p^{\ominus}\}}{\{p(\mathrm{PCl_5})/p^{\ominus}\}}$$

$$\mathrm{Fe^{2+}(aq) + Ag^+(aq) \rightleftharpoons Fe^{3+}(aq) + Ag(s)}$$

$$K^{\ominus} = \frac{\{c(\mathrm{Fe^{3+}})/c^{\ominus}\}}{\{c(\mathrm{Ag^+})/c^{\ominus}\}\{c(\mathrm{Fe^{2+}})/c^{\ominus}\}}$$

标准平衡常数 $K^{\ominus}$ 的量纲为 1。

标准平衡常数表明化学反应进行的限度。在一定温度下，不同的反应各有其特定的平衡常数。标准平衡常数越大，表示正反应进行得越完全。在一定条件下，化学反应达到平衡时，反应物已最大限度地转化为生成物。平衡转化率(α)是平衡时某反应物已转化的量与该反应物起始总量的百分比。

标准平衡常数与温度有关。对于给定的反应，在一定的温度下，标准平衡常数不随浓度、压力的改变而变化。

书写标准平衡常数表达式时，固体、纯液体或稀溶液的溶剂的“浓度项”不必列出，例如：

$$\mathrm{CaCO_3(s) \rightleftharpoons CaO(s) + CO_2(g)}$$

$$K^{\ominus} = p(\mathrm{CO_2})/p^{\ominus}$$

$$\mathrm{Cr_2O_7^{2-}(aq) + H_2O(l) \rightleftharpoons 2CrO_4^{2-}(aq) + 2H^+(aq)}$$

$$K^{\ominus} = \frac{\{c(\mathrm{CrO_4^{2-}})/c^{\ominus}\}^2\{c(\mathrm{H^+})/c^{\ominus}\}^2}{\{c(\mathrm{Cr_2O_7^{2-}})/c^{\ominus}\}}$$

标准平衡常数的表达式和其数值与化学反应方程式的书写形式有关。例如：

$$\mathrm{N_2(g) + 3H_2(g) \rightleftharpoons 2NH_3(g)}$$

$$K^{\ominus}(1) = \frac{\{p(\mathrm{NH_3})/p^{\ominus}\}^2}{\{p(\mathrm{N_2})/p^{\ominus}\}\{p(\mathrm{H_2})/p^{\ominus}\}^3}$$

$$\mathrm{2NH_3(g) \rightleftharpoons N_2(g) + 3H_2(g)}$$

$$K^{\ominus}(2) = \frac{\{p(\mathrm{N_2})/p^{\ominus}\}\{p(\mathrm{H_2})/p^{\ominus}\}^3}{\{p(\mathrm{NH_3})/p^{\ominus}\}^2}$$

$$\frac{1}{2}\mathrm{N_2(g)} + \frac{3}{2}\mathrm{H_2(g) \rightleftharpoons NH_3(g)}$$

$$K^{\ominus}(3) = \frac{\{p(\mathrm{NH_3})/p^{\ominus}\}}{\{p(\mathrm{N_2})/p^{\ominus}\}^{\frac{1}{2}}\{p(\mathrm{H_2})/p^{\ominus}\}^{\frac{3}{2}}}$$

$$K^{\ominus}(1)=\frac{1}{K^{\ominus}(2)}=\{K^{\ominus}(3)\}^2$$

由上可知，同一反应，其逆反应的标准平衡常数与正反应的标准平衡常数互为倒数。

在相同温度下，若几个反应方程式相加（或相减），则所得反应的标准平衡常数，可以由原来的几个反应的标准平衡常数相乘（或相除）而得。这个规则称为多重平衡规则。例如：

$$(1)\ 2NO(g)+O_2(g) \rightleftharpoons 2NO_2(g) \qquad K^{\ominus}(1)$$

$$(2)\ 2NO_2(g) \rightleftharpoons N_2O_4(g) \qquad K^{\ominus}(2)$$

$$(3)\ 2NO(g)+O_2(g) \rightleftharpoons N_2O_4(g) \qquad K^{\ominus}(3)$$

因为反应 (1) + 反应(2) = 反应(3)，所以 $K^{\ominus}(3)=K^{\ominus}(1)\cdot K^{\ominus}(2)$。

例 2-5 某温度下，将 2.00 mol PCl_5 与 1.00 mol PCl_3 相混合，发生反应

$$PCl_5(g) \rightleftharpoons PCl_3(g)+Cl_2(g)$$

平衡时总压为 202 kPa，PCl_5 的转化率为 91%。求该温度下反应的标准平衡常数 $K^{\ominus}$。

解：

	$PCl_5(g)$	$\rightleftharpoons$	$PCl_3(g)$	+	$Cl_2(g)$
起始时的量/mol	2.00		1.00		0
平衡时的量/mol	$2.00\times(1-0.91)$ $=0.18$		$1.00+2.00\times0.91$ $=2.82$		2.00×0.91 $=1.82$
平衡时的分压/kPa	$\frac{0.18}{4.82}\times202$		$\frac{2.82}{4.82}\times202$		$\frac{1.82}{4.82}\times202$

$$K^{\ominus}=\frac{\{p(PCl_3)/p^{\ominus}\}\{p(Cl_2)/p^{\ominus}\}}{\{p(PCl_5)/p^{\ominus}\}}$$

$$=\frac{\frac{2.82}{4.82}\times\frac{202\ \text{kPa}}{100\ \text{kPa}}\times\frac{1.82}{4.82}\times\frac{202\ \text{kPa}}{100\ \text{kPa}}}{\frac{0.18}{4.82}\times\frac{202\ \text{kPa}}{100\ \text{kPa}}}$$

$$=12$$

2. 标准平衡常数与 $\Delta_r G_m^{\ominus}$ 的关系

根据化学反应等温式：

$$\Delta_r G=\Delta_r G_m^{\ominus}+RT\ln J$$

若系统处于平衡状态，则 $\Delta_r G_m=0$，此时反应商 J 项中各物种的分压或浓度均为平衡分压或平衡浓度，亦即 $J=K^{\ominus}$。这时：

$$\Delta_r G_m^{\ominus}=-RT\ln K^{\ominus} \qquad (2-25)$$

将式(2-25)代入化学反应等温式，可得

$$\Delta_r G = -RT\ln K^{\ominus} + RT\ln J$$
$$= RT\ln\frac{J}{K^{\ominus}}$$

由上式可以得到：

$J < K^{\ominus}$　　$\Delta_r G_m < 0$　　反应正向进行

$J = K^{\ominus}$　　$\Delta_r G_m = 0$　　反应平衡状态

$J > K^{\ominus}$　　$\Delta_r G_m > 0$　　反应逆向进行

例 2－6　温度为 298 K 时，已知反应

$$2NO(g) + O_2(g) \rightleftharpoons 2NO_2(g) \qquad \Delta_r G_m^{\ominus} = -69.7\ kJ \cdot mol^{-1}$$

(1) 计算反应的 $K^{\ominus}$。

(2) 当反应系统中 $p(NO) = 20.0\ kPa$，$p(O_2) = 10.0\ kPa$，$p(NO_2) = 70.0\ kPa$，判断反应进行的方向。

解：(1)

$$2NO(g) + O_2(g) \rightleftharpoons 2NO_2(g)$$

$$\Delta_r G_m^{\ominus} = -RT\ln K^{\ominus}$$

$$\ln K^{\ominus} = -\frac{\Delta_r G_m^{\ominus}}{RT} = -\frac{-69.7\times 10^3\ J\cdot mol^{-1}}{8.314\ J\cdot mol^{-1}\cdot K^{-1}\times 298\ K}$$

$$K^{\ominus} = 1.60\times 10^{12}$$

(2)

$$J = \frac{\{p(NO_2)/p^{\ominus}\}^2}{\{p(NO/p^{\ominus})\}^2\{p(O_2)/p^{\ominus}\}}$$
$$= \frac{(70.0\ kPa/100\ kPa)^2}{(20.0\ kPa/100\ kPa)^2(10.0\ kPa/100\ kPa)}$$
$$= 123$$

$J < K^{\ominus}$，$\Delta_r G_m < 0$，则反应正向进行。

2.6.3　化学平衡的移动

化学平衡是在一定的条件下建立起来的一种动态平衡。当外界条件(如浓度、压力、温度等)发生变化时，正反应速率不等于逆反应速率，原有的平衡将被破坏，从平衡态变为不平衡态，直到在新的条件下正反应速率重新等于逆反应速率，建立新的平衡状态。因外界条件改变使可逆反应从一种平衡状态转变到另一种平衡状态的过程，称为化学平衡的移动。

1. 浓度对化学平衡的影响

在一定的温度下，对于已达平衡的体系，如果增加反应物的浓度或减少生成物的浓度，则使 $J<K^{\ominus}$，即平衡向正反应方向移动，移动的结果，使 J 增大，直至 J 重新等于 $K^{\ominus}$，系统又建立起新的平衡。反之，如果减少反应物的浓度或增加生成物的浓度，则 $J>K^{\ominus}$，平衡向

逆方向移动。

例 2-7 在含有 0.100 mol·L^{-1} $AgNO_3$、0.100 mol·L^{-1} $Fe(NO_3)_2$ 和 0.010 0 mol·L^{-1} $Fe(NO_3)_3$ 的溶液发生反应

$$Fe^{2+}(aq) + Ag^{+}(aq) \rightleftharpoons Fe^{3+}(aq) + Ag(s)$$

298 K 时，$K^{\ominus} = 2.98$。

(1) 该温度下反应向哪个方向进行？

(2) 该温度下平衡时 Ag^{+} 的转化率为多少？

(3) 该温度下，如果保持 Ag^{+}、Fe^{3+} 的起始浓度不变，而使 Fe^{2+} 的浓度变为 0.300 mol·L^{-1}，此条件下 Ag^{+} 的转化率为多少？

解：(1)

$$Fe^{2+}(aq) + Ag^{+}(aq) \rightleftharpoons Fe^{3+}(aq) + Ag(s)$$

$$J = \frac{\{c(Fe^{3+})/c^{\ominus}\}}{\{c(Fe^{2+})/c^{\ominus}\}\{c(Ag^{+})/c^{\ominus}\}} = \frac{0.010\,0}{0.100 \times 0.100} = 1.00$$

$J < K^{\ominus}$，反应正向进行。

(2) 设该条件下 Ag^{+} 转化浓度为 x：

	$Fe^{2+}(aq)$	+	$Ag^{+}(aq)$	$\rightleftharpoons$	$Fe^{3+}(aq)$	+	$Ag(s)$
开始浓度/mol·L^{-1}	0.100		0.100		0.010 0		
平衡浓度/mol·L^{-1}	$0.100-x$		$0.100-x$		$0.010\,0+x$		

$$K^{\ominus} = \frac{\{c(Fe^{3+})/c^{\ominus}\}}{\{c(Fe^{2+})/c^{\ominus}\}\{c(Ag^{+})/c^{\ominus}\}} = \frac{0.010\,0 + x}{(0.100 - x)^2} = 2.98$$

$$x = 0.013\,0$$

Ag^{+} 的平衡转化率 α_1 为

$$\alpha_1 = \frac{0.013\,0}{0.100} \times 100\% = 13.0\%$$

(3) 设此条件下 Ag^{+} 的平衡转化率为 α_2：

	$Fe^{2+}(aq)$	+	$Ag^{+}(aq)$	$\rightleftharpoons$	$Fe^{3+}(aq)$	+	$Ag(s)$
平衡浓度/mol·L^{-1}	$0.300-0.100\alpha_2$		$0.100-0.100\alpha_2$		$0.010\,0+0.100\alpha_2$		

$$\frac{0.010\,0 + 0.100\alpha_2}{(0.300 - 0.100\alpha_2)(0.100 - 0.100\alpha_2)} = 2.98$$

$$\alpha_2 = 38.1\%$$

由此可见，增大某反应物的浓度，可使平衡向正反应方向移动，且使另一反应物的转化率增大。从平衡体系中不断移出生成物，也可以提高转化率。例如煅烧石灰石制备生石灰的反应，由于生成的二氧化碳不断从窑炉中排出，提高了石灰石的转化率。

2. 压力对化学平衡的影响

压力的改变对没有气体物质参加的化学反应影响不大。对于有气体参与的反应，在一定的温度下，压力的改变对平衡移动的影响视具体情况而定。

(1) 部分物种分压的改变

在等温、等容条件下，改变反应物或生成物的分压，对平衡移动的影响与上述浓度变化对平衡移动的影响是一致的。

(2) 系统总压力的变化

气相反应

$$aA(g)+bB(g) \rightleftharpoons gG(g)+hH(g)$$

在一定温度下达到平衡，$J=K^{\ominus}$，则标准平衡常数

$$K^{\ominus}=\frac{\{p(G)/p^{\ominus}\}^{g}\{p(H)/p^{\ominus}\}^{h}}{\{p(A)/p^{\ominus}\}^{a}\{p(B)/p^{\ominus}\}^{b}}$$

在等温下将反应系统的总压增大了 x 倍($x>1$)，此时反应的反应商

$$J=\frac{\{xp(G)/p^{\ominus}\}^{g}\{xp(H)/p^{\ominus}\}^{h}}{\{xp(A)/p^{\ominus}\}^{a}\{xp(B)/p^{\ominus}\}^{b}}=K^{\ominus}x^{(g+h)-(a+b)}$$

$$\Delta n=(g+h)-(a+b)$$

若 $\Delta n=0$，为反应前后气体分子数相等的反应，$J=K^{\ominus}$，平衡不发生移动。

若 $\Delta n<0$，为气体分子数减少的反应，$J<K^{\ominus}$，平衡向正向移动，即向气体分子数减少的方向移动；若当 $\Delta n>0$，为气体分子数增加的反应，$J>K^{\ominus}$，平衡向逆向移动，即向气体分子数减小的方向移动。

因此，对于有气体参与的反应，温度不变，当系统的压力增大时，平衡向气体分子数减少的方向移动；同理，当系统的压力减小时，平衡向气体分子数增大的方向移动；对反应前后气体分子数相等的反应，压力的改变对平衡无影响。

(3) 引入不参与反应的气体

① 在等温、等容条件下，引入不参与反应的气体，反应物或生成物的分压不变，故对化学平衡无影响。

② 在等温、等压条件下，引入不参与反应的气体，反应体系体积的增大，造成各组分气体分压的减小，化学平衡向气体分子总数增加的方向移动。

例 2-8　在 308 K 和总压 100 kPa 时，N_2O_4 的平衡转化率为 27.2%，反应式为

$$N_2O_4(g) \rightleftharpoons 2NO_2(g)$$

(1) 计算 308 K 时的该反应 $K^\ominus$。

(2) 若温度不变，总压为 200 kPa，计算 N_2O_4 的平衡转化率。

解：(1) 设起始 N_2O_4 为 1 mol：

	$N_2O_4(g)$	$\rightleftharpoons$	$2NO_2(g)$
平衡时物质的量/mol	$1.00-0.272$ $=0.728$		2×0.272 $=0.544$

$$n(\text{总})=(0.728+0.544)\ \text{mol}=1.272\ \text{mol}$$

$$p(NO_2)=\frac{0.544}{1.272}\times 100\ \text{kPa} \qquad p(N_2O_4)=\frac{0.728}{1.272}\times 100\ \text{kPa}$$

$$K^\ominus=\frac{\{p(NO_2)/p^\ominus\}^2}{\{p(N_2O_4)/p^\ominus\}}=\frac{\left(\frac{0.544}{1.272}\right)^2}{\frac{0.728}{1.272}}=0.320$$

(2) 设 N_2O_4 转化率为 α：

	$N_2O_4(g)$	$\rightleftharpoons$	$2NO_2(g)$
平衡时物质的量/mol	$1-\alpha$		2α

$$n(\text{总})=(1-\alpha+2\alpha)\ \text{mol}=(1+\alpha)\ \text{mol}$$

$$p(NO_2)=\frac{2\alpha}{1+\alpha}\times 200\ \text{kPa} \qquad p(N_2O_4)=\frac{1-\alpha}{1+\alpha}\times 200\ \text{kPa}$$

$$K^\ominus=\frac{\{p(NO_2)/p^\ominus\}^2}{\{p(N_2O_4)/p^\ominus\}}=\frac{\left\{\left(\frac{2\alpha}{1+\alpha}\times 200\right)/100\right\}^2}{\left(\frac{1-\alpha}{1+\alpha}\times 200\right)/100}=0.320$$

$$\alpha=19.6\%$$

由此可见，当系统的压力增大时，平衡向气体分子数减少的方向移动。

3. 温度对化学平衡的影响

温度的变化，将使 $K^\ominus$ 改变，从而影响化学平衡。

$$\Delta_r G_m^\ominus=-RT\ln K^\ominus$$

$$\Delta_r G_m^\ominus=\Delta_r H_m^\ominus-T\Delta_r S_m^\ominus$$

以上两个关系式联立，得

$$\ln K^\ominus=-\frac{\Delta_r H_m^\ominus}{RT}+\frac{\Delta_r S_m^\ominus}{R}$$

若温度 T_1 时平衡常数为 $K_1^\ominus$，温度 T_2 时平衡常数为 $K_2^\ominus$，忽略反应焓变和熵变随温度的变化，则

$$\ln K_1^\ominus = -\frac{\Delta_r H_m^\ominus}{RT_1} + \frac{\Delta_r S_m^\ominus}{R}$$

$$\ln K_2^\ominus = -\frac{\Delta_r H_m^\ominus}{RT_2} + \frac{\Delta_r S_m^\ominus}{R}$$

两式相减并整理得

$$\ln \frac{K_2^\ominus}{K_1^\ominus} = \frac{\Delta_r H_m^\ominus}{R}\left(\frac{1}{T_1} - \frac{1}{T_2}\right) \tag{2-26}$$

或

$$\ln \frac{K_2^\ominus}{K_1^\ominus} = \frac{\Delta_r H_m^\ominus}{R}\left(\frac{T_2 - T_1}{T_1 T_2}\right)$$

式(2-26)给出了温度对平衡常数的影响，即：

(1) 对于放热反应，$\Delta_r H_m^\ominus < 0$，降低温度 ($T_2 < T_1$)，则 $K_2^\ominus > K_1^\ominus$，即放热反应的 $K^\ominus$ 随着温度的降低而增大，降低温度平衡向正向(放热反应方向)移动。

(2) 对于吸热反应，$\Delta_r H_m^\ominus > 0$，升高温度 ($T_2 > T_1$)，$K_2^\ominus > K_1^\ominus$，即吸热反应的 $K^\ominus$ 随着温度的升高而增大，升高温度平衡正向(吸热反应方向)移动。

4. 催化剂与化学平衡

在一定的条件下，对于一定的化学反应，无论是否使用催化剂，反应的始态与终态不变。因为催化剂同等程度加快了正、逆反应的反应速率，因此催化剂不影响化学平衡，它缩短了反应到达平衡的时间。

综合上述各种因素对化学平衡的影响，法国人吕·查德里(Le Châtelier)归纳、总结出了一条关于平衡移动的普遍规律：当系统达到平衡后，若改变平衡状态的任一条件(如浓度、压力、温度)，平衡就向着能减弱其改变的方向移动。这条规律称为吕·查德里原理。此原理既适用于化学平衡体系，也适用于物理平衡体系。但平衡移动原理只适用于已达平衡的体系，而不适用于非平衡体系。

在化工生产中，化学平衡原理对选择合适的生产工艺条件有重要的指导作用。例如接触法制备硫酸生产过程中，其中的一步反应为 SO_2 被氧化生成 SO_3：

$$2SO_2(g) + O_2(g) \rightleftharpoons 2SO_3(g) \qquad \Delta_r H_m^\ominus = -197.78\ \text{kJ} \cdot \text{mol}^{-1}$$

这是一个熵减少的放热反应。根据化学平衡移动原理可知，降低温度和增加压力有利于提高 SO_2 的转化率。但温度过低，反应速率会减慢，而压力过大会增大能耗。研究表明，常压下，温度为 500 ℃左右，V_2O_5 为催化剂时，反应速率及 SO_2 的转化率都令人满意。在

实际生产中，为了提高 SO_2 的转化率，加大了反应物中 O_2 的配比，过量的 O_2 有利于 SO_2 的转化；另外将通过吸收塔（用硫酸吸收 SO_3）后的气体（含未转化的 SO_2）再通入转化塔（SO_2 转化为 SO_3），使 SO_2 的转化率大大提高；同时不断地转移反应放出的热量，以保证 SO_2 取得足够高的转化率。

习题

1. 计算下列情况下的 ΔU：(1) 系统向环境放出了 113 kJ 热量，并且对环境做了 39 kJ 的功；(2) 系统从环境吸收了 77.5 kJ 热量，并且对环境做功 63.5 kJ。

2. 对于 $H_2O(s)$、$H_2O(l)$、$H_2O(g)$，$\Delta_f H_m^\ominus$ 最大的是哪一个？最小的是哪一个？

3. 对于反应

$$CH_3OH(g) \longrightarrow CO(g) + 2H_2(g) \qquad \Delta_r H = 90.7\ \text{kJ}$$

(1) 该反应是放热反应还是吸热反应？

(2) 当压力不变时，若有 45.0 g 的 $CH_3OH(g)$ 按上述反应分解，反应热是多少？

(3) 若焓变 $\Delta_r H$ 为 16.5 kJ，则有多少克氢气产生？

(4) 当压力不变时，10.0 g $CO(g)$ 与 H_2 完全反应生成 $CH_3OH(g)$，则反应热是多少？是放热还是吸热？

4. 已知下列反应的焓变：

$$P_4(s) + 3O_2(g) \longrightarrow P_4O_6(s) \qquad \Delta_r H = -1\ 640.1\ \text{kJ}$$

$$P_4(s) + 5O_2(g) \longrightarrow P_4O_{10}(s) \qquad \Delta_r H = -2\ 940.1\ \text{kJ}$$

计算反应 $P_4O_6(s) + 2O_2(g) \longrightarrow P_4O_{10}(s)$ 的焓变 $\Delta_r H$。

5. 根据下列反应的焓变：

$$H_2(g) + F_2(g) \longrightarrow 2HF(g) \qquad \Delta_r H = -537\ \text{kJ}$$

$$C(s) + 2F_2(g) \longrightarrow CF_4(g) \qquad \Delta_r H = -680\ \text{kJ}$$

$$2C(s) + 2H_2(g) \longrightarrow C_2H_4(g) \qquad \Delta_r H = 52.3\ \text{kJ}$$

计算如下反应的焓变 $\Delta_r H$：

$$C_2H_4(g) + 6F_2(g) \longrightarrow 2CF_4(g) + 4HF(g)$$

6. 利用热力学数据表，计算下列反应的标准反应焓变 $\Delta_r H_m^\ominus$：

(1) $2SO_2(g) + O_2(g) \longrightarrow 2SO_3(g)$

(2) $Al_2O_3(s) + 3H_2(g) \longrightarrow 2Al(s) + 3H_2O(g)$

7. 利用下列热力学数据，计算 $Mg(OH)_2(s)$ 的标准生成焓 $\Delta_f H_m^\ominus$：

$$2Mg(s) + O_2(g) \longrightarrow 2MgO(s) \qquad \Delta_r H_m^\ominus = -1\ 203.6\ \text{kJ}\cdot\text{mol}^{-1}$$

$$Mg(OH)_2(s) \longrightarrow MgO(s) + H_2O(l) \qquad \Delta_r H_m^\ominus = 37.1\ \text{kJ}\cdot\text{mol}^{-1}$$

$$2H_2(g) + O_2(g) \longrightarrow 2H_2O(l) \qquad \Delta_r H_m^\ominus = -571.7\ \text{kJ}\cdot\text{mol}^{-1}$$

8. 利用热力学数据表，通过计算说明反应 $2CuO(s) \longrightarrow Cu_2O(s) + \frac{1}{2}O_2(g)$[$\Delta_f H_m^\ominus(Cu_2O(s)) = -168.6\ kJ \cdot mol^{-1}$；$\Delta_f G_m^\ominus(Cu_2O(s)) = -146.0\ kJ \cdot mol^{-1}$；$S_m^\ominus(Cu_2O(s)) = 93.14\ J \cdot mol^{-1} \cdot K^{-1}$]

(1) 在常温(298.15 K)、标准态时该反应能否自发进行?

(2) 在 700 K、标准态时该反应能否自发进行?

9. 298.15 K 时，反应 $2H_2O_2(l) \rightleftharpoons 2H_2O(l) + O_2(g)$ 的 $\Delta_r H_m^\ominus = -196.10\ kJ \cdot mol^{-1}$，$\Delta_r S_m^\ominus = 125.76\ J \cdot mol^{-1} \cdot K^{-1}$。试分别计算该反应在 298.15 K 和 373.15 K 时的 $K^\ominus$ 值。

10. 试判断反应

$$N_2(g) + 3H_2(g) \longrightarrow 2NH_3(g)$$

(1) 根据物质的标准摩尔生成吉布斯自由能，计算该反应的 $\Delta_r G_m^\ominus$，并判断在 298.15 K、标准态时该反应能否自发进行?

(2) 计算 298.15 K 时该反应的 $K^\ominus$ 值。

11. 利用热力学数据表，求反应

$$CO(g) + NO(g) \longrightarrow CO_2(g) + \frac{1}{2}N_2(g)$$

的 $\Delta_r H_m^\ominus$、$\Delta_r S_m^\ominus$ 和 $\Delta_r G_m^\ominus$，并用这些数据分析利用该反应净化汽车尾气中 NO 和 CO 的可能性。

12. 设汽车内燃机内温度因燃料燃烧反应达到 1 300 ℃，试计算此温度时反应

$$\frac{1}{2}N_2(g) + \frac{1}{2}O_2(g) \longrightarrow NO(g)$$

的 $\Delta_r G_m^\ominus$ 和 $K^\ominus$。

13. 碘钨灯可以提高白炽灯的发光效率并延长其使用寿命，原因是由于灯管内所含少量碘发生了反应

$$W(s) + I_2(g) \rightleftharpoons WI_2(g)$$

当生成的 $WI_2(g)$ 扩散到灯丝附近的高温区时，又会立即分解出 W 并重新沉积在灯丝上。已知 298.15 K 时：

	W(s)	$WI_2(g)$
$\Delta_f H_m^\ominus/(kJ \cdot mol^{-1})$	0	−8.37
$S_m^\ominus/(J \cdot mol^{-1} \cdot K^{-1})$	33.5	251

(1) 若灯管壁温度为 623 K，计算上述反应的 $\Delta_r G_m^\ominus(623\ K)$。

(2) 求 $WI_2(g)$ 在灯丝上发生分解所需的最低温度。

14. 写出下列反应的平衡常数 $K^\ominus$ 的表达式。

(1) $2SO_2(g) + O_2(g) \rightleftharpoons 2SO_3(g)$

(2) $NH_3(g) \rightleftharpoons \frac{1}{2}N_2(g) + \frac{3}{2}H_2(g)$

(3) $CaCO_3(s) \rightleftharpoons CaO(s) + CO_2(g)$

(4) $Al_2O_3(s) + 3H_2(g) \rightleftharpoons 2Al(s) + 3H_2O(g)$

(5) $Cl_2(g) + H_2O(l) \rightleftharpoons H^+(aq) + Cl^-(aq) + HClO(aq)$

(6) $Ag_2CrO_4(s) \rightleftharpoons 2Ag^+(aq) + CrO_4^{2-}(aq)$

(7) $2Fe^{2+}(aq)+\frac{1}{2}O_2(g)+2H^+(aq) \rightleftharpoons 2Fe^{3+}(aq)+H_2O(l)$

(8) $BaSO_4(s)+CO_3^{2-}(aq) \rightleftharpoons BaCO_3(s)+SO_4^{2-}(aq)$

15. 在某温度下，二硫化碳被氧气氧化，其反应方程式与标准平衡常数如下：

$$CS_2(g)+3O_2(g) \rightleftharpoons CO_2(g)+2SO_2(g) \qquad K_1^\ominus$$

$$\frac{1}{3}CS_2(g)+O_2(g) \rightleftharpoons \frac{1}{3}CO_2(g)+\frac{2}{3}SO_2(g) \qquad K_2^\ominus$$

试确定 $K_1^\ominus$ 和 $K_2^\ominus$ 之间有怎样的数量关系。

16. 已知下列两反应的标准平衡常数分别为 $K_1^\ominus$ 和 $K_2^\ominus$：

$$2H_2O(g) \rightleftharpoons 2H_2(g)+O_2(g) \qquad K_1^\ominus$$

$$2HCl(g) \rightleftharpoons H_2(g)+Cl_2(g) \qquad K_2^\ominus$$

则对反应 $4HCl(g)+O_2(g) \rightleftharpoons 2H_2O(g)+2Cl_2(g)$ 而言，其标准平衡常数 $K^\ominus$ 与 $K_1^\ominus$ 和 $K_2^\ominus$ 有什么数量关系(以式子表示)?

17. 已知反应 $ICl(g) \rightleftharpoons \frac{1}{2}I_2(g)+\frac{1}{2}Cl_2(g)$ 在 25 ℃时的标准平衡常数 $K^\ominus=2.2\times10^{-3}$，试计算下列反应的标准平衡常数：

(1) $2ICl(g) \rightleftharpoons I_2(g)+Cl_2(g)$

(2) $\frac{1}{2}I_2(g)+\frac{1}{2}Cl_2(g) \rightleftharpoons ICl(g)$

18. 已知下列两反应在 1 090 ℃时的标准平衡常数分别为 $K_1^\ominus=0.80$，$K_2^\ominus=1.8\times10^4$：

$$H_2(g)+\frac{1}{2}S_2(g) \rightleftharpoons H_2S(g) \qquad K_1^\ominus$$

$$3H_2(g)+SO_2(g) \rightleftharpoons H_2S(g)+2H_2O(g) \qquad K_2^\ominus$$

试求反应 $4H_2(g)+2SO_2(g) \rightleftharpoons S_2(g)+4H_2O(g)$ 在 1 090 ℃时的标准平衡常数 $K^\ominus$。

19. 已知下列反应及其标准平衡常数：

$$HCN(aq) \rightleftharpoons H^+(aq)+CN^-(aq) \qquad K_1^\ominus=4.9\times10^{-10}$$

$$NH_3(g)+H_2O(l) \rightleftharpoons NH_4^+(aq)+OH^-(aq) \qquad K_2^\ominus=1.8\times10^{-5}$$

$$H_2O(l) \rightleftharpoons H^+(aq)+OH^-(aq) \qquad K_3^\ominus=1.0\times10^{-14}$$

试求反应 $NH_3(g)+HCN(aq) \rightleftharpoons NH_4^+(aq)+CN^-(aq)$ 的标准平衡常数 $K^\ominus$。

20. 反应 $CO(g)+H_2O(g) \rightleftharpoons CO_2(g)+H_2(g)$ 在 480 ℃时的标准平衡常数 $K^\ominus=2.6$，试求下列条件下 CO 的平衡转化率，并用计算结果说明平衡移动原理。

(1) 反应开始时 CO(g)和 $H_2O(g)$的浓度都为 1 $mol \cdot L^{-1}$(没有生成物，下同)。

(2) 反应开始时 CO(g)和 $H_2O(g)$的摩尔比为 1∶3。

21. 将 1.500 mol 的 NO、1.000 mol 的 Cl_2 和 2.500 mol NOCl 在容积为 15.0 L 的容器中混合，230 ℃时反应 $2NO(g)+Cl_2(g) \rightleftharpoons 2NOCl(g)$ 达到平衡时测得有 3.060 mol NOCl 存在。求平衡时 NO 的物质的量和该反应的标准平衡常数 $K^\ominus$。

22. CH_3OH 可以通过反应 $CO(g)+2H_2(g) \rightleftharpoons CH_3OH(g)$ 来合成，498 K 时该反应的 $K^\ominus = 6.08 \times 10^{-3}$。若反应开始时 $p(CO):p(H_2)=1:2$，平衡时 $p(CH_3OH)=50.0\ kPa$，求 CO 和 H_2 的平衡分压。

23. 光气的合成反应为 $CO(g)+Cl_2(g) \rightleftharpoons COCl_2(g)$，100 ℃时该反应的标准平衡常数 $K^\ominus = 1.50 \times 10^8$。若反应开始时，把 0.035 0 mol 的 CO、0.027 0 mol 的 Cl_2 和0.010 0 mol的 $COCl_2$ 在 1.00 L 的反应容器中混合，通过计算反应商 J，判断反应方向，并计算平衡时各物种的分压。

24. 反应

$$PCl_5(g) \rightleftharpoons PCl_3(g)+Cl_2(g)$$

(1) 523 K 时，将 0.70 mol 的 PCl_5 注入容积为 2.0 L 的密闭容器中，平衡时有0.50 mol的 PCl_5 分解了。试计算该温度下的平衡常数 $K^\ominus$ 和 PCl_5 的分解百分数。

(2) 若反应在上述容器中已达平衡后，再加入 0.10 mol Cl_2，则 PCl_5 的分解百分数与未加 Cl_2 时相比有何不同？

(3) 如开始时在注入 0.70 mol PCl_5 的同时，注入了 0.10 mol Cl_2，则平衡时 PCl_5 的分解百分数又是多少？比较(2)、(3)所得结果，可得出什么结论？

25. 在 295 K 时反应 $NH_4HS(s) \rightleftharpoons NH_3(g)+H_2S(g)$ 的 $K^\ominus = 0.070$，求：

(1) 平衡时该气体混合物的总压。

(2) 在同样的实验中，当 NH_3 的起始分压为 25.3 kPa 时，H_2S 的平衡分压是多少？

26. 在 673 K 时将 NO 和 O_2 注入一密闭容器中，在反应开始前其起始分压为 $p(NO)=101\ kPa$，$p(O_2)=122\ kPa$。当反应 $2NO(g)+O_2(g) \rightleftharpoons 2NO_2(g)$ 达平衡时，$p(NO_2)=79.2\ kPa$。试计算该反应的 $K^\ominus$ 和 $\Delta_r G_m^\ominus$ 值。

27. 在 298.15 K 时，反应

$$\frac{1}{2}H_2(g)+\frac{1}{2}Cl_2(g) \rightleftharpoons HCl(g)$$

其标准平衡常数 $K^\ominus = 4.9 \times 10^{16}$，$\Delta_r H_m^\ominus(298.15\ K) = -92.307\ kJ \cdot mol^{-1}$，求在 500 K 时的 $K^\ominus$ 值(近似计算，不查 $S_m^\ominus(298.15\ K)$和 $\Delta_f G_m^\ominus(298.15\ K)$数据)。

28. 在一定温度下，Ag_2O 和 $AgNO_3$ 受热均能分解，其分解反应为

$$Ag_2O(s) \rightleftharpoons 2Ag(s)+\frac{1}{2}O_2(g)$$

$$2AgNO_3(s) \rightleftharpoons Ag_2O(s)+2NO_2(g)+\frac{1}{2}O_2(g)$$

若反应的 $\Delta_r H_m^\ominus$ 和 $\Delta_r S_m^\ominus$ 不随温度的变化而变化，试估算 Ag_2O 和 $AgNO_3$ 按上述方程式分解时的最低温度，并确定 $AgNO_3$ 分解的最终产物。

第3章 化学反应速率

化学热力学解决了化学反应的可能性问题，即解决了反应的方向和限度以及反应中的能量变化问题。由于化学热力学不涉及时间的问题，因此不能解决化学反应的快慢，即反应速率问题。例如，氢气和氧气在常温下化合成水的反应，尽管在 298.15 K 时其 $\Delta_r G_m^\ominus = -237.1\ kJ \cdot mol^{-1}$，反应自发进行的趋势很大。但实际上，在常温下把两者混合，因化学反应速率太小，几乎观测不到反应的发生。由此可见，化学热力学虽然解决了反应的可能性问题，但没有解决反应的现实性问题。化学动力学主要是研究化学反应速率和反应机理，从而解决反应的现实性问题。

§3.1 化学反应速率的定义和表示方法

3.1.1 传统定义和表示方法

传统而言，反应速率是指在一定条件下，化学反应的反应物转变为生成物的速率。对于定容反应，通常用单位时间内反应物浓度的减少或生成物浓度的增加来表示反应速率，且习惯上总是取正值。若浓度的单位为 $mol \cdot L^{-1}$，时间的单位为秒(s)，则反应速率的单位为 $mol \cdot L^{-1} \cdot s^{-1}$。例如反应

	$2SO_2(g)$ +	$O_2(g)$ =	$2SO_3(g)$
起始浓度/($mol \cdot L^{-1}$)	2.0	4.0	0
2 秒末浓度/($mol \cdot L^{-1}$)	1.6	3.8	0.4

用不同的反应物和产物表示的平均反应速率为

$$\bar{r}(SO_2) = -\frac{\Delta c(SO_2)}{\Delta t} = -\frac{(1.6-2.0)mol \cdot L^{-1} \cdot}{(2-0)s} = 0.2\ mol \cdot L^{-1} \cdot s^{-1}$$

$$\bar{r}(O_2) = -\frac{\Delta c(O_2)}{\Delta t} = -\frac{(3.8-4.0)mol \cdot L^{-1}}{(2-0)s} = 0.1\ mol \cdot L^{-1} \cdot s^{-1}$$

$$\bar{r}(SO_3) = \frac{\Delta c(SO_3)}{\Delta t} = \frac{(0.4-0)mol \cdot L^{-1}}{(2-0)s} = 0.2\ mol \cdot L^{-1} \cdot s^{-1}$$

式中，Δt 表示反应的时间，$\Delta c(SO_2)$、$\Delta c(O_2)$、$\Delta c(SO_3)$分别表示 Δt 时间内反应物 SO_2、O_2

和产物 SO_3 的浓度变化，用反应物表示的速率表达式中出现负号是为了使反应速率为正值。

由上面的结果可以看出，同一反应中，用不同的反应物和产物表示的反应速率值可能不相等，但它们之间的比值恰好为反应方程式内相应的反应物和产物分子式前的系数比。如对上述反应，$\bar{r}(SO_2):\bar{r}(O_2):\bar{r}(SO_3)=2:1:2$。

以上介绍的反应速率是某一时间间隔内的平均反应速率。时间间隔越小，越能反映间隔内某一时刻的反应速率。通常把某一时刻的化学反应速率称为瞬时反应速率，它是平均反应速率的极限，用数学方法表示为

$$r(\mathrm{B}) = \lim_{\Delta t \to 0} \frac{\Delta c(\mathrm{B})}{\Delta t} = \frac{\mathrm{d}c(\mathrm{B})}{\mathrm{d}t}$$

例如，对上述反应中的反应物 SO_2 和产物 SO_3 而言，其瞬时反应速率可分别表示为

$$r(\mathrm{SO_2}) = \lim_{\Delta t \to 0} \left\{-\frac{\Delta c(\mathrm{SO_2})}{\Delta t}\right\} = -\frac{\mathrm{d}c(\mathrm{SO_2})}{\mathrm{d}t}$$

$$r(\mathrm{SO_3}) = \lim_{\Delta t \to 0} \left\{\frac{\Delta c(\mathrm{SO_3})}{\Delta t}\right\} = \frac{\mathrm{d}c(\mathrm{SO_3})}{\mathrm{d}t}$$

3.1.2 用反应进度定义的反应速率

从上面的介绍知道，同一反应的反应速率，根据传统的定义，当用反应体系中不同的物质表示时，其值可能不一定相同。但是，如果用反应进度来定义反应速率，这种情况就不会出现。

用反应进度定义的反应速率为：单位体积内反应进度随时间的变化率，即

$$r = \frac{1}{V}\frac{\mathrm{d}\xi}{\mathrm{d}t} \tag{3-1}$$

式中，V 为体系的体积。将式(2－5)代入式(3－1)得

$$r = \frac{1}{V}\left(\frac{\nu_\mathrm{B}^{-1}\mathrm{d}n_\mathrm{B}}{\mathrm{d}t}\right) = \frac{1}{\nu_\mathrm{B}}\frac{\mathrm{d}n_\mathrm{B}}{V\mathrm{d}t}$$

对于恒容反应，V 不变，则

$$\frac{\mathrm{d}n_\mathrm{B}}{V} = \mathrm{d}\left(\frac{n_\mathrm{B}}{V}\right) = \mathrm{d}c_\mathrm{B}$$

因此

$$r = \frac{1}{\nu_\mathrm{B}}\frac{\mathrm{d}c_\mathrm{B}}{\mathrm{d}t} \tag{3-2}$$

式(3－2)就是用反应进度定义得到的反应速率的表达式。对于上述反应

$$2\mathrm{SO_2(g)} + \mathrm{O_2(g)} = 2\mathrm{SO_3(g)}$$

$$r=\frac{1}{V}\frac{d\xi}{dt}=\frac{1}{\nu_B}\cdot\frac{dc_B}{dt}$$

$$=-\frac{1}{2}\frac{dc(SO_2)}{dt}=-\frac{1}{1}\frac{dc(O_2)}{dt}=\frac{1}{2}\frac{dc(SO_3)}{dt}$$

显然,用反应进度定义的反应速率的数值与反应体系中物质的选择无关,同一反应中用任何物质表示的反应速率的值都相等,但与化学计量数有关。因此,在表示化学反应速率时,必须写明相应的化学计量方程式。

§3.2 化学反应速率理论简介

3.2.1 碰撞理论

碰撞理论是 1918 年路易斯(Lewis)在气体动力学理论的基础上提出的。该理论认为,反应物分子(原子、离子)间必须相互碰撞,才有可能发生化学反应。碰撞是反应得以进行的必要条件,但是,并非反应物分子间的每一次碰撞都能发生反应。例如,H_2 与 I_2 合成$HI(g)$的反应,在 713 K 时,如果 $H_2(g)$与 $I_2(g)$的浓度都是 0.02 mol·L^{-1},则 1 s 内,1 mL 反应物分子间的碰撞频率高达 1.27×10^{29} 次,但是其中每 10^{13} 次碰撞才有一次能发生反应,因此,实际上能够发生反应的碰撞是很少的,绝大多数碰撞是不能发生反应的无效碰撞。能够发生反应的碰撞称为有效碰撞。

之所以只有部分碰撞是有效碰撞,这可以从分子能量和碰撞取向两个方面考虑。

(1) 发生有效碰撞的分子必须具有足够大的能量

对于气体分子 A 和 B 之间的反应,只有当这两个分子具有足够大的能量且它们以极大的速率相互碰撞时,才可能克服分子无限接近时电子云间的排斥力,从而导致旧的化学键的断裂及新的化学键的形成,即化学反应发生。若分子发生有效碰撞所必须具备的最低能量以 E_c表示,则能量等于或超过 E_c的分子称为活化分子。

一定温度下,体系中反应物分子具有的平均能量设为 $\overline{E}$,根据“分子运动论”,大部分分子的能量接近 $\overline{E}$ 值,能量大于 $\overline{E}$ 或小于 $\overline{E}$ 的分子只占极少数或少数。非活化分子要吸收足够的能量才能转变为活化分子。Tolman 认为,活化分子具有的平均能量($\overline{E}^*$)与反应物分子的平均能量 $\overline{E}$ 之差称为反应的活化能 E_a,即

$$E_a=\overline{E}^*-\overline{E} \qquad (3-3)$$

反应活化能是决定化学反应速率快慢的重要因素。每一个反应都有其特定的活化能 E_a,其值可以通过实验测定,所以属于经验活化能。反应活化能越小,反应速率越大。例如反应

$$(NH_4)_2S_2O_8 + 3KI \longrightarrow (NH_4)_2SO_4 + K_2SO_4 + KI_3$$

其 E_a 为 56.7 kJ · mol^{-1}，活化能较小，反应速率较大。而反应

$$2SO_2(g) + O_2(g) \longrightarrow 2SO_3(g)$$

其 E_a 为 250.8 kJ · mol^{-1}，活化能较大，反应速率较小。

（2）发生有效碰撞的分子还必须具有合适的取向

由于反应物分子由原子组成，分子具有一定的几何构型，分子内原子或原子团的排列有一定的方位。因此，如果分子碰撞时的取向不合适，尽管碰撞的分子有足够的能量，反应也不能发生。只有当活化分子以合适的取向碰撞时，化学反应才能发生。例如：

$$NO_2 + CO \longrightarrow NO + CO_2$$

只有 CO 中的 C 与 NO_2 中的 O 接近，两个分子的取向才合适，反应才可能发生（见图 3－1(a)）。其他取向都不合适，反应不能发生（见图 3－1(b)，(c)，(d)）。

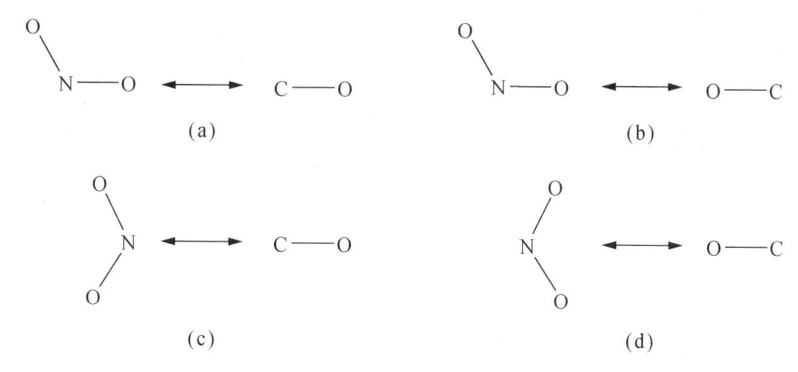

图 3－1　NO_2 与 CO 分子碰撞的取向示意图

总之，根据碰撞理论，反应物分子必须具有足够的能量并以合适的取向碰撞，化学反应才可能发生。

碰撞理论较好地解释了有效碰撞，但它不能说明反应过程及其能量变化。为此，在量子力学和统计力学的基础上又提出了过渡状态理论（又称为活化配合物理论）。

3.2.2　过渡状态理论

过渡状态理论认为，化学反应并非通过反应物分子的简单碰撞就能完成的。当两个具有足够能量的反应物分子相互接近时，首先要经历一个中间的过渡状态，即反应物分子先形成活化配合物，活化配合物然后再分解为产物。例如，在 NO_2 和 CO 的反应中，当 NO_2 和 CO 的活化分子相互接近并碰撞后，先形成了作为过渡状态的活化配合物[ONOCO]。在活化配合物中，原来的化学键被削弱，新的化学键部分形成，处于一种过渡状态，如图 3－2 所示。

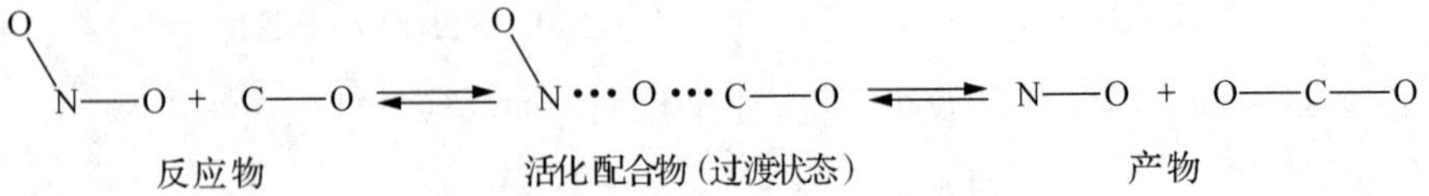

O(N)—O + C—O ⇌ O(N)···O···C—O ⇌ N—O + O—C—O

反应物　　　　活化配合物(过渡状态)　　　　产物

图 3-2　NO_2 与 CO 的反应过程

在活化配合物的过渡状态，反应物分子的动能暂时转化为活化配合物的势能，活化配合物的势能既高于反应物(始态)，也高于产物(终态)，因此活化配合物极不稳定，既可以分解为产物 NO 和 CO_2，也可以分解为原反应物。当图 3-2 中活化配合物的 N···O 键完全断裂，O···C 键进一步完全形成 O—C 键时，产物 NO 和 CO_2 就形成了，此时整个体系的势能降低，反应完成。反应过程中的势能变化如图 3-3 所示。

由图 3-3 可以看出，在活化配合物[ONOCO]与反应物(NO_2 和 CO)或产物(NO 和 CO_2)之间存在能垒。要使反应进行，反应物分子 NO_2 和 CO 必须翻越能垒到达势能“山头”(B 点)，然后才能经由活化配合物生成产物 NO 和 CO_2，回到较低势能的状态。图中活化配合物的势能与反应物的势能之差称为正反应的活化能 $E_{a,正}$；活化配合物的势能与产物的势能之差称为逆反应的活化能 $E_{a,逆}$。从图 3-3 还可以看出，无论是正反应还是逆反应，都要经历相同的活化配合物过渡态。正反应活化能 $E_{a,正}$ 与逆反应活化能 $E_{a,逆}$ 之差就是正反应的反应热 $\Delta_r H_m$，即

$$\Delta_r H_m = E_{a,正} - E_{a,逆} \tag{3-4}$$

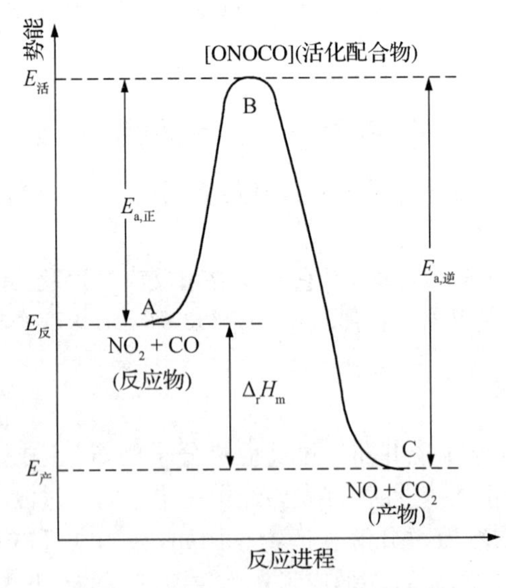

图 3-3　反应过程中势能变化示意图

若 $E_{a,正} > E_{a,逆}$，则 $\Delta_r H_m > 0$，正反应为吸热反应；若 $E_{a,正} < E_{a,逆}$，则 $\Delta_r H_m < 0$，正反

应为放热反应。

过渡状态理论中的活化能概念与碰撞理论中的活化能定义有明显的区别。根据过渡状态理论，在过渡状态时，反应物分子的化学键要进行重排。不同的反应物分子，其化学键和键能都不同，因此，在反应中要重排这些键，需要的能量也不同，即活化能不同。这就决定了不同的反应因反应物分子的不同而有不同的反应速率。由此可知，活化能是决定反应速率的内在因素。

过渡状态理论将化学反应速率与物质的微观结构相结合，与碰撞理论相比，这是过渡状态理论先进的一面。然而，许多反应的活化配合物的结构尚不能从实验上加以确定，而且计算方法又很复杂，使得这一理论的应用受到限制。

§3.3 影响化学反应速率的因素

影响化学反应速率的因素有内因和外因两个方面。内因是化学反应的本质，主要是反应的活化能，外因有浓度或压力、温度和催化剂等。

3.3.1 浓度(或压力)对化学反应速率的影响

大量的实验事实表明，在一定的温度下，增加反应物的浓度可以加快反应速率。例如物质在纯氧中比在空气中燃烧更剧烈。根据碰撞理论，反应物浓度越大，活化分子浓度越大，因此，有效碰撞频率增大，导致反应速率增大。

1. 质量作用定律

质量作用定律是关于反应物浓度与反应速率关系的规律。讨论质量作用定律，首先要明白什么是基元反应。所谓基元反应也即简单反应，是指由反应物分子一步直接转化为产物的反应。例如：

$$NO_2 + CO \longrightarrow NO + CO_2 \qquad (1)$$

$$2NO_2 \longrightarrow 2NO + O_2 \qquad (2)$$

这些反应都是基元反应。

然而大多数反应并不是基元反应，其反应物要经过若干步基元反应才能转变为产物。这类反应称为复杂反应或非基元反应。

实验表明，在一定温度下，基元反应的化学反应速率与反应物浓度以其化学计量数为指数的幂的乘积成正比。这一规律称为质量作用定律。对某一基元反应

$$a\mathrm{A} + b\mathrm{B} \longrightarrow d\mathrm{D} + e\mathrm{E}$$

其质量作用定律的表示式为

$$r = k[c(\mathrm{A})]^a[c(\mathrm{B})]^b \tag{3-5}$$

式(3－5)称为速率方程。式中，r 是反应的瞬时速率，物质的浓度为瞬时浓度，k 称为反应速率常数(简称速率常数)。例如，对上述基元反应(1)和(2)，其速率方程分别为

$$r = kc(\mathrm{NO_2})c(\mathrm{CO})$$

$$r = k[c(\mathrm{NO_2})]^2$$

速率常数 k 在速率方程中是一比例常数，对于某一反应而言，不随反应物浓度(或压力)的变化而变化。但是速率常数是温度的函数，同一反应，温度不同，k 的值不同。另外，速率常数还与反应的本质、催化剂等因素有关。一定温度下，不同的反应有不同的 k 值，k 值越大，则给定条件下的反应速率越大。

必须注意的是，质量作用定律只适用于基元反应。对于非基元反应，如果不知道该反应的反应机理，即不知道该反应由哪几步基元反应组成，那么，并不能直接根据非基元反应的反应方程式写出速率方程。对于这种复杂反应，其速率方程只能通过实验确定。如对于复杂反应

$$a\mathrm{A} + b\mathrm{B} \longrightarrow c\mathrm{C}$$

其速率方程可以表示为

$$r = k[c(\mathrm{A})]^m[c(\mathrm{B})]^n$$

通过实验的方法确定了 m、n 和 k 的值后，速率方程就得到了。

另外，如果通过实验证实了复杂反应的反应机理(即由哪几步基元反应组成)，也可以得到速率方程。例如，对于复杂反应

$$2\mathrm{NO} + 2\mathrm{H_2} \longrightarrow \mathrm{N_2} + 2\mathrm{H_2O}$$

实验测定得到其速率方程为

$$r = k[c(\mathrm{NO})]^2[c(\mathrm{H_2})]$$

并非

$$r = k[c(\mathrm{NO})]^2[c(\mathrm{H_2})]^2$$

这是因为实验表明该反应由两步基元反应组成

第一步 $2\mathrm{NO} + \mathrm{H_2} \longrightarrow \mathrm{N_2} + \mathrm{H_2O_2}$ 慢反应

第二步 $\mathrm{H_2O_2} + \mathrm{H_2} \longrightarrow 2\mathrm{H_2O}$ 快反应

第一步是慢反应，是影响整个复杂反应速率的决定性步骤，因此，总反应的速率就取决于最慢的那一步反应的速率。即

$$r = k[c(\mathrm{NO})]^2[c(\mathrm{H_2})]$$

书写速率方程式时，要注意：

(1) 稀溶液中有溶剂参加的反应，溶剂的浓度不必写在速率方程中。

(2) 固体和纯液体参加的反应，如果它们不溶于其他反应介质，则不存在“浓度”的概念，因而固体或纯液体的“浓度”不必写在速率方程中。

2. 反应级数

若反应的速率方程为

$$r = k[c(\mathrm{A})]^m[c(\mathrm{B})]^n$$

则方程中物质浓度的指数和$(m+n)$称为该反应的反应级数，也可以说该反应为$(m+n)$级反应。反应级数也可只对某一种反应物而言，例如反应对反应物 A 而言是 m 级反应，对反应物 B 而言是 n 级反应。反应级数可以是整数、分数或零。显然，对零级反应而言，反应速率与反应物浓度无关。

3. 反应物浓度与反应时间的关系

化学动力学不仅关注反应物浓度对反应速率的影响，也关注反应物浓度随时间的变化规律。利用速率方程进行数学处理，可以得到反应物浓度与时间的关系式。

以一级反应为例。对某一级反应

$$\mathrm{A} \longrightarrow \mathrm{B} + \mathrm{C}$$

则

$$r = -\frac{\mathrm{d}c(\mathrm{A})}{\mathrm{d}t} = kc(\mathrm{A})$$

整理得

$$-\frac{\mathrm{d}c(\mathrm{A})}{c(\mathrm{A})} = k\mathrm{d}t$$

若起始时反应物 A 的浓度为$[c(\mathrm{A})]_0$，t 时刻时的浓度为$[c(\mathrm{A})]_t$，对上式两侧同时进行定积分：

$$-\int_{[c(\mathrm{A})]_0}^{[c(\mathrm{A})]_t} \frac{\mathrm{d}c(\mathrm{A})}{c(\mathrm{A})} = k\int_0^t \mathrm{d}t$$

结果为

$$\ln[c(\mathrm{A})]_t - \ln[c(\mathrm{A})]_0 = -kt \tag{3-6}$$

或

$$\ln\frac{[c(\mathrm{A})]_t}{[c(\mathrm{A})]_0} = -kt \tag{3-7}$$

式(3-6)也可以变换为

$$\ln[c(\mathrm{A})]_t = -kt + \ln[c(\mathrm{A})]_0 \tag{3-8}$$

$$\lg[c(\mathrm{A})]_t = -\frac{k}{2.303}t + \lg[c(\mathrm{A})]_0 \tag{3-9}$$

根据式(3-6)和式(3-7)，可以求得一级反应的反应物 A 在时刻 t 的瞬时浓度$[c(\mathrm{A})]_t$。

当反应物消耗掉一半，即其转化率达到 50%时，反应所需要的时间称为半衰期，用 $t_{1/2}$ 表示。

利用式(3－7)可以求出一级反应的半衰期。当反应物 A 消耗掉一半时，$\frac{[c(A)]_t}{[c(A)]_0}=\frac{1}{2}$，把其代入式(3－7)得

$$\ln\frac{1}{2}=-kt_{1/2}$$

则
$$t_{1/2}=-\frac{1}{k}\ln\frac{1}{2}=\frac{\ln 2}{k}=\frac{0.693}{k} \tag{3-10}$$

由此可见，一级反应的半衰期只与速率常数 k 有关，而与反应物的初始浓度无关。这是一级反应的一个重要特征。放射性元素蜕变是一级反应，其半衰期的测定和计算有重要的实际意义。半衰期越长，反应速率越慢，放射性物质存留时间就越长。

利用同样的方法，可以处理零级反应、二级反应和三级反应。详细的情况将在《物理化学》课程中学习。

例 3－1 考古队在山洞中发现一堆带有灰烬的木材，分析结果表明其^{14}C含量为总碳量的 $8.80\times10^{-14}\%$。已知在植物活体中^{14}C含量为总碳量的 $1.10\times10^{-13}\%$，^{14}C的半衰期为 5 720 年，试判断产生这堆带有灰烬的木材的年代。

解：放射性同位素的衰变为一级反应，因此应用式(3－10)求得速率常数：

$$k=\frac{0.693}{t_{1/2}}=\frac{0.693}{5\,720\ \text{a}}$$
$$=1.21\times10^{-4}\ \text{a}^{-1}$$

将 $[c(A)]_t=8.80\times10^{-14}\%$，$[c(A)]_0=1.10\times10^{-13}\%$ 和 k 值代入式(3－7)得

$$\ln\frac{8.80\times10^{-14}\%}{1.10\times10^{-13}\%}=-1.21\times10^{-4}\ \text{a}^{-1}t$$

解得
$$t=1\,844\ \text{a}$$

答：山洞中这堆带有灰烬的木材产生于 1 844 年前。

3.3.2 温度对化学反应速率的影响

温度对大多数化学反应的速率有显著影响，一般来说，温度升高，反应速率增大。只有极少数反应例外。例如夏天时食品更容易变质，但保存在冰箱里则可以延缓食品的变质时间；植物在天气温暖时比在寒冷时生长得更快。

根据碰撞理论，一方面升高温度，分子运动速率加快，分子间碰撞次数增多；另一方面，升高温度，更多的分子获得能量转化为活化分子，分子间有效碰撞次数增加，因此反应速率加快。按照过渡状态理论，升高温度使反应物分子的平均能量增大，更多的分子可以越过能垒(活化能 E_a)，所以反应速率加快。

从速率方程看，温度对反应速率的影响主要体现在温度对反应速率常数的影响上。通常温度升高，速率常数值增大，反应速率增大。

十九世纪末，范特霍夫(J. H. van't Hoff)根据实验事实归纳出一条经验规则，即温度每升高 10 K，反应速率(或反应速率常数)增大 2—4 倍。

1. 阿仑尼乌斯方程

1889 年，阿仑尼乌斯(S. A. Arrhenius)总结了大量实验事实，提出了反应速率常数 k 与温度 T 之间的定量关系，即

$$k = A\mathrm{e}^{-\frac{E_a}{RT}} \tag{3-11}$$

式中，A 为一常数，称为指前因子或频率因子；E_a 为活化能，单位为 $\mathrm{kJ \cdot mol^{-1}}$；$R$ 为气体常数，T 为绝对温度。对式(3.11)取自然对数得

$$\ln k = -\frac{E_a}{RT} + \ln A \tag{3-12}$$

对式(3 - 11)取常用对数得

$$\lg k = -\frac{E_a}{2.303RT} + \lg A \tag{3-13}$$

式(3 - 11)—式(3 - 13)都称为阿仑尼乌斯方程。用阿仑尼乌斯方程讨论速率与温度的关系时，可以认为在一般的温度范围内，A 和 E_a 均不随温度的变化而变化。

从阿仑尼乌斯方程可以看出：

(1) 活化能 E_a 在指数项上，其大小对反应速率影响很大。

(2) 温度上升时，速率常数 k 增大，因此反应速率增大。由于 k 与 T 为指数关系，因此温度的微小改变将会引起 k 较大的改变，对活化能较大的反应尤其如此。

(3) 从式(3 - 12)和式(3 - 13)可以看出，$\ln k$ 或 $\lg k$ 与 $1/T$ 间是线性关系，以 $\ln k$ 或 $\lg k$ 为纵坐标，$1/T$ 为横坐标作图，得一直线，其斜率为 $-E_a/R$ 或 $-E_a/(2.303R)$，截距为 $\ln A$ 或 $\lg A$。

2. 阿仑尼乌斯方程的应用

(1) 计算反应的活化能 E_a。

① 作图法：当已知不同温度时的速率常数时，可以根据式(3 - 13)，作 $\lg k - (1/T)$ 直线，其斜率为 $-E_a/(2.303\mathrm{R})$，由此可求得反应的活化能 E_a。

② 根据两个不同温度时的速率常数值求算反应活化能 E_a。

设温度 T_1 时速率常数为 k_1，温度 T_2 时速率常数为 k_2，应用式(3 - 12)得

$$\ln k_1 = -\frac{E_a}{RT_1} + \ln A$$

$$\ln k_2 = -\frac{E_a}{RT_2} + \ln A$$

在上面的讨论中已指出,在 T_1—T_2 区间内,对同一反应而言,A 和 E_a 可以看做常数。上两式相减得

$$\ln k_2 - \ln k_1 = \frac{E_a}{RT_1} - \frac{E_a}{RT_2}$$

整理得

$$\ln \frac{k_2}{k_1} = \frac{E_a}{R}\left(\frac{1}{T_1} - \frac{1}{T_2}\right) = \frac{E_a}{R}\left(\frac{T_2 - T_1}{T_1 T_2}\right) \tag{3-14}$$

或

$$\lg \frac{k_2}{k_1} = \frac{E_a}{2.303R}\left(\frac{1}{T_1} - \frac{1}{T_2}\right) = \frac{E_a}{2.303R}\left(\frac{T_2 - T_1}{T_1 T_2}\right) \tag{3-15}$$

因为活化能 E_a 总是正值,因此从式(3-14)和式(3-15)可以看出,温度升高($T_2 > T_1$)时,$k_2 > k_1$,即速率常数增大,反应加快。

当已知两个温度时的速率常数值时,应用式(3.14)或(3.15)就可以求得反应的活化能 E_a。

例 3-2 化合物 A 在 300 K 时分解 20%需要 30 min,在 310 K 时分解 20%则需要 5 min,求 A 分解反应的活化能。

解:设化合物 A 的分解百分数为 α,根据化学反应速率的定义,α 等于分解速率与时间的乘积,则

300 K 时 $\quad \alpha_1 = r_1 t_1$

310 K 时 $\quad \alpha_2 = r_2 t_2$

由于 $\quad \alpha_1 = \alpha_2$

则 $\quad r_1 t_1 = r_2 t_2$

设 A 分解反应的反应级数为 m,且温度改变时反应级数不变,则

$$k_1[c(\mathrm{A})]^m t_1 = k_2[c(\mathrm{A})]^m t_2$$

由此得

$$k_1 t_1 = k_2 t_2$$

也即

$$\frac{k_2}{k_1} = \frac{t_1}{t_2}$$

根据式(3-14)

$$\ln \frac{k_2}{k_1} = \frac{E_a}{R}\left(\frac{T_2 - T_1}{T_1 T_2}\right)$$

则

$$\begin{aligned} E_a &= \frac{RT_1 T_2}{T_2 - T_1}\ln \frac{k_2}{k_1} \\ &= \frac{8.314\ \mathrm{J \cdot mol^{-1} \cdot K^{-1}} \times 300\ \mathrm{K} \times 310\ \mathrm{K}}{310\ \mathrm{K} - 300\ \mathrm{K}}\ln \frac{30\ \mathrm{min}}{5\ \mathrm{min}} \\ &= 1.385 \times 10^5\ \mathrm{J \cdot mol^{-1}} \\ &= 138.5\ \mathrm{kJ \cdot mol^{-1}} \end{aligned}$$

(2) 由 E_a 计算速率常数 k

若已知某温度下反应的活化能和速率常数 k，根据式(3-14)或式(3-15)就可计算另一温度时的速率常数 k。

例 3-3　某一反应的活化能为 121 kJ·mol^{-1}，该反应在 298 K 时的速率常数为 $2.86\times10^{-5}\ s^{-1}$，求温度为 348 K 时的速率常数。

解：把相关数据代入式(3-14)得

$$\ln\frac{k_2}{k_1}=\frac{E_a}{R}\left(\frac{T_2-T_1}{T_1T_2}\right)$$

$$=\frac{121\times10^3\ J\cdot mol^{-1}}{8.314\ J\cdot mol^{-1}\cdot K^{-1}}\left(\frac{348\ K-298\ K}{298\ K\times348\ K}\right)$$

$$=7.02$$

所以 $$\frac{k_2}{k_1}=1\,118.79$$

因此 $$k_2=1\,118.79k_1=1\,118.79\times2.86\times10^{-5}\ s^{-1}$$

$$=3.20\times10^{-2}\ s^{-1}$$

3.3.3　催化剂对化学反应速率的影响

1. 催化剂及其特点

催化剂是一种能改变化学反应速率，而本身在反应前后质量和组成不变的物质。有催化剂参加的反应称为催化反应，催化剂改变反应速率的作用称为催化作用。在化学反应中使用催化剂是很普遍的。在人体、大气、海洋和化工生产中很多的反应都只有加了催化剂后才发生。例如实验室加热氯酸钾固体制备氧气时，如果没有催化剂，即使加强热，分解反应也不易发生。但是加入少量二氧化锰后，反应速率大大加快。

根据对化学反应速率影响的不同，催化剂又分为正催化剂和负催化剂两种。能够加快反应速率的催化剂叫正催化剂，能够减慢反应速率的催化剂叫负催化剂。例如合成氨生产中加入的铁，硫酸生产中加入的五氧化二钒，生命体化学反应中的酶均为正催化剂；塑料、橡胶生产中加入的抗老化剂，减缓金属腐蚀的缓蚀剂等都是负催化剂。不过如果不明确说明，通常所说的催化剂都是指正催化剂。

催化剂之所以能加快化学反应速率，是因为催化剂参加了反应，与反应物之间形成了一种或若干种势能较低的活化配合物，改变了反应历程，降低了反应的活化能(如图 3-4 所示)。例如，SO_2 被 O_2 氧化生成 SO_3 的反应，加入 NO_2 催化剂后改变了 SO_2 转化为 SO_3 的反应历程：

$$2SO_2+2NO_2\longrightarrow 2SO_3+2NO\qquad(\text{活化能 } E_{a1})$$

$$2NO + O_2 \longrightarrow 2NO_2 \qquad （活化能 E_{a2}）$$

总反应为

$$2SO_2 + O_2 \longrightarrow 2SO_3 \qquad （活化能 E_a）$$

由于活化能 E_{a1} 和 E_{a2} 小于总反应的活化能 E_a，NO_2 作为催化剂加入后，反应速率大大加快。

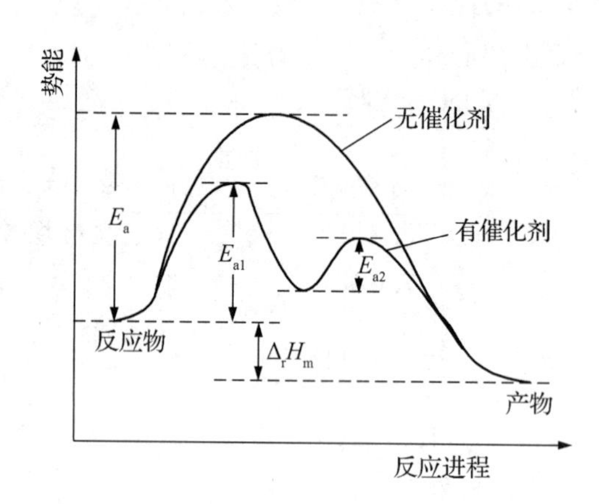

图 3-4　催化剂改变反应历程降低活化能示意图

催化剂有下列特点：

(1) 催化剂尽管改变了反应历程，降低了反应的活化能，但没有改变反应物和产物（图 3-4），也即并没有改变反应体系的始态和终态，因此，反应的焓变（$\Delta_r H_m$）和吉布斯自由能变（$\Delta_r G_m$）不会改变。也就是说，反应的方向和限度不会改变。

(2) 既然催化剂不能改变反应体系的始态和终态，这意味着催化剂只能改变热力学认为能够自发进行的反应的速率，对于热力学认为不能自发进行的反应，寻找和使用任何催化剂都是徒劳的。

(3) 对同一反应而言，催化剂同等程度地降低了正、逆反应的活化能，因此，既加快了正反应的速率，也加快了逆反应的速率（图 3-4）。它的作用只是缩短了反应达到平衡的时间，但不会使平衡移动。

(4) 由于催化剂改变了反应的活化能，因此，催化剂对反应速率的改变是通过改变速率常数实现的。对某一反应而言，当反应温度一定时，采用不同的催化剂，反应速率常数值一般不同。

(5) 催化剂具有选择性。不同的反应要用不同的催化剂，某一反应或某一类反应使用的催化剂往往对其他反应无催化作用。例如 SO_2 的氧化用 V_2O_5 或 Pt 作催化剂，而乙烯的氧化则用 Ag 作催化剂。催化剂的选择性还体现在有的反应有许多平行反应，这时选用不同的催化剂可增大工业上所需要的某个反应的速率，同时抑制其他不需要的副反应的速率，这样可以提高产品的质量和产率以及原料的利用率。

2. 均相催化和多相催化[1,2]

催化反应的种类很多，就催化剂和反应物存在的状态来说，可分为均相催化反应和多相催化反应。所谓相是指物系中物理状态和化学组成完全相同的均匀部分。催化剂和反应物均在同一相的反应称为均相催化反应，催化剂与反应物不在同一相中的反应称为多相催化反应。

（1）均相催化

均相催化多是气相和液相反应。在均相催化中，最普遍而重要的一种是酸碱催化反应。例如 H^+ 催化酯类的水解：

$$CH_3COOCH_3 + H_2O \xrightarrow{H^+} CH_3COOH + CH_3OH$$

H_2O_2 的 I^- 催化分解是又一例均相催化的典型实例。当没有催化剂存在时，分解反应为

$$2H_2O_2(aq) \longrightarrow 2H_2O(l) + O_2(g) \qquad (E_a = 76\ kJ \cdot mol^{-1})$$

$$r = kc(H_2O_2)$$

没加催化剂时 H_2O_2 的分解速率很慢。很多催化剂都可以催化该分解反应的速率，例如，在反应体系中加入 I^-。I^- 催化 H_2O_2 分解的机理为

第一步（慢反应）　$H_2O_2(aq) + I^-(aq) \xrightarrow{k_1} IO^-(aq) + H_2O(l) \quad (E_a = 57\ kJ \cdot mol^{-1})$

第二步（快反应）　$H_2O_2(aq) + IO^-(aq) \xrightarrow{k_2} I^-(aq) + H_2O(l) + O_2(g)$

总反应为　$2H_2O_2(aq) \longrightarrow 2H_2O(1) + O_2(g)$

$$r = k_1 c(H_2O_2) c(I^-)$$

假设此反应在有催化剂和无催化剂的情况下指前因子 A 相等或相近，则由于加了催化剂后活化能减小了 $19\ kJ \cdot mol^{-1}$，反应速率则增大了 2 140 倍。

（2）多相催化

在多相催化中，催化剂往往自成一相，且通常是固体的催化剂与气体或液体反应物相接触，反应在固体催化剂表面的活性中心上进行。活性中心是固体催化剂表面具有催化能力的活性部位，仅占催化剂表面的一小部分。重要的化工生产如合成氨、接触法制硫酸、氨氧化法生产硝酸、原油裂解及基本有机合成工业等很多都是用固体催化剂催化气相反应。例如，用金属 Ni，Pd 或 Pt 作催化剂，乙烯的催化加氢反应

$$H_2C = CH_2 + H_2 \xrightarrow[\text{(Ni，Pd 或 Pt)}]{\text{金属催化剂}} H_3C—CH_3$$

尽管该反应是一放热反应（$\Delta_r H_m^{\ominus} = -137\ kJ \cdot mol^{-1}$），但是如果不加催化剂，反应速率极低；然而，加了金属粉末催化剂如 Ni，Pd 或 Pt，反应在室温下就相当容易进行，其催化加

氢过程如图 3-5 所示。首先，气相的反应物分子 H_2 和乙烯吸附在金属催化剂表面的活性点上；吸附后，H_2 分子的化学键被减弱并断裂为两个氢原子，且两个氢原子占据不同的活性点；这两个氢原子相对而言在金属表面易于移动，当其中的一个氢原子遇到吸附在催化剂表面活性点上的乙烯分子时，就与其一个碳原子形成 σ 键，C═C 双键断裂，形成 C_2H_5 基团；当另一个氢原子遇到该 C_2H_5 基团的另一个碳原子时，就形成了第六个 C—H 键，也即乙烷分子形成，并从催化剂表面解吸下来。当活性点上又吸附了另一个乙烯分子后，新的加氢反应又开始了。只要催化剂不中毒，催化加氢反应就会循环往复进行。

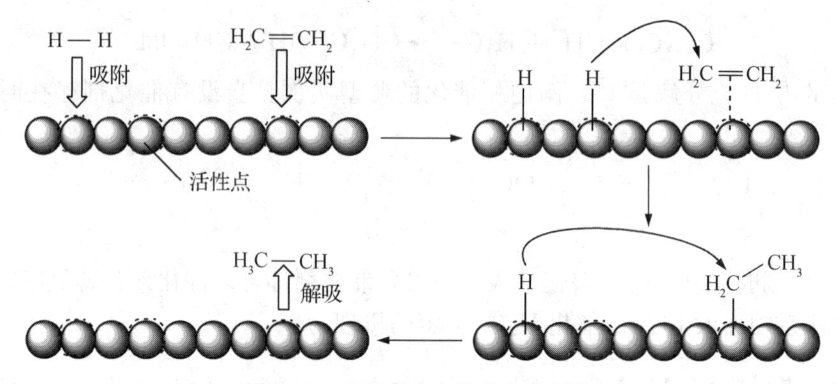

图 3-5 乙烯的多相催化加氢过程

由于多相催化与表面吸附有关，因此，表面积越大，催化效率越高。许多催化剂常因加入少量某种其他物质而使表面积增大许多。例如合成氨生产中，加入 1.03% 的 Al_2O_3，就可使 Fe 催化剂的表面积由 $0.55\ m^2 \cdot g^{-1}$ 增加到 $9.44\ m^2 \cdot g^{-1}$。也有的物质会使催化剂表面电子云密度增大，使催化剂的活性中心的效果增强。例如 Fe 催化剂中加入少量 K_2O，就可以起到该作用。Al_2O_3 和 K_2O 本身对合成氨反应无催化作用，但却可以大大提高 Fe 催化剂的催化能力，这种物质称为助催化剂。

如果在反应体系中存在某些物质，使得催化剂的活性严重下降或者完全失活，这种现象称为催化剂中毒，这种物质称为催化毒物。例如在二氧化硫的催化氧化中，Pt 是催化剂，但少量的 As 就会使 Pt 中毒失活。在工业上，催化剂常常负载在一些不活泼的多孔性物质上，这种物质称为催化剂的载体。载体的作用是使催化剂分散在载体上，产生较大的表面积。

3. 酶催化[3-7]

催化反应的最重要的例子就是生命体中的反应。几乎所有的生物反应都是酶催化反应，酶是高效和高选择性的生物催化剂。大多数的酶都是复杂的大分子蛋白质，相对分子质量可高达 1 200—120 000 甚至更大。酶催化反应发生时，底物联结到酶表面的活性部位上

(活性部位具有一定的空间和形状,形象化地把活性部位形容为一个口袋或沟槽),正如一把钥匙插入到了一个锁孔中(锁一钥匙模型)。如果酶催化反应的抑制剂占据了酶的活性部位,则底物就不能与活性部位结合,酶就失去了活性。

与所有的催化剂一样,酶的催化作用降低了活化能。不仅如此,酶的催化能力远远超过了化学催化剂的能力,例如,一个碳酸酐酶分子能在一秒内水合 10^5 个 CO_2 分子,使反应速率提高 10^7 倍。酶催化具有高度的选择性,通常一种酶只催化一个单一的反应或一组密切相关的反应。酶催化反应通常在常温下进行,条件温和。

课外参考读物

[1] Lauterbach L, Lenz O. Catalytic production of hydrogen peroxide and water by oxygen-tolerant [NiFe]-hydrogenase during H_2 cycling in the presence of O_2[J]. J. Am. Chem. Soc., 2013, 135 (47):17897.

[2] Huang Z X, Dong G B. Catalytic direct β-arylation of simple ketones with aryl lodides[J]. J. Am. Chem. Soc., 2013, 135(47):17747.

[3] Lin Y H, Zhao A D, Tao Y, Ren J S, Qu X G. Ionic liquid as an efficient modulator on artificial enzyme system: toward the realization of high－temperature catalytic reactions[J]. J. Am. Chem. Soc., 2013, 135(11):4207.

[4] Wiester M J, Ulmann P A, Mirkin C A. Enzyme mimics based upon supramolecular coordination chemistry[J]. Angew. Chem. Int. Ed., 2011, 50(1):114.

[5] Zhang C H, Wu S S, Xu D G. Catalytic mechanism of angiotensin-converting enzyme and effects of the chloride ion[J]. J. Phys. Chem. B, 2013, 117(22):6635.

[6] Bornscheuer U T, Kazlauskas R J. Catalytic promiscuity in biocatalysis: Using old enzymes to form new bonds and follow new pathways[J]. Angew. Chem. Int. Ed., 2004, 43(45):6032.

[7] Fruk L, Kuo C, Torres E, Niemeyer C M. Apoenzyme reconstitution as a chemical tool for structural enzymology and biotechnology[J]. Angew. Chem. Int. Ed., 2009, 48(9):1550.

习题

1. 写出下列反应在某时刻 t 时的瞬时速率表达式:

(1) $N_2(g)+3H_2(g) \longrightarrow 2NH_3(g)$

(2) $2SO_2(g)+O_2(g) \longrightarrow 2SO_3(g)$

(3) $I^-(aq)+ClO^-(aq) \longrightarrow Cl^-(aq)+IO^-(aq)$

2. 在某温度下,反应物M和N发生反应,当M的浓度增大1倍时反应速率变为原来的4倍;当N的浓度增大1倍时反应速率变为原来的2倍,则该反应的反应级数是多少?

3. 对于反应 $BF_3(g)+NH_3(g) \longrightarrow F_3BNH_3(g)$,以初始速率法测定的初始速率实验数据如下:

	$c(BF_3)/(mol\cdot L^{-1})$	$c(NH_3)/(mol\cdot L^{-1})$	$r/(mol\cdot L^{-1}\cdot s^{-1})$
1	0.250	0.250	0.213 0
2	0.250	0.125	0.106 5
3	0.200	0.100	0.068 2
4	0.350	0.100	0.119 3
5	0.175	0.100	0.059 6

(1) 写出反应的速率方程。

(2) 反应物 $BF_3(g)$和 $NH_3(g)$的反应级数各是多少？该反应的反应级数是多少？

(3) 计算该反应的速率常数值。

4. 在 300 K 时，溴乙烷分解反应的速率常数为 $2.50\times10^{-3}\,min^{-1}$。

(1) 该分解反应是几级反应？说明理由。

(2) 溴乙烷分解一半需要多少时间？

(3) 溴乙烷浓度由 $0.40\,mol\cdot L^{-1}$降为 $0.010\,mol\cdot L^{-1}$，需要多少时间？

(4) 若初始浓度为 $0.40\,mol\cdot L^{-1}$，反应 8 小时后溴乙烷浓度还余多少？

5. 分解反应 $N_2O_5(g)\longrightarrow 2NO_2(g)+\frac{1}{2}O_2(g)$ 是一级反应，在 70 ℃时其速率常数为 $6.82\times10^{-3}\,s^{-1}$。若把 0.030 0 mol 的 $N_2O_5(g)$置于一体积为 2.5 L 的容器中并开始反应，则

(1) 反应开始 2.5 min 后 $N_2O_5(g)$还剩余多少摩尔？

(2) $N_2O_5(g)$的量降到还剩 0.005 mol 时需要多少秒？

(3) 在 70 ℃时 N_2O_5 的半衰期是多少？

6. 若反应 $2A(g)+B(g)\longrightarrow 2C(g)$ 为基元反应：

(1) 写出该反应的速率方程。

(2) 该反应的反应级数是多少？反应物 A 和 B 的反应级数各是多少？

(3) 若不改变其他条件，只是把容器的体积增大 1 倍，反应速率如何变化？

(4) 若容器体积不变，但将 A 的浓度变为原来的 3 倍，反应速率如何变化？

7. 某一级反应在 20 ℃时的速率常数为 $1.75\times10^{-1}\,s^{-1}$，试计算：

(1) 当温度为 60 ℃且活化能为 $55.5\,kJ\cdot mol^{-1}$时，反应的速率常数是多少？

(2) 当温度为 60 ℃且活化能为 $121\,kJ\cdot mol^{-1}$时，反应的速率常数是多少？

8. 两个一级反应在 30 ℃时的速率常数相同，若反应 A 的活化能为 $34.5\,kJ\cdot mol^{-1}$，反应 B 的活化能为 $27.2\,kJ\cdot mol^{-1}$，试计算在 60 ℃时反应 A 和 B 的速率常数的比 $\frac{k_A}{k_B}$。

9. 某反应当温度从 30 ℃提高到 40 ℃时，反应速率增大了 1 倍，试计算该反应的活化能。

10. 某一级反应 300 K 时的半衰期是 400 K 时的 50 倍，求该反应的活化能。

11. 反应 $2N_2O(g)\longrightarrow 2N_2(g)+O_2(g)$ 在 298 K 时，其 $\Delta_r H_m^\ominus=-164.1\,kJ\cdot mol^{-1}$，$E_a=240\,kJ\cdot mol^{-1}$；当用氯气作催化剂时，活化能 E_a降为 $140\,kJ\cdot mol^{-1}$。试计算：

（1）使用催化剂后反应速率提高了多少倍？

（2）加催化剂后逆反应的活化能是多少？

12. 已知基元反应 A、B、C、D、E 的正、逆反应的活化能如下：

基元反应	正反应活化能($kJ \cdot mol^{-1}$)	逆反应活化能($kJ \cdot mol^{-1}$)
A	70	20
B	16	35
C	40	45
D	20	80
E	20	30

当温度相同时：

（1）正反应是吸热反应的是哪一个？

（2）放热最少的反应是哪一个？

（3）放热最多的反应是哪一个？

（4）正反应速率常数最大的是哪一个？

（5）逆反应速率常数最大的是哪一个？

（6）反应可逆性最大的是哪一个？

13. 反应 $2NO(g) + 2H_2(g) \longrightarrow N_2(g) + 2H_2O(g)$ 的反应速率方程为 $r = k[c(NO)]^2 c(H_2)$，试讨论下列各种条件变化时对初始速率有何影响？

（1）NO 的浓度增加一倍。

（2）有催化剂参加。

（3）降低温度。

（4）向反应体系中加入一定量的 N_2。

第4章　酸碱平衡

本章以化学平衡和酸碱质子理论为基础，着重讨论水溶液中酸碱质子转移反应及弱电解质的解离平衡。

§4.1　酸碱质子理论概述

酸和碱最早是根据物质的表观现象认识的。人们认为有"酸味"的物质是酸，如食醋、维生素C等；有涩味，具有肥皂一样滑腻感的物质是碱，如小苏打。随着人们对酸碱认识的深入，19世纪80年代瑞典化学家阿仑尼乌斯(S. A. Arrhenius)首次较科学系统地提出了酸碱理论，被称为酸碱电离理论。该理论指出"酸是在水溶液中解离产生的阳离子全部是氢离子(H^+)的化合物；碱是在水溶液中解离产生的阴离子全部是氢氧根离子(OH^-)的化合物"。这一理论从物质的组成上解释了酸碱，使人们对酸碱的认识从现象深入到本质，这是现代酸碱理论的开端，沿用至今。但电离理论将认识局限于水溶液中，因而不适合非水系统，同时无法解释一些盐类物质的酸碱性，如Na_2CO_3和Na_2S呈碱性、NH_4Cl显示酸性等事实。在酸碱理论发展的过程中，又提出了多种酸碱理论，如溶剂理论、质子理论、电子理论等，本节仅介绍酸碱质子理论。

1. 酸和碱的定义

1923年，丹麦化学家布朗斯特(J. N. Bronsted)和英国化学家劳来(T. M. Lowry)提出了酸碱的定义：凡能给出质子的物质为酸，凡能接受质子的物质为碱，如：

$$酸 \rightleftharpoons H^+ + 碱$$

$$HAc \rightleftharpoons H^+ + Ac^-$$

$$NH_4^+ \rightleftharpoons H^+ + NH_3$$

$$H_2O \rightleftharpoons H^+ + OH^-$$

$$H_3O^+ \rightleftharpoons H^+ + H_2O$$

$$HCO_3^- \rightleftharpoons H^+ + CO_3^{2-}$$

$$H_2CO_3 \rightleftharpoons H^+ + HCO_3^-$$

$$[Cu(H_2O)_4]^{2+} \rightleftharpoons H^+ + [Cu(H_2O)_3(OH)]^+$$

从以上关系式中可以看出，酸给出质子后生成相应的碱，而碱结合质子后又生成相应的酸。这种对应互变关系称为质子酸碱的共轭关系。处于共轭关系的酸和碱就组成一个共轭酸碱对，例如 NH_4^+ 和 NH_3 为一个共轭酸碱对，NH_4^+ 是 NH_3 的共轭酸，NH_3 是 NH_4^+ 的共轭碱。在共轭酸碱对中，酸越强，则其共轭碱的碱性越弱，如 HCl 是强酸，其共轭碱 Cl^- 则是弱碱；反之，酸越弱，则其共轭碱的碱性越强，如 H_2O 是弱酸，其共轭碱 OH^- 则是强碱。

既可以给出又可以接受质子的物质叫做酸碱两性物质，如 $H_2PO_4^-$、HCO_3^- 等。

2. 酸碱反应的实质

酸碱质子理论认为，酸碱反应的实质是两个共轭酸碱对之间质子的转移（传递），表达式如下：

$$\text{酸(1)} + \text{碱(2)} \rightleftharpoons \text{酸(2)} + \text{碱(1)} \quad (H^+: \text{酸(1)} \rightarrow \text{碱(2)})$$

其中酸(1)与碱(1)为一个共轭酸碱对，酸(2)与碱(2)为另一个共轭酸碱对。

根据质子理论，酸、碱的解离反应为酸碱反应。例如，HF 在水溶液中的解离，HF 给出 H^+ 后，成为其共轭碱 F^-；而 H_2O 接受 H^+ 生成其共轭酸 H_3O^+。

$$\underset{\text{酸(1)}}{HF} + \underset{\text{碱(2)}}{H_2O} \rightleftharpoons \underset{\text{酸(2)}}{H_3O^+} + \underset{\text{碱(1)}}{F^-} \quad (H^+: HF \rightarrow H_2O)$$

NH_3 在水溶液中的解离，NH_3 接受 H_2O 给出的 H^+ 生成其共轭酸 NH_4^+；而 H_2O 给出 H^+ 后生成其共轭碱 OH^-。

$$\underset{\text{碱(2)}}{NH_3} + \underset{\text{酸(1)}}{H_2O} \rightleftharpoons \underset{\text{碱(1)}}{OH^-} + \underset{\text{酸(2)}}{NH_4^+} \quad (H^+: H_2O \rightarrow NH_3)$$

水既是酸又是碱，水的解离反应也是酸碱反应：

$$\underset{\text{酸(1)}}{H_2O} + \underset{\text{碱(2)}}{H_2O} \rightleftharpoons \underset{\text{酸(2)}}{H_3O^+} + \underset{\text{碱(1)}}{OH^-} \quad (H^+: H_2O \rightarrow H_2O)$$

盐类的水解反应实际上也是离子酸碱的质子转移反应。例如：NaAc 的水解反应：

$$\underset{碱(1)}{Ac^-} + \underset{酸(2)}{H_2O} \xrightarrow{H^+} \underset{酸(1)}{HAc} + \underset{碱(2)}{OH^-}$$

Ac^- 与 H_2O 之间发生了质子转移反应，生成了 HAc 和 OH^-。又如 NH_4Cl 水解：

$$\underset{酸(1)}{NH_4^+} + \underset{碱(2)}{H_2O} \xrightarrow{H^+} \underset{酸(2)}{H_3O^+} + \underset{碱(1)}{NH_3}$$

NH_4^+ 与 H_2O 之间也发生了质子转移反应。

酸与碱反应的方向与限度取决于酸和碱的相对强弱。酸碱反应过程中，必然是强碱夺取强酸给出的质子而转化为它的共轭酸—弱酸；而强酸给出质子后，转化为它的共轭碱—弱碱。因此酸碱反应的方向是较强的酸与较强的碱反应，生成较弱的酸和较弱的碱，相互作用的酸与碱越强，则酸碱反应进行得越完全。如：

$$\underset{较强的酸}{HF} + \underset{较强的碱}{CN^-} \rightleftharpoons \underset{较弱的碱}{F^-} + \underset{较弱的酸}{HCN}$$

质子理论扩大了酸和碱的范围，酸可以是分子酸，也可以是阳离子酸和阴离子酸；同理碱除了分子碱，还有阴离子碱和阳离子碱。

酸碱质子理论也扩大了酸碱反应的范围，不再限定以水为溶剂，适用于任何溶剂体系和无溶剂体系（如气相反应体系）。如 HCl 与 NH_3 的酸碱中和反应，无论在水溶液中，还是在气相或有机相苯溶液中，其实质都是质子转移反应，最终生成氯化铵，因此均可表示为

$$\underset{酸(1)}{HCl} + \underset{碱(2)}{NH_3} \xrightarrow{H^+} \underset{酸(2)}{NH_4^+} + \underset{碱(1)}{Cl^-}$$

但质子理论也有它的局限性，对于不涉及质子的反应，酸碱质子理论无法阐明。

§4.2　水的解离平衡

4.2.1　水的解离平衡

水是极微弱的电解质，水分子的解离平衡：

$$H_2O(l)+H_2O(l) \rightleftharpoons H_3O^+(aq)+OH^-(aq)$$

上式可以简写为

$$H_2O(l) \rightleftharpoons H^+(aq)+OH^-(aq)$$

水解离反应的标准平衡常数表达式为

$$K_w^\ominus = \left\{\frac{c(H^+)}{c^\ominus}\right\}\left\{\frac{c(OH^-)}{c^\ominus}\right\} \tag{4-1}$$

$K_w^\ominus$ 可以简写为

$$K_w^\ominus = \{c(H^+)\}\{c(OH^-)\}$$

$K_w^\ominus$ 称为水的离子积常数，简称水的离子积。经实验测得，298.15 K时纯水中 $c(H^+)$ 和 $c(OH^-)$ 均为 1.0×10^{-7} mol·L^{-1}，因此 $K_w^\ominus=\{c(H^+)\}\{c(OH^-)\}=1.0\times10^{-14}$。

由于水的解离是吸热反应，根据化学平衡原理，温度升高，$K_w^\ominus$ 增大。表4-1为不同温度下水的离子积。在常温时一般可认为 $K_w^\ominus=1.0\times10^{-14}$。

表4-1　不同温度下水的离子积

t/℃	5	10	20	25	50	100
$K_w^\ominus/10^{-14}$	0.185	0.292	0.681	1.007	5.47	55.1

4.2.2　溶液的pH

任何物质的水溶液都同时存在 H^+ 和 OH^-，在室温下，它们的离子积为 1.0×10^{-14}。溶液中的酸碱性取决于溶液中 $c(H^+)$ 和 $c(OH^-)$ 的相对大小。因此，室温范围内：

酸性溶液　　$c(H^+) > 10^{-7}$ mol·L^{-1} $> c(OH^-)$

中性溶液　　$c(H^+) = 10^{-7}$ mol·L^{-1} $= c(OH^-)$

碱性溶液　　$c(H^+) < 10^{-7}$ mol·L^{-1} $< c(OH^-)$

当溶液中 $c(H^+)$ 和 $c(OH^-)$ 小于1 mol·L^{-1}时，用浓度直接表示溶液的酸碱性十分不便，1909年索伦森(S. Sörensen)提出采用pH表示：

$$pH = -\lg\{c(H^+)\}$$

同样 $$pOH = -\lg\{c(OH^-)\}$$

由于室温下，$K_w^\ominus = 1.0 \times 10^{-14}$，可以推得 $pK_w^\ominus = pH + pOH = 14$，中性溶液中，$pH = pOH = 7$；酸性溶液中，$pH < 7$；碱性溶液中 $pH > 7$。可见，pH 越小，溶液的酸性就越强；反之，pH 越大，溶液的碱性就越强。表 4-2 列举了常见溶液的 pH。

表 4-2　一些常见溶液的 pH

溶　液	pH	溶　液	pH	溶　液	pH
柠檬汁	2.2—2.4	番茄汁	3.5	人的血液	7.35—7.45
葡萄酒	2.8—3.8	牛　奶	6.3—6.6	人的唾液	6.5—7.5
食　醋	3.0	乳　酪	4.8—6.4	人　尿	4.8—8.4
啤　酒	4—5	海　水	8.3	胃　酸	—2.8
咖　啡	5	饮用水	6.5—8.5		

需要指出的是，在非室温时，由于 $K_w^\ominus = \{c(H^+)\}\{c(OH^-)\} \neq 1.0 \times 10^{-14}$，所以此时不能将 $c(H^+) = 10^{-7}\ mol \cdot L^{-1}$ 或 $pH = 7$ 认为是中性溶液的标志，只要满足 $c(H^+) = c(OH^-)$ 溶液即为中性。另外，pH 和 pOH 一般用在溶液中 $c(H^+) < 1\ mol \cdot L^{-1}$ 或者 $c(OH^-) < 1\ mol \cdot L^{-1}$ 的情况，即 pH 在 0—14 范围内，如果 $c(H^+)$ 和 $c(OH^-)$ 大于 $1\ mol \cdot L^{-1}$，直接用 H^+ 和 OH^- 的浓度表示溶液酸碱性更为方便。

§4.3　弱酸、弱碱的解离平衡

4.3.1　一元弱酸、弱碱的解离平衡

弱酸或弱碱在水溶液中部分解离，在水溶液中存在着已解离的弱酸或弱碱的组分离子和未解离的分子之间的平衡，这种平衡称为弱酸、弱碱的解离平衡。解离的分子数与原始分子总数之比，称为解离度(α)。在定容反应中，已解离的弱酸(或弱碱)的浓度与原始浓度之比等于其解离度。以一元弱酸和其共轭碱 $HA\text{-}A^-$ 的水溶液为例，推导共轭酸碱对中 $K_a^\ominus$ 与 $K_b^\ominus$ 之间的定量关系，在此基础上进行各组分平衡浓度的相关计算。$HA\text{-}A^-$ 水溶液中存在如下平衡：

$$HA(aq) \rightleftharpoons H^+(aq) + A^-(aq)$$

$$A^-(aq) + H_2O(l) \rightleftharpoons HA(aq) + OH^-(aq)$$

达平衡时有如下关系：
$$K_a^\ominus = \frac{\{c(H^+)\}\{c(A^-)\}}{\{c(HA)\}}$$

$$K_b^\ominus = \frac{\{c(HA)\}\{c(OH^-)\}}{\{c(A^-)\}}$$

以上两式相乘，得
$$K_a^\ominus \cdot K_b^\ominus = K_w^\ominus \tag{4-2}$$

式中的 $c(H^+)$、$c(A^-)$、$c(HA)$和 $c(OH^-)$分别表示平衡时 H^+、A^-、HA 和 OH^- 的浓度，其单位为 $mol \cdot L^{-1}$；$K_a^\ominus$ 和 $K_b^\ominus$ 分别为弱酸和弱碱的标准解离平衡常数。酸碱解离平衡常数具有一般平衡常数的特性，与浓度无关，与温度有关。但是室温下研究解离平衡时，一般可以不考虑温度对平衡常数的影响。本书附表四列出了一些质子酸的解离平衡常数。

另外从式(4-2)可以看出，共轭酸碱对中，$K_a^\ominus$ 与 $K_b^\ominus$ 成反比，$K_a^\ominus$ 越大，弱酸的酸性越强，其共轭碱的 $K_b^\ominus$ 越小，碱性越弱。反之亦然。

例 4-1 计算室温时，0.10 $mol \cdot L^{-1}$ HAc 水溶液的 pH 和解离度。已知 $K_a^\ominus(HAc) = 1.8 \times 10^{-5}$。

解：设平衡时，$c(H^+)$为 x $mol \cdot L^{-1}$，则

	$HAc(aq) \rightleftharpoons$	$H^+(aq)+$	$Ac^-(aq)$
初始浓度/$mol \cdot L^{-1}$	c_a	0	0
平衡浓度/$mol \cdot L^{-1}$	$c_a - x$	x	x

$$K_a^\ominus(HAc) = \frac{\{c(H^+)\}\{c(A^-)\}}{\{c(HA)\}} = \frac{x^2}{0.10 - x}$$

当 $\{c_a\}/K_a^\ominus \geqslant 500$ 时，$c_a - x \approx c_a$，故

$$x = \sqrt{\{c_a\} \cdot K_a^\ominus} = \sqrt{0.10 \times 1.8 \times 10^{-5}} = 1.3 \times 10^{-3}, c(H^+) = 1.3 \times 10^{-3}\ mol \cdot L^{-1}$$
$$pH = -\lg\{c(H^+)\} = 2.89$$

解离度
$$\alpha = \frac{1.3 \times 10^{-3}}{0.10} \times 100\% = 1.3\%$$

研究表明，当 $\{c_a\}/K_a^\ominus \geqslant 500$ 时，酸的解离度 $\alpha < 5\%$，相对误差 $< 2\%$，可以满足一般计算的要求。通过例 4-1 的计算，当$\{c_a\}/K_a^\ominus \geqslant 500$ 时，可以得到计算一元弱酸 $c(H^+)$的近似式为：

$$c(H^+) = \sqrt{\{c_a\} \cdot K_a^\ominus}\ mol \cdot L^{-1} \tag{4-3}$$

同理，对于浓度为 c_b的一元弱碱水溶液，当 $\{c_b\}/K_b^\ominus \geqslant 500$ 时，也可以得到计算一元弱碱 $c(OH^-)$的近似式为

$$c(OH^-) = \sqrt{\{c_b\} \cdot K_b^\ominus}\ mol \cdot L^{-1} \tag{4-4}$$

式(4-3)和式(4-4)两式在精度要求不高的条件下适用，对于精度要求严格的计算应

解一元二次方程。

例 4-2 计算 0.10 mol·L^{-1} NH_4Cl 溶液的 pH 和 NH_4^+ 的解离度。已知 NH_3 的 $K_b^\ominus = 1.8\times10^{-5}$。

解：
$$NH_4^+(aq)+H_2O(l)\rightleftharpoons NH_3(aq)+H_3O^+(aq)$$

NH_4^+ 是 NH_3 的共轭酸，由 NH_3 的 $K_b^\ominus = 1.8\times10^{-5}$，可得

$$K_a^\ominus = K_w^\ominus/K_b^\ominus = \frac{1.0\times10^{-14}}{1.8\times10^{-5}} = 5.6\times10^{-10}$$

由于 $\{c_a\}/K_a^\ominus \geqslant 500$，故

$$c(H^+) = \sqrt{\{c_a\}\cdot K_a^\ominus}\,\text{mol}\cdot L^{-1} = \sqrt{0.10\times5.6\times10^{-10}}\,\text{mol}\cdot L^{-1} = 7.5\times10^{-6}\ \text{mol}\cdot L^{-1}$$

$$pH = -\lg\{c(H^+)\} = -\lg7.5\times10^{-6} = 5.12$$

解离度
$$\alpha = \frac{7.5\times10^{-6}}{0.10}\times100\% = 0.0075\%$$

例 4-3 计算 1.0×10^{-3} mol·L^{-1} 氨水中 OH^- 的浓度 x mol·L^{-1}、解离度 α。已知 NH_3 的 $K_b^\ominus=1.8\times10^{-5}$。

解：

	$NH_3 + H_2O \rightleftharpoons$	NH_4^+	$+ OH^-$
初始浓度/mol·L^{-1}	1.0×10^{-3}	0	0
平衡浓度/mol·L^{-1}	$1.0\times10^{-3}-x$	x	x

由于 $\{c_b\}/K_b^\ominus < 500$，故不能近似计算。

$$K_b^\ominus = \frac{x^2}{1.0\times10^{-3}-x}$$

解一元二次方程得　$x = 1.25\times10^{-4}$，$c(OH^-) = 1.25\times10^{-4}$ mol·L^{-1}

$$\alpha = \frac{1.25\times10^{-4}}{1.0\times10^{-3}}\times100\% = 12.5\%$$

例 4-4 计算室温时，0.010 mol·L^{-1} NaAc 溶液的 pH。已知 $K_a^\ominus(HAc) = 1.8\times10^{-5}$。

解：
$$Ac^-(aq)+H_2O(l)\rightleftharpoons HAc(aq)+OH^-(aq)$$

Ac^- 是 HAc 的共轭碱，由 HAc 的 $K_a^\ominus = 1.8\times10^{-5}$ 可得

$$Ac^- \text{的} K_b^\ominus = K_w^\ominus/K_a^\ominus = \frac{1.0\times10^{-14}}{1.8\times10^{-5}} = 5.6\times10^{-10}$$

由于 $\{c_b\}/K_b^\ominus \geqslant 500$，故可采用近似式计算：

$$c(OH^-) = \sqrt{\{c_b\}\cdot K_b^\ominus}\,\text{mol}\cdot L^{-1} = 2.4\times10^{-6}\,\text{mol}\cdot L^{-1}$$

$$pOH = 5.62$$

$$pH = 14 - pOH = 14 - 5.62 = 8.38$$

4.3.2 多元弱酸、弱碱的解离平衡

凡是在水溶液中释放出两个或两个以上质子的弱酸称为多元弱酸，如 H_3PO_4、H_2S、H_2CO_3、H_2SO_3 等；在水溶液中接受两个或两个以上质子的弱碱称为多元弱碱，如 CO_3^{2-}、SO_4^{2-}、S^{2-} 等。多元弱酸(碱)在水溶液中的解离是分步(或分级)进行的，每一步反应都有相应的解离平衡常数。例如二元弱酸 H_2S 在水溶液中，存在两个解离平衡，其解离平衡常数分别为 $K_{a1}^\ominus$ 和 $K_{a2}^\ominus$：

$$H_2S(aq) \rightleftharpoons H^+(aq) + HS^-(aq) \qquad K_{a1}^\ominus = \frac{\{c(H^+)\}\{c(HS^-)\}}{\{c(H_2S)\}} = 9.5 \times 10^{-8} \quad (1)$$

$$HS^-(aq) \rightleftharpoons H^+(aq) + S^{2-}(aq) \qquad K_{a2}^\ominus = \frac{\{c(H^+)\}\{c(S^{2-})\}}{\{c(HS^-)\}} = 1.3 \times 10^{-13} \quad (2)$$

显然，$K_{a1}^\ominus \gg K_{a2}^\ominus$，这也是多元弱酸解离的普遍现象。如果 $K_{a1}^\ominus / K_{a2}^\ominus > 10^3$，可以认为溶液中的 H^+ 主要由第一级解离生成，计算 $c(H^+)$ 时可以按一元弱酸的解离平衡做近似处理。由于第一级解离得到的 H^+ 抑制第二级解离反应，因此第二级解离程度更小，HS^- 消耗很少，故平衡时溶液中 $c(H^+) \approx c(HS^-)$。同理多元弱碱中相关离子浓度的计算和多元弱酸类似。

例 4-5 常温、常压下 H_2S 在水中的溶解度为 $0.10\ mol \cdot L^{-1}$，试求 H_2S 饱和溶液中，H^+ 浓度，溶液的 pH 以及 S^{2-} 浓度。

解：由于 $K_{a1}^\ominus \gg K_{a2}^\ominus$，故可以根据第一级解离平衡计算 H^+ 的浓度。
设平衡时溶液中 $c(H^+)$ 为 $x\ mol \cdot L^{-1}$，则

$$H_2S(aq) \rightleftharpoons H^+(aq) + HS^-(aq)$$

平衡浓度/$mol \cdot L^{-1}$ $\qquad 0.10 - x \qquad x \qquad x$

$$K_{a1}^\ominus = \frac{\{c(H^+)\}\{c(HS^-)\}}{\{c(H_2S)\}} = 9.5 \times 10^{-8} = \frac{x^2}{0.10 - x}$$

由于 $0.1/K_{a1}^\ominus = 0.1/(9.5 \times 10^{-8}) \geqslant 500$，$0.10 - x \approx 0.10$，故

$$c(H^+) = \sqrt{\{c_a\} \cdot K_{a1}^\ominus}\ mol \cdot L^{-1} = 1.0 \times 10^{-4}\ mol \cdot L^{-1}$$

$$pH = -\lg\{c(H^+)\} = -\lg(1.0 \times 10^{-4}) = 4.00$$

H_2S 的第二级解离与第一级比较可以忽略，故平衡时溶液中 $c(HS^-) \approx c(H^+) = 1.0 \times 10^{-4}\ mol \cdot L^{-1}$。

根据第二步解离平衡 $HS^-(aq) \rightleftharpoons H^+(aq) + S^{2-}(aq)$ 可得

$$K_{a2}^\ominus = \frac{\{c(H^+)\}\{c(S^{2-})\}}{\{c(HS^-)\}}$$

$$c(S^{2-}) = \frac{K_{a2}^{\ominus}\{c(HS^-)\}}{\{c(H^+)\}} mol \cdot L^{-1} \approx K_{a2}^{\ominus} mol \cdot L^{-1} = 1.3 \times 10^{-13} mol \cdot L^{-1}$$

研究表明，多元弱酸（如 H_2S），$K_{a1}^{\ominus}/K_{a2}^{\ominus} > 10^3$，第二步解离所得的共轭碱的浓度值（如 S^{2-}）近似地等于 $K_{a2}^{\ominus}$，而与弱酸的浓度无关。

利用多重平衡规则也可以求得 H_2S 溶液中 S^{2-} 的浓度。

(1)式+(2)式得到： $H_2S(aq) \rightleftharpoons 2H^+(aq) + S^{2-}(aq)$ (3)

$$K_a^{\ominus} = K_{a1}^{\ominus} \times K_{a2}^{\ominus} = \frac{\{c(H^+)\}^2\{c(S^{2-})\}}{\{c(H_2S)\}} \quad (4-5)$$

该式体现了平衡系统中 $c(H^+)$、$c(S^{2-})$ 和 $c(H_2S)$ 之间的关系，在饱和的 H_2S 溶液中，直接调节溶液的酸度就可以控制溶液中的 $c(S^{2-})$。值得注意的是，(3)式并不表示 H_2S 发生一步解离产生 2 个 H^+ 和 1 个 S^{2-}，也不说明溶液中没有 HS^- 存在。

例 4-6 计算 0.10 $mol \cdot L^{-1} Na_2CO_3$ 溶液的 pH。

解：CO_3^{2-} 是二元弱碱：

$$K_{b1}^{\ominus} = \frac{K_w^{\ominus}}{K_{a2}^{\ominus}} = \frac{1.0 \times 10^{-14}}{4.7 \times 10^{-11}} = 2.1 \times 10^{-4}$$

$$K_{b2}^{\ominus} = \frac{K_w^{\ominus}}{K_{a1}^{\ominus}} = \frac{1.0 \times 10^{-14}}{4.4 \times 10^{-7}} = 2.3 \times 10^{-8}$$

由于 $K_{b1}^{\ominus}/K_{b2}^{\ominus} > 10^3$，可以认为溶液中的 OH^- 主要由 CO_3^{2-} 在水溶液中接受质子的第一级平衡中生成的。$\{c_b\}/K_{b1}^{\ominus} \geqslant 500$，故

$$c(OH^-) = \sqrt{\{c_b\} \cdot K_{b1}^{\ominus}} mol \cdot L^{-1} = \sqrt{0.10 \times 2.1 \times 10^{-4}} mol \cdot L^{-1} = 4.6 \times 10^{-3} mol \cdot L^{-1}$$

pOH=2.34

pH=14-pOH=14-2.34=11.66

§4.4 缓冲溶液

4.4.1 同离子效应

酸碱平衡和任何化学平衡一样都是暂时的、相对的动态平衡，当外界条件改变时，会引起平衡的移动。如 HAc 溶液中存在平衡：$HAc \rightleftharpoons H^+ + Ac^-$，若加入强酸或与其含有相同离子（$Ac^-$）的易溶强电解质（如 NaAc），解离平衡会向左移动，导致 HAc 的解离度大大降低。又如往氨水中加入强碱或者 NH_4Cl，情况也类似。这种在弱电解质溶液中加入

与弱电解质含有相同离子的强电解质，使弱电解质的解离度降低的现象称为同离子效应。

例4-7 在0.10 mol·L^{-1} HAc水溶液中，加入固体NaAc使其浓度为0.10 mol·L^{-1}（忽略溶液的体积变化），求此混合溶液中H^+的浓度和HAc的解离度。

解：设平衡时，$c(H^+)$为x mol·L^{-1}，则

$$HAc(aq) \rightleftharpoons H^+(aq) + Ac^-(aq)$$

	HAc(aq)	H^+(aq)	Ac^-(aq)
初始浓度/mol·L^{-1}	0.10	0	0.10
平衡浓度/mol·L^{-1}	$0.10-x\approx0.10$	x	$0.10+x\approx0.10$

$$K_a^{\ominus}(HAc) = \frac{\{c(H^+)\}\{c(Ac^-)\}}{\{c(HAc)\}} = \frac{0.10x}{0.10} = 1.8\times10^{-5}$$

$$x = 1.8\times10^{-5}, c(H^+) = 1.8\times10^{-5}\ mol\cdot L^{-1}$$

$$pH = -\lg\{c(H^+)\} = 4.74$$

$$\alpha = \frac{1.8\times10^{-5}}{0.10}\times100\% = 0.018\%$$

将此结果与例4-1（$pH=2.87$，$\alpha=1.3\%$）比较可以看出，由于NaAc的加入，产生同离子效应，使得HAc的解离度大大降低了。

以上计算表明，由于同离子效应，HAc的解离度和$c(H^+)$都大大降低，所以在科研和生产中常利用同离子效应控制弱酸或弱碱溶液的H^+和OH^-的浓度，调节溶液的酸碱性。并可以通过同离子效应控制弱酸溶液中的酸根离子的浓度（如H_2S、$H_2C_2O_4$、H_3PO_4等溶液中S^{2-}、$C_2O_4^{2-}$、PO_4^{3-}等浓度），使某些金属离子沉淀出来，或保留在溶液中，达到分离、提纯的目的。

例4-8 在0.10 mol·L^{-1}的HCl溶液中通H_2S至饱和，求溶液中S^{2-}的浓度。

解：
$$H_2S(aq) \rightleftharpoons 2H^+(aq) + S^{2-}(aq)$$

设S^{2-}的浓度为x mol·L^{-1}，饱和H_2S水溶液的浓度为0.10 mol·L^{-1}。由于在0.10 mol·L^{-1} HCl溶液中通H_2S至饱和，故该系统中$c(H^+)$可以认为主要来源于HCl，$c(H^+)=0.10$ mol·L^{-1}，由式(4-5)可知：

$$K_a^{\ominus} = K_{a1}^{\ominus}\times K_{a2}^{\ominus} = \frac{\{c(H^+)\}^2\{c(S^{2-})\}}{\{c(H_2S)\}} = \frac{(0.10)^2x}{0.10} = 9.5\times10^{-8}\times1.3\times10^{-13}$$

$$x = 1.2\times10^{-19}, c(S^{2-}) = 1.2\times10^{-19}\ mol\cdot L^{-1}$$

将此计算结果和例4-5比较可知，H^+浓度调整至0.10 mol·L^{-1}使得$c(S^{2-})$变为纯饱和H_2S溶液中的$1/10^6$。可见，通过调节弱酸（碱）溶液的酸度可以改变溶液中共轭酸碱对浓度的比值。反之，通过调节溶液中共轭酸碱对的比值也可以控制溶液的酸碱度。

4.4.2 缓冲溶液

1. 定义和组成

在共轭酸碱对组成的混合溶液中加入少量强酸或强碱或适当稀释，溶液的 pH 基本上保持不变，这种保持 pH 相对稳定的溶液称为缓冲溶液。缓冲溶液具有在一定范围内能抵抗少量外加强酸、强碱或适当稀释，保持体系 pH 基本不变的作用。

缓冲溶液一般是由共轭酸碱对组成，如 $HAc\text{-}Ac^-$，$H_2CO_3\text{-}HCO_3^-$，$HCO_3^-\text{-}CO_3^{2-}$，$H_2PO_4^-\text{-}HPO_4^{2-}$，$NH_4^+\text{-}NH_3$ 都可以配制成不同 pH 的缓冲溶液。组成缓冲溶液的共轭酸碱对中的碱有抵抗酸的作用，酸有抵抗碱的作用，也称为缓冲对。

2. 缓冲原理

根据酸碱质子理论，缓冲溶液是一共轭酸碱对系统。现以 $HAc\text{-}Ac^-$ 组成的缓冲溶液为例，说明缓冲作用的原理。此缓冲溶液的特点是体系中 HAc 和 Ac^- 的起始浓度较大，即溶液中存在较大量的 HAc 和 Ac^-，此缓冲系统在水溶液中存在以下平衡：

$$\underset{（大量）}{HAc(aq)} \rightleftharpoons \underset{（极少）}{H^+(aq)} + \underset{（大量）}{Ac^-(aq)}$$

当加入少量强酸时，根据平衡移动原理，H^+ 浓度增加，平衡向左移动，Ac^- 将外加的 H^+ 基本消耗，H^+ 浓度基本保持不变，即溶液的 pH 基本保持不变。当加入少量强碱时，H^+ 被消耗，浓度减小，平衡往右移动，HAc 解离出来的 H^+ 补充被碱消耗的 H^+ 的量，从而维持 H^+ 浓度基本不变。在此缓冲体系中，HAc 起了抗碱的作用（抗碱成分），其共轭碱 Ac^- 起了抗酸的作用（抗酸成分）。

当适当稀释此溶液时，H^+ 浓度减少，平衡向右移动，电离度增大，以补充 H^+ 浓度的减小，新的平衡建立时，溶液中的 H^+ 浓度也几乎维持不变。

3. 缓冲溶液 pH 计算

以弱酸 HB 及其共轭碱 B^- 组成的缓冲溶液为例，设其起始浓度分别为 c_a 和 c_b，在水溶液中存在以下平衡：

	HB(aq)	$\rightleftharpoons$	$H^+(aq)$	+	$B^-(aq)$
平衡浓度/$mol \cdot L^{-1}$	$c_a - c(H^+) \approx c_a$		$c(H^+)$		$c_b + c(H^+) \approx c_b$

由解离平衡关系式可得

$$K_a^\ominus = \frac{\{c(H^+)\}\{c(B^-)\}}{\{c(HB)\}}$$

$$c(H^+) = K_a^\ominus \frac{\{c_a\}}{\{c_b\}} mol \cdot L^{-1} \tag{4-6a}$$

$$pH = pK_a^{\ominus} - \lg\frac{\{c_a\}}{\{c_b\}} \tag{4-6b}$$

这就是计算一元弱酸及其共轭碱组成的缓冲溶液 H^+ 浓度和 pH 的近似式。同样，对于弱碱和其共轭酸组成的缓冲溶液 OH^- 浓度和 pOH 计算近似式如下：

$$c(OH^-) = K_b^{\ominus}\frac{\{c_b\}}{\{c_a\}}\text{mol}\cdot\text{L}^{-1} \tag{4-7a}$$

$$pOH = pK_b^{\ominus} - \lg\frac{\{c_b\}}{\{c_a\}} \tag{4-7b}$$

例 4-9　由 0.10 $mol\cdot L^{-1}$ HAc 和 0.10 $mol\cdot L^{-1}$ NaAc 组成缓冲溶液，计算下列三种情况下的 pH。

（1）向 100 mL 的该缓冲溶液中，加入 0.50 mL 1.0 $mol\cdot L^{-1}$ HCl。

（2）向 100 mL 的该缓冲溶液中，加入 0.50 mL 1.0 $mol\cdot L^{-1}$ NaOH。

（3）用水将该缓冲溶液稀释 10 倍。

解：
$$HAc(aq) \rightleftharpoons H^+(aq) + Ac^-(aq)$$

原始的缓冲溶液 pH 按例 4-7 计算得，pH=4.74。

（1）加入 0.50 mL 1.0 $mol\cdot L^{-1}$ HCl 后，体系中 HAc 和其共轭碱 Ac^- 的浓度分别为

$$c_a = \frac{0.10\times100+1\times0.50}{100.5}\text{mol}\cdot\text{L}^{-1} = 0.104\ \text{mol}\cdot\text{L}^{-1}$$

$$c_b = \frac{0.10\times100-1\times0.50}{100.5}\text{mol}\cdot\text{L}^{-1} = 0.095\ \text{mol}\cdot\text{L}^{-1}$$

$$pH = pK_a^{\ominus} - \lg\frac{\{c_a\}}{\{c_b\}} = 4.74 - \lg\frac{0.104}{0.095} = 4.70$$

（2）加入 0.50 mL 1.0 $mol\cdot L^{-1}$ NaOH 后，体系中 HAc 和其共轭碱 Ac^- 的浓度分别为

$$c_a = \frac{0.10\times100-1\times0.50}{100.5}\text{mol}\cdot\text{L}^{-1} = 0.095\ \text{mol}\cdot\text{L}^{-1}$$

$$c_b = \frac{0.10\times100+1\times0.50}{100.5}\text{mol}\cdot\text{L}^{-1} = 0.104\ \text{mol}\cdot\text{L}^{-1}$$

$$pH = pK_a^{\ominus} - \lg\frac{\{c_a\}}{\{c_b\}} = 4.74 - \lg\frac{0.095}{0.104} = 4.78$$

（3）用水稀释 10 倍，体系中 HAc 和其共轭碱 Ac^- 的平衡浓度均减小 10 倍为 0.01 $mol\cdot L^{-1}$。

$$pH = pK_a^{\ominus} - \lg\frac{\{c_a\}}{\{c_b\}} = 4.74 - \lg\frac{0.01}{0.01} = 4.74$$

从计算结果可知，向 HAc 和 NaAc 的缓冲溶液中加入少量的 HCl、NaOH 或加入少量

的水稀释，pH 基本不变，可见缓冲溶液具有保持 pH 相对稳定的性能。然而缓冲溶液的缓冲能力是有限的，若加入大量的强酸或强碱，抗碱成分或抗酸成分就将耗尽，缓冲溶液就丧失了缓冲能力。

缓冲对的浓度越大，缓冲对的浓度之比越接近 1，则缓冲溶液抵抗酸或碱影响的能力越强。当缓冲对的浓度之比小于 0.1 或大于 10 时，可以认为没有缓冲作用。通常把缓冲溶液能发挥缓冲作用(缓冲对的浓度之比为 0.1—10)的 pH 范围称为缓冲范围。如 HA-A^- 构成的缓冲溶液，缓冲范围：

$$pH = pK_a^{\ominus}(HA) \pm 1 \tag{4-8}$$

利用式(4-8)，可以计算缓冲溶液的缓冲范围。例如 HAc 的 $K_a^{\ominus}(HAc) = 1.8 \times 10^{-5}$，HAc-$Ac^-$ 构成的缓冲溶液，其缓冲范围为 3.74—5.74。

4. 缓冲溶液的选择和配制

在实际配制一定 pH 的缓冲溶液时，所选择的缓冲体系，除了参与 H^+ 和 OH^- 有关的反应以外，不能与反应系统中的其他物质发生副反应。药用缓冲溶液还要考虑到其是否具有毒性。选择合适的共轭酸碱对，一般选用 $pK_a^{\ominus}$(或 $pK_b^{\ominus}$)等于或接近于所指定的 pH 或 pOH。例如：欲配制 pH=5 的缓冲溶液，可选择 $pK_a^{\ominus} = 4.74$ 的 HAc-Ac^- 缓冲对；欲配制 pH = 9 的缓冲溶液，则可选用 $pK_a^{\ominus} = 9.26$ 的 NH_4^+-NH_3 的缓冲对。$pK_a^{\ominus}$ 和 pH 不完全相等，通过调节共轭酸碱对的浓度之比即得到所需 pH 的缓冲溶液。具体如何调节可以依据式(4-6)或式(4-7)计算。

在化学分析中，常选择合适的缓冲溶液控制系统的 pH，以达到理想的测试效果。许多化学合成也需要在缓冲溶液提供的较稳定的 pH 条件下进行。人体组织细胞也依靠缓冲体系使氢离子处于合适的浓度范围，从而完成正常的生理活动。例如，人体内血液的组成成分之一血浆中有碳酸氢盐(H_2CO_3-$NaHCO_3$)、磷酸氢盐(Na_2HPO_4-NaH_2PO_4)和血浆蛋白缓冲体系(H-血浆蛋白-Na-血浆蛋白)，使血浆处于正常 pH7.35—7.45。如果血浆 pH 低于 7.35，就会出现酸中毒，高于 7.45，就会出现碱中毒，严重的酸中毒 ($pH < 6.9$) 和碱中毒 ($pH > 7.8$) 都将危及生命。土壤溶液中也存在缓冲体系，提供微生物正常活动和农作物发育生长的稳定 pH。可见，缓冲溶液在化学分析、化学合成、生物学、农业等方面都有很重要的用途。

1. 从下列分子或离子中选择共轭酸碱对：

(1) H_3O^+，OH^-，H_2O，O^{2-}，NH_4^+，NH_3，NH_2^-

(2) $H_3SO_4^+$，H_2SO_4，HSO_4^-，SO_4^{2-}，H_2S，HS^-，S^{2-}

2. 根据酸碱质子理论，指出下列分子或离子中，哪些只是酸？哪些只是碱？哪些既是酸又是碱？

$$H_3PO_4, H_2PO_4^-, Ac^-, OH^-, HCl$$

3. 标明下列各反应中各个共轭酸碱对，写出它们的平衡常数表达式，并给出室温下各反应的标准平衡常数值(相关数据见附表四)。

$$HCN + H_2O \rightleftharpoons H_3O^+ + CN^- \qquad NO_2^- + H_2O \rightleftharpoons OH^- + HNO_2$$

$$S^{2-} + H_2O \rightleftharpoons HS^- + OH^- \qquad PO_4^{3-} + H_2O \rightleftharpoons HPO_4^{2-} + OH^-$$

4. $NH_3 \cdot H_2O$ 的 $K_b^\ominus = 1.8 \times 10^{-5}$，$NH_4^+$ 的 $K_a^\ominus = 5.6 \times 10^{-10}$，求水的离子积常数。

5. 欲配制 pH = 5.00，含 HAc 0.20 mol·L^{-1} 的缓冲溶液 1.0 L，需 1.0 mol·L^{-1} HAc，1.0 mol·L^{-1} NaAc 溶液各多少毫升？(已知 $K_a^\ominus(HAc) = 1.8 \times 10^{-5}$)

6. 分别计算下列混合溶液中的 pH：

(1) 30 mL HCl(0.50 mol·L^{-1})与 20 mL NaOH(0.50 mol·L^{-1})。

(2) 50 mL NH_4Cl(0.20 mol·L^{-1})与 50 mL NaOH(0.20 mol·L^{-1})。

(3) 50 mL NH_4Cl(0.20 mol·L^{-1})与 25 mL NaOH(0.20 mol·L^{-1})。

(4) 25 mL NH_4Cl(0.20 mol·L^{-1})与 50 mL NaOH(0.20 mol·L^{-1})。

(5) 20 mL $H_2C_2O_4$(1.0 mol·L^{-1})与 30 mL NaOH(1.0 mol·L^{-1})。

($K_b^\ominus(NH_3 \cdot H_2O) = 1.8 \times 10^{-5}$，$K_{a1}^\ominus(H_2C_2O_4) = 5.6 \times 10^{-2}$，$K_{a2}^\ominus(H_2C_2O_4) = 5.4 \times 10^{-5}$)

7. 血液中存在 H_2CO_3-HCO_3^- 缓冲溶液，其作用是除去乳酸 HLac，试写出反应方程式，并求该反应的标准平衡常数。($K_a^\ominus(HLac) = 8.4 \times 10^{-4}$，$K_{a1}^\ominus(H_2CO_3) = 4.4 \times 10^{-7}$)

8. 已知 298 K 时某一元弱酸 0.010 mol·L^{-1} 水溶液的 pH 为 4.00，求 $K_a^\ominus$，α。

9. 在氨水中分别加入下列物质：(1) NH_4Cl；(2) NaCl；(3) H_2O；(4) NaOH，对氨水的解离常数、解离度和 pH 值有何影响？

10. 计算：

(1) pH = 1.00 与 pH = 3.00 的 HCl 溶液等体积混合后溶液的 $c(H^+)$值和 pH。

(2) pH = 2.00 的 HCl 溶液与 pH = 13.00 的 NaOH 溶液等体积混合后溶液的 $c(H^+)$值和 pH。

11. 0.20 mol·L^{-1}的 HCl 和 0.20 mol·L^{-1} HCN 溶液的 $c(H^+)$浓度是否相等？通过计算说明。(已知 $K_{HCN}^\ominus = 6.2 \times 10^{-10}$)

12. 下列各溶液的浓度均为 0.10 mol·L^{-1}，试按 pH 由小到大的次序排列(不要求计算)。

$$NH_4Ac, NaHSO_4, Ba(OH)_2, HCl, NH_4Cl, NaOH, HAc, NaAc, H_2SO_4$$

13. 0.010 mol·L^{-1} HAc 溶液的解离度为 4.2%，求 HAc 的标准解离常数和该溶液的 H^+ 浓度。(已知 $K_a^\ominus(HAc) = 1.8 \times 10^{-5}$)

14. 染料溴甲基蓝(HBb)是一元弱酸：

$$HBb(aq) \rightleftharpoons H^+(aq) + Bb^-(aq)$$

加 NaOH 溶液时，上述平衡向何方移动？该染料酸(HBb)为黄色，其共轭碱(Bb^-)为蓝色，在 NaOH 溶液中滴加 HBb 指示剂，显何种颜色？

15. 麻黄素($C_{10}H_{15}ON$)是一种碱，被用于鼻雾剂，以减轻冲血，$K_b^\ominus(C_{10}H_{15}ON) = 1.4 \times 10^{-4}$。

(1) 写出麻黄素与水反应的离子方程式，即麻黄类这种弱碱的解离反应方程式。

(2) 写出麻黄素的共轭酸，并计算其 $K_a^\ominus$ 值。

16. 水杨酸(邻羟基苯甲酸)$C_7H_4O_3H_2$ 是二元弱酸。25 ℃下，$K_{a1}^\ominus = 1.0 \times 10^{-3}$，$K_{a2}^\ominus = 2.2 \times 10^{-14}$。有时可用它作为止痛药而代替阿司匹林(Aspirin)，但它有较强的酸性，能引起胃出血。计算 0.065 mol·L^{-1} 的 $C_7H_4O_3H_2$ 溶液中平衡时，$c(H^+)$、$c(C_7H_4O_3H_2)$、$c(C_7H_4O_3^{2-})$及溶液的 pH 各为多少？

17. 今有 2.0 L 的 0.50 mol·L^{-1} NH_3(aq)和 2.0 L 的 0.50 mol·L^{-1} HCl 溶液，若配制 pH = 9.00 缓冲溶液，不允许再加水，最多能配制多少升缓冲溶液？其中 $c(NH_3)$，$c(NH_4^+)$各为多少？(已知 $K_b^\ominus(NH_3 \cdot H_2O) = 1.8 \times 10^{-5}$)

18. 硼砂($Na_2B_4O_7 \cdot 10H_2O$)在水中溶解，并发生反应

$$Na_2B_4O_7 \cdot 10H_2O(s) \rightleftharpoons 2Na^+(aq) + 2B(OH)_3(aq) + 2B(OH)_4^-(aq) + 3H_2O(l)$$

硼酸与水反应为

$$B(OH)_3(aq) + H_2O(l) \rightleftharpoons B(OH)_4^-(aq) + H^+(aq)$$

(1) 将 28.6 g 硼砂溶解在水中，配制 1.0 L 溶液，计算该溶液的 pH。

(2) 在(1)的溶液中加入 100 mL 的 0.10 mol·L^{-1} HCl 溶液，其 pH 又为多少？

(已知 $K_a^\ominus(B(OH)_3) = 5.8 \times 10^{-10}$)

19. 苯甲酸的 $K_a^\ominus = 6.28 \times 10^{-5}$，解离方程式为

$$C_6H_5COOH + H_2O \rightleftharpoons C_6H_5COO^- + H_3O^+$$

(1) 1.22 g 固体苯甲酸用 0.40 mol·L^{-1} NaOH 中和，需 NaOH 多少毫升？

(2) 苯甲酸的溶解度为 2.05 g·L^{-1}，求苯甲酸水溶液中的 H^+ 浓度。

(已知：苯甲酸的相对分子质量=122)

20. 查阅相关文献，简要评述近代酸碱理论。

21. 试举例说明缓冲溶液在科学研究及生产生活中的应用。

第 5 章　沉淀溶解平衡

沉淀的生成和溶解现象在日常生活、科学实验及化工生产中经常发生。本章将以化学平衡为基础，介绍沉淀溶解平衡。

§5.1　溶度积

5.1.1　溶度积

在一定温度下，难溶强电解质(如 AgCl)在水中虽然难溶，但还会有一定量的 Ag^+ 和 Cl^- 在水分子的作用下离开 AgCl 固体表面进入水中，该过程称为溶解。同时，这些进入水溶液中的 Ag^+ 和 Cl^- 又有可能回到 AgCl 固体表面而析出，该过程称为沉淀。在一定温度下，当溶解和沉淀的速率相等时，AgCl 固体和溶液中 Ag^+ 和 Cl^- 之间便建立了一种动态的多相平衡，称为沉淀溶解平衡，可表示如下：

$$\mathrm{AgCl(s)} \underset{\text{沉淀}}{\overset{\text{溶解}}{\rightleftharpoons}} \mathrm{Ag^+(aq)} + \mathrm{Cl^-(aq)}$$

该反应的标准平衡常数表达式为

$$K_{sp}^{\ominus}(\mathrm{AgCl}) = \{c(\mathrm{Ag^+})/c^{\ominus}\}\{c(\mathrm{Cl^-})/c^{\ominus}\}$$

或简写成

$$K_{sp}^{\ominus}(\mathrm{AgCl}) = \{c(\mathrm{Ag^+})\}\{c(\mathrm{Cl^-})\} \qquad (5-1)$$

$K_{sp}^{\ominus}$ 是难溶电解质沉淀溶解平衡的标准平衡常数，它反映了物质的溶解能力，称为溶度积常数，简称溶度积。与其他标准平衡常数一样，溶度积也是温度的函数，一般情况下温度越高，溶度积越大。

对于任意难溶电解质(A_nB_m)：

$$\mathrm{A}_n\mathrm{B}_m(\mathrm{S}) \underset{\text{沉淀}}{\overset{\text{溶解}}{\rightleftharpoons}} n\mathrm{A}^{m+}(\mathrm{aq}) + m\mathrm{B}^{n-}(\mathrm{aq})$$

其溶度积的通式为

$$K_{sp}^{\ominus}(A_nB_m) = \{c(A^{m+})\}^n\{c(B^{n-})\}^m \quad (5-2)$$

难溶电解质的溶度积可以通过实验测得，也可以通过热力学数据计算。本书附表五列出了一些常见难溶电解质的溶度积常数。

5.1.2 溶度积和溶解度之间的关系

严格地说，在水中绝对不溶解的物质是不存在的。通常把在一定温度下，100 g 溶剂中能溶解的固体物质的最大质量称为溶解度(用 s 表示，单位 g/100 g 溶剂)。习惯上，把溶解度小于 0.01 g/100 gH_2O 的物质称为难溶电解质，但难溶的界限是不严格的。

溶度积 $K_{sp}^{\ominus}$ 和溶解度 s 都可以表示物质的溶解能力，两者既有联系又有区别，在一定条件下可以实现相互换算。

设任意一难溶强电解质(A_nB_m)的溶解度为 s mol · L^{-1}，且溶解的电解质完全解离成相应的离子，则

$$A_nB_m(s) \rightleftharpoons nA^{m+}(aq) + mB^{n-}(aq)$$
$$\qquad\qquad ns \qquad\qquad ms$$

$$K_{sp}^{\ominus}(A_nB_m) = \{c(A^{m+})\}^n\{c(B^{n-})\}^m = \{ns\}^n\{ms\}^m = n^n m^m\{s\}^{n+m} \quad (5-3)$$

值得注意的是，溶解度 s 的单位是 g/100 g 溶剂，而在计算溶度积时离子的浓度是以物质的量浓度(即 mol · L^{-1} 为单位)计算的，所以在进行溶度积 $K_{sp}^{\ominus}$ 和溶解度 s 换算时，要将溶解度的单位换算成 mol · L^{-1}。

例 5-1 已知在 25 ℃时，$BaSO_4$ 的溶解度是 0.002 43 g · L^{-1}，试计算 $BaSO_4$ 的 $K_{sp}^{\ominus}$。($M(BaSO_4)$=233.4 g · mol^{-1})

解：溶解度单位换算：

$$s(BaSO_4) = \frac{m(BaSO_4)}{M(BaSO_4)} = \frac{0.002\,43\ \text{g}\cdot\text{L}^{-1}}{233.4\ \text{g}\cdot\text{mol}^{-1}} = 1.04\times10^{-5}\ \text{mol}\cdot\text{L}^{-1}$$

$BaSO_4$ 沉淀溶解平衡方程式：

$$BaSO_4(s) \rightleftharpoons Ba^{2+}(aq) + SO_4^{2-}(aq)$$

平衡浓度/mol · L^{-1} $\qquad s \qquad s$

故

$$溶度积\ K_{sp}^{\ominus}(BaSO_4) = \{c(Ba^{2+})\}\{c(SO_4^{2-})\} = \{s\}\cdot\{s\} = \{s\}^2$$
$$= (1.04\times10^{-5})^2 = 1.08\times10^{-10}$$

例 5-2 已知 Ag_2CrO_4、AgCl、AgBr 的溶度积分别为 1.1×10^{-12}，1.8×10^{-10}，5.3×10^{-13}，则这三种化合物 25 ℃时在水中的溶解度分别为多少？

解：(1) Ag_2CrO_4 的溶解度为 s_1，设 $s_1 = x$ mol · L^{-1}。

$$Ag_2CrO_4(s) \rightleftharpoons 2Ag^+(aq) + CrO_4^{2-}(aq)$$

平衡浓度/$mol \cdot L^{-1}$　　$2x$　　x

$$K_{sp}^{\ominus}(Ag_2CrO_4) = \{c(Ag^+)\}^2\{c(CrO_4^{2-})\}$$

$$1.1 \times 10^{-12} = (2x)^2 x = 4x^3$$

$$x = \sqrt[3]{\frac{1.1 \times 10^{-12}}{4}} = 6.5 \times 10^{-5}$$

$$s_1 = 6.5 \times 10^{-5}\ mol \cdot L^{-1}$$

(2) AgCl 的溶解度为 s_2，设 $s_2 = y\ mol \cdot L^{-1}$。

$$AgCl(s) \rightleftharpoons Ag^+(aq) + Cl^-(aq)$$

平衡浓度/$mol \cdot L^{-1}$　　y　　y

$$K_{sp}^{\ominus}(AgCl) = \{c(Ag^+)\}\{c(Cl^-)\}$$

$$1.8 \times 10^{-10} = y^2$$

$$y = \sqrt{1.8 \times 10^{-10}} = 1.3 \times 10^{-5}$$

$$s_2 = 1.3 \times 10^{-5}\ mol \cdot L^{-1}$$

(3) AgBr 的溶解度为 s_3，设 $s_3 = z\ mol \cdot L^{-1}$。

$$AgBr(s) \rightleftharpoons Ag^+(aq) + Br^-(aq)$$

平衡浓度/$mol \cdot L^{-1}$　　z　　z

$$K_{sp}^{\ominus}(AgBr) = \{c(Ag^+)\}\{c(Br^-)\}$$

$$5.3 \times 10^{-13} = z^2$$

$$z = \sqrt{5.3 \times 10^{-13}} = 7.3 \times 10^{-7}$$

$$s_3 = 7.3 \times 10^{-7}\ mol \cdot L^{-1}$$

根据难溶电解质中阳离子与阴离子的个数比，可以将难溶电解质分为 AB 型（如 AgCl、AgBr）、AB_2 型（如 PbI_2、$Mg(OH)_2$）、A_2B 型（如 Ag_2CrO_4、Ag_2S）等。

对于不同类型的难溶电解质，不能直接用溶度积的大小来比较溶解度的大小，如例 5-2，$K_{sp}^{\ominus}(Ag_2CrO_4)$ 小于 $K_{sp}^{\ominus}(AgCl)$，而溶解 $s(Ag_2CrO_4)$ 却大于 $s(AgCl)$。只有同一类型的难溶电解质才可以直接通过溶度积的大小来比较溶解度的大小，如例 5-2，$K_{sp}^{\ominus}(AgCl)$ 大于 $K_{sp}^{\ominus}(AgBr)$，溶解 $s(AgCl)$ 也大于 $s(AgBr)$。

必须指出的是，溶解度和溶度积之间进行上述简单的数学换算时必须要满足难溶电解质在水中溶解后全部解离成相应的离子，且解离出的离子在水溶液中不发生水解、配位、聚合等副反应。

5.1.3 溶度积规则

对于难溶电解质（A_nB_m）的沉淀溶解反应

$$A_nB_m(s) \xrightleftharpoons[沉淀]{溶解} nA^{m+}(aq) + mB^{n-}(aq)$$

设在任意情况下：

$$J = \{c(A^{m+})\}^n \{c(B^{n-})\}^m$$

J 称为离子积(或反应商)。根据平衡移动原理，将 J 与 $K_{sp}^{\ominus}$ 比较，可以得出：

(1) $J > K_{sp}^{\ominus}$，为过饱和溶液，有沉淀析出，直到达到平衡状态。

(2) $J = K_{sp}^{\ominus}$，为饱和溶液，反应达到平衡，溶液中的离子与沉淀之间处于平衡状态。

(3) $J < K_{sp}^{\ominus}$，为不饱和溶液，无沉淀析出；若系统中有固体，则沉淀溶解，直到达到平衡状态。

以上规则称为溶度积规则。利用溶度积规则可以判断沉淀溶解平衡移动的方向，即沉淀是否生成或溶解，还可以控制离子浓度使反应向需要的方向移动。

§5.2 沉淀的生成和溶解

5.2.1 同离子效应和盐效应

1. 同离子效应

在难溶电解质的饱和溶液中，加入含有相同离子的强电解质可使难溶电解质的多相平衡发生移动。例如，在 $BaSO_4$ 的饱和溶液中加入 Na_2SO_4 溶液时，在原来澄清的 $BaSO_4$ 饱和溶液中会有 $BaSO_4$ 沉淀析出，即 $BaSO_4$ 的溶解度减小。这种加入与其具有相同离子的强电解质，而使难溶电解质的溶解度减小的作用称为同离子效应。

例 5-3 已知 25 ℃下，$K_{sp}^{\ominus}(CaF_2) = 1.5 \times 10^{-10}$，计算 CaF_2 在下列溶液中的溶解度：

(1) 在纯水中(忽略水解)。

(2) 在 0.010 mol·L^{-1} $CaCl_2$ 的溶液中。

(3) 在 0.010 mol·L^{-1} NaF 的溶液中。

解：(1) CaF_2 在纯水中的溶解度为 s_1，设 $s_1 = x$ mol·L^{-1}。

$$CaF_2(s) \rightleftharpoons Ca^{2+}(aq) + 2F^-(aq)$$

平衡浓度/mol·L^{-1} $\qquad x \qquad 2x$

$$K_{sp}^{\ominus}(CaF_2) = \{c(Ca^{2+})\}\{c(F^-)\}^2 = x \cdot (2x)^2 = 4x^3$$

$$x = \sqrt[3]{\frac{K_{sp}^{\ominus}(CaF_2)}{4}} = \sqrt[3]{\frac{1.5 \times 10^{-10}}{4}} = 3.3 \times 10^{-4}$$

$$s_1 = 3.3 \times 10^{-4}\ \text{mol} \cdot \text{L}^{-1}$$

(2) CaF_2 在 0.010 mol·L^{-1} $CaCl_2$ 的溶液中的溶解度为 s_2，设 $s_2 = y$ mol·L^{-1}。

$$CaF_2(s) \rightleftharpoons Ca^{2+}(aq) + 2F^-(aq)$$

平衡浓度/mol·L^{-1}　　　　$y+0.010$　　$2y$

$$y + 0.010 \approx 0.010$$

$$K_{sp}^{\ominus}(CaF_2) = \{c(Ca^{2+})\}\{c(F^-)\}^2 = (y+0.010)(2y)^2 \approx 0.010 \times 4y^2$$

$$y = \sqrt{\frac{K_{sp}^{\ominus}(CaF_2)}{4 \times 0.010}} = \sqrt{\frac{1.5 \times 10^{-10}}{4 \times 0.010}} = 6.1 \times 10^{-5}$$

$$s_2 = 6.1 \times 10^{-5}\ \text{mol} \cdot \text{L}^{-1}$$

(3) CaF_2 在 0.010 mol·L^{-1} NaF 溶液中的溶解度为 s_3，设 $s_3 = z$ mol·L^{-1}。

$$CaF_2(s) \rightleftharpoons Ca^{2+}(aq) + 2F^-(aq)$$

平衡浓度/mol·L^{-1}　　　　z　　$2z+0.010$

$$2z + 0.010 \approx 0.010$$

$$K_{sp}^{\ominus}(CaF_2) = \{c(Ca^{2+})\}\{c(F^-)\}^2 = z(2z+0.010)^2 \approx z \times 0.01^2$$

$$z = \frac{K_{sp}^{\ominus}(CaF_2)}{0.010^2} = \frac{1.5 \times 10^{-10}}{0.010^2} = 1.5 \times 10^{-6}$$

$$s_3 = 1.5 \times 10^{-6}\ \text{mol} \cdot \text{L}^{-1}$$

由计算结果可以看出，CaF_2 在纯水中的溶解度最大；在 $CaCl_2$ 和 NaF 中，由于 Ca^{2+} 和 F^- 的存在，降低了 CaF_2 的溶解度。依据同离子效应，加入适当过量的沉淀试剂可使沉淀完全。一般把离子在溶液中的浓度小于等于 1.0×10^{-5} mol·L^{-1} 视为完全沉淀，即所谓某种离子完全沉淀，这并不意味着溶液中该离子的浓度为零。但是，如果认为加入的沉淀剂的量越多，沉淀就越完全，这是片面的。若加入沉淀剂过量太多时，可能引起其他副反应的产生，也可能使沉淀的溶解度增大。

同离子效应在日常生活、分析鉴定和分离提纯等方面有着广泛的应用。例如在消化系统的 X 射线透视时（俗称钡餐透视），让患者吃进 $BaSO_4$ 在 Na_2SO_4 溶液中的糊状物，使 $BaSO_4$ 固体到达消化系统，虽然 Ba^{2+} 毒性很大，但由于同离子效应，$BaSO_4$ 在 Na_2SO_4 溶液中溶解度非常小，对患者没有危险。

2. 盐效应

研究表明，AgCl 在 KNO_3 溶液中的溶解度比在纯水中的溶解度大，并且其溶解度随着 KNO_3 浓度的增大而增大。这是由于加入了易溶强电解质 KNO_3 后，溶液中离子的总浓度增大，离子间的相互牵制作用增强，在 Ag^+ 周围有大量阴离子，Cl^- 周围则有大量阳离子，形成了"离子氛"，使 Ag^+ 和 Cl^- 自由行动程度下降，降低了 Ag^+ 和 Cl^- 的有效浓度，平衡被破坏，平衡向沉淀溶解的方向移动，导致 AgCl 的溶解度增大。这种因加入易溶强电解质而使难溶电解质溶解度增大的效应称为盐效应。显然产生同离子效应的同时也存在着盐效应。以 $PbSO_4$ 为例，向 $PbSO_4$ 饱和溶液中加入 Na_2SO_4，当 Na_2SO_4 的浓度从 0 增加到 0.04 mol·L^{-1}时，$PbSO_4$ 的溶解度缓慢变小，同离子效应起主导作用；当 Na_2SO_4 的浓度大于 0.04 mol·L^{-1}时，随着 Na_2SO_4 浓度的增大，$PbSO_4$ 的溶解度缓慢增大，这时盐效应起主导作用。

表 5-1 $PbSO_4$ 在 Na_2SO_4 溶液中的溶解度

$c(Na_2SO_4)$/mol·L^{-1}	0	0.001	0.01	0.02	0.04	0.100	0.200
$s(PbSO_4)$/mmol·L^{-1}	0.15	0.024	0.016	0.014	0.013	0.016	0.023

当盐效应和同离子效应共同存在时，一般情况下，同离子效应起主导作用，可以忽略盐效应的影响；只有在盐浓度太高时，会出现盐效应占主导的情况。

5.2.2 沉淀的生成

根据溶度积规则，当离子积 J 大于溶度积 $K_{sp}^{\ominus}$ 时，平衡就向生成沉淀的方向移动，这是生成沉淀的必要条件。

例 5-4 大约 50%的肾结石是由磷酸钙 $Ca_3(PO_4)_2$ 组成的。正常尿液中的钙离子含量大约为 1.8×10^{-3} mol·L^{-1}。为不使尿中形成 $Ca_3(PO_4)_2$，其中 PO_4^{3-} 浓度不得高于多少？（已知 $K_{sp}^{\ominus}(Ca_3(PO_4)_2) = 2.1\times10^{-33}$）

解：
$$Ca_3(PO_4)_2(s) \rightleftharpoons 3Ca^{2+}(aq) + 2PO_4^{3-}(aq)$$

根据溶度积规则，为了不形成 $Ca_3(PO_4)_2$ 沉淀，则必须满足以下条件：

$$J = \{c(Ca^{2+})\}^3\{c(PO_4^{3-})\}^2 < K_{sp}^{\ominus}(Ca_3(PO_4)_2)$$

$$c(PO_4^{3-}) < \sqrt{\frac{K_{sp}^{\ominus}(Ca_3(PO_4)_2)}{\{c(Ca^{2+})\}^3}}\ \mathrm{mol\cdot L^{-1}}$$

$$= \sqrt{\frac{2.1\times10^{-33}}{(1.8\times10^{-3})^3}}\ \mathrm{mol\cdot L^{-1}} = 6.0\times10^{-13}\ \mathrm{mol\cdot L^{-1}}$$

所以 PO_4^{3-} 的浓度不得高于 6.0×10^{-13} mol·L^{-1}。对于肾结石患者来说，多喝水可以增加尿量，从而降低 Ca^{2+} 或者 PO_4^{3-} 在系统中的浓度，降低产生沉淀的可能。

例 5-5 将 5.0×10^{-3} L 0.20 mol·L^{-1}的 $MgCl_2$ 溶液与 5.0×10^{-3} L 0.10 mol·L^{-1}的氨水混合时，有无 $Mg(OH)_2$ 沉淀生成？为了使溶液中不析出 $Mg(OH)_2$ 沉淀，在溶液中至少要加入多少克固体 NH_4Cl？（忽略加入固体 NH_4Cl 后溶液体积的变化）（已知 $K_b^{\ominus}(NH_3) = 1.8\times10^{-5}$，$K_{sp}^{\ominus}(Mg(OH)_2) = 5.6\times10^{-12}$）

解：混合液中：　$c(Mg^{2+}) = 0.10$ mol·L^{-1}，$c(NH_3) = 0.050$ mol·L^{-1}

$$NH_3(aq) + H_2O(l) \rightleftharpoons NH_4^+(aq) + OH^-(aq)$$

溶液中 OH^- 浓度：

$$c(OH^-) = \sqrt{\{c(NH_3)\} \cdot K_b^\ominus}\ mol \cdot L^{-1}$$
$$= \sqrt{0.050 \times 1.8 \times 10^{-5}}\ mol \cdot L^{-1} = 9.5 \times 10^{-4}\ mol \cdot L^{-1}$$
$$Mg(OH)_2(s) \rightleftharpoons Mg^{2+}(aq) + 2OH^-(aq)$$

离子积为

$$J = \{c(Mg^{2+})\}\{c(OH^-)\}^2 = 0.10 \times (9.5 \times 10^{-4})^2 = 9.0 \times 10^{-8}$$
$$J > K_{sp}^\ominus(Mg(OH)_2)$$

故有 $Mg(OH)_2$ 沉淀生成。

若不析出 $Mg(OH)_2$ 沉淀，加入 NH_4Cl 后，由于同离子效应，抑制了氨水的解离，OH^- 的浓度：

$$\{c(OH^-)\}^2 \leqslant \frac{K_{sp}^\ominus(Mg(OH)_2)}{\{c(Mg^{2+})\}} = \frac{5.6 \times 10^{-12}}{0.1}$$
$$c(OH^-) \leqslant 7.5 \times 10^{-6}\ mol \cdot L^{-1}$$
$$\{c(NH_4^+)\} \geqslant \frac{K_b^\ominus(NH_3)\{c(NH_3)\}}{\{c(OH^-)\}} = \frac{1.8 \times 10^{-5} \times 0.050}{7.5 \times 10^{-6}}$$
$$c(NH_4^+) \geqslant 0.12\ mol \cdot L^{-1}$$

至少加入固体 NH_4Cl 的质量：

$$53.5\ g \cdot mol^{-1} \times 0.12\ mol \cdot L^{-1} \times (5.0 \times 10^{-3} \times 2)L = 0.064\ g$$

5.2.3 沉淀的溶解

根据溶度积原理，只要采取一定措施，降低难溶强电解质饱和溶液中阴离子或阳离子的浓度，使 $J < K_{sp}^\ominus$，则难溶电解质沉淀溶解。根据沉淀的性质，可以选择以下几种使沉淀溶解的方法。

1. 生成弱电解质

由于加酸生成弱电解质而使沉淀溶解的方法称沉淀的酸溶解。

难溶金属氢氧化物的酸溶解：

$$M(OH)_n(s) + nH^+(aq) \rightleftharpoons M^{n+}(aq) + nH_2O(l)$$
$$K^\ominus = \frac{\{c(M^{n+})\}}{\{c(H^+)\}^n} = \frac{\{c(M^{n+})\}\{c(OH^-)\}^n}{\{c(H^+)\}^n\{c(OH^-)\}^n} = \frac{K_{sp}^\ominus}{(K_w^\ominus)^n}$$

大多数的金属硫化物是难溶的，也是弱酸盐，在酸溶解时，H^+ 和 S^{2-} 先生成 HS^-，HS^- 又进一步和 H^+ 结合生成 H_2S 分子，降低了溶液中 S^{2-} 浓度，使 $J < K_{sp}^\ominus$，导致金属硫化物溶解。如：

$$MS(s)+2H^+(aq) \rightleftharpoons H_2S(g)+M^{2+}(aq)$$

$$K^\ominus = \frac{\{c(M^{2+})\}\{c(H_2S)\}}{\{c(H^+)\}^2} \cdot \frac{\{c(S^{2-})\}}{\{c(S^{2-})\}} = \frac{K_{sp}^\ominus(MS)}{K_{a1}^\ominus(H_2S)K_{a2}^\ominus(H_2S)}$$

例 5-6 要使 0.10 mol FeS 完全溶于 1.0 L 盐酸中，求所需盐酸的最低浓度。（已知 $K_{sp}^\ominus(FeS)=1.6\times10^{-19}$，$K_{a1}^\ominus(H_2S)=9.5\times10^{-8}$，$K_{a2}^\ominus(H_2S)=1.3\times10^{-14}$）

解：
$$FeS(s)+2H^+(aq) \rightleftharpoons Fe^{2+}(aq)+H_2S(aq)$$

$$K^\ominus = \frac{\{c(Fe^{2+})\}\{c(H_2S)\}}{\{c(H^+)\}^2} \cdot \frac{\{c(S^{2-})\}}{\{c(S^{2-})\}} = \frac{K_{sp}^\ominus(FeS)}{K_{a1}^\ominus(H_2S)K_{a2}^\ominus(H_2S)}$$

所以：

$$c(H^+) = \sqrt{\frac{\{c(Fe^{2+})\}\{c(H_2S)\}K_{a1}^\ominus(H_2S)K_{a2}^\ominus(H_2S)}{K_{sp}^\ominus(FeS)}}$$

$$= \sqrt{\frac{0.10\times0.10\times9.5\times10^{-8}\times1.3\times10^{-14}}{1.6\times10^{-19}}}\ mol\cdot L^{-1} = 8.8\times10^{-3}\ mol\cdot L^{-1}$$

生成 H_2S 时消耗掉 0.20 mol 盐酸，故所需的盐酸的最初浓度为 $(0.0088+0.20)\ mol\cdot L^{-1}=0.21\ mol\cdot L^{-1}$。

可见，此类难溶弱酸盐溶于酸的难易程度与难溶盐的溶度积及酸反应所生产的弱酸的解离常数有关。

2. 氧化还原反应

在难溶电解质溶液中加入氧化剂或还原剂，利用氧化还原反应降低难溶电解质组分离子的浓度，使离子积小于溶度积，沉淀溶解。例如，硫化铜(CuS)的 $K_{sp}^\ominus=1.3\times10^{-36}$，难溶于盐酸，但能溶于硝酸，是由于 S^{2-} 被 HNO_3 氧化为 S，大大降低了 S^{2-} 浓度，使 $J<K_{sp}^\ominus$ 所致。CuS 与 HNO_3 反应如下：

$$3CuS(s)+2NO_3^-(aq)+8H^+(aq) = 3Cu^{2+}(aq)+2NO(g)+3S(s)+4H_2O(l)$$

3. 生成配合物

许多难溶化合物在配位剂的作用下，因其中的组分离子形成稳定的配离子而溶解的过程，称沉淀的配位溶解。例如 AgCl 可溶于氨水，AgBr 可溶于 $Na_2S_2O_3$ 溶液中。在配位溶解中，它们分别形成了配离子 $[Ag(NH_3)_2]^+$ 和 $[Ag(S_2O_3)_2]^{3-}$，其反应如下：

$$AgCl(s)+2NH_3(aq) \rightleftharpoons [Ag(NH_3)_2]^+(aq)+Cl^-(aq)$$

$$AgBr(s)+2S_2O_3^{2-}(aq) \rightleftharpoons [Ag(S_2O_3)_2]^{3-}(aq)+Br^-(aq)$$

两性氢氧化物在强碱性溶液中也能形成配离子而溶解，如 $Al(OH)_3$ 可与 OH^- 反应生成 $Al(OH)_4^-$ 配离子而溶解。

HgS 是 $K_{sp}^{\ominus}$ 非常小的硫化物，在盐酸和硝酸中均不溶解，只能溶于王水，主要是因为王水的氧化作用显著降低了 S^{2-} 浓度，同时，Cl^- 的配位作用也能降低 Hg^{2+} 的浓度，其反应如下：

$$3HgS(s)+2NO_3^-(aq)+12Cl^-(aq)+8H^+ = 3[HgCl_4]^{2-}(aq)+3S(s)+2NO(g)+4H_2O(l)$$

§5.3 分步沉淀

实际的溶液中往往存在着多种可被沉淀的离子，当加入某种沉淀剂时，可与溶液中的多种离子反应而生成沉淀，有时会出现沉淀析出的先后次序不同的现象。这种先后沉淀的现象，称分步沉淀。

例 5-7 1.0 L 含有相同浓度(1.0×10^{-3} mol·L^{-1})的 Cl^- 和 I^- 的混合溶液中，在不断搅拌下慢慢滴加 $AgNO_3$ 溶液(1.0×10^{-3} mol·L^{-1})，哪一种沉淀首先析出？当第二种沉淀析出时，第一种离子是否已被沉淀完全？(已知 $K_{sp}^{\ominus}(AgI)=8.5\times10^{-17}$，$K_{sp}^{\ominus}(AgCl)=1.8\times10^{-10}$)

解：

$$AgCl(s) \rightleftharpoons Ag^+(aq)+Cl^-(aq)$$

析出 AgCl 沉淀的最低 Ag^+ 浓度为

$$c_1(Ag^+)=\frac{1.8\times10^{-10}}{1.0\times10^{-3}}\text{mol}\cdot L^{-1}=1.8\times10^{-7}\text{mol}\cdot L^{-1}$$

$$AgI(s) \rightleftharpoons Ag^+(aq)+I^-(aq)$$

析出 AgI 沉淀的最低 Ag^+ 浓度为

$$c_2(Ag^+)=\frac{8.5\times10^{-17}}{1.0\times10^{-3}}\text{mol}\cdot L^{-1}=8.5\times10^{-14}\text{ mol}\cdot L^{-1}$$

即生成 AgI 沉淀所需的 Ag^+ 浓度低，AgI 沉淀的离子积先达到其溶度积，故 AgI 沉淀先析出。

当 AgCl 沉淀开始析出时，I^- 浓度为

$$c(I^-)=\frac{8.5\times10^{-17}}{1.8\times10^{-7}}\text{mol}\cdot L^{-1}=4.7\times10^{-10}\text{ mol}\cdot L^{-1}$$

$c(I^-)\ll1.0\times10^{-5}$ mol·L^{-1}，AgCl 沉淀开始析出时，I^- 已被完全沉淀。

可见，当溶液中同时存在几种离子时，离子积首先达到溶度积的难溶电解质先生成沉淀，离子积后达到溶度积的后沉淀出来。

在实际工作中，常利用分步沉淀原理，以达到离子分离的目的。

例 5-8 在制备 $ZnSO_4$ 时，为了提高产品的纯度，需要从溶液中分离掉杂质 Fe^{3+}。假

定溶液中 Zn^{2+} 的浓度为 0.10 mol·L^{-1}，通过加入 NaOH 溶液来分离这两种离子(忽略溶液体积的变化)，需要控制溶液的 pH 在什么范围？(已知 $K_{sp}^{\ominus}(Fe(OH)_3) = 2.6 \times 10^{-39}$，$K_{sp}^{\ominus}(Zn(OH)_2) = 6.9 \times 10^{-17}$)

解：$$Fe(OH)_3(s) \rightleftharpoons Fe^{3+}(aq) + 3OH^-(aq)$$

Fe^{3+} 完全沉淀时，设 Fe^{3+} 浓度为 1.0×10^{-5} mol·L^{-1}，此时溶液中 OH^- 浓度为

$$c(OH^-) = \sqrt[3]{\frac{2.6\times10^{-39}}{1.0\times10^{-5}}}\,\text{mol}\cdot\text{L}^{-1} = 6.4\times10^{-12}\,\text{mol}\cdot\text{L}^{-1}$$

$$pOH = 11.19$$

$$pH = 14 - pOH = 14 - 11.19 = 2.81$$

$$Zn(OH)_2(s) \rightleftharpoons Zn^{2+}(aq) + 2OH^-(aq)$$

当 Zn^{2+} 开始沉淀时，溶液中 OH^- 浓度为

$$c(OH^-) = \sqrt{\frac{6.9\times10^{-17}}{0.10}}\,\text{mol}\cdot\text{L}^{-1} = 2.6\times10^{-8}\,\text{mol}\cdot\text{L}^{-1}$$

$$pH = 14 - pOH = 14 - 7.59 = 6.41$$

即控制溶液的 pH 在 2.81—6.41 即可达到分离效果。

§5.4 沉淀转化

将一种沉淀转化为另一种沉淀的过程，称为沉淀的转化。

沉淀的转化是有条件的，由一种溶解度较大的沉淀转化为另一种溶解度较小的沉淀是比较容易的，而两种沉淀的溶解度相差越大，转化就越完全；反之，由一种溶解度较小的沉淀转化为另一种溶解度较大的沉淀则比较困难，而两种难溶物质的溶解度相差越大，转化就越困难。如 AgCl 沉淀转化为 AgI 沉淀非常容易，相反把 AgI 沉淀转化为 AgCl 沉淀则非常困难：

$$AgCl(s) + I^-(aq) \rightleftharpoons AgI(s) + Cl^-(aq)$$

$$K^{\ominus} = \frac{K_{sp}^{\ominus}(AgCl)}{K_{sp}^{\ominus}(AgI)} = \frac{1.8\times10^{-10}}{8.5\times10^{-17}} = 2.1\times10^{6}$$

$$AgI(s) + Cl^-(aq) \rightleftharpoons AgCl(s) + I^-(aq)$$

$$K^{\ominus} = \frac{K_{sp}^{\ominus}(AgI)}{K_{sp}^{\ominus}(AgCl)} = \frac{8.5\times10^{-17}}{1.8\times10^{-10}} = 4.7\times10^{-7}$$

有些沉淀既不溶于水也不溶于酸，也不能用配位溶解和氧化还原的方法将其溶解。此

时，可将难溶强酸盐转化为难溶弱酸盐，然后再用酸溶解。例如，工业锅炉用水，日久锅炉内壁会产生锅垢（主要成分为 $CaSO_4$），为了除去 $CaSO_4$，常用 Na_2CO_3 溶液先将 $CaSO_4$ 转化为疏松的可溶于酸的 $CaCO_3$，这样就可把锅垢清除干净了；从原料天青石（主要含 $SrSO_4$）生产锶盐时，先用 Na_2CO_3 溶液将 $SrSO_4$ 转化为 $SrCO_3$，再由 $SrCO_3$ 制备可溶性的锶盐。

例 5-9 用 1.0 L1.6 $mol \cdot L^{-1}$ 的 Na_2CO_3 溶液处理 0.10 mol 的 $BaSO_4$ 沉淀，能否使该沉淀完全转化为 $BaCO_3$？（已知 $K_{sp}^{\ominus}(BaSO_4)=1.1\times10^{-10}$，$K_{sp}^{\ominus}(BaCO_3)=2.6\times10^{-9}$）

解：设转化生成的 SO_4^{2-} 的浓度为 x $mol \cdot L^{-1}$，沉淀转化反应

$$BsSO_4(s)+CO_3^{2-}(aq) \rightleftharpoons BaCO_3(s)+SO_4^{2-}(aq)$$

平衡浓度/$mol \cdot L^{-1}$ $\qquad 1.6-x \qquad\qquad x$

$$K^{\ominus}=\frac{K_{sp}^{\ominus}(BaSO_4)}{K_{sp}^{\ominus}(BaCO_3)}=\frac{1.1\times10^{-10}}{2.6\times10^{-9}}=\frac{x}{1.6-x}=0.042$$

$$x=0.064, c(SO_4^{2-})=0.064\ mol \cdot L^{-1}$$

即在给定条件下，0.10 mol 的 $BaSO_4$ 没有完全转化为 $BaCO_3$。

在实际工作中，为了实现 $BaSO_4$ 沉淀转化完全，可以将沉淀转化后的溶液分离取出，在沉淀中继续加入该 Na_2CO_3 溶液重复处理，也可以在开始时处理时增大 Na_2CO_3 溶液的浓度，使 $BaSO_4$ 完全转化为 $BaCO_3$。

将溶解度较小的沉淀转化为另一种溶解度较大的沉淀是否可行？例 5-9 告诉我们，当两者的溶解度相差不太大时，在一定条件下也是能够实现的。

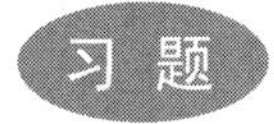

1. 写出下列难溶化合物的溶度积常数的表达式。

$CaSO_4$，$Fe(OH)_3$，PbI_2，$MgNH_4PO_4$

2. 比较下列各对物质在纯水中的溶解度大小（相关溶度积见附表五）。

(1) Ag_2CrO_4 与 $BaSO_4$ (2) $CaCO_3$ 与 CaF_2 (3) $PbSO_4$ 与 SrF_2

3. 下列说法是否正确？说明原因。

(1) 由于酸效应的影响，AgCl 在 HCl 溶液中的溶解度，随着 HCl 浓度的增大，先减小后增大，最后超过其在纯水中的溶解度。

(2) CaF_2 的溶解度在 pH = 5.0 的溶液中比在 pH = 3.0 的溶液中要大。

(3) 两种难溶电解质相比较，溶度积小的溶解度一定也小。

(4) 所谓沉淀完全，就是指溶液中这种离子的浓度为零。

(5) 对含有多种可被沉淀离子的溶液来说，当逐滴慢慢加入沉淀剂时，一定是浓度大的离子首先被沉淀出来。

4. 比较 $MgSO_4$ 在纯水、0.010 $mol \cdot L^{-1}$ $CuSO_4$ 溶液、0.010 $mol \cdot L^{-1}$ $NaNO_3$ 溶液、0.10 $mol \cdot L^{-1}$

$NaNO_3$ 溶液中的溶解度大小。

5. $Ag_2SO_4(s) \rightleftharpoons 2Ag^+(aq) + SO_4^{2-}(aq)$ 达沉淀溶解平衡时，在以下情况下 $Ag_2SO_4(s)$ 的量将会发生什么变化？

(1) 加入过量水　　(2) 加入 $AgNO_3$

(3) 加入 $NaNO_3$　　(4) 加入 NaCl，有一些 AgCl 沉淀

6. 已知 AgI 的 $K_{sp}^{\ominus} = 8.5 \times 10^{-17}$，$M(AgI) = 234.77\ g \cdot mol^{-1}$，求其在纯水和 $0.010\ mol \cdot L^{-1}$ KI 溶液中的溶解度(单位:$g \cdot L^{-1}$)。

7. 根据 $Mg(OH)_2$ 的溶度积计算：

(1) $Mg(OH)_2$ 在水中的溶解度。

(2) $Mg(OH)_2$ 饱和溶液中的 $c(Mg^{2+})$ 和 $c(OH^-)$。

(3) $Mg(OH)_2$ 在 $0.010\ mol \cdot L^{-1}$ NaOH 溶液中的 $c(Mg^{2+})$。

(4) $Mg(OH)_2$ 在 $0.010\ mol \cdot L^{-1}$ $MgCl_2$ 溶液中溶解度。(已知 $Mg(OH)_2$ 的 $K_{sp}^{\ominus} = 5.6 \times 10^{-12}$)

8. 用 Na_2CO_3 处理 AgI，通过计算说明能否使 AgI 转化为 Ag_2CO_3？(已知 Ag_2CO_3 的 $K_{sp}^{\ominus} = 8.3 \times 10^{-12}$，AgI 的 $K_{sp}^{\ominus} = 8.5 \times 10^{-17}$)

9. 将 0.015 mol $AgNO_3$，0.010 mol KI 和 0.010 mol KCl 置于 1 L 水中，并充分搅拌，平衡后溶液中的 Ag^+，I^- 和 Cl^- 浓度各为多少？(已知 $K_{sp}^{\ominus}(AgI) = 8.5 \times 10^{-17}$，$K_{sp}^{\ominus}(AgCl) = 1.8 \times 10^{-10}$)

10. 将 Cl^- 慢慢加入到 $0.20\ mol \cdot L^{-1}$ Pb^{2+} 溶液中，问：

(1) 当 $c(Cl^-) = 5.0 \times 10^{-3}\ mol \cdot L^{-1}$ 时，是否有沉淀生成？

(2) Cl^- 浓度多大时开始产生沉淀？

(3) 当 $c(Cl^-) = 6.0 \times 10^{-2}\ mol \cdot L^{-1}$ 时，残留的 Pb^{2+} 的百分数是多少？(已知 $K_{sp}^{\ominus}(PbCl_2) = 1.2 \times 10^{-5}$)

11. 工业废水的排放标准规定 Cd^{2+} 降到 $0.10\ mg \cdot L^{-1}$ 以下即可排放。若用加消石灰中和沉淀法除去 Cd^{2+}，理论上要求废水中的 pH 至少应为多少？(已知 $K_{sp}^{\ominus}(Cd(OH)_2) = 5.3 \times 10^{-15}$)

12. 人的牙齿表面的珐琅质(釉质)由羟基磷灰石 $Ca_5(PO_4)_3OH$($K_{sp}^{\ominus} = 6.8 \times 10^{-37}$)组成，其羟基易受 H^+ 的侵蚀，而形成蛀牙。(1) 试计算纯水中 $Ca_5(PO_4)_3OH$(骨质的主要成分)的 Ca^{2+} 的浓度；(2) 为什么使用加氟牙膏能帮助减少蛀牙？(已知 $Ca_5(PO_4)_3F$ 的 $K_{sp}^{\ominus} = 1.0 \times 10^{-60}$)

13. 溶液中 Fe^{3+} 和 Mg^{2+} 的浓度都为 $0.010\ mol \cdot L^{-1}$，求使 Fe^{3+} 沉淀完全而 Mg^{2+} 不沉淀的 pH 范围。(已知 $K_{sp}^{\ominus}(Mg(OH)_2) = 5.6 \times 10^{-12}$，$K_{sp}^{\ominus}(Fe(OH)_3) = 2.6 \times 10^{-39}$)

14. 计算下列两种情况下 Na_2CO_3 溶液的最初浓度分别不得低于多少？

(1) 用 1.0 L Na_2CO_3 溶液溶解 0.010 mol 的 $SrSO_4$。

(2) 用 1.0 L Na_2CO_3 溶液溶解 0.010 mol 的 $BaSO_4$。

(已知 $K_{sp}^{\ominus}(SrSO_4) = 3.4 \times 10^{-7}$，$K_{sp}^{\ominus}(SrCO_3) = 5.6 \times 10^{-10}$，$K_{sp}^{\ominus}(BaSO_4) = 1.1 \times 10^{-10}$，$K_{sp}^{\ominus}(BaCO_3) = 2.6 \times 10^{-9}$)

第 6 章　氧化还原反应

根据酸碱质子理论，前面所讨论的酸碱反应是质子传递反应。如果化学反应是通过电子转移发生的，这类反应就称为氧化还原反应。所有的化学反应可被划分为两类：一类是氧化还原反应；另一类是非氧化还原反应。酸碱反应和沉淀反应都是非氧化还原反应。氧化还原反应中电子从一种物质转移到另一种物质，相应某些元素的氧化值发生了改变。

§6.1　氧化还原反应基本概念

氧化还原反应包括氧化和还原两个过程。氧化反应的实质是失去电子的过程，还原反应的实质是得到电子的过程，氧化反应和还原反应同时发生。这样一类有电子转移（或得失）的反应，称为氧化还原反应。

6.1.1　氧化值

在化学的发展过程中，首先提出化合价的概念。1973 年版英国百科全书对化合价所下的定义是："化学中的化合价是元素的一种性质，它决定该元素的一个原子与其他原子化合的能力。"随着对化合价认识的加深，发现化合价有很大的局限。氧化值（氧化数）的概念应运而生。

氧化值是用来反映元素在键合情况下化合态的一种物理量。1970 年，国际纯粹和应用化学联合会（IUCPAC）定义了氧化值的概念：氧化值是指某元素的一个原子的荷电数。该荷电数是假设把每一化学键的电子指定给电负性更大的原子而求得的。

确定氧化值的规则如下：

（1）在单质中，元素的氧化值为零。

（2）在单原子离子中，元素的氧化值等于离子所带的电荷数。

（3）在大多数化合物中，氢的氧化值为＋1；只有在金属氢化物（如 NaH，CaH_2）中，氢的氧化值为－1。

（4）通常，在化合物中氧的氧化值为－2；但是在 H_2O_2，Na_2O_2，BaO_2 等氧化物中，氧的氧化值为－1；在氧的氟化物中，如 OF_2 和 O_2F_2 中，氧的氧化值分别为＋2 和＋1。

（5）在所有的氟化物中，氟的氧化值为－1。

（6）碱金属和碱土金属在化合物中的氧化值分别为＋1 和＋2。

(7) 在中性分子中，各元素氧化值的代数和为零。在多原子离子中，各元素氧化值的代数和等于离子所带电荷数。

根据以上规则，可以计算出相应物种中各元素的氧化值。例如：

	Cl_2	Zn^{2+}	Na_2O	Fe_3O_4	$S_4O_6^{2-}$
元素氧化值	0	+2	+1(Na)	$+\frac{8}{3}$(Fe)	+2.5(S)

6.1.2 氧化还原反应方程式的配平

氧化还原反应方程式的配平方法有氧化值法和离子电子法。本节仅介绍离子电子法。

用离子电子法配平氧化还原方程式的基本原则是：

电荷守恒：反应中氧化剂所得到的电子数必须等于还原剂所失去的电子数。

质量守恒：方程式两边各种元素的原子总数必须各自相等，各物种的电荷数的代数和必须相等。以下面反应为例，说明具体步骤。

$$KMnO_4 + Na_2SO_3 + H_2SO_4 \longrightarrow MnSO_4 + Na_2SO_4 + K_2SO_4 + H_2O$$

(1) 以离子式写出主要的反应物及其氧化还原产物：

$$MnO_4^- + SO_3^{2-} + H^+ \longrightarrow Mn^{2+} + SO_4^{2-} + H_2O$$

(2) 写出氧化剂被还原和还原剂被氧化的半反应：

$$MnO_4^- \longrightarrow Mn^{2+}$$

$$SO_3^{2-} \longrightarrow SO_4^{2-}$$

(3) 分别配平两个半反应方程式，使得每个半反应方程式等号两边的各种元素的原子总数各自相等且电荷数相等：

$$MnO_4^- + 8H^+ + 5e^- = Mn^{2+} + 4H_2O$$

$$SO_3^{2-} + H_2O = SO_4^{2-} + 2H^+ + 2e^-$$

(4) 确定两个半反应方程式得、失电子数的最小公倍数。将两个半反应方程式中各项分别乘以相应的系数，使其得、失电子数目相同。然后，将二者合并，就得到了配平的氧化还原反应的离子方程式。有时根据需要，可将其改写为分子方程式。

$$\times 2)\ MnO_4^- + 8H^+ + 5e^- = Mn^{2+} + 4H_2O$$

$$\times 5)\ SO_3^{2-} + H_2O = SO_4^{2-} + 2H^+ + 2e^-$$

$$2MnO_4^- + 5SO_3^{2-} + 6H^+ = 2Mn^{2+} + 5SO_4^{2-} + 3H_2O$$

改写成分子方程式为

$$2KMnO_4 + 5Na_2SO_3 + 3H_2SO_4 = 2MnSO_4 + 5Na_2SO_4 + K_2SO_4 + 3H_2O$$

离子电子法多用于溶液中进行的氧化还原反应。

§6.2 原电池

氧化还原反应的实质是电子的传递，在转移的过程中，伴随有能量的变化。利用特殊装置，可以把氧化还原反应中的化学能转变为电能，这种装置称成为原电池。1800年意大利物理学家伏打(A. Volta)设计并装配完成了第一个能产生持续电流的电堆(即电池)。他在一对同样的锌板和银板之间，放入一层用盐水浸泡过的吸水纸，然后再接上另一对同样的锌板，依次下去，堆置成由(30—40)对锌板和银板组成的电堆。把电堆的两极用导线连接起来，可产生持续的电流。目前被普遍引用作为讨论原电池实例的是丹聂尔(J. F. Daniell)电池，即铜锌原电池。

在硫酸铜溶液中放入锌片，将发生氧化还原反应。很快就可以看到红色的金属铜不断地沉积在锌片上，硫酸铜溶液的蓝颜色逐渐变淡；与此同时，还伴随着锌片的溶解。相关的离子反应方程式为

$$Zn(s)+Cu^{2+}(aq) \rightleftharpoons Zn^{2+}(aq)+Cu(s)$$

该反应中，Zn失去电子是还原剂，发生氧化反应；Cu^{2+}得到电子是氧化剂，发生还原反应。这两个过程可以表示为

$$Zn(s) \rightleftharpoons Zn^{2+}(aq)+2e^-$$

$$Cu^{2+}(aq)+2e^- \rightleftharpoons Cu(s)$$

这两个反应分别称为“半反应”。一个是Zn氧化的半反应，Zn与Zn^{2+}之间可以相互转化。另一个是Cu^{2+}还原的半反应，Cu^{2+}与Cu之间也可以相互转化。在半反应中，同一元素的两个不同氧化值的物种组成了电对。电对中氧化值较大的物种为氧化型，氧化值较小的为还原型。通常电对表示为氧化型/还原型。Zn^{2+}与Zn所组成的电对可表示为Zn^{2+}/Zn，由Cu^{2+}与Cu所组成的电对可表示为Cu^{2+}/Cu。

如图6-1所示，在烧杯Ⅰ和Ⅱ中，分别加入$ZnSO_4$溶液、$CuSO_4$溶液，并在相应烧杯中插入锌片和铜片。两烧杯之间用倒置的U形管相连通。一般情况下，U形管中充满含有饱和KCl溶液的琼脂胶冻，这样溶液不致流出，而离子可以在其中迁移，这种U形管被称为盐桥。将锌片和铜片用导线连接，并串联一个安培计，接通电路后，可以观察到以下现象：

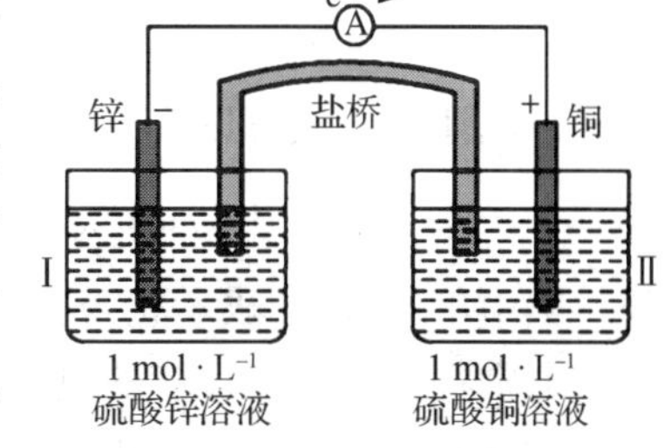

图6-1 铜锌原电池装置示意图

(1) 安培计指针发生偏转，说明导线中有电流通过。根据指针偏转的方向可以判定锌片为负极，铜片为正极，电子的流动方向从负极到正极，电

流的方向从正极到负极。

(2) 在铜片上有金属铜沉积出来,而锌片则溶解。

对上述现象可以作出以下分析:

锌片溶解时,Zn 失去电子,变成 Zn^{2+} 进入溶液,发生氧化反应。电子从锌片经由金属导线流向铜片,硫酸铜溶液中的 Cu^{2+} 从铜片上获得电子成为金属铜而沉积在铜片上,发生了还原反应。

在整个装置的电流回路中,锌的溶解和铜的析出不断进行,溶液中的电流通路是靠离子迁移完成的,两烧杯中溶液始终保持电中性。只是因为锌片上 Zn 给出电子转变为 Zn^{2+},在 Zn^{2+} 进入 $ZnSO_4$ 溶液的瞬间,使溶液中 Zn^{2+} 增加,正电荷过剩。同时 $CuSO_4$ 溶液中的 Cu^{2+} 通过导线获得电子变成 Cu,Cu 析出的瞬间造成 $CuSO_4$ 溶液中 Cu^{2+} 减少,SO_4^{2-} 相对增加,负电荷过剩,从而阻止反应继续进行。由于盐桥的存在,其中阴离子 Cl^- 向 $ZnSO_4$ 溶液扩散,阳离子 K^+ 则向 $CuSO_4$ 溶液扩散和迁移,分别中和过剩电荷,保持溶液的电中性。因而放电作用不间断地进行。

在上述装置中,将氧化还原反应的两个半反应分别在两个烧杯中进行。电子不是直接由还原剂(Zn)传递给氧化剂(Cu^{2+}),而是通过外电路进行传递。电子进行有规则的定向流动,从而产生电流,实现了由化学能到电能的转化。此装置能把反应的化学能转变为电能,故称为原电池。

铜锌原电池中的反应可表示为:

锌电极:

$$Zn(s) \rightleftharpoons Zn^{2+}(aq) + 2e^- \quad \text{(氧化反应)}$$

铜电极:

$$Cu^{2+}(aq) + 2e^- \rightleftharpoons Cu(s) \quad \text{(还原反应)}$$

电池反应:

$$Zn(s) + Cu^{2+}(aq) \rightleftharpoons Zn^{2+}(aq) + Cu(s) \quad \text{(氧化还原反应)}$$

原电池的组成可以由电池符号表示:

$$(-)\ Zn(s) \mid ZnSO_4(c_1) \parallel CuSO_4(c_2) \mid Cu(s)(+)$$

其中单垂线"|"表示相与相间的界面,用双折线"¦¦"表示盐桥,c 表示溶液的浓度。

通常将发生氧化反应的负极写在左边,发生还原反应的正极写在右边;并按顺序用化学式从左到右依次排列各个相的物质组成及相态。

氧化还原反应有电子的传递,揭示了化学现象和电现象的基本关系。这就使我们可以利用电学的方法来探讨化学反应的规律,从而形成了化学的一个分支——电化学。

§6.3　电极电势

6.3.1　电极电势的产生

对于铜锌原电池，用导线把两个电极连接起来就有电流产生，说明两电极之间存在电势差，表明两个电极具有不同的电极电势。在铜锌原电池中，安培计的指针偏转方向表明电子由锌电极流向铜电极，说明铜的电极电势高于锌的电极电势。为什么不同的电极具有不同的电极电势？它是如何产生的呢？

在原电池中，电子的流向与金属在溶液中的情况有关。由金属的晶体结构可知，金属中含有金属原子、金属正离子和自由电子。当将金属置于其盐溶液中时，一方面金属 M 表面的金属正离子和极性水分子相互吸引，有脱离金属晶格以水合离子形式进入溶液的倾向，金属越活泼，这种倾向越大；另一方面，盐溶液中的金属水合离子又有从金属表面获得电子而沉积至金属表面的倾向，金属越不活泼，这种倾向越大。这两种倾向同时存在，在一定条件下达到平衡，即

$$\mathrm{M(金属)} \rightleftharpoons \mathrm{M}^{n+}(\mathrm{aq}) + n\mathrm{e}^-$$

这两种倾向使金属表面附近的溶液所带的电荷与金属本身所带电荷恰好相反，形成一个双电层，双电层之间存在电位差(见图 6-2)。这种由于双电层的作用使金属和它的盐溶液之间产生的电势差，称为金属的电极电势。

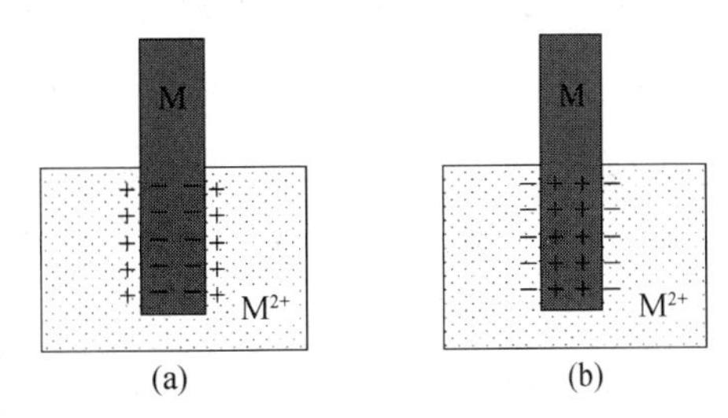

图 6-2　金属的电极电势示意图

影响电极电势的因素有：电极的本性、温度、介质、离子浓度等。当外界条件一定时，电极电势的高低取决于电极的本性。

在铜锌原电池中，铜、锌两金属活泼性不同，它们具有不同的电极电势，即

$$\mathrm{Zn^{2+}(aq) + 2e^- \rightleftharpoons Zn(s)}$$

$$\mathrm{Cu^{2+}(aq) + 2e^- \rightleftharpoons Cu(s)}$$

实验表明，电对 Zn^{2+}/Zn 的电极电势比电对 Cu^{2+}/Cu 的电极电势要小，正是由于这一点，用导线将两电极连接后，电子才会从锌电极不断地流向铜电极。

6.3.2　标准电极电势

任何一个电极的电极电势绝对值是无法测定的，但是我们可以选定某一电极，以其平衡电极电势作为参比标准，将其他电极的电极电势与之比较，可以得到各种电极的电极电势相

对值。如同确定某处海拔高度以海平面作比较标准一样。为了求得各电极的电极电势，通常选择的参比电极是标准氢电极。

1. 标准氢电极

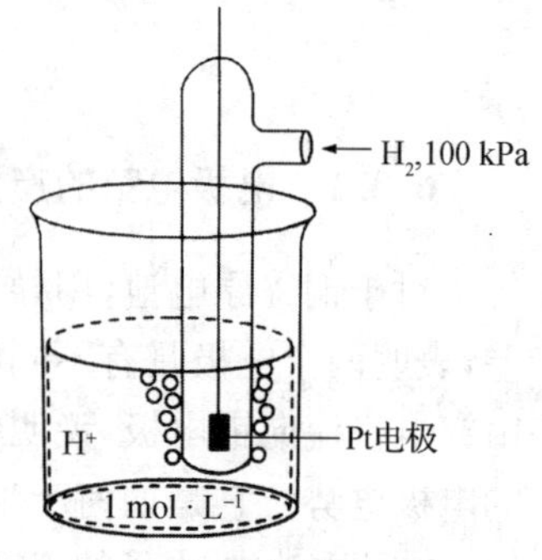

图 6－3 标准氢电极示意图

标准氢电极的构造如图 6－3 所示。将表面镀有一层铂黑的铂片(镀铂黑的目的是增加电极的表面积，促进对气体的吸附，以有利于与溶液达到平衡)置于氢离子浓度为 1 mol · L^{-1}(严格为活度等于 1 mol · kg^{-1})的酸溶液中，不断通入标准压力 $p^{\ominus}$(即 100 kPa)的纯氢气，使铂黑电极上吸附的氢气达饱和，在铂片上的氢气与溶液中的 H^+ 组成电对 H^+/H_2，这样的氢电极就是标准氢电极。在氢电极上进行的反应：

$$2H^+(aq)+2e^- \rightleftharpoons H_2(g)$$

规定在 298.15 K 时，它的电极电势为零，即 $E^{\ominus}(H^+/H_2)=0.000\,0$ V。

2. 标准电极电势

不同电对的标准电极电势可以通过实验测得。组成原电池的一个是标准氢电极，另一个是欲测电对在标准态下所组成的电极。以电压表测定该电池的电动势并确定其正极和负极，进而可以推算出待测电极的标准电极电势。标准电极电势用符号 $E^{\ominus}$ 表示。

电池的标准电动势 $E^{\ominus}_{MF}$ 数值等于正极的标准电极电势减去负极的标准电极电势，即

$$E^{\ominus}_{MF}=E^{\ominus}_{(+)}-E^{\ominus}_{(-)}$$

例如，用标准锌电极与标准氢电极组成原电池：

$$(-)Zn(s)\mid Zn^{2+}(1.0\ mol\cdot L^{-1})\parallel H^+(1.0\ mol\cdot L^{-1})\mid H_2(p^{\ominus})\mid Pt(+)$$

测得电池电动势为 0.761 8 V，电子从锌电极流向氢电极。因此，氢电极为正极，锌电极为负极，两电极都处于标准状态，其标准电动势为

$$E^{\ominus}_{MF}=E^{\ominus}_{(+)}-E^{\ominus}_{(-)}=E^{\ominus}(H^+/H_2)-E^{\ominus}(Zn^{2+}/Zn)$$

$$E^{\ominus}_{MF}=0.761\,8\ V, E^{\ominus}(H^+/H_2)=0.000\,0\ V$$

$$E^{\ominus}(Zn^{2+}/Zn)=-0.761\,8\ V$$

这就是锌电极的标准电极电势。

从理论上讲，用上述方法可以测出各种电对的标准电极电势。各电对的标准电极电势数据可查阅化学手册或书末附表。附表七列出了 298.15 K 时一些常用电对的标准电极电势 $E^{\ominus}_A$(在酸性溶液中)和 $E^{\ominus}_B$(在碱性溶液中)。

在附表七中的电极反应均为还原反应，所以采用的是还原电势。$E^{\ominus}$ 代数值越小，表示该电对所对应的还原型物种的还原能力越强，氧化型物质的氧化能力越弱。$E^{\ominus}$ 代数值越大，表

示该电对所对应的还原型物种的还原能力越弱，氧化型物种的氧化能力越强。比如：$E^{\ominus}(Zn^{2+}/Zn)=-0.7618\ V$，$E^{\ominus}(Cu^{2+}/Cu)=0.345\ V$，因为$E^{\ominus}(Cu^{2+}/Cu)>E^{\ominus}(Zn^{2+}/Zn)$，所以在标准状态下，$Cu^{2+}$的氧化能力强于$Zn^{2+}$，而Zn的还原能力强于Cu。

6.3.3 能斯特方程

标准电极电势是在标准状态及温度通常为298.15 K时测得的。如果温度、浓度、压力改变，则电对的电极电势也将随之改变。电极电势E与温度、浓度和压力间的定量关系可由能斯特(W. Nernst)方程给出。对于电极反应：

$$\text{氧化型}+ze^{-}\rightleftharpoons\text{还原型}$$

能斯特方程为

$$E=E^{\ominus}-\frac{RT}{zF}\ln\frac{c(\text{还原型})}{c(\text{氧化型})} \tag{6-1}$$

式中，E为电对的非标准电极电势；$E^{\ominus}$为电对的标准电极电势；R为摩尔气体常数；F为法拉第常数(96 485 C·mol^{-1})；T为热力学温度；z为电极反应得失的电子数；c(还原型)和c(氧化型)分别表示电极反应式中还原型物质和氧化型一侧各物种的相对浓度或相对分压的幂的乘积，纯固体、纯液体不出现在对数项中。

当温度为298.15 K时，将各常数代入式(6-1)，可得

$$E=E^{\ominus}-\frac{0.0592\ V}{z}\lg\frac{c(\text{还原型})}{c(\text{氧化型})} \tag{6-2}$$

例6-1 分别列出下列电极反应在298.15 K时的电极电势计算式。

(1) $PbCl_2(s)+2e^{-}\rightleftharpoons Pb(s)+2Cl^{-}(aq)$ $E^{\ominus}=-0.262\ V$

(2) $O_2(g)+4H^{+}(aq)+4e^{-}\rightleftharpoons 2H_2O(l)$ $E^{\ominus}=1.229\ V$

(3) $Cr_2O_7^{2-}(aq)+14H^{+}(aq)+6e^{-}\rightleftharpoons 2Cr^{3+}(aq)+7H_2O(l)$ $E^{\ominus}=1.23\ V$

解：代入式(6-2)，可得

(1) $E_1=-0.262\ V-\dfrac{0.0592\ V}{2}\lg\{c(Cl^{-})/c^{\ominus}\}^2$

(2) $E_2=1.229\ V-\dfrac{0.0592\ V}{4}\lg\dfrac{1}{\{p(O_2)/p^{\ominus}\}\cdot\{c(H^{+})/c^{\ominus}\}^4}$

(3) $E_3=1.23\ V-\dfrac{0.0592\ V}{6}\lg\dfrac{\{c(Cr^{3+})/c^{\ominus}\}^2}{\{c(Cr_2O_7^{2-})/c^{\ominus}\}\cdot\{c(H^{+})/c^{\ominus}\}^{14}}$

例6-2 计算298.15 K下，$c(Zn^{2+})=0.100\ mol\cdot L^{-1}$时的$E(Zn^{2+}/Zn)$值。

解：电极反应为

$$Zn^{2+}(aq)+2e^{-}\rightleftharpoons Zn(s)$$

$$E(Zn^{2+}/Zn) = E^{\ominus}(Zn^{2+}/Zn) - \frac{0.0592\ V}{2}\lg\frac{1}{c(Zn^{2+})/c^{\ominus}}$$

$$= -0.7618\ V - \frac{0.0592\ V}{2}\lg\frac{1}{0.100\ mol\cdot L^{-1}/c^{\ominus}}$$

$$= -0.7914\ V$$

例 6-3 已知 $Ag^{+}(aq) + e^{-} \rightleftharpoons Ag(s)$，$E^{\ominus}(Ag^{+}/Ag) = 0.7996\ V$，若在体系中加入 NaCl 溶液产生 AgCl 沉淀：$Ag^{+}(aq) + Cl^{-}(aq) \rightleftharpoons AgCl(s)$，当达到平衡时，$c(Cl^{-}) = 1.0\ mol\cdot L^{-1}$，求 $E(Ag^{+}/Ag)$ 及 $E^{\ominus}(AgCl/Ag)$。已知 $K_{sp}^{\ominus}(AgCl) = 1.8\times10^{-10}$。

解：当 $c(Cl^{-}) = 1.0\ mol\cdot L^{-1}$ 时，

$$\{c(Ag^{+})\} = \frac{K_{sp}^{\ominus}(AgCl)}{\{c(Cl^{-})\}} = \frac{1.8\times10^{-10}}{1.0} = 1.8\times10^{-10}$$

$$c(Ag^{+}) = 1.8\times10^{-10}\ mol\cdot L^{-1}$$

对于电极反应 $Ag^{+}(aq) + e^{-} \rightleftharpoons Ag(s)$

$$E(Ag^{+}/Ag) = E^{\ominus}(Ag^{+}/Ag) - \frac{0.0592\ V}{1}\lg\frac{1}{c(Ag^{+})/c^{\ominus}}$$

$$= 0.7996\ V - 0.0592\ V\lg\frac{1}{1.8\times10^{-10}\ mol\cdot L^{-1}/c^{\ominus}}$$

$$= 0.2227\ V$$

电对 AgCl/Ag 的电极反应为 $AgCl(s) + e^{-} \rightleftharpoons Ag(s) + Cl^{-}$

标准状态时，$c(Cl^{-}) = 1.0\ mol\cdot L^{-1}$，故

$$E^{\ominus}(AgCl/Ag) = 0.2227\ V。$$

$E(Ag^{+}/Ag)$ 值与 $E^{\ominus}(Ag^{+}/Ag)$ 值比较，由于 AgCl 沉淀生成，Ag^{+} 平衡浓度减小，Ag^{+}/Ag 电对的电极电势下降了 0.576 9 V，使得 Ag^{+} 的氧化能力降低。

§6.4 氧化还原反应的方向和限度

6.4.1 氧化还原反应的方向

在第二章中已经知道，在恒温恒压过程中，化学反应自发进行的判据为 $\Delta_r G_m < 0$，又因为 $\Delta_r G_m$ 与原电池电动势之间存在如下关系：

$$\Delta_r G_m = -zFE_{MF} \tag{6-3}$$

式中，z 为电池反应中转移的电子数。

如果电池反应处在标准状态时：

$$\Delta_r G_m^{\ominus} = -zFE_{MF}^{\ominus} \tag{6-4}$$

故 $E_{MF} < 0$ 时，反应逆向进行；$E_{MF} > 0$ 时，反应正向进行。

可见，E_{MF}值亦可以作为氧化还原反应自发进行的判据。E_{MF}等于原电池的正极的电极电势与负极的电极电势之差。即：

$$E_{MF} = E_{(+)} - E_{(-)} \tag{6-5}$$

例 6-4　判断反应 $Pb^{2+} + Sn \rightleftharpoons Pb + Sn^{2+}$，在标准状态和 $c(Sn^{2+}) = 1.0\ mol \cdot L^{-1}$，$c(Pb^{2+}) = 0.1\ mol \cdot L^{-1}$ 时，能否自发进行？

解：在标准状态下，$c(Sn^{2+}) = 1.0\ mol \cdot L^{-1}$，$c(Pb^{2+}) = 1.0\ mol \cdot L^{-1}$。

查附表七得：$E^{\ominus}(Pb^{2+}/Pb) = -0.126\ 3\ V$，$E^{\ominus}(Sn^{2+}/Sn) = -0.137\ 5\ V$。

$$\begin{aligned} E_{MF}^{\ominus} &= E_{(+)}^{\ominus} - E_{(-)}^{\ominus} = E^{\ominus}(Pb^{2+}/Pb) - E^{\ominus}(Sn^{2+}/Sn) \\ &= -0.126\ 3\ V - (-0.137\ 5\ V) = 0.011\ 2\ V \end{aligned}$$

$E_{MF}^{\ominus} > 0$，反应可自发进行；

当 $c(Sn^{2+}) = 1.0\ mol \cdot L^{-1}$，$c(Pb^{2+}) = 0.1\ mol \cdot L^{-1}$ 时，

$$\begin{aligned} E(Pb^{2+}/Pb) &= E^{\ominus}(Pb^{2+}/Pb) - \frac{0.059\ 2\ V}{2}\lg\frac{1}{c(Pb^{2+})/c^{\ominus}} \\ &= -0.126\ 3\ V - \frac{0.059\ 2\ V}{2}\lg\frac{1}{0.1\ mol \cdot L^{-1}/c^{\ominus}} \\ &= -0.155\ 9\ V \end{aligned}$$

$$\begin{aligned} E_{MF} = E_{(+)} - E_{(-)} &= E(Pb^{2+}/Pb) - E^{\ominus}(Sn^{2+}/Sn) \\ &= -0.155\ 9\ V - (-0.137\ 5\ V) = -0.018\ 4\ V \end{aligned}$$

$E_{MF} < 0$，反应逆向自发进行。

6.4.2　氧化还原反应的限度

化学反应的限度可以用平衡常数来判断，由前面所学知识可知：

$$\lg K^{\ominus} = \frac{-\Delta_r G_m^{\ominus}}{2.303RT}$$

在标准状态时，原电池的 $\Delta_r G_m^{\ominus} = -zFE_{MF}^{\ominus}$，则

$$\lg K^{\ominus} = \frac{zFE_{MF}^{\ominus}}{2.303RT} \tag{6-6}$$

在 298.15 K 下，将 $F = 96\ 485\ C \cdot mol^{-1}$，$R = 8.314\ J \cdot mol^{-1} \cdot K^{-1}$ 代入式(6-6)可得

$$\lg K^{\ominus} = \frac{zE_{MF}^{\ominus}}{0.059\ 2\ V} \tag{6-7}$$

$$\lg K^{\ominus} = \frac{z[E^{\ominus}_{(+)} - E^{\ominus}_{(-)}]}{0.0592\ \mathrm{V}} \tag{6-8}$$

例 6-5 试估算反应 $Zn(s) + Cu^{2+} \rightleftharpoons Zn^{2+}(aq) + Cu(s)$ 在 298.15 K 下进行的限度。

解：化学反应的限度可以由它的标准平衡常数来评价。

$$Zn(s) + Cu^{2+} \rightleftharpoons Zn^{2+}(aq) + Cu(s)$$

查附表七得 $E^{\ominus}(Cu^{2+}/Cu) = -0.345\ \mathrm{V}$，$E^{\ominus}(Zn^{2+}/Zn) = -0.7618\ \mathrm{V}$

$$E^{\ominus}_{MF} = E^{\ominus}(Cu^{2+}/Cu) - E^{\ominus}(Zn^{2+}/Zn) = 0.345\ \mathrm{V} - (-0.7618\ \mathrm{V}) = 1.107\ \mathrm{V}$$

$$\lg K^{\ominus} = \frac{zE^{\ominus}_{MF}}{0.0592\ \mathrm{V}} = \frac{2 \times 1.107\ \mathrm{V}}{0.0592\ \mathrm{V}} = 37.4$$

$$K^{\ominus} = 2.51 \times 10^{37}$$

$K^{\ominus}$ 值很大，说明反应向右进行得很完全。

§6.5 元素电势图及应用

6.5.1 元素电势图

许多元素具有多种氧化值。同一元素的不同氧化数物种其氧化还原能力是不同的。因此为了突出表示同一元素不同氧化值物种氧化还原能力，以及它们之间的相互关系，拉铁摩尔(W. M. Latimer)提出，将同一元素不同氧化值物种按氧化值从高到低的顺序排列，在两种氧化值物种之间标出对应电对的标准电极电势，构成元素标准电极电势图。例如：标准状态下，氧元素在酸性溶液中的标准电极电势如图 6-4 所示。

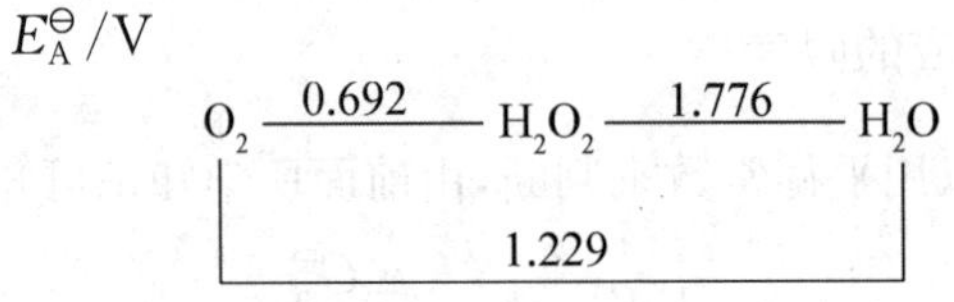

$E^{\ominus}_{A}/\mathrm{V}$

$$O_2 \xrightarrow{0.692} H_2O_2 \xrightarrow{1.776} H_2O$$

(O_2 至 H_2O：1.229)

图 6-4 氧元素的标准电极电势

图 6-4 中所对应的电极反应是在酸性溶液中发生的，它们是

$$O_2 + 2H^{+}(aq) + 2e^{-} \rightleftharpoons H_2O_2(aq) \qquad E^{\ominus} = 0.692\ \mathrm{V}$$

$$H_2O_2(aq) + 2H^{+}(aq) + 2e^{-} \rightleftharpoons 2H_2O(aq) \qquad E^{\ominus} = 1.776\ \mathrm{V}$$

$$O_2(g) + 4H^{+}(aq) + 4e^{-} \rightleftharpoons 2H_2O(aq) \qquad E^{\ominus} = 1.229\ \mathrm{V}$$

这种表示元素各种氧化值物种之间标准电极电势变化的关系图，称为元素标准电极电

势图(简称元素电势图)。它清楚地表明了同种元素的不同氧化值物种氧化还原能力的相对大小。

6.5.2 元素电势图的应用

元素电势图对于了解元素的单质及化合物的性质是很有用的,现举例说明。

1. 判断歧化反应

当一种元素处于中间氧化数时,它有一部分向高氧化态变化(被氧化),另一部分向低氧化态变化(被还原),这一类自身氧化还原反应称为歧化反应。

例6-6 根据铜元素在酸性溶液中的有关电对的标准电极电势,画出它的电势图,并推测在酸性溶液中的Cu^+能否发生歧化反应。

解:在酸性溶液中,铜元素的电势图为

$$E_A^{\ominus}/V \qquad Cu^{2+} \xrightarrow{0.152} Cu^+ \xrightarrow{0.522} Cu$$

铜的电势图所对应的电极反应为:

$$Cu^{2+}(aq)+e^- \rightleftharpoons Cu^+(aq) \qquad E^{\ominus}=0.152\ V \qquad ①$$

$$Cu^+(aq)+e^- \rightleftharpoons Cu(s) \qquad E^{\ominus}=0.522\ V \qquad ②$$

②式-①式,得

$$2Cu^+(aq) \rightleftharpoons Cu^{2+}(aq)+Cu(s) \qquad ③$$

$$\begin{aligned} E_{MF}^{\ominus} &= E^{\ominus}(Cu^+/Cu) - E^{\ominus}(Cu^{2+}/Cu^+) \\ &= 0.522\ V - 0.152\ V = 0.370\ V \end{aligned}$$

$E_{MF}^{\ominus}>0$,反应能自发向右进行,说明Cu^+在酸性溶液中不稳定,能发生歧化反应。

由上述计算可以得出判断歧化反应能否发生的一般规律:

$$A \xrightarrow{E_{左}^{\ominus}} B \xrightarrow{E_{右}^{\ominus}} C$$

若$E_{右}^{\ominus}>E_{左}^{\ominus}$时,B可以发生歧化反应;若$E_{右}^{\ominus}<E_{左}^{\ominus}$时,B不能发生反歧化反应。

2. 计算标准电动势

根据元素电势图,可以利用已知某些电对的标准电极电势求其他电对的未知标准电极电势。假设有一元素电势图:

$$A \xrightarrow[(z_1)]{E_1^{\ominus}} B \xrightarrow[(z_2)]{E_2^{\ominus}} C \xrightarrow[(z_3)]{E_3^{\ominus}} D$$

$$\underbrace{A \longrightarrow D}_{E_x^{\ominus}\ (z_x)}$$

相对应的电极反应可表示为

$$A + z_1 e^- \rightleftharpoons B \qquad E_1^\ominus ; \Delta_r G_{m(1)}^\ominus = -z_1 F E_1^\ominus$$

$$B + z_1 e^- \rightleftharpoons C \qquad E_2^\ominus ; \Delta_r G_{m(2)}^\ominus = -z_2 F E_2^\ominus$$

$$+)\ C + z_1 e^- \rightleftharpoons D \qquad E_3^\ominus ; \Delta_r G_{m(3)}^\ominus = -z_3 F E_3^\ominus$$

$$A + z_x e^- \rightleftharpoons D \qquad E_x^\ominus ; \Delta_r G_{m(x)}^\ominus = -z_x F E_x^\ominus$$

$$\Delta_r G_{m(x)}^\ominus = \Delta_r G_{m(1)}^\ominus + \Delta_r G_{m(2)}^\ominus + \Delta_r G_{m(3)}^\ominus$$

$$-z_x F E_x^\ominus = -z_3 F E_3^\ominus - z_2 F E_2^\ominus - z_1 F E_1^\ominus$$

$$E_x^\ominus = \frac{z_1 E_1^\ominus + z_2 E_2^\ominus + z_3 E_3^\ominus}{z_x} \tag{6-9}$$

式中的 z_1、z_2、z_3、z_x 分别为各个电对中相对应元素的氧化型与还原型的氧化数之差(均取正值)。

例 6－7 已知 298.15 K 时,氯元素在碱性溶液中的电势图 $E_B^\ominus$/V 为

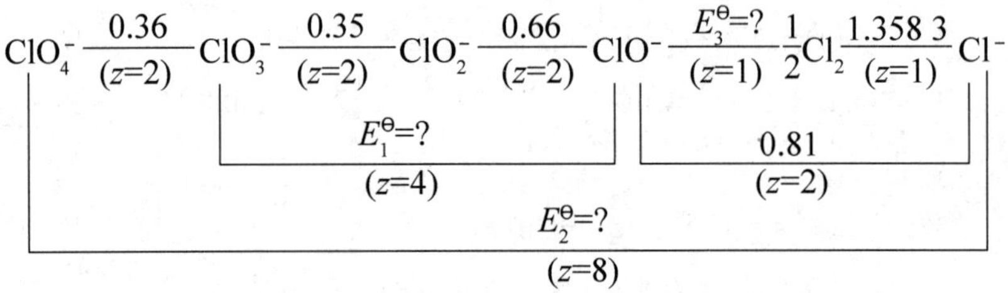

$$ClO_4^- \xrightarrow[(z=2)]{0.36} ClO_3^- \xrightarrow[(z=2)]{0.35} ClO_2^- \xrightarrow[(z=2)]{0.66} ClO^- \xrightarrow[(z=1)]{E_3^\ominus=?} \frac{1}{2}Cl_2 \xrightarrow[(z=1)]{1.358\,3} Cl^-$$

ClO_3^- — ClO^-: $E_1^\ominus$=? (z=4)

ClO^- — Cl^-: 0.81 (z=2)

ClO_4^- — Cl^-: $E_2^\ominus$=? (z=8)

求:$E_1^\ominus(ClO_3^-/ClO^-)$、$E_2^\ominus(ClO_4^-/Cl^-)$ 和 $E_3^\ominus(ClO^-/Cl_2)$ 的值。

解:
$$E_1^\ominus(ClO_3^-/ClO^-) = \frac{2E^\ominus(ClO_3^-/ClO_2^-) + 2E^\ominus(ClO_2^-/ClO^-)}{4}$$

$$= \frac{2 \times 0.35\ V + 2 \times 0.66\ V}{4} = 0.505\ V$$

$$E_2^\ominus(ClO_4^-/Cl^-) = \frac{2E^\ominus(ClO_4^-/ClO_3^-) + 4E^\ominus(ClO_3^-/ClO^-) + 2E^\ominus(ClO^-/Cl^-)}{8}$$

$$= \frac{2 \times 0.36\ V + 4 \times 0.505\ V + 2 \times 0.81\ V}{8} = 0.545\ V$$

$$E_3^\ominus(ClO^-/Cl_2) = \frac{2E^\ominus(ClO^-/Cl^-) - 2E^\ominus(Cl_2/Cl^-)}{1}$$

$$= \frac{2 \times 0.81\ V - 1 \times 1.358\,3\ V}{1} = 0.261\,7\ V$$

§6.6　化学电源简介

化学电源又称电池，是一种能将化学能直接转变成电能的装置，它通过化学反应，消耗某种化学物质，输出电能。常见的电池大多是化学电源，它在国民经济、科学技术、军事和日常生活方面均获得广泛应用。

化学电池使用面广，品种繁多，按照其使用性质，可分为干电池、蓄电池、燃料电池等。按电池中电解质性质，可分为锂电池、碱性电池、酸性电池、中性电池等。

6.6.1　锌锰干电池

干电池也称一次电池，即电池中的反应物质在进行一次电化学反应放电之后就不能再次使用了。常用的有锌锰干电池、锌汞电池、镁锰干电池等。

锌锰干电池是日常生活中常用的干电池，其结构如图 6-5 所示：金属锌外壳是负极，轴心的石墨棒是正极，这一石墨棒被一层炭黑包裹着，在两极之间是含有 NH_4Cl 和 $ZnCl_2$ 的糊状物。这种湿的盐混合物的作用如同电解质和盐桥，允许离子转移电荷使电池形成通路，电极反应是复杂的，但一般认为其反应为

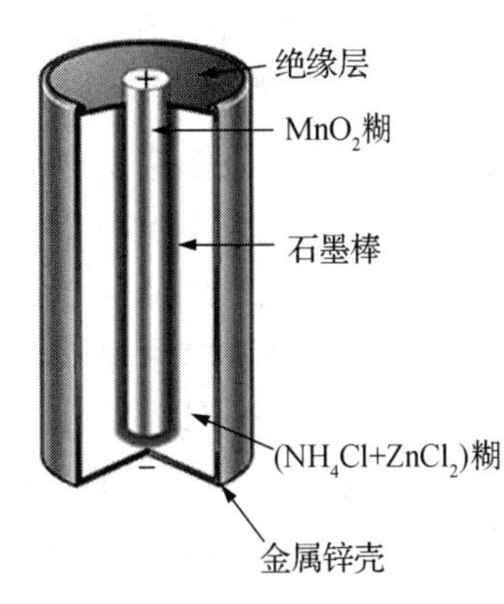

图 6-5　锌锰干电池的结构

负极：$Zn(s) \rightleftharpoons Zn^{2+}(aq) + 2e^-$

正极：$2MnO_2(s) + 2NH_4^+(aq) + 2e^- \rightleftharpoons Mn_2O_3(s) + 2NH_3(aq) + H_2O(l)$

总反应：

$$Zn(s) + 2MnO_2(s) + 2NH_4^+(aq) \rightleftharpoons Zn^{2+}(aq) + Mn_2O_3(s) + 2NH_3(aq) + H_2O(l)$$

在使用过程中，电动势下降较快，是这种电池的不足之处。如果用高导电的糊状 KOH 代替 NH_4Cl，正极材料改用钢筒，MnO_2 层紧靠钢筒，就构成了碱性锌锰干电池，这种电池具有更好的性能。

6.6.2　铅蓄电池

铅蓄电池由一组充满海绵状金属铅的铅锑合金格板做负极，由另一组充满二氧化铅的铅锑合金格板做正极，两组格板相间浸泡在电解质稀硫酸中，放电时，电极反应为

负极：$Pb(s) + SO_4^{2-}(aq) \rightleftharpoons PbSO_4(s) + 2e^-$

正极：$PbO_2(s) + SO_4^{2-}(aq) + 4H^+(aq) + 2e^- \rightleftharpoons PbSO_4(s) + 2H_2O(l)$

总反应：$Pb(s)+PbO_2(s)+2H_2SO_4(aq) \rightleftharpoons 2PbSO_4(s)+2H_2O(l)$

放电后，正负极板上都沉积有一层 $PbSO_4$，放电到一定程度之后又必须进行充电，充电时用一个电压略高于蓄电池电压的直流电源与蓄电池相接，将负极上的 $PbSO_4$ 还原成 Pb，而将正极上的 $PbSO_4$ 氧化成 PbO_2，充电时发生放电时的逆反应。

正常情况下，铅蓄电池的电动势是 2.1 V，随着电池放电生成水，H_2SO_4 的浓度要降低，故可以通过测量 H_2SO_4 的密度来检查蓄电池的放电情况。铅蓄电池具有充放电可逆性好、放电电流大、稳定可靠、价格便宜等优点，缺点是笨重，常用作汽车和柴油机车的启动电源，坑道、矿山和潜艇的动力电源，以及变电站的备用电源。

6.6.3 燃料电池

燃料电池与前两类电池的主要差别在于：它不是把还原剂、氧化剂物质全部贮藏在电池内，而是在工作时不断从外界输入氧化剂和还原剂，同时将电极反应产物不断排出电池。燃料电池是直接将燃烧反应的化学能转化为电能的装置，能量转化率高，可达 80%以上，而一般火电站热机效率仅在 30%—40%之间。燃料电池具有节约燃料、污染小的特点。

燃料电池以还原剂(氢气、煤气、天然气、甲醇等)为负极反应物，以氧化剂(氧气、空气等)为正极反应物，由燃料极、空气极和电解质溶液构成。电极材料多采用多孔碳、多孔镍、铂、钯等贵重金属以及聚四氟乙烯，电解质则有碱性、酸性、熔融盐和固体电解质等数种。

以碱性氢氧燃料电池为例，它的燃料极常用多孔性金属镍，用它来吸附氢气。空气极常用多孔性金属银，用它吸附空气。电解质则由浸有 KOH 溶液的多孔性塑料制成，其电极反应为

负极反应：$2H_2(g)+4OH^-(aq) \rightleftharpoons 4H_2O(l)+4e^-$

正极反应：$O_2(g)+2H_2O(l)+4e^- \rightleftharpoons 4OH^-(aq)$

总反应：$2H_2(g)+O_2(g) \rightleftharpoons 2H_2O(l)$

电池的工作原理是：当向燃料极供给氢气时，氢气被吸附并与催化剂作用，放出电子而生成 H^+，而电子经过外电路流向空气极，电子在空气极使氧还原为 OH^-，H^+ 和 OH^- 在电解质溶液中结合成 H_2O。

氢氧燃料电池目前已应用于航天、军事通讯、电视中继站等领域，随着成本的下降和技术的提高，有望得到进一步的商业化作用。

6.6.4 海洋电池[1]

1991 年，我国首创以铝一空气一海水为能源的新型电池，称之为海洋电池。它是一种无污染、长效、稳定可靠的电源。海洋电池彻底改变了以往海上航标灯两种供电方式：一是一次性电池，如锌锰电池、锌银电池、锌空(气)电池等。这些电池体积大，电能低，价格高。二是先充电后给电的二次性电源，如铅蓄电池，镍镉电池等。这种电池要定期充电，工作量

大，费用高。

海洋电池，是以铝合金为电池负极，金属（Pt、Fe）网为正极，用取之不尽的海水为电解质溶液，它靠海水中的溶解氧与铝反应产生电能的。我们知道，海水中只含有0.5%的溶解氧，为获得这部分氧，科学家把正极制成仿鱼鳃的网状结构，以增大表面积，吸收海水中的微量溶解氧。这些氧在海水电解液作用下与铝反应，源源不断地产生电能。两极反应为

负极（Al）：$4Al(s) \rightleftharpoons 4Al^{3+}(aq) + 12e^-$

正极（Pt或Fe等）：$3O_2(g) + 6H_2O(l) + 12e^- \rightleftharpoons 12OH^-(aq)$

总反应式：$4Al(s) + 3O_2(g) + 6H_2O(l) \rightleftharpoons 4Al(OH)_3(s)$

海洋电池本身不含电解质溶液和正极活性物质，不放入海洋时，铝极就不会在空气中被氧化，可以长期储存。用时，把电池放入海水中，便可供电，其能量比干电池高20—50倍。电池设计使用周期可长达一年以上，避免经常更换电池的麻烦。即使更换，也只是换一块铝板，铝板的大小，可根据实际需要而定。海洋电池没有怕压部件，在海洋下任何深度都可以正常工作。海洋电池，以海水为电解质溶液，不存在污染，是海洋用电设施的能源新秀。

6.6.5　锂离子电池[2]

锂离子电池的工作原理就是指其充放电原理。当对电池进行充电时，电池的正极上有锂离子生成，生成的锂离子经过电解液运动到负极。而作为负极的碳呈层状结构，它有很多微孔，到达负极的锂离子就嵌入到碳层的微孔中，嵌入的锂离子越多，充电容量越高。同样道理，当对电池进行放电时（即我们使用电池的过程），嵌在负极碳层中的锂离子脱出，又运动回到正极。回到正极的锂离子越多，放电容量越高。我们通常所说的电池容量指的就是放电容量。不难看出，在锂离子电池的充放电过程中，锂离子处于从正极→负极→正极的运动状态。如果我们把锂离子电池形象地比喻为一把摇椅，摇椅的两端为电池的两极，而锂离子就像优秀的运动健将，在摇椅的两端来回奔跑。所以，专家们又给了锂离子电池一个可爱的名字——摇椅式电池。

6.6.6　微生物燃料电池

微生物燃料电池是可以将有机物中的化学能直接转化为电能的反应器装置[3]。随着研究的深入，微生物燃料电池已可以利用各种污水中所富含有机物质进行电能的生产。它的发展不仅可以缓解日益紧张的能源危机以及传统能源所带来的温室效应，同时也可以处理生产和生活中的各种污水。因此微生物燃料电池是一种无污染、清洁的新型能源技术，其研究和开发必将受到越来越多的关注[4-6]。

课外参考读物

[1] 李荒生.海洋电池简介[J].化学教学,2000,1:28.

[2] 高海春.锂离子电池[J].盐湖研究,1994,2(4):54.

[3] Lovley D R. Bug juice: harvesting electricity with microorganisms[J]. Nat. Rev. Microbiol., 2006 (4): 497.

[4] 杨颖,江和龙.微生物燃料电池研究进展[J].环境科学与技术,2013,36(2):104.

[5] Wen Q, Wang S Y, Yan J, et al. MnO_2-graphene hybrid as an alternative cathodic catalyst to platinum in microbial fuel cells[J]. Journal of Power Sources, 2012, 216: 187.

[6] Lu M, Guo L, Kharkwal S, et al. Manganese-polypyrrole-carbon nanotube, a new oxygen reduction catalyst for air-cathode microbial fuel cells[J]. Journal of Power Sources, 2013, 221: 381.

1. 分别写出下列各物质中指定元素的氧化值。

(1) H_2S, S, H_2SO_4, SO_2, $Na_2S_2O_3$, $Na_2S_2O_8$ 中硫的氧化值。

(2) NH_3, N_2O, NO, HNO_3, NO_2, N_2H_4 中氮的氧化值。

(3) MnO_2, Mn_3O_4, Mn_2O_3, K_2MnO_4, $KMnO_4$ 中锰的氧化值。

2. 用离子电子法配平下列反应方程式。

(1) $I^- + H_2O_2 + H^+ \longrightarrow I_2 + H_2O$

(2) $Cr_2O_7^{2-} + H_2S + H^+ \longrightarrow Cr^{3+} + S$

(3) $Cl_2 + OH^- \longrightarrow Cl^- + ClO^-$

(4) $MnO_4^- + SO_3^{2-} + OH^- \longrightarrow MnO_4^{2-} + SO_4^{2-}$

3. 将下列氧化还原反应设计成原电池,并写出电池符号。

(1) $Zn(s) + Cd^{2+}(aq) \longrightarrow Zn^{2+}(aq) + Cd(s)$

(2) $MnO_4^-(aq) + 5Fe^{2+}(aq) + 8H^+(aq) \longrightarrow Mn^{2+}(aq) + 5Fe^{3+}(aq) + 4H_2O(l)$

4. 下列物质在一定条件下均可作氧化剂:$KMnO_4$, $K_2Cr_2O_7$, Fe^{3+}, H_2O_2, Br_2, PbO_2。根据它们在酸性溶液中对应的标准电极电势数据,把上述物质按其氧化能力递增顺序重新排列。

5. 在标准状态下,MnO_2 和 HCl 反应能否制得 Cl_2?如果改用 12 $mol \cdot L^{-1}$ 的浓盐酸呢(设其他物质仍处于标准态)?

6. 已知:$E^\ominus(Cu^{2+}/Cu^+) = 0.152\ V$, $E^\ominus(I_2/I^-) = 0.535\ V$, $K_{sp}^\ominus(CuI) = 1.3 \times 10^{-12}$,设 Cu^{2+} 和 I^- 都为 1 $mol \cdot L^{-1}$,判断在 298.15 K,反应 $2Cu^{2+}(aq) + 4I^-(aq) \longrightarrow 2CuI(s) + I_2(s)$ 在标准状态下能否自发向右进行?

7. 已知反应:$2Ag^+ + Zn \rightleftharpoons 2Ag + Zn^{2+}$, $E^\ominus(Ag^+/Ag) = 0.7996\ V$, $E^\ominus(Zn^{2+}/Zn) = -0.7618\ V$。

(1) 开始时 Ag^+ 和 Zn^{2+} 的浓度分别为 0.1 mol·L^{-1} 和 0.3 mol·L^{-1}，求 $E(Ag^+/Ag)$、$E(Zn^{2+}/Zn)$ 及电动势 E_{MF} 值。

(2) 计算反应的 $E_{MF}^{\ominus}$，$K^{\ominus}$ 及 $\Delta_r G_m^{\ominus}$ 值。

8. 已知：$MnO_4^-(aq)+8H^+(aq)+5e^- = Mn^{2+}(aq)+4H_2O$ $E^{\ominus}=1.491\ V$

$$Fe^{3+}(aq)+e^- = Fe^{2+}(aq) \qquad E^{\ominus}=0.770\ V$$

(1) 在标准状态下，判断下列反应的方向。

$$MnO_4^-(aq)+5Fe^{2+}(aq)+8H^+(aq) \longrightarrow Mn^{2+}(aq)+4H_2O(l)+5Fe^{3+}(aq)$$

(2) 将这两个半电池组成原电池，用电池符号表示该原电池的组成，标明电池的正、负极，并计算其标准电动势。

(3) 当氢离子浓度为 10 mol·L^{-1}，其他各离子浓度均为 1 mol·L^{-1}时，计算该电池的电动势。

9. 已知下列电池(−)Zn(s)|Zn^{2+}(x mol·L^{-1}) ¦¦ Ag^+(0.1 mol·L^{-1})|Ag(s)(+)的电动势 E_{MF} = 1.51 V，求 Zn^{2+} 的浓度。

10. 当 HAc 浓度为 0.10 mol·L^{-1}，$p(H_2)$ = 100 kPa，测得 $E(HAc/H_2)$ = −0.17 V。求溶液中 H^+ 的浓度和 HAc 的解离常数 $K_a^{\ominus}$。

11. 试根据下列元素电势图：

$$E_A^{\ominus}/V \quad Ag^{2+} \xrightarrow{2.00} Ag^+ \xrightarrow{0.7996} Ag$$

$$Au^{2+} \xrightarrow{1.29} Au^+ \xrightarrow{1.692} Au$$

$$Fe^{3+} \xrightarrow{0.770} Fe^{2+} \xrightarrow{-0.4402} Fe$$

问：Ag^+、Au^+、Fe^{2+} 等离子哪些能发生歧化反应。

12. 利用下述电池可以测定溶液中 Cl^- 的浓度：

$$(-)Hg(s) \mid Hg_2Cl_2(l) \mid KCl(饱和) ¦¦ Cl^-(c) \mid AgCl(s) \mid Ag(s)(+)$$

当用这种方法测定某地下水 Cl^- 含量时，测得电池的电动势为 0.280 V，求某地下水中 Cl^- 的含量。

第 7 章　物质结构基础

大千世界的物质种类繁多，性质各异。而物质的性质与物质的结构密切相关。要阐明化学反应的本质，理解物质结构与性质的关系，必须掌握原子结构、分子结构和晶体结构等有关知识。

§7.1　原子结构

7.1.1　氢原子光谱与玻尔理论

1. 氢原子光谱

在认识原子结构的过程中，原子光谱等实验提供了重要的基础。太阳发出的白光，通过三棱镜分光后，可以得到红、橙、黄、绿、青、蓝、紫等波长的光谱，这种光谱称为连续光谱。而气体原子受激发后发光，通过三棱镜分光后可以得到不连续的线状光谱。不同的原子有不同的光谱，氢原子是最简单的原子，其原子光谱也最简单，如图 7-1 所示。

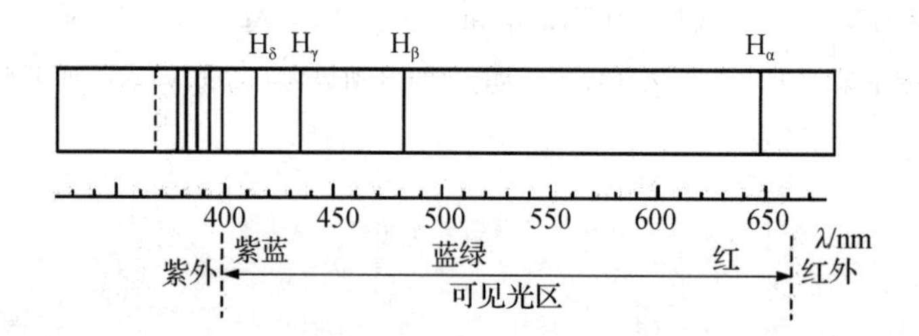

图 7-1　氢原子光谱图

1885 年瑞士巴尔末(J. J. Balmer)发现氢原子光谱在可见光区的四条谱线的波长间存在一定的联系，并提出了巴尔末公式：

$$\lambda = \frac{364.6n^2}{n^2 - 4}\,\mathrm{nm} \tag{7-1}$$

当 n 取 3、4、5 和 6 时，由式(7-1)即可得到氢原子光谱在可见光区的四条谱线 H_α、H_β、

H_γ和 H_δ的波长。

1890 年瑞典物理学家里德堡(J. R. Rydberg)提出了适用于氢原子光谱各区谱线的通式(里德堡公式)：

$$\frac{1}{\lambda}=R\left(\frac{1}{n_1^2}-\frac{1}{n_2^2}\right) \tag{7-2}$$

式中，R 为里德堡常数($1.0967758\times10^7\ \mathrm{m^{-1}}$)；$n_1$，$n_2$ 为正整数，且 $n_2>n_1$。

经典物理学理论无法解释原子的稳定性和原子光谱。按照经典电磁理论，电子绕核高速旋转时将连续辐射出能量，产生连续光谱，电子的运动速度将不断减慢，运动轨道半径将相应变小并逐渐靠近原子核，最后落到原子核上，电子湮灭，原子将不复存在。而事实上原子是稳定存在的，原子光谱是线状光谱。

2. 玻尔理论

为了解释原子光谱，1913 年玻尔(N. Bohr)在普朗克(M. Planck)量子论、爱因斯坦(A. Einstein)光子学说和卢瑟福(E. Rutherford)原子模型的基础上提出了玻尔原子结构理论，其要点如下：

(1) 原子中的电子绕核做圆周运动，在一定轨道上运动的电子具有确定的能量，称为定态。在定态轨道上运动的电子既不吸收能量也不放出能量。电子通常处于能量最低的轨道上，即原子处于基态，其余为激发态。

(2) 原子轨道上运动电子的轨道角动量是量子化的，为 $h/2\pi$ 的正整数倍。

(3) 当电子在不同轨道间跃迁时，会吸收或辐射出光子，吸收或辐射出光子的能量取决于两个轨道的能量差：

$$\Delta E=E_2-E_1=hv \tag{7-3}$$

式中，E_1、E_2 分别是原子中两个轨道的能量，$h=6.626\times10^{-34}\ \mathrm{J\cdot s}$，为普朗克常数，$v$ 为光子的频率。

玻尔理论成功地解释了原子的稳定性和氢原子光谱的不连续性。正常情况下，氢原子处于基态。当氢原子受到高压放电激发时，电子由基态跃迁至激发态。激发态的电子不稳定，会自发地跃迁到能量较低的轨道，并以光子的形式释放出能量。由于原子中两个轨道的能量差是定值，所以释放出的光子具有确定的波长或频率，原子光谱也必然是不连续的线状光谱。但是玻尔理论不能解释多电子原子的光谱，也不能解释氢原子光谱的精细结构。这是因为玻尔原子结构理论是建立在经典物理学基础上，而微观粒子的运动有其特殊的规律性，必须用量子力学来讨论。

基于在原子结构理论和原子辐射方面作出的卓越贡献，玻尔获得了 1922 年的诺贝尔物理学奖。

7.1.2 核外电子运动状态的描述

1. 微观粒子的波粒二象性

20世纪初，爱因斯坦提出光子学说解释了光电效应之后，人们认识到光具有波动性和粒子性(波粒二象性)的双重特性。1924年，法国物理学家德布罗依(L. de Broglie)受到光的波粒二象性的启发，大胆提出了静止质量不为零的微观粒子也具有波动性的假设，并指出一个质量为m，运动速度为v的微观粒子的波长λ可用如下公式计算得到。

$$\lambda = \frac{h}{mv} \tag{7-4}$$

式(7-4)称为德布罗依关系式。实物粒子的波也称为德布罗依波或物质波。

1927年，美国科学家戴维逊(C. J. Davisson)和革末(L. H. Germer)用电子衍射实验证实了德布罗依的假设。实验是将一束高速运动的电子流射到镍单晶上，在屏幕上得到了和光的衍射相似的明暗交替的衍射环，证实了电子具有波动性，如图7-2所示。根据电子衍射图计算得到的波长与由公式(7-4)计算得到的波长完全一致。随后相继发现并证实质子、中子等微观粒子均具有波动性。由此可见，波粒二象性是微观粒子运动的基本特征。为此，德布罗依获得了1929年的诺贝尔物理学奖。

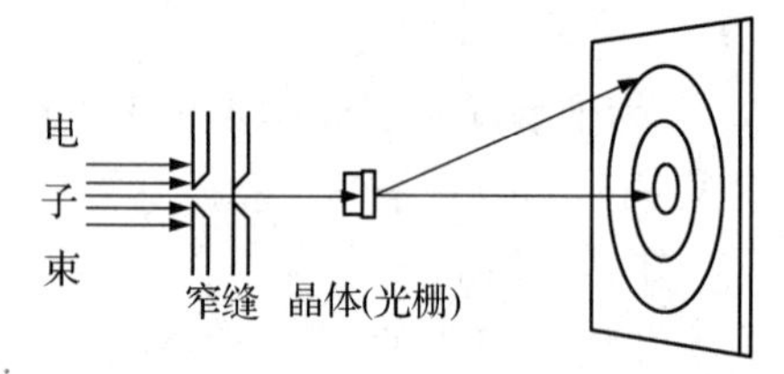

图7-2 电子衍射实验示意图

微观粒子的波动性有很多应用。例如，目前广泛地应用于材料、医学、化学、生物等诸多领域的电子显微镜，其分辨率远高于光学显微镜，就是利用了电子具有波动性这一特点。

2. 不确定原理

由于微观粒子具有波粒二象性，其运动没有确定的轨道。1927年德国物理学家海森堡(W. Heisenberg)提出了不确定原理，即不能同时准确确定微观粒子的位置和动量。其关系式为

$$\Delta x \cdot \Delta p_x \geqslant h \tag{7-5}$$

式中，Δx为微观粒子位置(或坐标)的不确定量，Δp_x为微观粒子动量在x方向分量的不确定量。该式表明，微观粒子位置的不确定量Δx愈小，则其动量的不确定量Δp_x就愈大。反之亦然。

不确定原理是微观粒子具有波粒二象性的必然结果。它表明核外电子的运动不可能存在如玻尔理论所描述的固定轨道。对于单个电子虽然无法确定其在某一时刻的具体位置，但就大量电子而言，其运动规律仍是有迹可寻的。研究发现，在电子衍射实验中，用较强的电子流可以在较短的时间内得到电子衍射图案。若改用很弱的电子流则在比较长的时间内也能得到衍射图案。这表明，电子的波动性是大量电子运动的统计结果。电子衍射强度大的地方，波的强度大，电子出现概率大。即空间区域内任意一点波的强度与电子出现的概率成正比。

微观粒子具有波粒二象性，其运动不服从经典力学规律，必须用量子力学来描述。量子力学是描述微观体系运动规律的科学，是自然界的基本规律之一，量子力学的基本原理是由许多物理学家经过大量工作总结出来的。

3. 波函数与原子轨道

(1) 薛定谔方程与波函数

1926 年奥地利物理学家薛定谔(E. Schrödinger)提出了一个描述微观粒子运动的二阶偏微分方程——薛定谔方程：

$$\frac{\partial^2 \Psi}{\partial x^2}+\frac{\partial^2 \Psi}{\partial y^2}+\frac{\partial^2 \Psi}{\partial z^2}+\frac{8\pi^2 m}{h^2}(E-V)\Psi=0 \quad (7-6)$$

式中，m 是微观粒子的质量，E 是微观粒子的总能量，V 是微观粒子的势能，x,y,z 是微观粒子的空间坐标变量，Ψ 是描述微观粒子运动状态的函数，称为波函数，常记为 $\Psi(x,y,z)$。薛定谔方程可以作为处理原子、分子中电子运动的基本方程，它的每一个合理解 $\Psi(x,y,z)$ 都对应着电子运动的一种状态，与 $\Psi(x,y,z)$ 相对应的 E 就是电子在此状态时的总能量。

氢原子是单电子原子，其薛定谔方程可以精确求解。而多电子原子的薛定谔方程只能近似求解。

为了便于求解薛定谔方程，需将直角坐标(x,y,z)变换为球极坐标(r,θ,ϕ)，波函数的表示也从 $\Psi(x,y,z)$ 变为 $\Psi(r,\theta,\phi)$。r,θ,ϕ 为球极坐标中的三个变量。直角坐标与球极坐标的关系如图 7－3 所示。

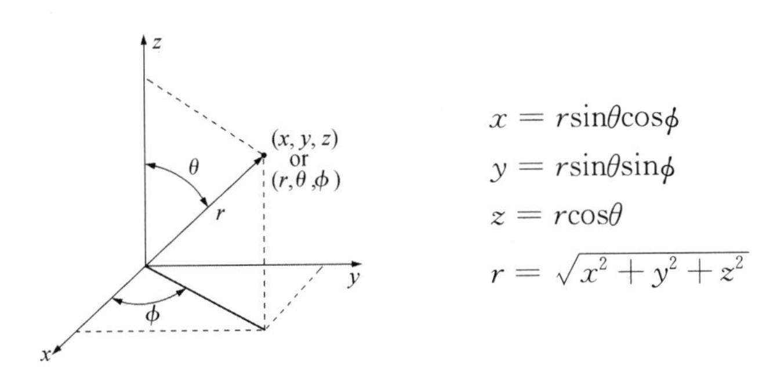

图 7－3　直角坐标与球极坐标的关系

再令

$$\Psi(r,\theta,\phi)\equiv R(r)\cdot\Theta(\theta)\cdot\Phi(\phi) \quad (7-7)$$

式中，$R(r)$函数只与电子离核的距离 r 变量有关，称为径向波函数，$\Theta(\theta)$和 $\Phi(\phi)$分别只是 θ 和 ϕ 变量的函数。将式(7－7)代入薛定谔方程，用分离变量法可以将一个含有三个变量的薛定谔方程变为三个各含有一个变量的方程，即 R,Θ 和 Φ 方程。通过分别求解 R,Θ 和 Φ 方程，可以得到三个函数 $R(r)$，$\Theta(\theta)$和 $\Phi(\phi)$。

将解得的三个函数 $R(r)$，$\Theta(\theta)$和 $\Phi(\phi)$相乘即可得到薛定谔方程的解 $\Psi(r,\theta,\phi)$。通常将角度部分函数 $\Theta(\theta)$和 $\Phi(\phi)$相乘：

$$Y(\theta,\phi)=\Theta(\theta)\cdot\Phi(\phi) \tag{7-8}$$

$Y(\theta,\phi)$函数只随角度 θ，ϕ 变化，称为角度波函数。

在求解 R，Θ 和 Φ 方程的过程中，为了得到描述电子运动状态的合理解，引入了 n、l、m 三个参数，分别称为主量子数、角量子数和磁量子数。它们的取值如下：

主量子数　$n=1,2,3,\cdots$　可取无穷多个值

角量子数　$l=0,1,2,3,\cdots,n-1$　可取 n 个值

磁量子数　$m=0,\pm1,\pm2,\pm3,\cdots,\pm l$　可取 $2l+1$ 个值

n、l、m 三者之间的取值有如下限制：$n\geqslant l+1$，$l\geqslant|m|$。$R(r)$函数与量子数 n、l 有关，而 $Y(\theta,\phi)$函数只与量子数 l、m 有关。

当一组合理的量子数 n、l、m 确定后，电子运动的波函数 $\Psi(r,\theta,\phi)$也随之确定，可记为 $\Psi_{n,l,m}$。

例如 $n=1$ 时，l 只可取 0，m 也只能取 0，所以 $n=1$ 时只能得到一种波函数 $\Psi_{1,0,0}$。当 $n=2$时，l 可取 0 或 1，$l=0$ 时，m 也只能取 0；$l=1$ 时，m 可取 +1，0，−1 三个数值；所以 $n=2$ 时，可以得到 $\Psi_{2,0,0}$，$\Psi_{2,1,0}$，$\Psi_{2,1,1}$，$\Psi_{2,1,-1}$四种波函数。余类推。每种波函数都对应于电子的一种运动状态，常称为原子轨道。注意，原子轨道是波函数的同义词，绝无电子沿固定轨道运动的含义。在光谱学上常将 $l=0,1,2,3\cdots$分别用 s，p，d，f…表示，因此，波函数 $\Psi_{1,0,0}$ 也称为 1 s 轨道，$\Psi_{2,0,0}$为 2 s 轨道，$\Psi_{2,1,0}$，$\Psi_{2,1,1}$，$\Psi_{2,1,-1}$均为 2p 轨道。求解氢原子的薛定谔方程得到的一些波函数见表 7－1。

表 7－1　氢原子的一些波函数

n	l	m	$R_{n,l}(r)$	$Y_{l,m}(\theta,\phi)$	$\Psi_{n,l,m}(r,\theta,\phi)$
1	0	0	$2\sqrt{\frac{1}{a_0^3}}\mathrm{e}^{-r/a_0}$	$\sqrt{\frac{1}{4\pi}}$	$\sqrt{\frac{1}{\pi a_0^3}}\mathrm{e}^{-r/a_0}$
2	0	0	$\sqrt{\frac{1}{8a_0^3}}\left(2-\frac{r}{a_0}\right)\mathrm{e}^{-r/2a_0}$	$\sqrt{\frac{1}{4\pi}}$	$\frac{1}{4}\sqrt{\frac{1}{2\pi a_0^3}}\left(2-\frac{r}{a_0}\right)\mathrm{e}^{-r/2a_0}$
2	1	0	$\sqrt{\frac{1}{24a_0^3}}\left(\frac{r}{a_0}\right)\mathrm{e}^{-r/2a_0}$	$\sqrt{\frac{3}{4\pi}}\cos\theta$	$\frac{1}{4}\sqrt{\frac{1}{2\pi a_0^3}}\left(\frac{r}{a_0}\right)\mathrm{e}^{-r/2a_0}\cos\theta$

(2) 量子数的物理意义

量子数 n、l、m 分别具有不同的物理意义。它们的取值决定了波函数所描述的原子轨道能量、原子轨道角动量以及电子离核的远近、原子轨道的形状和空间取向等。

① 主量子数 n

原子轨道的能量主要取决于主量子数 n。n 越大，表明原子轨道离核越远，能量越高。

对于氢原子和类氢离子，原子轨道的能量只取决于主量子数 n，即

$$E(ns) = E(np) = E(nd) = E(nf)$$

在同一原子内，具有相同主量子数的电子构成了一个电子层。在光谱学中分别用大写英文字母 K,L,M,N,O,P…表示，即

$$n=1, 2, 3, 4, \cdots$$

电子层　K,L,M,N,…

② 角量子数 l

原子轨道的角动量由角量子数 l 决定。在多电子原子中，原子轨道的能量不仅取决于主量子数 n，还与角量子数 l 有关。当 n 相同时，大多数情况下，l 值越大，原子轨道的能量越高，即

$$E(ns) < E(np) < E(nd) < E(nf)$$

在同一电子层中把 l 值相同的电子归为一亚层，即

$$l = 0,1,2,3,4,\cdots,n-1$$

电子亚层　s,p,d,f,g,…

如 L 电子层中有 2s,2p 两个亚层。

③ 磁量子数 m

磁量子数 m 决定了原子轨道角动量在磁场方向分量的大小。

当一组合理的量子数 n、l、m 确定后，描述电子轨道运动的波函数 $\Psi_{n,l,m}$ 也随之确定。原子核外电子的轨道运动状态就确定。量子数 n、l、m 与原子轨道的关系见表 7－2。

表 7－2　量子数与原子轨道的关系

主量子数 n	电子层符号	角量子数 l	亚层符号	亚层层数	磁量子数 m	原子轨道符号	亚层中的轨道数
1	K	0	1s	1	0	1s	1
2	L	0 1	2s 2p	2	0 0,±1	2s $2p_z,2p_x,2p_y$	1 3
3	M	0 1 2	3s 3p 3d	3	0 0,±1 0,±1,±2	3s $3p_z,3p_x,3p_y$ $3d_{z^2},3d_{xz},3d_{yz},3d_{xy},3d_{x^2-y^2}$	1 3 5
4	N	0 1 2 3	4s 4p 4d 4f	4	0 0,±1 0,±1,±2 0,±1,±2,±3	4s $4p_z,4p_x,4p_y$ $4d_{z^2},4d_{xz},4d_{yz},4d_{xy},4d_{x^2-y^2}$ …	1 3 5 7

例如：

$$n=3$$
$$l=0 \qquad 1 \qquad\qquad 2$$
$$m=0 \quad -1,0,+1 \quad -2,-1,0,+1,+2$$

轨道数目：$1+3+5=9$(条)，分别为

n	3	3	3	3	3	3	3	3	3
l	0	1	1	1	2	2	2	2	2
m	0	−1	0	+1	−2	−1	0	+1	+2

④ 自旋磁量子数 m_s

研究原子光谱的精细结构发现，光谱图上每条谱线均由波长相差很小、十分接近的两条谱线组成。这一现象无法用 n、l、m 三个量子数解释。直到 1925 年才发现，电子除了轨道运动外，还存在自旋运动。电子自旋运动的角动量在磁场方向的分量由自旋磁量子数 m_s决定。m_s的取值为$\pm\frac{1}{2}$，表明电子的自旋运动状态只有二种，或用↑和↓表示。

综上所述，n、l、m 三个量子数一定，原子核外电子的轨道运动状态就确定。由于电子除了轨道运动之外还有自旋运动，若要完整地描述一个电子的轨道运动和自旋运动，则需要用 n、l、m，m_s四个量子数来描述。

4. 原子轨道和电子云的图形

波函数 Ψ 以及波函数绝对值的平方 $|\Psi|^2$ 是三维空间坐标的函数，将它们用图形表示出来可以使抽象的数学公式成为具体的图像。这些图像对研究化学反应、原子间的成键作用和讨论分子的结构和性质具有重要的意义。

由于 Ψ 是 r,θ,ϕ 三个变量的函数，要画出它们的完整图像比较困难。人们常常为了不同的目的，从不同的角度画原子轨道的图像。

波函数可以写成径向部分和角度部分函数的乘积，即

$$\Psi(r,\theta,\phi) = R(r) \cdot Y(\theta,\phi)$$

因此可以分别画出径向部分函数 $R(r)$ 随 r 变化以及角度部分函数 $Y(\theta,\phi)$ 随 θ,ϕ 变化的图像。

有关波函数 Ψ 的图像有许多种，下面仅介绍其中比较重要的图像。

(1) 概率密度和电子云

求解薛定谔方程，得到了描述原子中单个电子运动的状态函数 Ψ。波函数 Ψ 本身没有明确的物理意义，但其绝对值的平方 $|\Psi|^2$ 有明确的物理意义。它表示了电子在原子核外某点出现的概率密度。电子在原子核外空间某区域内出现的概率等于概率密度与该区域总体积的乘积。

通常用小黑点的疏密形象地表示电子在原子核外空间出现的概率密度。小黑点密集的地方表示电子出现的概率密度大，小黑点稀疏的地方表示电子出现的概率密度小。这种形象化的表示概率密度的图像称为电子云图，即电子云图是$|\Psi|^2$的空间图像。由表7-1可知，氢原子1s和2s态的波函数Ψ只与r变量有关而与角度变量θ,ϕ无关。因此，氢原子1s电子云是以原子核为中心的一个圆球，电子在原子核附近出现的概率密度大，电子离核越远，概率密度越小；2s电子云也是球形对称，有两个概率密度大的区域，一个离核较近，一个离核较远，两个概率密度大的区域之间有一个概率密度很小的区域，称为节面。如图7-4所示。

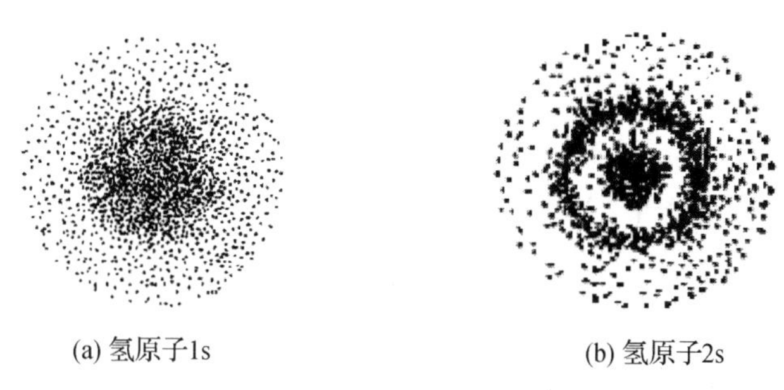

图7-4　电子云示意图

(2) 径向分布函数图

令$D(r)=r^2R^2(r)$，以$D(r)$为纵坐标，以r为横坐标作图，所得到的图形叫做径向分布函数图。它表示在离原子核r处的单位厚度的球壳内电子出现的概率。图7-5给出了氢原子的几种状态的径向分布函数图。由图7-5可看出：

① 对于1s态，在核附近，r趋于0，$D(r)=r^2R^2(r)$趋于0。随着r增大，D逐渐增大，在$r=0.0529$ nm处出现极大值。表明此时单位厚度的球壳内电子出现的概率最大。

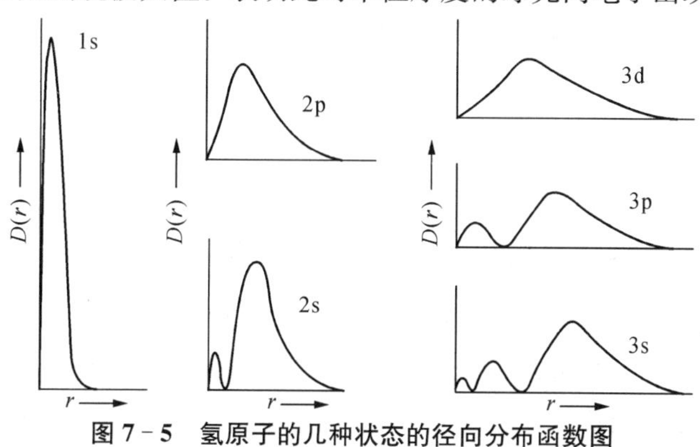

图7-5　氢原子的几种状态的径向分布函数图

② 径向分布函数图中有$(n-l)$个极大值和$(n-l-1)$个为0值的节点(不包括原点)。

(3) 原子轨道角度分布图

将波函数的角度部分函数 $Y(\theta,\phi)$ 对角度变量 θ、ϕ 作图,得到波函数的角度分布图,又称为原子轨道角度分布图。

由于 $Y(\theta,\phi)$ 函数只与量子数 l、m 有关,与主量子数 n 无关,所以只要量子数 l、m 相同,原子轨道的角度分布图就相同。例如所有 $l=1,m=0$ 的波函数的角度分布图都相同。s、p 和 d 原子轨道的角度分布图如图 7-6 所示。

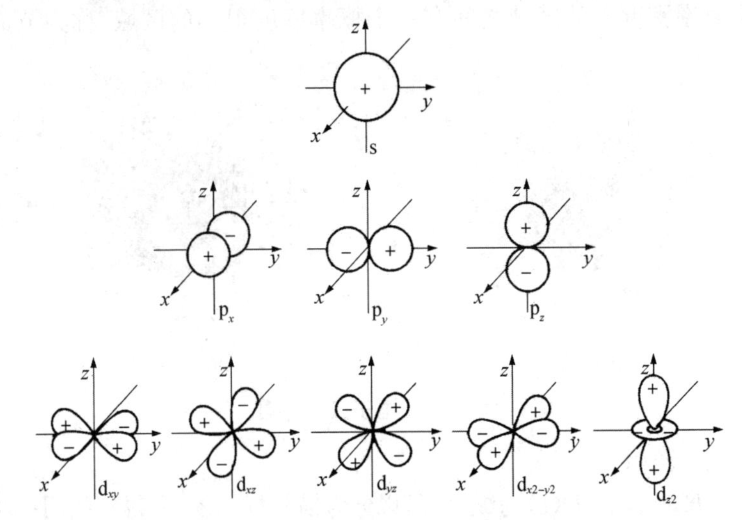

图 7-6 原子轨道角度分布图示意图

从图 7-6 可以看出,s 轨道的角度分布图是一个球面。三个 p 轨道角度分布图的形状相同,只是空间取向不同,它们的最大值分别沿 x,y,z 三个轴,所以三个轨道分别称为 p_x,p_y 和 p_z 轨道。d 轨道有五个,分别是 d_{xy},d_{xz},d_{yz},$d_{x^2-y^2}$ 和 d_{z^2}。原子轨道角度分布图中正、负区域以及不同的空间取向将对原子之间能否成键以及成键的方向起着重要的作用。

7.1.3 原子核外电子的排布

氢原子和类氢离子的原子核外只有一个电子,该电子仅受到原子核的吸引,其原子轨道能量的高低,只取决于主量子数 n。n 相同的各原子轨道能量相等,即

$$E(n\mathrm{s}) = E(n\mathrm{p}) = E(n\mathrm{d})$$

但是对于多电子原子来说,电子除了受到核的吸引外,电子之间还存在互相排斥作用。因此多电子原子轨道的能级次序比较复杂。电子之间的相互作用可以从屏蔽效应和钻穿效应两个方面去认识。

1. 屏蔽效应和钻穿效应

多电子原子的薛定谔方程只能近似求解。有一种称为中心力场模型的近似处理方法，它把多电子原子中其余电子对某指定电子的排斥作用近似地看作抵消了一部分核电荷对该指定电子的吸引，即削弱了核电荷对该电子的吸引，核电荷由 Z 变成有效核电荷 Z^*，关系如下：

$$Z^* = Z - \sigma \tag{7-9}$$

σ 称为屏蔽常数，可以通过斯莱特(Slater)规则计算近似得到。这种由于核外其余电子抵消部分核电荷对指定电子的吸引作用称为屏蔽效应。σ 不仅与主量子数 n 有关，还与角量子数 l 有关。所以多电子原子的轨道能量与 n 和 l 有关。通常情况下，n 相同 l 不同的原子轨道，l 越大，能量越高，即

$$E(n\mathrm{s}) < E(n\mathrm{p}) < E(n\mathrm{d}) < E(n\mathrm{f})$$

在多电子原子中，外层电子在靠近核附近的空间有一定的概率出现，受到核的吸引，能量降低。这种外层电子向内层穿透的现象称为钻穿效应。从图 7-5 中可以看出电子钻穿能力的大小。主量子数 n 相同的 3s、3p 和 3d，3s 态的径向分布函数图中峰的个数最多，其中一个小峰离核最近，表明 3s 电子钻穿能力强，被内层电子屏蔽最少，受到核的吸引力大，能量最低；而 3p、3d 电子钻入内层的程度依次减少，内层电子对它的屏蔽作用依次增强，它们的能量相继增大。所以，对于多电子原子而言，n 相同 l 不同的轨道，能量高低次序为

$$E(n\mathrm{s}) < E(n\mathrm{p}) < E(n\mathrm{d}) < E(n\mathrm{f})$$

2. 多电子原子的能级

1939 年，鲍林(L. Paulin g)在大量光谱实验数据的基础上，提出了多电子原子的原子轨道近似能级图，如图 7-7 所示。

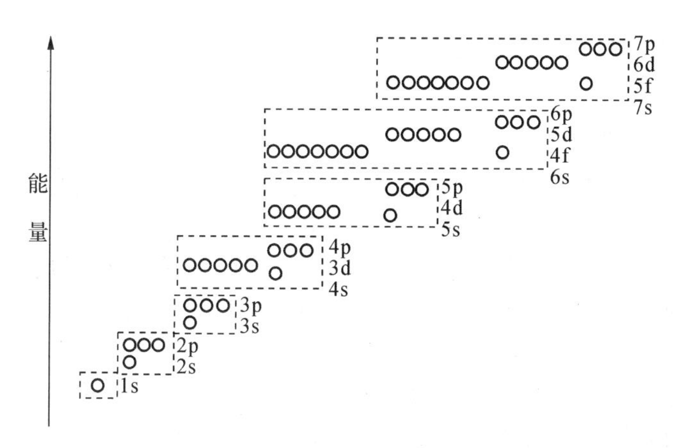

图 7-7 鲍林近似能级图

图 7－7 中原子轨道按能量由低到高的顺序排列，小圆圈代表原子轨道，方框中的原子轨道能量相近，为一个能级组，共有 7 个能级组。s 亚层只有一个原子轨道；p 亚层三个原子轨道，且三个轨道能量相同，称为简并轨道或等价轨道。d 亚层有五个能量相同的原子轨道，f 亚层有七个能量相同的轨道。鲍林近似能级图中的“能级交错”如 $E_{4s}<E_{3d}$ 可以用屏蔽效应和钻穿效应来解释。

3. 基态原子中电子排布原则

根据光谱实验结果以及对元素性质周期性的分析，人们总结出多电子原子中电子排布的三个原则，即泡利(W. Pauli)不相容原理、能量最低原理和洪特(F. Hund)规则。

(1) 泡利不相容原理：在同一原子中，不可能有 4 个量子数完全相同的两个电子。也就是说在 n, l, m 确定的一个原子轨道上最多可容纳 2 个电子，且这两个电子的自旋方向必须相反。

(2) 能量最低原理：在不违背泡利原理的条件下，电子优先占据能量较低的轨道，并使整个原子体系的能量最低。

(3) 洪特规则：在能量相同的轨道上，电子尽可能分占不同的轨道，且自旋平行。

例如：碳原子 $1s^2 2s^2 2p^2$，如果 2 个 p 电子挤在同一轨道上，则排斥力大；而 2 个 p 电子在不同轨道上且自旋平行时排斥力小：

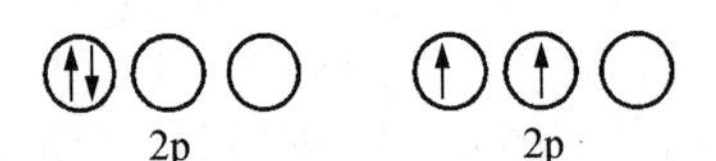

电子按洪特规则排布可使体系能量最低，最稳定。作为洪特规则的特例，当简并轨道处于半充满(s^1, p^3, d^5, f^7)、全充满(s^2, p^6, d^{10}, f^{14})或全空(s^0, p^0, d^0, f^0)的状态时，能量较低，比较稳定。

4. 基态原子的核外电子的排布

由鲍林近似能级图可知，电子在原子轨道中的填充顺序为

1s,2s,2p,3s,3p,4s,3d,4p,5s,4d,5p,6s,4f,5d,6p,7s,5f……

根据电子排布的三个原则，可以将周期表中绝大部分元素的核外电子排布式写出来，所得电子排布式亦称为原子的电子组态或原子的电子构型。

实验表明，在内层原子轨道上运动的电子能量较低，不活泼，化学反应一般发生在能量高的外层原子轨道上，常称为价电子层，价电子层上的电子称为价电子。

例如：

(1) C 碳原子核外有 6 个电子，电子排布式为 $1s^2 2s^2 2p^2$，价电子层排布为 $2s^2 2p^2$。

(2) Ti 原子核外有 22 个电子，按电子在原子轨道中的填充顺序可得如下排布式：$1s^2 2s^2 2p^6 3s^2 3p^6 4s^2 3d^2$。但正确的书写格式为：$1s^2 2s^2 2p^6 3s^2 3p^6 3d^2 4s^2$，即应该按电子层从

内层到外层逐层书写，价电子层排布为：$3d^24s^2$。

通常为了简化书写，常采用原子实加价电子层来表示原子结构。

如Ti的电子排布式：[Ar]$3d^24s^2$，[Ar]表示原子实，为稀有气体Ar的电子排布式：$1s^22s^22p^63s^23p^6$。

(3) Cr和Cu的电子排布式分别为[Ar]$3d^54s^1$，[Ar]$3d^{10}4s^1$，而不是[Ar]$3d^44s^2$，[Ar]$3d^94s^2$。这是因为$3d^5$(半充满)和$3d^{10}$(全充满)是能量较低的结构。

原子失去电子后成为离子，离子的电子排布式取决于电子从哪个原子轨道失去。理论和实验都表明，原子轨道失电子的顺序是np，ns，($n-1$)d，($n-2$)f，即最外层的np电子最先失去，然后失去ns电子，再然后失去($n-1$)d电子等。例如原子序数为26的Fe的价电子层排布为$3d^64s^2$，Fe^{2+}的价电子层排布为$3d^64s^0$或$3d^6$；Fe^{3+}的价电子层排布为$3d^5$。

元素的化学性质主要取决于价电子层结构。所以在讨论原子的结构及其性质时，只需列出价电子构型即可。

必须指出，有些元素的原子核外电子排布不服从电子排布的三原则，出现“反常”。如原子序数为44的Ru，按核外电子排布的三原则其电子排布式为

$$1s^22s^22p^63s^23p^63d^{10}4s^24p^64d^65s^2$$

但实验测定的结果却是

$$1s^22s^22p^63s^23p^63d^{10}4s^24p^64d^75s^1$$

像这样电子排布“反常”的元素还有Nb，Rh，W，Pt及La系和Ac系的一些元素。这说明用三原则来描述核外电子排布还是不充分的，除此以外，还有其他因素影响着电子排布。表7-3列出了111种元素原子的电子排布式。

表7-3 原子的电子构型

原子序数	元素	电子构型	原子序数	元素	电子构型
1	H	$1s^1$	9	F	[He]$2s^22p^5$
2	He	$1s^2$	10	Ne	[He]$2s^22p^6$
3	Li	[He]$2s^1$	11	Na	[Ne]$3s^1$
4	Be	[He]$2s^2$	12	Mg	[Ne]$3s^2$
5	B	[He]$2s^22p^1$	13	Al	[Ne]$3s^23p^1$
6	C	[He]$2s^22p^2$	14	Si	[Ne]$3s^23p^2$
7	N	[He]$2s^22p^3$	15	P	[Ne]$3s^23p^3$
8	O	[He]$2s^22p^4$	16	S	[Ne]$3s^23p^4$

（续表）

原子序数	元素	电子构型	原子序数	元素	电子构型
17	Cl	[Ne]$3s^2 3p^5$	44	Ru	[Kr]$4d^7 5s^1$
18	Ar	[Ne]$3s^2 3p^6$	45	Rh	[Kr]$4d^8 5s^1$
19	K	[Ar]$4s^1$	46	Pd	[Kr]$4d^{10}$
20	Ca	[Ar]$4s^2$	47	Ag	[Kr]$4d^{10} 5s^1$
21	Sc	[Ar]$3d^1 4s^2$	48	Cd	[Kr]$4d^{10} 5s^2$
22	Ti	[Ar]$3d^2 4s^2$	49	In	[Kr]$4d^{10} 5s^2 5p^1$
23	V	[Ar]$3d^3 4s^2$	50	Sn	[Kr]$4d^{10} 5s^2 5p^2$
24	Cr	[Ar]$3d^5 4s^1$	51	Sb	[Kr]$4d^{10} 5s^2 5p^3$
25	Mn	[Ar]$3d^5 4s^2$	52	Te	[Kr]$4d^{10} 5s^2 5p^4$
26	Fe	[Ar]$3d^6 4s^2$	53	I	[Kr]$4d^{10} 5s^2 5p^5$
27	Co	[Ar]$3d^7 4s^2$	54	Xe	[Kr]$4d^{10} 5s^2 5p^6$
28	Ni	[Ar]$3d^8 4s^2$	55	Cs	[Xe]$6s^1$
29	Cu	[Ar]$3d^{10} 4s^1$	56	Ba	[Xe]$6s^2$
30	Zn	[Ar]$3d^{10} 4s^2$	57	La	[Xe]$5d^1 6s^2$
31	Ga	[Ar]$3d^{10} 4s^2 4p^1$	58	Ce	[Xe]$4f^1 5d^1 6s^2$
32	Ge	[Ar]$3d^{10} 4s^2 4p^2$	59	Pr	[Xe]$4f^3 6s^2$
33	As	[Ar]$3d^{10} 4s^2 4p^3$	60	Nd	[Xe]$4f^4 6s^2$
34	Se	[Ar]$3d^{10} 4s^2 4p^4$	61	Pm	[Xe]$4f^5 6s^2$
35	Br	[Ar]$3d^{10} 4s^2 4p^5$	62	Sm	[Xe]$4f^6 6s^2$
36	Kr	[Ar]$3d^{10} 4s^2 4p^6$	63	Eu	[Xe]$4f^7 6s^2$
37	Rb	[Kr]$5s^1$	64	Gd	[Xe]$4f^7 5d^1 6s^2$
38	Sr	[Kr]$5s^2$	65	Tb	[Xe]$4f^9 6s^2$
39	Y	[Kr]$4d^1 5s^2$	66	Dy	[Xe]$4f^{10} 6s^2$
40	Zr	[Kr]$4d^2 5s^2$	67	Ho	[Xe]$4f^{11} 6s^2$
41	Nb	[Kr]$4d^4 5s^1$	68	Er	[Xe]$4f^{12} 6s^2$
42	Mo	[Kr]$4d^5 5s^1$	69	Tm	[Xe]$4f^{13} 6s^2$
43	Tc	[Kr]$4d^5 5s^2$	70	Yb	[Xe]$4f^{14} 6s^2$

(续表)

原子序数	元素	电子构型	原子序数	元素	电子构型
71	Lu	$[Xe]4f^{14}5d^{1}6s^{2}$	92	U	$[Rn]5f^{3}6d^{1}7s^{2}$
72	Hf	$[Xe]4f^{14}5d^{2}6s^{2}$	93	Np	$[Rn]5f^{4}6d^{1}7s^{2}$
73	Ta	$[Xe]4f^{14}5d^{3}6s^{2}$	94	Pu	$[Rn]5f^{6}7s^{2}$
74	W	$[Xe]4f^{14}5d^{4}6s^{2}$	95	Am	$[Rn]5f^{7}7s^{2}$
75	Re	$[Xe]4f^{14}5d^{5}6s^{2}$	96	Cm	$[Rn]5f^{7}6d^{1}7s^{2}$
76	Os	$[Xe]4f^{14}5d^{6}6s^{2}$	97	Bk	$[Rn]5f^{9}7s^{2}$
77	Ir	$[Xe]4f^{14}5d^{7}6s^{2}$	98	Cf	$[Rn]5f^{10}7s^{2}$
78	Pt	$[Xe]4f^{14}5d^{9}6s^{1}$	99	Es	$[Rn]5f^{11}7s^{2}$
79	Au	$[Xe]4f^{14}5d^{10}6s^{1}$	100	Fm	$[Rn]5f^{12}7s^{2}$
80	Hg	$[Xe]4f^{14}5d^{10}6s^{2}$	101	Md	$[Rn]5f^{13}7s^{2}$
81	Tl	$[Xe]4f^{14}5d^{10}6s^{2}6p^{1}$	102	No	$[Rn]5f^{14}7s^{2}$
82	Pb	$[Xe]4f^{14}5d^{10}6s^{2}6p^{2}$	103	Lr	$[Rn]5f^{14}6d^{1}7s^{2}$
83	Bi	$[Xe]4f^{14}5d^{10}6s^{2}6p^{3}$	104	Rf	$[Rn]5f^{14}6d^{2}7s^{2}$
84	Po	$[Xe]4f^{14}5d^{10}6s^{2}6p^{4}$	105	Db	$[Rn]5f^{14}6d^{3}7s^{2}$
85	At	$[Xe]4f^{14}5d^{10}6s^{2}6p^{5}$	106	Sg	$[Rn]5f^{14}6d^{4}7s^{2}$
86	Rn	$[Xe]4f^{14}5d^{10}6s^{2}6p^{6}$	107	Bh	$[Rn]5f^{14}6d^{5}7s^{2}$
87	Fr	$[Rn]7s^{1}$	108	Hs	$[Rn]5f^{14}6d^{6}7s^{2}$
88	Ra	$[Rn]7s^{2}$	109	Mt	$[Rn]5f^{14}6d^{7}7s^{2}$
89	Ac	$[Rn]6d^{1}7s^{2}$	110	Ds	$[Rn]5f^{14}6d^{8}7s^{2}$
90	Th	$[Rn]6d^{2}7s^{2}$	111	Rg	$[Rn]5f^{14}6d^{9}7s^{2}$
91	Pa	$[Rn]5f^{2}6d^{1}7s^{2}$			

7.1.4　原子结构和元素周期律

元素周期律是指元素的性质随着核电荷的递增呈现出周期性变化的规律。

1869 年门捷列夫(Д. И. Менделеев)将已发现的 63 种元素按其相对原子质量及化学物理性质的周期性和相似性排列成表,称为元素周期表。随着对原子结构认识的不断深入,人们认识到,元素周期律产生的基础是随着核电荷的递增,原子最外层电子排布呈现出周期性的变化,即最外层电子构型重复着从 ns^{1} 开始到 $ns^{2}np^{6}$ 结束这一周期性变化。现代元素周期表则按原子序数递增的顺序将 100 多种元素依次排列成表。元素周期表有许多种，目前使用最多的长式周期表，共有 7 行 18 列。

1. 周期与能级组

从图 7 - 7 鲍林近似能级图可知，7 个能级组对应着元素周期表上的七个周期。元素所在的周期数等于该元素的电子层数。每个周期所含有元素的数目等于相应能级组中原子轨道所能容纳的电子总数。

例如 $n=1$ 时只有 1s 轨道，最多只能容纳 2 个电子，所以，第一周期只有两个元素，称为特短周期。

当 $n=2$ 和 3 时，最外层的轨道为 ns 和 np 共四个，可容纳 8 个电子，即第二和第三周期各有 8 个元素，称为短周期。

当 $n=4$ 和 5 时，由于出现能级交错，相应能级组的轨道为 ns，$(n-1)$d 和 np 共九个，最多可容纳 18 个电子，因此，第四和第五周期各有 18 个元素，称为长周期。

当 $n=6$ 和 7 时，相应能级组的轨道为 ns，$(n-1)$d，$(n-2)$f 和 np 共 16 个，最多可容纳 32 个电子，第六周期共有 32 个元素，称为特长周期。第七周期是不完全周期，可以预计这一周期也应有 32 种元素。

能级组与周期的关系见表 7 - 4。

表 7 - 4　能级组与周期的关系

周期	特点	能级组	对应的能级	原子轨道数	元素种类数
一	特短周期	1	1s	1	2
二	短周期	2	2s 2p	4	8
三	短周期	3	3s 3p	4	8
四	长周期	4	4s 3d 4p	9	18
五	长周期	5	5s 4d 5p	9	18
六	特长周期	6	6s 4f 5d 6p	16	32
七	不完全周期	7	7s 5f 6d 7p	16	应有 32

2. 族

长式元素周期表从左到右共 18 列，被划分为 1 个零族，7 个主族，7 个副族，一个Ⅷ族（Ⅷ族有 3 列）。零族元素为稀有气体，其价电子构型除 He 为 $1s^2$ 外，其余皆为 ns^2np^6，均已达到 8 电子的稳定结构。7 个主族的编号从ⅠA 到ⅦA，主族元素的价电子全部填入 ns 或 np 轨道，其族数等于该元素原子最外层的电子总数。7 个副族编号从ⅠB 到ⅦB。从ⅢB 到ⅦB 族元素，价电子总数等于其族数。ⅠB、ⅡB 族由于其 $(n-1)$d 轨道已经排满，最外层 ns 轨道电子数等于其族数。Ⅷ族有三列共有九个元素，其价电子层的构型为 $(n-1)d^{6-10}ns^{0-2}$。

3. 基态原子的价层电子构型与元素分区

根据原子的价层电子构型，可以将周期表划分为s、p、d、ds、f 5个区，如图7－8所示，各族、各区元素原子的价层电子构型见表7－5。

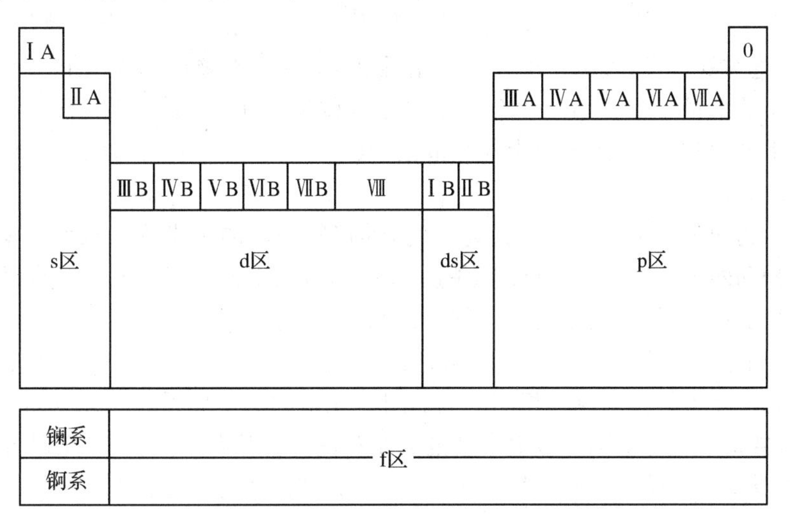

图7－8　周期表中元素的分区示意图

表7－5　各族、各区元素原子的价层电子构型

元素的区	族	价层电子构型
s	ⅠA、ⅡA	ns^{1-2}
p	ⅢA—ⅦA、零族	ns^2np^{1-6}
d	ⅢB—Ⅷ	$(n-1)d^{1-10}ns^{0-2}$
ds	ⅠB、ⅡB	$(n-1)d^{10}ns^{1-2}$
f	镧系和锕系	$(n-2)f^{0-14}(n-1)d^{0-2}ns^2$

因此，原子的电子层结构与元素周期表之间有着密切的关系。对于绝大多数元素来说，如果知道了元素的原子序数，就可以写出该元素原子的电子层结构，根据该元素电子层结构的特征便可判断此元素所在的周期、族和区；反之，如果知道了某一元素的电子层结构(或价层电子构型)，也可推断出该元素的原子序数、元素所在的周期、族和区等。

7.1.5　元素性质的周期性

元素性质主要是指元素的原子半径、电离能、电子亲和能以及电负性等。元素的性质与原子的价电子构型密切相关，价电子构型的周期性变化，使得元素的性质也呈现出周期性变化。

1. 原子半径

原子中电子在原子核外运动没有固定的轨道，只有不同的概率分布。因此，原子的大小没有单一的、绝对的含义，表示原子大小的原子半径是指化合物中相邻两个原子的接触距离为该两个原子的半径之和。不同化合物中原子间的距离不同，原子半径随所处环境而变。原子半径通常分为共价半径、金属半径和范德华(van der Waals)半径，而且其数值具有统计平均的含义。

同种元素的两个原子以共价单键连接时，其核间距离的一半称为该原子的共价半径。金属晶体中相邻两个金属原子的核间距的一半称为金属半径。当同种元素的两个原子靠分子间力互相吸引时，它们核间距的一半称为范德华半径。

三种半径的定义不同，数值不同，相互之间不能直接比较。同一元素原子在不同结合状态或排列状态下测得的数据也不相同。例如同一元素的两个原子分别以共价单键、双键或叁建连接时，共价半径也不同。金属半径的大小和其配位数有关。表 7-6 列出了元素原子半径的数据，其中除金属为金属半径(配位数为 12)，稀有气体为范德华半径外，其余皆为共价半径。

表 7-6 元素的原子半径(单位 pm)

H																	He
37																	122
Li	Be											B	C	N	O	F	Ne
152	111											88	77	70	66	64	160
Na	Mg											Al	Si	P	S	Cl	Ar
186	160											143	117	110	104	99	191
K	Ca	Sc	Ti	V	Cr	Mn	Fe	Co	Ni	Cu	Zn	Ga	Ge	As	Se	Br	Kr
227	197	161	145	132	125	124	124	125	125	128	133	122	122	121	117	114	198
Rb	Sr	Y	Zr	Nb	Mo	Tc	Ru	Rh	Pd	Ag	Cd	In	Sn	Sb	Te	I	Xe
248	215	181	160	143	136	136	133	135	138	144	149	163	141	141	137	133	217
Cs	Ba	Lu	Hf	Ta	W	Re	Os	Ir	Pt	Au	Hg	Tl	Pb	Bi	Po		
265	217	173	159	143	137	137	134	136	136	144	160	170	175	155	153		

La	Ce	Pr	Nd	Pm	Sm	Eu	Gd	Tb	Dy	Ho	Er	Tm	Yb
188	183	183	182	181	180	204	180	178	177	177	176	175	194

从表 7-6 可以看出原子半径的变化规律。

(1) 主族元素半径变化规律

同一周期的主族元素从左至右，原子半径一般是逐渐减小的。这是由两个因素共同作用引起的。一个作用是因为核电荷数增加对外层电子吸引力增强，使原子半径减小。另一个作用是随着最外层电子数增多，电子排斥作用增强使原子半径增大。在同一周期主族元素从左到右变化过程中，前一个作用的影响要大于后一个作用，原子半径逐渐减少。

同一主族元素从上到下，原子半径逐渐增大。这是因为电子层数增加使原子半径增大的作用大于核电荷数增多使原子半径减小的作用。

(2) 副族元素半径变化规律

同一周期的副族元素从左到右，原子半径变化不大。d区元素原子半径略减小，ds区元素原子半径反而略增。因为d区元素最后一个电子填充在$(n-1)$d轨道，d电子受内层电子屏蔽作用较大，使有效核电荷增加缓慢；而ds区元素，$(n-1)$d轨道已充满，对称性好，与d区元素相比，受内层电子的屏蔽作用较小。所以当电子充满d轨道，即$(n-1)d^{10}$时，原子半径又略微增大。

在镧系和锕系元素中，电子填入$(n-2)$f轨道，由于f电子对核的屏蔽作用更大，有效核电荷增加缓慢，原子半径由左到右收缩的平均幅度更小。镧系元素的原子半径自左至右缓慢减小的现象(从镧到镥的半径只缩小了11 pm)称为镧系收缩。

同一副族从上到下，原子半径有增大趋势，但较主族缓慢。镧系收缩使得周期表中的第三过渡系与第二过渡系同族元素半径接近因而性质相似。例如Zr与Hf、Nb与Ta、Mo与W原子半径相近、性质相似，分离困难。

2. 电离能

基态的气态原子失去一个电子成为一价气态正离子所需要的能量称为该元素原子的第一电离能，用I_1表示：

$$A(g) \longrightarrow A^{+}(g) + e^{-}$$

由一价气态正离子再失去一个电子成为二价气态正离子所需要的能量称为第二电离能I_2，以此类推。因为从正离子电离出电子远比从中性原子电离出电子困难，且离子电荷越高越困难，所以$I_1 < I_2 < I_3 \cdots$

电离能越小，表示原子越容易失去电子，元素金属性越强；电离能越大，表示原子越难失去电子，元素金属性越弱。

电离能的大小主要取决于原子核电荷、原子半径以及原子的电子层结构。图7-9给出了元素第一电离能随原子序数的变化关系图。由图7-9可见：

(1) 同一周期从左到右，元素第一电离能总的变化趋势是逐渐增大。这是由于同一周期从左到右，元素的有效核电荷增加，原子半径减小，原子核对最外层电子的吸引力增加，电子越难失去。每一周期中碱金属电离能最小，稀有气体电离能最大。过渡元素由于电子增加在次外层，使得有效核电荷增加不多，原子半径减小缓慢，电离能由左向右增大的幅度不大。当元素的原子具有全充满或半充满的电子构型时，比较稳定，失电子相对较难，因此其第一电离能比左右相邻元素的都高，如Be和Mg，N和P等。

(2) 同一主族从上到下,元素的电离能随原子半径的增加而减小。第ⅠA族Cs的第一电离能最小,是最活泼的金属元素,而稀有气体He的第一电离能最大。副族元素的电离能变化幅度较小,且不规则。

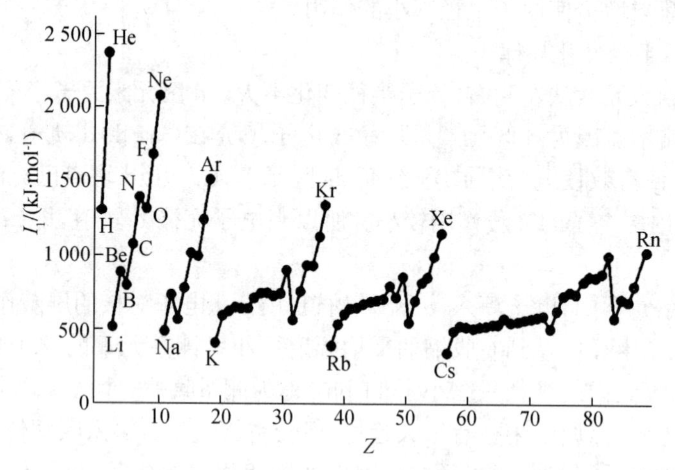

图7-9 元素第一电离能随原子序数变化示意图

3. 电子亲和能

元素的气态原子在基态时获得一个电子成为一价气态负离子时所放出的能量称为该元素的电子亲和能,以A_1表示,即

$$A(g) + e^- \longrightarrow A^-(g)$$

像电离能一样,电子亲和能也有第一、第二……之分。当负一价离子再获得电子时要克服电子间的排斥力,因此要吸收能量。例如:

$$O(g) + e^- \longrightarrow O^-(g) \qquad A_1 = -141.0\ kJ \cdot mol^{-1}$$

$$O^-(g) + e^- \longrightarrow O^{2-}(g) \qquad A_2 = +844.2\ kJ \cdot mol^{-1}$$

电子亲和能的大小反映了元素的原子得电子的难易程度。元素原子的第一电子亲和能代数值越小,原子就越容易得到电子,反之元素原子的第一电子亲和能代数值越大,原子就越难得到电子。电子亲和能的大小取决于原子的有效核电荷、原子半径和原子的电子层结构。主族元素电子亲和能随原子序数的增加呈现出周期性的变化关系,如图7-10所示。

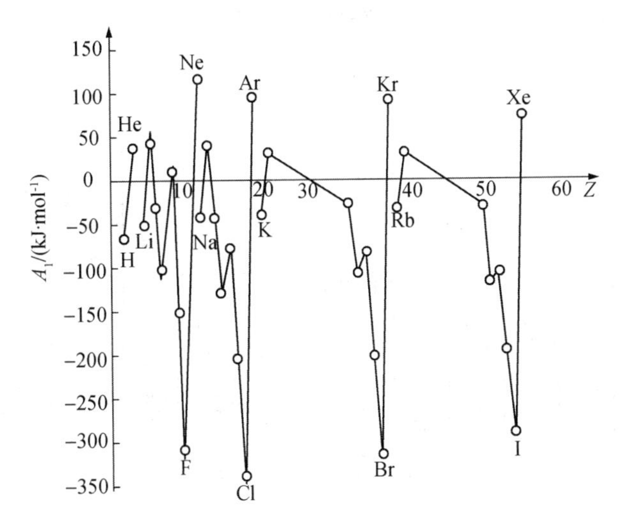

图 7-10 主族元素第一电子亲和能随原子序数变化示意图

同一周期元素从左到右，有效核电荷增大，原子半径减小，最外层电子数依次增多，元素电子亲和能的代数值有减小的趋势。碱土金属因为半径大，且有 ns^2 电子结构，难以结合电子，故其电子亲和能为正值。氮族元素价电子构型为 ns^2np^3，p 轨道半满，比较稳定，所以其电子亲和能的代数值较大，如电子亲和能的代数值碳原子小于氮原子。稀有气体的价电子构型为 ns^2np^6，是稳定结构，所以其电子亲和能为正值。而卤素的价电子构型为 ns^2np^5，使其易获得一个电子形成 ns^2np^6 稳定结构，所以同一周期中卤素电子亲和能的代数值最小。

同一主族从上到下，大部分呈现电子亲和能的代数值变大的趋势。值得注意的是，ⅦA 族元素中电子亲和能的代数值最小的不是氟原子，而是氯原子。这可能是因为氟原子半径小，电子间排斥力大，使得外来一个电子进入原子变得相对困难。

4. 电负性

电负性概念最早由鲍林提出，用于衡量分子中原子对成键电子吸引能力的相对大小，用 χ 表示。A 和 B 两种元素的原子结合成双原子分子 AB，若 A 的电负性大，表示 A 原子在分子中吸引电子的能力强，A 原子带有较多的负电荷，B 原子带有较多的正电荷。电负性有多种标度，如有鲍林标度（χ_P）、密立根（R. S. Mulliken）标度（χ_M）、阿莱-罗周（A. L. Allred-E. G. Rochow）标度（χ_{AR}）和埃伦（L. C. Allen）标度（χ_s）等。常用的是鲍林标度（χ_P）。尽管电负性标度不同，数据不同，但在周期表中变化规律是一致的。表 7-7 为鲍林元素电负性值 χ_P。

表 7－7 鲍林元素电负性值 χ_P

H 2.18																
Li 0.98	Be 1.57											B 2.04	C 2.55	N 3.04	O 3.44	F 3.98
Na 0.93	Mg 1.31											Al 1.61	Si 1.90	P 2.19	S 2.58	Cl 3.16
K 0.82	Ca 1.00	Sc 1.36	Ti 1.54	V 1.63	Cr 1.66	Mn 1.55	Fe 1.8	Co 1.88	Ni 1.91	Cu 1.90	Zn 1.65	Ga 1.81	Ge 2.01	As 2.18	Se 2.55	Br 2.96
Rb 0.82	Sr 0.95	Y 1.22	Zr 1.33	Nb 1.60	Mo 2.16	Tc 1.9	Ru 2.28	Rh 2.2	Pd 2.20	Ag 1.93	Cd 1.69	In 1.78	Sn 1.96	Sb 2.05	Te 2.10	I 2.66
Cs 0.79	Ba 0.89	Lu 1.2	Hf 1.3	Ta 1.5	W 2.36	Re 1.9	Os 2.2	Ir 2.2	Pt 2.28	Au 2.54	Hg 2.00	Tl 2.04	Pb 2.33	Bi 2.02	Po 2.0	At 2.2

由表 7－7 可见：

(1) 同一周期由左到右元素的电负性逐渐增大，同一主族元素的电负性由上到下逐渐减小。副族元素电负性变化规律不明显。

(2) 金属元素的电负性较小，非金属元素的电负性较大。根据元素电负性的大小，可判断元素金属性或非金属性的强弱。非金属元素的电负性大致在 2.0 以上，金属的元素的电负性在 2.0 以下。但不能将 2.0 作为划分金属和非金属的绝对界限。

§7.2 分子结构

7.2.1 现代价键理论

1916 年，美国化学家路易斯(G. N. Lewis)提出了早期的共价键理论，认为分子中的原子之间通过共享电子对而使每一个原子都具有稀有气体的稳定的电子结构。这样形成的化学键称为共价键，相应的分子称为共价分子。该理论初步揭示了共价键与离子键的区别，但也遇到了许多难以解释的问题，如无法解释共价键的饱和性和方向性，无法阐述共价键的本质。

1927 年，海特勒(W. Heitler)和伦敦(F. London)用量子力学处理 H_2 结构，从理论上初步阐明了共价键的本质。后经鲍林等人发展建立了现代价键理论(Valence Bond Theory，缩写为 VB 理论)。

1. 共价键的形成与本质

海特勒和伦敦用量子力学处理氢分子，得到了氢分子的能量 E 与两个氢原子核间距 R

之间的关系曲线。该曲线很好地反映了氢分子的能量与核间距之间的关系以及电子状态对成键的影响，如图 7-11 所示。

当两个具有自旋相反电子的氢原子相互接近时，随着核间距的不断减小，两个氢原子的 1s 轨道发生重叠，核间形成一个电子概率密度较大的区域，两个原子核被核间电子概率密度较大区域吸引，体系的能量逐渐降低，当核间距减小到 R_0 时，能量降低到最低值 E_0，形成了稳定的氢分子，此状态称为基态（吸引态），R_0 为平衡核间距离。如果两个氢原子再靠近，原子核间斥力增大，使体系的能量迅速升高。因此，在吸引和排斥达到平衡的状态，体系能量最低，形成共价键。

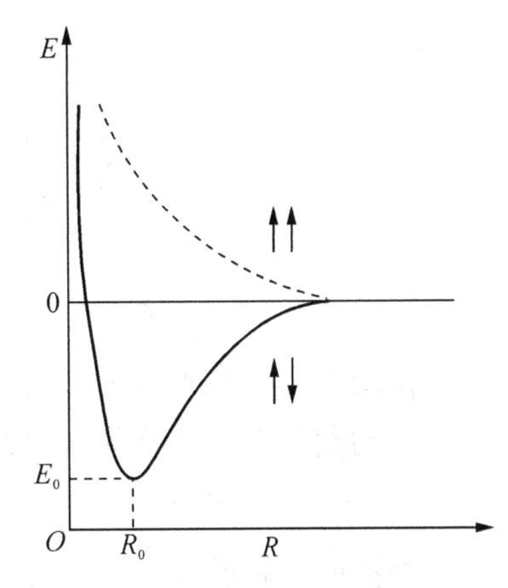

图 7-11 氢分子形成过程中的能量变化曲线

当两个具有自旋相同电子的氢原子相互接近时，随着核间距的减小，两个原子轨道异号叠加，两核间电子出现的概率密度降低，增大了两个原子核的排斥力，使体系能量升高，且比两个单独存在的氢原子能量要高，这种状态称为 H_2 分子的排斥态，不能形成稳定的氢分子。

因此，量子力学较好地阐明了共价键的本质。当两个原子互相接近时，由于原子轨道重叠，原子核间电子概率密度增大，吸引原子核而形成共价键。

2. 价键理论的基本要点

(1) 两个原子接近时，自旋方向相反的未成对电子配对，形成共价键。

(2) 成键电子的原子轨道重叠程度越大，两原子核间电子概率密度就越大，则所形成的共价键就越牢固—最大重叠原理。

3. 共价键的特点

(1) 共价键的饱和性

形成共价键时，已经配对的电子，不能再与其他未成对电子成键。一个原子能与其他原子形成共价键的数目取决于该原子中的未成对电子数。例如，氢原子中只有一个未成对电子，只能和另一个氢原子的一个未成对电子配对形成共价单键 H—H；氮原子基态时有三个未成对电子，可以和另一个氮原子中的三个未成对电子配对形成共价叁键，即 N≡N；氧原子基态时有两个未成对电子，只能与两个氢原子的两个未成对电子配对形成两个共价单键，而不能再与第三个氢原子结合。这表明共价键具有饱和性。

(2) 共价键的方向性

形成共价键时，原子轨道必须在对称性一致的前提下发生重叠。由于不同的原子轨道在空间有不同的伸展方向，在形成共价键时，原子轨道只有沿着一定的方向才能发生最大程度的重叠,才能形成稳定的共价键,这表明共价键具有方向性。图 7－12 为 HCl 分子形成时,氢原子 1s 轨道和氯原子 $3p_x$ 轨道重叠示意图。

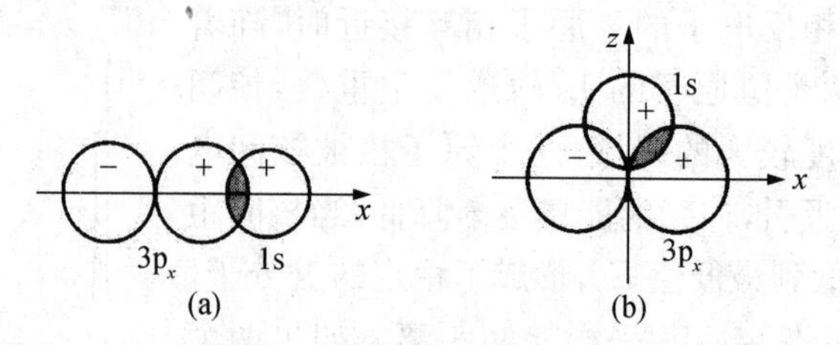

图 7－12 氢原子 1s 轨道和氯原子 $3p_x$ 轨道重叠示意图

由图 7－12 可见,氢原子 1s 轨道和氯原子 $3p_x$ 轨道只有沿着 x 轴方向才能最大重叠,形成稳定的共价键。若沿着 z 轴方向不能最大重叠,不能形成共价键。

4. 共价键的类型

根据原子轨道的重叠方式,可将共价键分为 σ 键和 π 键。

(1) σ 键的形成与特点

两个原子的原子轨道沿键轴(核间连线)的方向以“头碰头”的方式重叠,形成 σ 键,重叠部分沿着键轴呈圆柱形对称。由于原子轨道在轴向上重叠程度大,所以 σ 键的键能大、稳定性高。图 7－13 为 H_2、Cl_2、HCl 分子形成时 s－s、p－p 及 s－p 轨道重叠形成 σ 键的示意图。

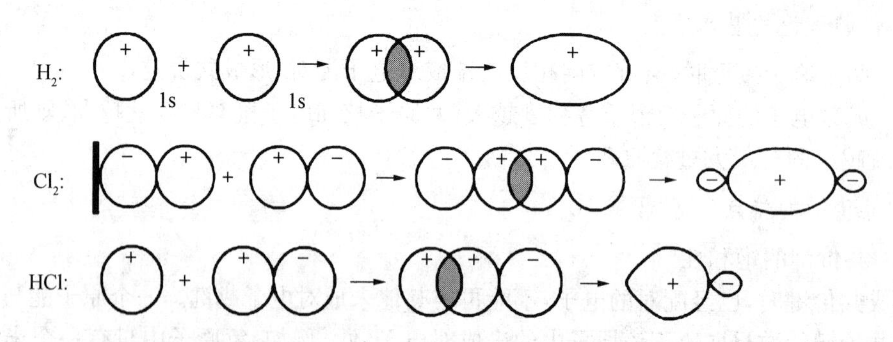

图 7－13 s－s、p－p、s－p 轨道重叠形成 σ 键示意图

(2) π 键的形成与特点

两个原子的原子轨道以平行或“肩并肩”方式重叠,形成 π 键,原子轨道重叠部分对通过一个键轴的平面具有镜面反对称性。

例如,N_2 分子形成时,当两个氮原子 $2p_x$ 轨道沿键轴 x 方向“头碰头”重叠形成 σ 键时,由于 $2p_z$,$2p_y$ 轨道方向与键轴 x 方向垂直,则 $2p_z$、$2p_y$ 轨道沿键轴 x 方向以“肩并肩”方式重叠形成两个 π 键。如图 7－14 所示。

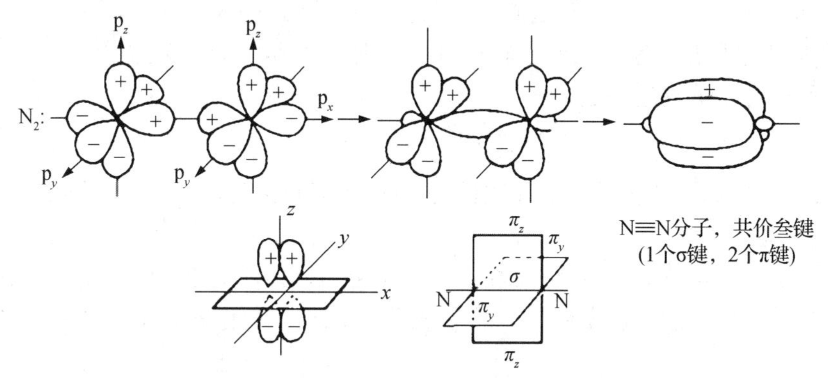

图 7-14　N_2 分子成键示意图

因此，N_2 分子中有一个 σ 键和两个 π 键。

从原子轨道的重叠程度看，形成 π 键的轨道重叠程度要比形成 σ 键的轨道重叠程度小，所以 π 键的键能要小于 σ 键的键能，π 键的稳定性低于 σ 键，形成 π 键的电子活泼性较高，是化学反应的积极参与者。

除 p-p 轨道可以重叠形成 π 键外，p-d，d-d 轨道重叠也可以形成 π 键。

(3) 配位键

前面所述的共价键中共用的两个电子由两个原子分别提供。若由一个原子提供一对电子为两个原子共用，形成的共价键称为配位键。配位键可用箭头"→"表示，箭头的方向是从提供电子对的原子指向接受电子对的原子。正常共价键与配位键的差别仅仅表现在化学键的形成过程中，只是共用电子对的提供方式不同，但在形成化学键后，两者没有差别。

7.2.2　杂化轨道理论

价键理论成功地解释了共价键的本质以及共价键的方向性和饱和性等问题，可以说明一些简单分子的结构，但在阐明多原子分子的几何构型时遇到了困难。例如，对 CH_4 分子来说，根据价键理论，碳原子有两个未成对电子，只能形成两个共价单键，而且键角应该约为 90°。这显然与 CH_4 的正四面体几何构型这一事实不符。为了解释多原子分子的几何构型，鲍林等在 1931 年提出了杂化轨道理论。

1. 杂化轨道理论的基本要点

(1) 在形成分子的过程中，将一个原子中能量相近的原子轨道线性组合，称为原子轨道的杂化，杂化后的轨道称为杂化轨道。

(2) 杂化轨道的成键能力比未杂化的原子轨道的成键能力强。

(3) 参加杂化的原子轨道的数目与形成的杂化轨道数目相同。

(4) 不同类型的杂化，杂化轨道的空间取向不同，分子的空间构型不同。

(5) 杂化轨道与其他原子的原子轨道重叠成键时，要满足最大重叠原理，原子轨道重叠程度越大，形成的化学键越稳定。

2. 杂化轨道的类型与分子的几何构型

根据参与杂化的原子轨道类型和数目的不同，可以将杂化轨道分为不同的类型。

(1) sp 杂化

将一个 *n*s 轨道和一个 *n*p 轨道线性组合称为 sp 杂化，可以得到两个 sp 杂化轨道，每个 sp 杂化轨道含有 1/2 的 s 成分和 1/2 的 p 成分，两个 sp 杂化轨道间的夹角为 180°，如图 7-15所示。

例如，铍原子的价电子构型为 $2s^2 2p^0$，当铍原子与两个 Cl 原子结合成 $BeCl_2$ 分子时，由于 Be 的 2s 轨道与 2p 轨道能量相近，2s 轨道上的一个电子被激发到 2p 轨道上，一个 2s 轨道与一个 2p 轨道杂化形成了两个 sp 杂化轨道，两个 sp 杂化轨道分别与两个 Cl 原子的 3p 轨道沿键轴方向最大重叠形成两个等价的 σ 键，$BeCl_2$ 分子的几何构型为直线形。

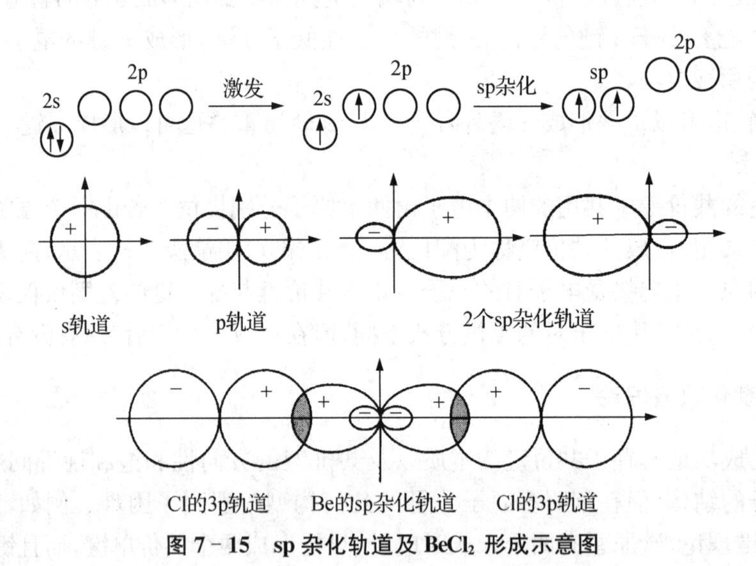

图 7-15　sp 杂化轨道及 $BeCl_2$ 形成示意图

(2) sp^2 杂化

将一个 *n*s 轨道和两个 *n*p 轨道线性组合称为 sp^2 杂化，可以得到三个 sp^2 杂化轨道。每个 sp^2 杂化轨道含有 1/3 的 s 成分和 2/3 的 p 成分，三个 sp^2 杂化轨道间的夹角均为 120°，呈平面正三角形。

例如，硼原子的价电子构型为 $2s^2 2p^1$，当硼原子与三个氟原子结合形成 BF_3 分子时，硼原子 2s 轨道上的一个电子被激发到 2p 轨道上，一个 2s 轨道与两个 2p 轨道杂化形成三个 sp^2 杂化轨道，三个 sp^2 杂化轨道分别与三个氟原子的 2p 轨道沿键轴方向最大重叠形成三

个等价的 σ 键，BF_3 分子的几何构型为平面正三角形，如图 7－16 所示。

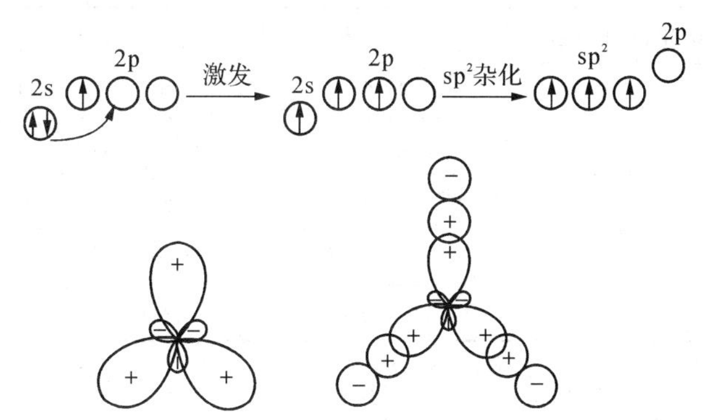

图 7－16　sp^2 杂化轨道及 BF_3 分子形成示意图

用 sp^2 杂化轨道也可以说明乙烯等分子的几何构型。在乙烯分子中，每个碳原子采取 sp^2 杂化，与另一个碳原子和两个氢原子形成 3 个 σ 键，两个碳原子各余下的 1 个 2p 轨道，彼此“肩并肩”重叠形成 π 键。

(3) sp^3 杂化

将一个 ns 轨道和三个 np 轨道线性组合称为 sp^3 杂化，可以得到四个 sp^3 杂化轨道。每个 sp^3 杂化轨道含有 1/4 的 s 成分和 3/4 的 p 成分，四个 sp^3 杂化轨道间的夹角均为 109.5°，空间构型为正四面体。

例如，碳原子的价电子构型为 $2s^2 2p^2$，当碳原子与四个氢原子结合形成 CH_4 分子时，碳原子 2s 轨道上的一个电子被激发到 2p 轨道上，一个 2s 轨道与三个 2p 轨道杂化形成四个 sp^3 杂化轨道，四个 sp^3 杂化轨道分别与四个氢原子的 1s 轨道沿键轴方向最大重叠形成四个等价的 σ 键，CH_4 分子的几何构型为正四面体，如图 7－17 所示。

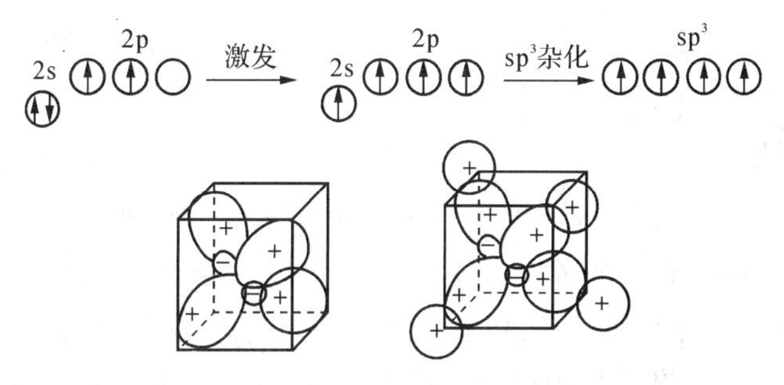

图 7－17　sp^3 杂化轨道及 CH_4 分子形成示意图

不仅 s、p 轨道可以杂化，d 轨道也可参与杂化，可以得到 s-p-d 杂化轨道或 d-s-p 杂化轨道。杂化轨道与分子几何构型关系见表 7－8。

表 7-8 杂化轨道与分子的几何构型

杂化轨道	杂化轨道数目	键　角	分子几何构型	实　例
sp	2	180°	直线形	$BeCl_2$,CO_2
sp^2	3	120°	平面三角形	BF_3,SO_3
sp^3	4	109.5°	四面体	CH_4,CCl_4
sp^3d	5	90°、120°、180°	三角双锥	PCl_5,AsF_5
sp^3d^2	6	90°、180°	八面体	SF_6,SiF_6^{2-}

3. 等性杂化和不等性杂化

以上例子中讨论的三种类型的 s-p 杂化，在杂化过程中，形成的杂化轨道是一组完全等同的轨道，这种杂化称为等性杂化，即 $BeCl_2$、BF_3 和 CH_4 分子中的铍、硼和碳原子轨道的杂化均为等性杂化。

如果原子轨道杂化后形成的杂化轨道是一组并不完全等同的轨道，则这类杂化称为不等性杂化。NH_3,PH_3,H_2O 和 H_2S 等分子中的 N,P,O 和 S 在成键时均采用 sp^3 不等性杂化。例如，NH_3 分子中的氮原子的价层电子构型为 $2s^22p^3$，成键时进行 sp^3 杂化。杂化后的一个 sp^3 轨道中含有一对孤对电子，而另外三个 sp^3 轨道中各含一个未成对电子，因此杂化后 4 个 sp^3 杂化轨道不完全等同。氮原子用三个各含一个未成对电子的 sp^3 杂化轨道分别与三个氢原子的 1s 轨道重叠，形成三个 N—H 键，而一个占有孤对电子的 sp^3 杂化轨道没有参加成键，由于孤对电子对其他 3 个成键电子对有排斥作用，使得 H—N—H 键之间的键角为 107°，小于 CH_4 中 H—C—H 的键角(109.5°)，NH_3 分子的几何构型为三角锥形，见图 7-18。

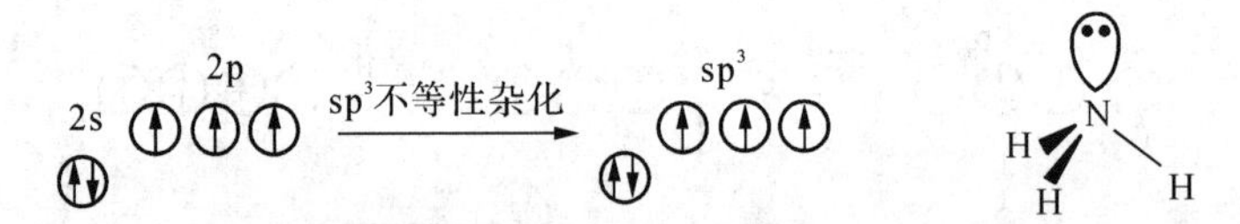

图 7-18　sp^3 不等性杂化轨道及 NH_3 分子结构示意图

又如，H_2O 分子中氧原子的价层电子构型为 $2s^22p^4$，已含 2 对孤对电子，在形成 H_2O 分子时，氧原子采取 sp^3 不等性杂化，得到能量不同的两组 sp^3 杂化轨道。氧原子用两个各有一个未成对电子的 sp^3 杂化轨道分别与两个氢原子的 1s 轨道重叠，形成两个 O—H 键，而 2 个占有孤对电子的杂化轨道没有参与成键。由于两对孤对电子对成键电子对的排斥作用，使 H_2O 分子中 H—O—H 键之间的键角是 104.5°，小于 CH_4 中 H—C—H 的键角及 NH_3 中 H—N—H 键角，H_2O 分子的几何构型为 V 形，见图7-19。

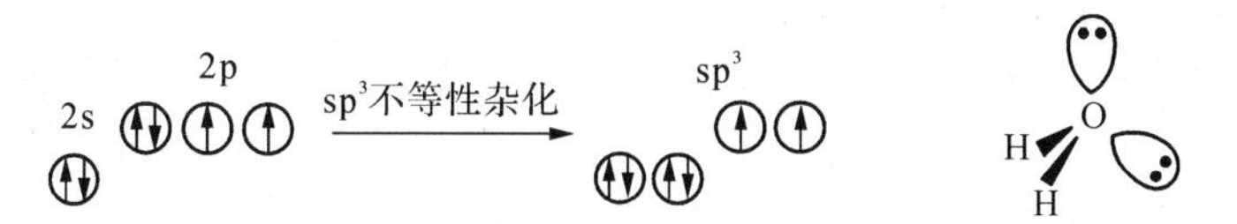

图 7-19　sp^3 不等性杂化轨道及 H_2O 分子结构示意图

7.2.3　离域 π 键

由两个原子的原子轨道以"肩并肩"的方式重叠而形成的 π 键，其 π 电子属两个原子所有，称为定域 π 键。若多个原子（三个或三个以上）的原子轨道以"肩并肩"方式重叠，形成 π 键的电子不局限于两个原子之间，而是在参加成键的多个原子的分子骨架中运动，这种由多个原子形成的 π 键称作离域 π 键（也称共轭大 π 键或大 π 键），可用 Π_n^m 表示，n 为原子数，m 为 π 电子数。一般形成离域 π 键需满足下列条件：

① 原子以 σ 键相连、共平面，每个原子提供一个相互平行的 p 轨道；

② π 电子数小于参加成键的原子轨道数的两倍。

具有离域 π 键的分子很多，如 CO_2、O_3、SO_2、苯、丁二烯等，现以苯分子为例来分析。

苯分子 C_6H_6 是一个正六边形的平面结构，每个碳原子采取 sp^2 杂化，三个 sp^2 轨道分别形成三个 σ 键（两个 C—C 键，一个 C—H 键）。同时每个碳原子上还有一个含有单电子的未参与杂化的 2p 轨道，这六个 2p 轨道垂直于苯分子平面，相互平行，以"肩并肩"方式重叠形成离域 π 键，可表示为 Π_6^6，如图 7-20 所示。

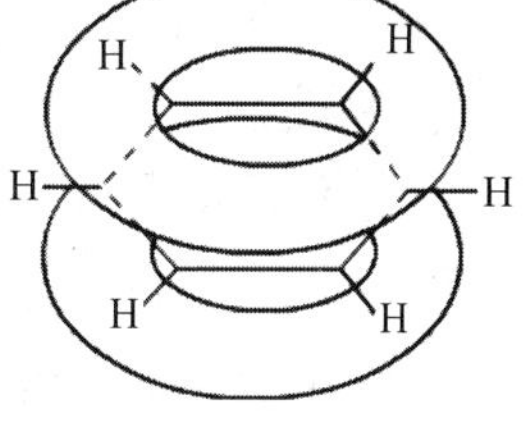

图 7-20　苯分子形成离域 π 键示意图

7.2.4　价层电子对互斥理论

杂化轨道理论解释分子的几何构型是比较成功的。但是一个分子究竟采取哪种类型的杂化，很多情况下难以确定。1940 年西奇威克（N. V. Sidgwick）等提出的价层电子对互斥理论（Valence Shell Electron Pair Repulsion Theory），简称 VSEPR 理论，它能既简单又比较准确地判断分子的几何构型。

1. 价层电子对互斥理论的基本要点

(1) 共价分子或共价型离子的立体构型取决于中心原子的价层电子对数。价层电子对包括成键电子对和孤对电子对。

(2) 价层电子对之间存在排斥力，使得价层电子对之间尽可能相互远离。分子采取价层电子对彼此相距尽可能远的那种结构。

当价层电子对数目为 2 时，价层电子对的空间排布方式为直线形；价层电子对数目为 3

时，呈平面三角形；价层电子对数目为 4 时，呈正四面体形；价层电子对数目为 5 时，呈三角双锥形；价层电子对数目为 6 时，呈正八面体形；价层电子对数目为 7 时，呈五角双锥形等，如图 7－21 所示。

(3) 可将分子写成 AB_n的形式，A 代表中心原子，B 为配位体，n 为配位体的数目。当孤对电子对数为 0 时，分子的几何构型与价层电子对的空间构型相同。当孤对电子对数不等于 0 时，分子的几何构型与价层电子对的空间构型不同。

(4) 如果在 AB_n分子中，A 和 B 之间是通过双键或叁键结合而成的，价层电子对互斥理论仍适用，这时可将双键或叁键作为一个电子对来看待。

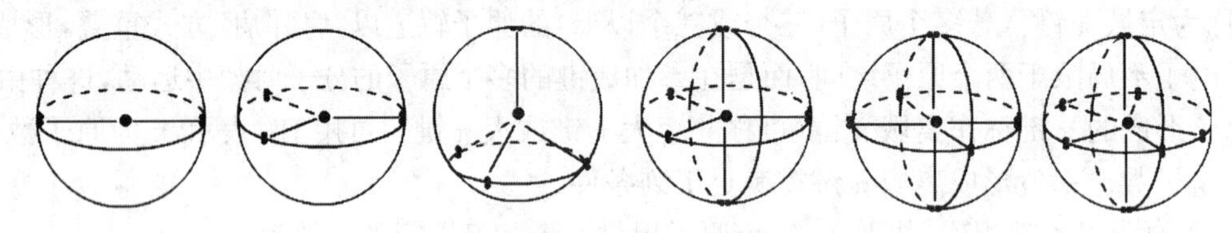

图 7－21　价层电子对空间排布方式示意图

(5) 价层电子对之间相互排斥作用的大小，取决于电子对之间的夹角和电子对的类型。一般规律：

① 价层电子对之间的夹角越小，排斥力越大。即

$$90^\circ\text{角排斥力} > 120^\circ\text{角排斥力} > 180^\circ\text{角排斥力}$$

② 不同类型价层电子对之间排斥力大小的顺序为

孤对电子对－孤对电子对＞孤对电子对－成键电子对＞成键电子对－成键电子对

③ 多重键与单键相比，其排斥力大小顺序为

叁键＞双键＞单键

2. 判断共价分子几何构型的一般规则

(1) 先确定中心原子的价层电子对数。

中心原子的价层电子对数(VPN)可用如下公式计算：

VPN ＝ 1/2(中心原子价电子总数＋配位原子提供电子数±离子电荷数)　　(7－10)

计算配位原子提供电子数时，氢和卤素作为配位原子提供 1 个价电子；氧和硫作为配位原子时提供的电子数为零。

(2) 根据价层电子对数确定价层电子对的空间构型。

(3)根据价层电子对的空间构型，将配位原子排布在中心原子的周围，每一对电子连接一个配位原子，剩下的未与配位原子结合的电子对便是孤对电子。

例如：

$BeCl_2$ 分子中，铍原子的 VPN = (2 + 2)/2 = 2，价层电子对的空间构型是直线形，$BeCl_2$ 的分子构型也为直线形；

BF_3 分子中，硼原子的 VPN = (3 + 3)/2 = 3，价层电子对的空间构型为平面三角形，BF_3 的分子构型也为平面三角形；

CH_4 分子中，碳原子的 VPN = (4 + 4)/2 = 4，价层电子对的空间构型为四面体，CH_4 的分子构型也为正四面体。

NH_3 分子中，氮原子的 VPN = (5 + 3)/2 = 4，价层电子对的空间构型为四面体，由于有一对孤对电子，四面体的一个顶点被一对孤对电子占有，所以 NH_3 分子的几何构型为三角锥。又如 H_2O 分子中，氧原子的 VPN = (6 + 2)/2 = 4，价层电子对的空间构型为四面体，但 H_2O 分子的几何构型为 V 形，因为四面体的两个顶点被两对孤对电子占有。

(4) 如果遇到几种可能存在的空间构型时，要依据电子对间排斥力最小的原则选择最稳定的结构。通常选择 90°键角之间的排斥力作为判断依据。

例如，ClF_3 分子中，氯原子的 VPN = (7 + 3)/2 = 5，价层电子对的空间构型为三角双锥，而 ClF_3 分子中有两对孤对电子，成键电子对和孤对电子对的排布存在如图 7 - 22 所示三种可能性：

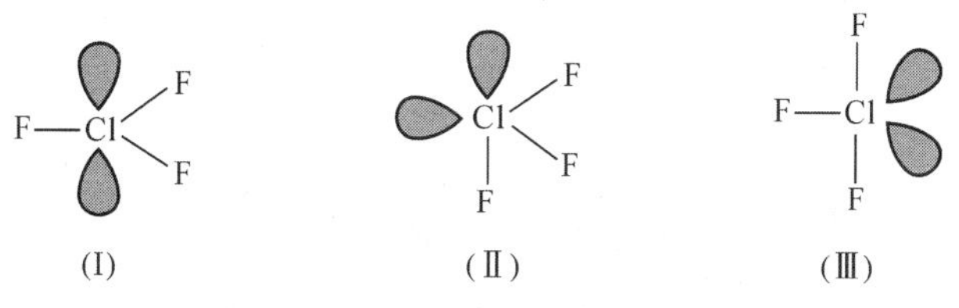

图 7 - 22　ClF_3 分子中电子对排布

90°键角之间的排斥力的数目列于表 7 - 9 中。结构式(Ⅱ)中，有一个孤对电子对—孤对电子对相互作用，排斥力最大，最不稳定；结构式(Ⅰ)中，有 6 个孤对电子对—成键电子对相互排斥作用；而结构式(Ⅲ)中，只有 4 个孤对电子对—成键电子对相互排斥，所以构型(Ⅲ)最稳定，因此，ClF_3 的几何构型为 T 型。

表 7 - 9　90°键角之间的排斥力数目表

90°	(Ⅰ)	(Ⅱ)	(Ⅲ)
孤对电子对—孤对电子对	0	1	0
孤对电子对—成键电子对	6	3	4
成键电子对—成键电子对	0	2	2

AB_n型分子的中心原子的价层电子对排布和分子的几何构型如表7-10所示。

表7-10　AB_n型分子的中心原子的价层电子对排布和分子的几何构型

价层电子对数	价层电子对排布	成键电子对数	孤对电子数	分子类型	电子对的排布方式	分子几何构型	实例
2	直线形	2	0	AB_2		直线形	$BeCl_2$，CO_2
3	平面三角形	3	0	AB_3	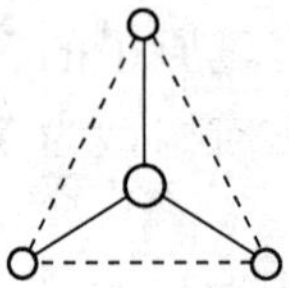	平面三角形	BF_3，BCl_3，SO_3，CO_3^{2-}，NO_3^-
		2	1	AB_2	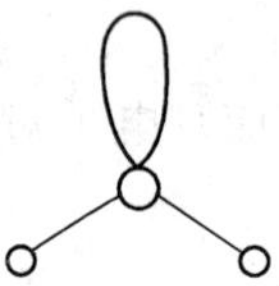	V形	SO_2，O_3，NO_2，NO_2^-
4	四面体	4	0	AB_4	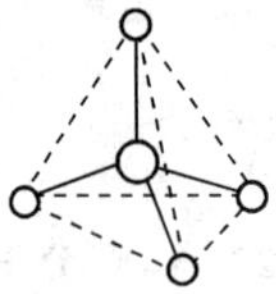	四面体	CH_4，CCl_4，$SiCl_4$，NH_4^+，SO_4^{2-}，PO_4^{3-}
		3	1	AB_3	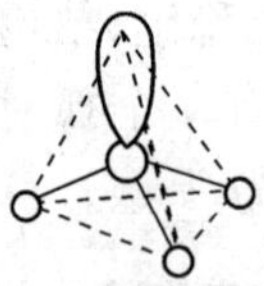	三角锥形	NH_3，PF_3，$AsCl_3$，H_3O^+，SO_3^{2-}
		2	2	AB_2	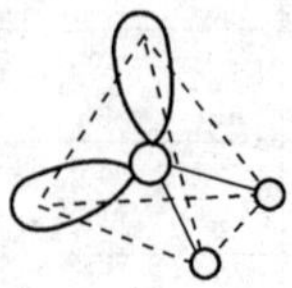	V形	H_2O，H_2S，SF_2，SCl_2

(续表)

价层电子对数	价层电子对排布	成键电子对数	孤对电子数	分子类型	电子对的排布方式	分子几何构型	实 例
5	三角双锥形	5	0	AB_5	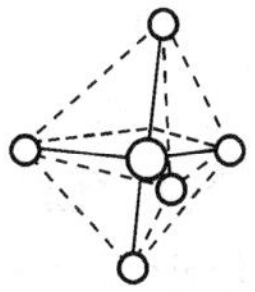	三角双锥形	PF_5，PCl_5，AsF_5
		4	1	AB_4	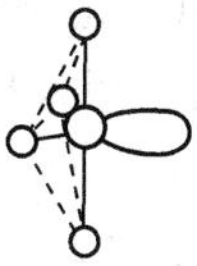	变形四面体	SF_4，$TeCl_4$
		3	2	AB_3	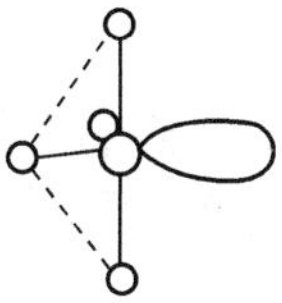	T形	ClF_3，BrF_3
		2	3	AB_2	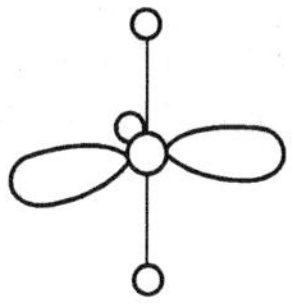	直线形	XeF_2，I_3^-，IF_2^-
6	八面体	6	0	AB_6	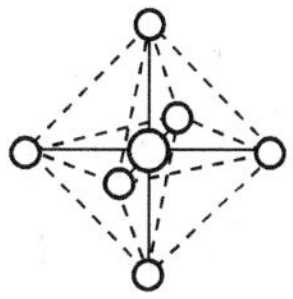	八面体	SF_6，SiF_6^{2-}，AlF_6^{3-}
		5	1	AB_5	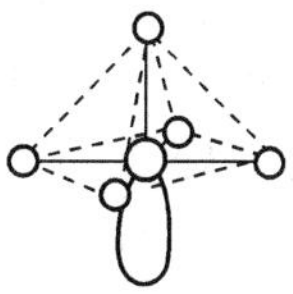	四角锥形	ClF_5，BrF_5，IF_5
		4	2	AB_4	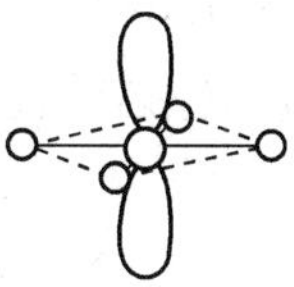	平面正方形	XeF_4，ICl_4^-

价层电子对互斥理论和杂化轨道理论在判断分子的几何结构方面可以得到大致相同的

结果，并且价层电子对互斥理论应用起来比较简单。若已知分子或离子中价层电子对数和电子对种类，便可预言分子的几何构型。由分子的几何构型亦可推测其杂化轨道的类型。但是价层电子对互斥理论不能说明键的形成原理。通常先用价层电子对互斥理论确定分子的几何构型，再用杂化轨道理论说明成键原理。

7.2.5 分子轨道理论

价键理论和杂化轨道理论都比较简单直观，能较好地说明共价键的形成和分子的空间构型，但它们将分子中电子的运动只限于两个相邻原子间的小区域内，缺乏对分子作为一个整体的考虑，具有一定的局限性。例如不能解释氧分子的顺磁性和氢分子离子 H_2^+ 中存在单电子键等问题。1932 年密立根和洪特等人提出了分子轨道理论(Molecular Orbital Theory)，简称 MO 理论，弥补了价键理论的不足。分子轨道理论将分子作为一个整体来处理，比较全面地反映了分子内电子的各种运动状态。

1. 分子轨道理论基本要点

(1) 分子中的电子不从属于某些特定的原子，而是在遍及整个分子范围内运动，正如原子中每个电子的运动状态可用波函数 Ψ_i 来描述那样，分子中每个电子的运动状态也可用相应的波函数 Ψ_i 来描述，称为分子轨道。

(2) 分子轨道可以近似地用能级相近的原子轨道线性组合得到。原子轨道线性组合成分子轨道时，轨道数目不变，轨道能级改变。例如，2 个氢原子的 1s 轨道组合可以得到氢分子的 2 个分子轨道：

$$\Psi_1 = \Psi_{1s} + \Psi_{1s}$$

$$\Psi_2 = \Psi_{1s} - \Psi_{1s}$$

Ψ_1 的能量低于 1s 轨道，称为成键分子轨道，而 Ψ_2 的能量高于 1s 轨道，称为反键分子轨道。与原子轨道能量相等的分子轨道则称为非键分子轨道。

(3) 每一个分子轨道 Ψ_i 都有一个相应的能量 E_i，分子的能量等于分子中各电子能量的总和，而电子的能量即为它们占据的分子轨道的能量。

(4) 电子在分子轨道上的排列也遵循原子轨道中电子排布的三原则，即泡利不相容原理、能量最低原理和洪特规则。

2. 原子轨道线性组合成分子轨道的原则

原子轨道要有效地组合成分子轨道，必须满足以下三个原则：

(1) 对称性匹配

只有对称性相同的原子轨道才能组成分子轨道。图 7-23 表示两个原子沿键轴互相接近时，s 和 p 轨道的几种重叠情况。图中(a)，(b)，(c)属于对称性匹配组合，(d)，(e)属于对称性不匹配。

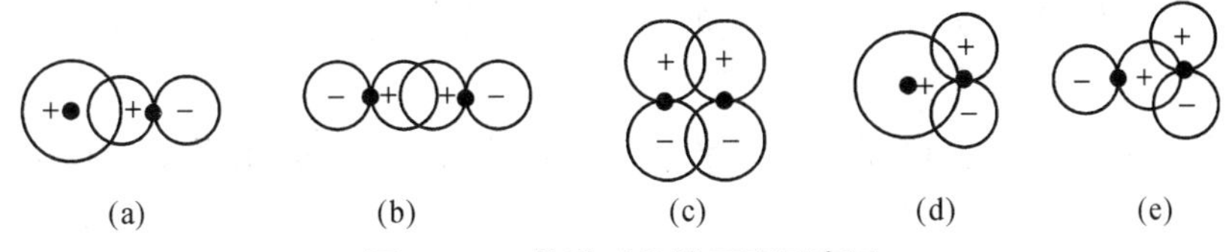

图 7 - 23 轨道对称性匹配示意图

(2) 能量相近

只有能量相近的原子轨道才能有效地组成分子轨道。

(3) 最大重叠

原子轨道重叠时，在可能的范围内重叠愈多，能量降低愈多，成键效应愈强，即形成的化学键愈牢固。

3. 分子轨道的类型

按照分子轨道的对称性，可将分子轨道分为 σ 轨道和 π 轨道。图 7 - 24 给出了 s - s，s - p，p - p原子轨道组成 σ 分子轨道的示意图。图 7 - 25 给出了两个 p 轨道组成 π 分子轨道的示意图。

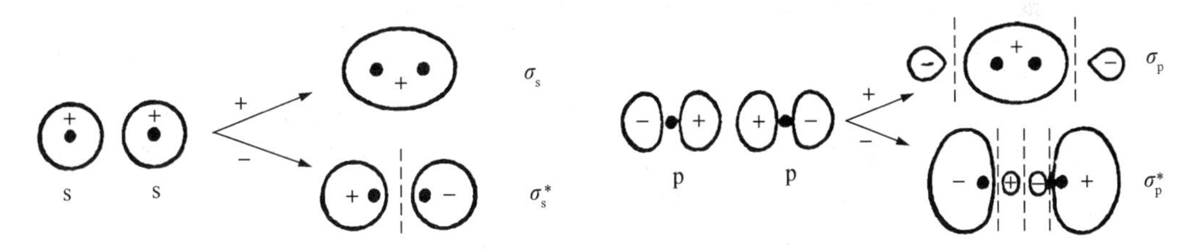

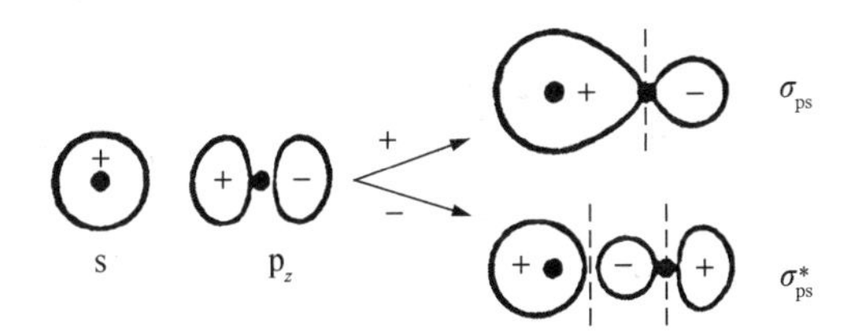

图 7 - 24 s - s，s - p，p - p 原子轨道组成 σ 分子轨道的示意图

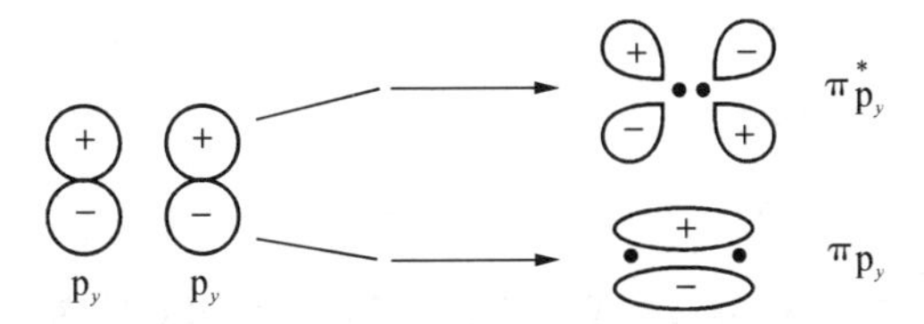

图 7 - 25 两个 p 轨道组成 π 分子轨道的示意图

由图 7 - 24 及 7 - 25 可以看出：

(1) 两个 s 轨道重叠可以形成两个 σ 分子轨道，一个成键轨道和一个反键轨道。成键

轨道以 σ_s表示；反键轨道以 σ_s^* 表示。例如两个 1s 轨道线性组合，则形成的分子轨道表示分别为 σ_{1s}和 σ_{1s}^*。

(2) 若一个原子的 s 轨道和另一个原子的 p_z轨道沿 z 轴（键轴）重叠，则形成一个成键轨道 σ_{sp}和一个反键轨道 σ_{sp}^*。

(3) 两个 p 轨道重叠可以有两种方式：即“头碰头”和“肩并肩”。若两个原子的 p_z轨道沿 z 轴（键轴）以“头碰头”方式重叠，则形成一个 σ_p 成键分子轨道和一个 σ_p^* 反键分子轨道。若两个原子的 p_y轨道沿 z 轴（键轴）以“肩并肩”的形式重叠，则形成一个 π 成键分子轨道和一个 π^* 反键分子轨道。

除了上述重叠类型外，原子轨道还可以采取 p－d 重叠和 d－d 重叠等，由于篇幅所限，本章不作讨论。

4. 分子轨道能级图

(1) 分子轨道能级图

依据光谱实验数据将分子轨道按能量从低至高顺序排列可以得到分子轨道能级图。第一、第二周期元素形成同核双原子分子时，其分子轨道能级顺序如图 7－26 所示。O_2、F_2 的分子轨道能级顺序为(a)所示，N_2、C_2、B_2 的分子轨道能级顺序为(b)所示。产生此差别的原因是 N、C 和 B 等的 2s 和 2p 轨道能级相差较小，当两个原子互相接近时，不仅 2s 与 2s 以及 2p 和 2p 轨道产生重叠，2s 轨道与 2p 轨道也有重叠。而 O 和 F 的 2s 和 2p 轨道能级相差较大，不会发生 2s 和 2p 轨道间的作用。

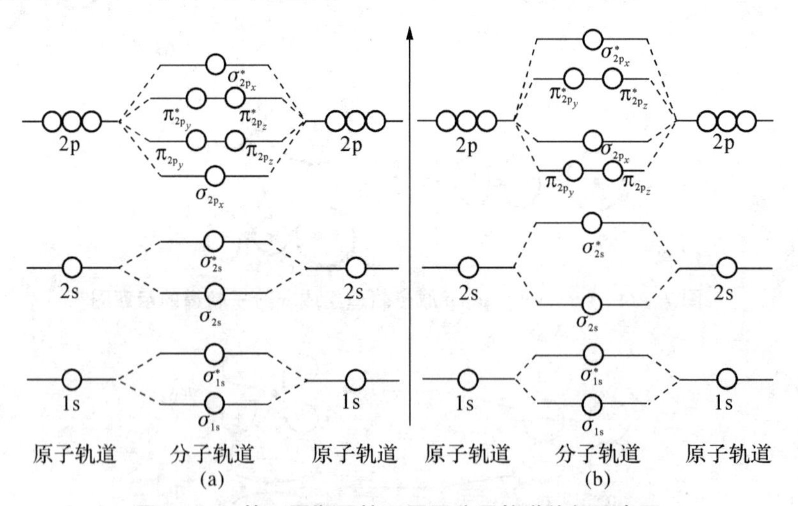

图 7－26　第二周期同核双原子分子轨道能级示意图

(2) 分子轨道电子排布式

根据电子排布的三个原则，将分子中的电子依次填入分子轨道中，可以得到分子轨道电子排布式或分子的电子构型。

(3) 键级

在分子轨道理论中,常用键级的大小来表示成键的强弱。键级定义为

$$\text{键级}=\frac{\text{成键电子总数}-\text{反键电子总数}}{2} \tag{7-11}$$

键级愈大,键的强度愈大,分子愈稳定。

当成键和反键分子轨道都填满电子时,则能量基本上互相抵消,键级为零,不能形成稳定分子。

5. 分子轨道理论的应用

分子轨道理论应用较广,它不仅解释了分子中存在的电子对键,还提出了单电子键和三电子键的概念,并能很好地说明和预测物质是否存在、分子结构的稳定性、键的强弱以及分子的磁性等。物质的磁性与其内部的电子自旋状态有关。若电子全部耦合成对,电子自旋产生的磁效应彼此抵消,表现出反磁性。分子若有未成对电子,呈表现出顺磁性,未成对电子越多,顺磁性越大。

下面用一些实例简要说明分子轨道理论的应用。

(1) H_2、H_2^+、He_2^+ 及 He_2 的分子结构

H_2、H_2^+、He_2^+ 分子轨道排布示意图如图 7-27 所示。

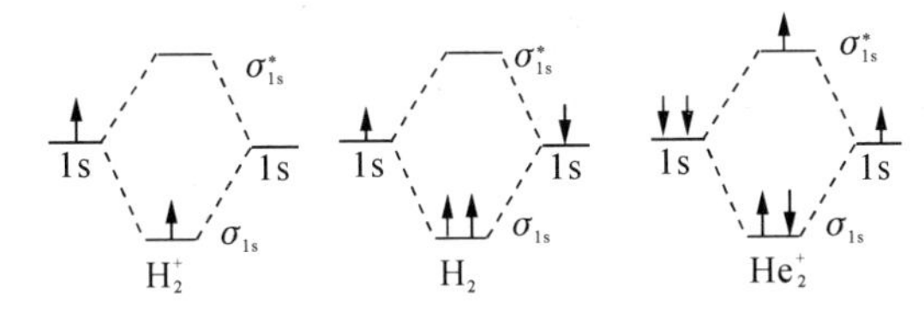

图 7-27 H_2、H_2^+、He_2^+ 分子轨道排布示意图

氢原子基态时的电子构型为 $1s^1$,两个氢原子的 1s 原子轨道互相重叠后形成 σ_{1s} 和 σ_{1s}^* 两个分子轨道,H_2 的两个电子填入能量较低的 σ_{1s} 成键分子轨道,H_2 分子的电子构型为 $(\sigma_{1s})^2$,键级为 1,H_2 分子中为单键,没有未成对电子,呈反磁性。

H_2^+ 只有一个电子,其电子构型为 $(\sigma_{1s})^1$,键级为 0.5,有一个单电子 σ 键,呈顺磁性。

氦原子基态时的电子构型为 $1s^2$,两个氦原子的 1s 原子轨道互相重叠后形成 σ_{1s} 和 σ_{1s}^* 两个分子轨道。He_2^+ 有 3 个电子,依次填入 σ_{1s} 和 σ_{1s}^* 两个分子轨道,He_2^+ 的电子构型为 $(\sigma_{1s})^2(\sigma_{1s}^*)^1$,键级=(2−1)/2=0.5,$He_2^+$ 中有一个三电子 σ 键,呈顺磁性。

而 He_2 的电子构型为:$(\sigma_{1s})^2(\sigma_{1s}^*)^2$,键级为(2−2)/2=0,所以 He_2 不存在。

(2) N_2 分子结构

氮原子基态时的电子构型为 $1s^22s^22p^3$,根据分子轨道能级图 7-26(b),将 N_2 分子中

的 14 个电子依次填入，得到 N_2 分子的电子构型为

$$(\sigma_{1s})^2(\sigma_{1s}^*)^2(\sigma_{2s})^2(\sigma_{2s}^*)^2(\pi_{2p_y})^2(\pi_{2p_z})^2(\sigma_{2p_x})^2$$

为书写方便，内层分子轨道用 KK 表示，即得

$$KK(\sigma_{2s})^2(\sigma_{2s}^*)^2(\pi_{2p_y})^2(\pi_{2p_z})^2(\sigma_{2p_x})^2$$

N_2 分子的键级＝(8－2)/2＝3，即形成一个 σ 键，两个 π 键，共三个键，这与价键理论所得的结构相一致。

(3) O_2 分子结构

氧原子基态时的电子构型为 $1s^22s^22p^4$，根据分子轨道能级图 7－26(a)，将 O_2 分子中的 16 个电子依次填入，得到 O_2 分子的电子构型为

$$(\sigma_{1s})^2(\sigma_{1s}^*)^2(\sigma_{2s})^2(\sigma_{2s}^*)^2(\sigma_{2p_x})^2(\pi_{2p_y})^2(\pi_{2p_z})^2(\pi_{2p_y}^*)^1(\pi_{2p_z}^*)^1$$

根据 Hund 规则，最后 2 个电子分别自旋平行地填充在 $\pi_{2p_y}^*$ 和 $\pi_{2p_z}^*$ 轨道上，即 O_2 分子中有两个单电子，呈顺磁性，O_2 的键级＝(8－4)/2＝2。

从 O_2 的分子轨道式可以看出，O_2 分子中有一个 σ 键，两个三电子 π 键，合起来相当于双键。因为每个三电子 π 键中有 2 个电子在成键轨道上，有一个电子在反键轨道上，故相当于半个键。O_2 的结构式可简写为

:O ⋯ O:

第二周期同核双原子分子的能级和电子排布如图 7－28 所示。当两个不同原子结合成分子时，用分子轨道法处理在原则上与同核双原子分子相同。

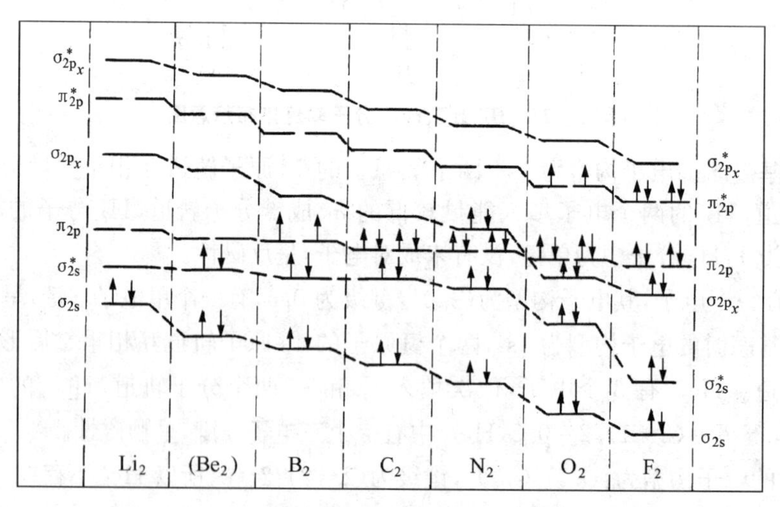

图 7－28 第二周期同核双原子分子的能级和电子排布

7.2.6 键参数

键参数是描述化学键性质的物理量，包括键能、键长、键角和键的极性等。通常可以通过分子的几何结构和键参数定性或半定量地解释分子的某些性质。

1. 键能

在298.15 K和100 kPa下，1 mol理想气体分子拆成气态原子时所吸收的能量称为键的离解能，以符号D表示。

例如：　$Cl_2(g) \longrightarrow 2Cl(g)$　　$D_{(Cl-Cl)} = 243\ kJ \cdot mol^{-1}$

对于双原子分子来说，其离解能就是该气态分子中共价键的键能E，即$E_{(Cl-Cl)} = D_{(Cl-Cl)}$，而对于由两种元素组成的多原子分子来说，可取离解能的平均值作为键能。例如，H_2O分子有两个等价O—H键，但每个O—H键因离解的先后次序不同，而具有不同的离解能：

$$H_2O(g) \longrightarrow OH(g) + H(g) \qquad D_1 = 499\ kJ \cdot mol^{-1}$$

$$OH(g) \longrightarrow O(g) + H(g) \qquad D_2 = 429\ kJ \cdot mol^{-1}$$

在H_2O分子中O—H键的键能就是两个等价O—H键的平均离解能：

$$E_{(N-H)} = (D_1 + D_2)/2 = 464\ kJ \cdot mol^{-1}$$

所以键能也称为平均离解能。

用键能可以衡量共价键的强弱。一般说来，键能越大，表示原子间的共价键越强，分子就越稳定。

2. 键长

分子内两个成键原子间核间距为键长。通常，键长越短，表示键的强度越大，键越牢固。键长与键的强度(即键能)有关，即键能越大，键长越短。单键、双键及三键的键长依次变短，键能依次增大。一些共价键的键长和键能见表7-11。

表7-11　一些共价键的键长和键能

共价键	键长 l/pm	键能 $E/(kJ \cdot mol^{-1})$	共价键	键长 l/pm	键能 $E/(kJ \cdot mol^{-1})$
H—H	74	436	C—C	154	346
H—F	92	570	C=C	134	602
H—Cl	127	432	C≡C	120	835
H—Br	141	366	N—N	145	159
H—I	161	298	N≡N	110	946
F—F	141	159	C—H	109	414
Cl—Cl	199	243	N—H	101	389

（续表）

共价键	键长 l/pm	键能 E/(kJ·mol^{-1})	共价键	键长 l/pm	键能 E/(kJ·mol^{-1})
Br—Br	228	193	O—H	96	464
I—I	267	151	S—H	134	368

3. 键角

键角是指多原子分子内有共同原子的两个化学键之间的夹角。它是描述共价键的重要参数，键长和键角确定了，分子的几何构型就确定了。

4. 键的极性

在双原子分子中，形成共价键的两个原子属于同种元素，即电负性差为零，这种共价键称为非极性共价键，如 H_2，Cl_2 等；若形成共价键的两个原子的电负性不同，则这种共价键称为极性共价键，如 HCl，H_2O 等。两个原子的电负性差值越大，键的极性越强。

§7.3 晶体结构

7.3.1 晶体结构

1. 晶体结构的特征

原子或原子团、离子或分子在空间按一定的规律周期性重复排列构成的固体物质称为晶体。在有些固体物质内部，如玻璃、松香、明胶等，它们内部原子或分子的排列没有周期性的结构规律，像液体那样杂乱无章地分布，称为玻璃体、无定形体、非晶体或非晶态物质。图 7－29 为晶体和非晶体结构示意图。

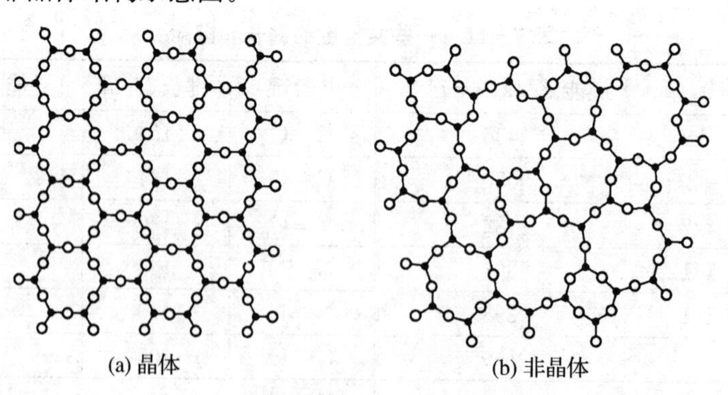

图 7－29 晶体和非晶体的结构示意图

由于晶体内部原子或原子团、离子或分子在空间按周期性规律重复排列，使得晶体具有以下特征：

(1) 晶体具有各向异性

晶体的导热、导电、光的透射、折射、偏振、压电性、硬度等性质因晶体取向不同而异，称为各向异性。如：石墨晶体内平行于石墨层方向比垂直于石墨层方向的导热率要大4—6倍，导电率要大5 000倍；从不同方向观察红宝石或蓝宝石，会发现宝石的颜色不同。这是因为方向不同，晶体对光的吸收性质不同。而非晶体则是各向同性。

(2) 晶体能自发地形成多面体外形

从外观上看，晶体一般都具有规则的几何外形。这与晶体的周期性结构有关。例如食盐晶体是立方体，石英(SiO_2)是六角柱体等。非晶体没有规则的多面体几何外形，可以制成丝、薄膜等特殊形态。

(3) 晶体具有明显确定的熔点

晶体具有周期性结构，各个部分都按同一方式排列。当温度升高，热振动加剧，晶体开始融化，各部分需要同样的温度，因而有一定的熔点。而非晶体没有固定的熔点。例如加热玻璃，它先变软，然后慢慢地熔化成黏滞性很大的流体，在这一过程中温度不断上升。

(4) 晶体具有对称性

晶体有规则的几何外形，具有一定的宏观对称性，而晶体的周期性排列使其内部具有如平移等微观对称性。

(5) 晶体对X射线、电子流及中子流产生衍射

晶体结构的周期大小和X射线、电子流及中子流的波长相当，可作为三维光栅，产生衍射。晶体的衍射成为了解物质内部结构的重要实验手段。非晶体没有周期性结构，只能产生散射效应，得不到衍射图像。

近年来，随着对物质世界探索的不断深入，发现了一种介于晶体和非晶体之间的固体——准晶体。准晶体具有完全有序的结构，却没有晶体所具有的平移对称性。因此，准晶体可以有晶体所不允许的宏观对称性，如五次对称轴等。准晶体是1984年以色列化学家丹·舍特曼(D. Shechtman)在快速冷却的铝锰合金中首次发现的一种新的金属相，其电子衍射图像具有明显的五次对称性。准晶体的发现深化了人们对晶体学、衍射物理和凝聚态物理的认识，引发了20世纪八十年代全球性的准晶研究热。准晶材料具有很多令人瞩目的性能，例如准晶材料磁性较强，在高温下比晶体更有弹性，抗变形能力也很强，因此可以作为商用价值很好的表面涂层。目前世界上准晶的研究十分活跃，准晶材料的低摩擦、耐腐蚀、耐热性和非黏性等性能可应用于材料领域。为此，丹·舍特曼获得了2011年的诺贝尔化学奖[1-2]。

2. 晶体的内部结构

(1) 点阵和晶胞

为了便于研究晶体中原子、离子或分子在空间周期性排列的规律和特点,将晶体中按周期性规律重复排列的结构单元抽象成几何质点,研究这些点在空间重复排列的方式。无数个点在三维空间构成的图称为点阵。点阵中每个点具有完全相同的周围环境,称为点阵点。连接其中任意两点可得一矢量,将各个点按此矢量平移能使点阵复原。点阵可以分为直线点阵,平面点阵和空间点阵,如图 7-30 所示。

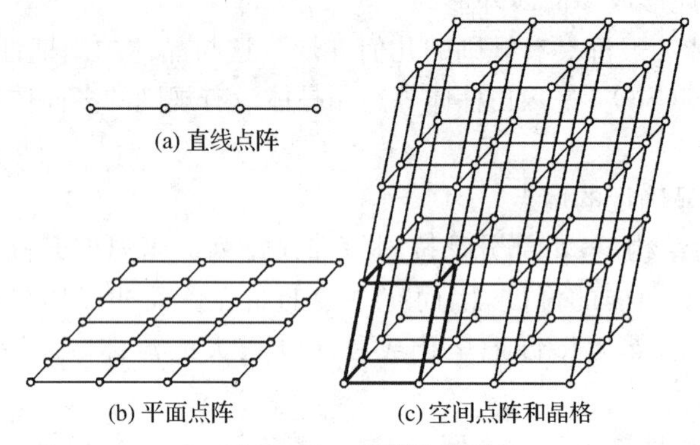

图 7-30　点阵示意图

若将平面点阵和空间点阵中的点连接起来可以得到不同几何形状的网格。由平面点阵可以得到平面格子,由空间点阵可以得到空间格子,也称为晶格,晶格结构中的点也称为结点。晶格中的格子都是大小相同的平行六面体,称为空间点阵单位。

相应地,在晶体的三维周期性结构中,按照晶体内部结构的周期性,也可划分出一个个大小和形状完全相同的平行六面体,作为晶体结构的最基本重复单位,称为晶胞。整块晶体就是晶胞按共用顶点并置排列、共面堆砌而成。空间点阵单位和晶胞都是用来描述晶体的周期性结构,点阵是抽象的,只反映晶体结构周期性的重复方式,而晶胞是具体的,包含原子在空间的排布等内容。晶胞的大小和形状由三个边长 a,b,c 和三个夹角 α,β,γ 等六个参数决定,称为晶胞参数,如图 7-31 所示。

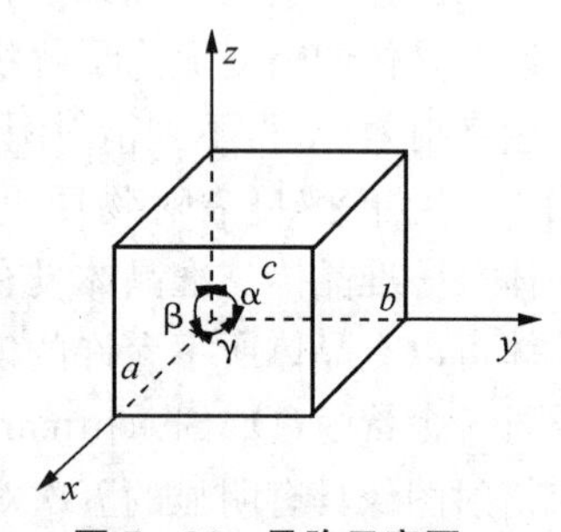

图 7-31　晶胞示意图

晶体结构的内容除了晶胞的大小和形状,即晶胞参数外,还有晶胞内部各个原子的坐标位置,即原子的坐标参数。有了这两方面的数据,整个晶体的空间结构就清楚了。

(2) 七个晶系

根据晶体结构的对称性,可以将晶体划分为七个晶系,如表 7-12 所示。

表 7-12　七个晶系

晶系	边长关系	夹角关系	晶体实例
立方晶系	$a=b=c$	$\alpha=\beta=\gamma=90^\circ$	NaCl
三方晶系	$a=b=c$	$\alpha=\beta=\gamma\neq 90^\circ$	α-Al_2O_3
四方晶系	$a=b\neq c$	$\alpha=\beta=\gamma=90^\circ$	SnO_2
六方晶系	$a=b\neq c$	$\alpha=\beta=90^\circ$　$\gamma=120^\circ$	AgI
正交晶系	$a\neq b\neq c$	$\alpha=\beta=\gamma=90^\circ$	$HgCl_2$
单斜晶系	$a\neq b\neq c$	$\alpha=\gamma=90^\circ$　$\beta\neq 90^\circ$	$KClO_3$
三斜晶系	$a\neq b\neq c$	$\alpha\neq\beta\neq\gamma\neq 90^\circ$	$CuSO_4\cdot 5H_2O$

3. 14 种空间点阵型式

根据点阵的特性，点阵中所有点阵点都具有相同的周围环境，各点的对称性相同。因此，空间点阵可以分为四种类型：

(1) 简单空间点阵

仅在平行六面体的 8 个顶角上有点阵点。

(2) 底心空间点阵

除 8 个顶角上有点阵点外，平行六面体上、下两个平行面的中心各有一个点阵点。

(3) 体心空间点阵

除 8 个顶角上有点阵点外，平行六面体的体心还有一个点阵点。

(4) 面心空间点阵

除 8 个顶角有点阵点外，平行六面体的 6 个面的面心上各有一个点阵点。

因此，7 个晶系共有 14 种空间点阵型式，如图 7-32 所示。例如，立方晶系可分为简单立方、体心立方和面心立方三种空间点阵型式。这 14 种空间点阵是由布拉维(A. Bravais)首先从点阵对称性推论得到的，故又称为“布拉维点阵”。

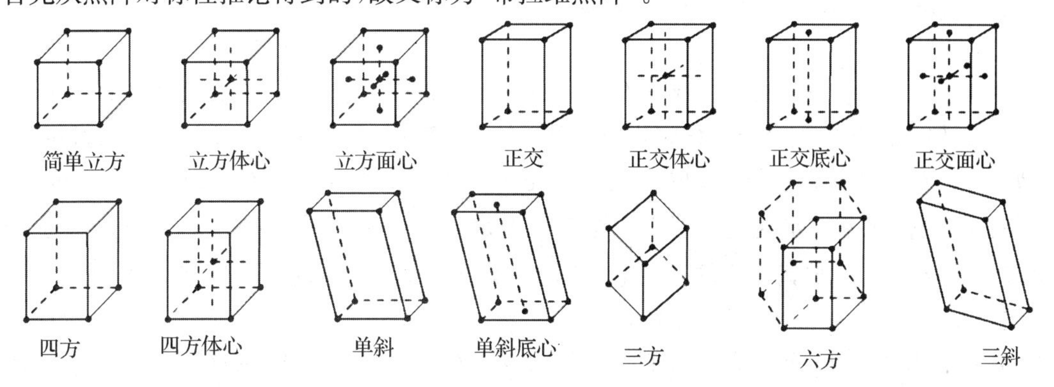

图 7-32　十四种空间点阵型式

根据晶体内部质点间作用力的不同，晶体又可分为金属晶体、离子晶体、原子晶体和分子晶体。

7.3.2 金属晶体

周期表中大约五分之四的元素为金属元素。除汞在室温下是液体外，所有金属在常温常压下都是晶体。金属有许多共同特征，如有金属光泽，是电和热的良导体，富有延展性，易于机械加工等。金属的这些性质是金属内部结构的反映。而金属结构与金属晶体中原子间的作用力——金属键有关。

1. 金属键理论

(1) 电子气理论

金属元素的电负性较小，电离能也较小，金属原子的价电子容易脱离原子核的束缚，从金属原子上脱落成为自由电子，大量自由电子形成可与气体相比拟的带负电的“电子气”，留下的金属原子和金属正离子浸没在“电子气”的“海洋”中，这些自由电子与正离子之间的作用力将金属原子黏合在一起而成为金属晶体。金属晶体中的这种结合力称为金属键。如图 7－33 所示。按电子气理论，金属键没有方向性和饱和性。金属键的强弱与自由电子的数量有关，也和离子半径、电子层结构等因素有关。金属的一般特性都和金属中存在这种“自由电子”有关。

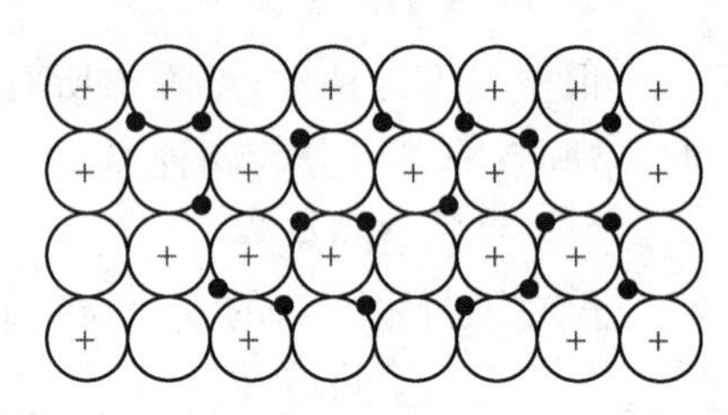

图 7－33 金属键电子气理论示意图

例如，金属中自由电子可吸收波长范围极广的光，并重新反射出来，所以金属晶体不透明，有金属光泽；在外电场的作用下，自由电子可以定向移动，故金属有导电性；受热时通过自由电子与金属离子之间的碰撞，传递能量，故金属是热的良导体；当金属受外力发生变形时，金属键不被破坏，故金属有很好的延展性。

(2) 能带理论

根据分子轨道理论，将金属晶体看成是一个由晶体中所有金属原子参与形成的大分子。通过原子轨道的线性组合便可得到相应的分子轨道，其数目与形成它的原子轨道数目相同。例如，一个气态双原子分子 Li_2 的分子轨道是由 2 个锂的原子轨道($1s^2 2s^1$)组合而成的。Li_2 的 6 个电子在分子轨道中的排布如图 7－34(a)所示。σ_{1s}成键轨道填 2 个电子，σ_{1s}^*反键轨道填 2 个电子，σ_{2s}成键轨道填 2 个电子，σ_{2s}^*反键轨道没有电子。现在若有 N 个锂原子聚积成金属晶体，则 N 个 1s 原子轨道将组成 N 个分子轨道，一半为成键轨道，一半为反键轨道，由于 N 数值很大，分子轨道各能级之间的能量差异非常小，这些能级几乎连成一片，成为一个能带。这些分子轨道全部被电子占据；同样由 N 个 2s 原子轨道组成的分子轨道也将构成一个能带，其中一半的分子轨道有电子占据，另外一半是空的，如图 7 - 34(b)所示。

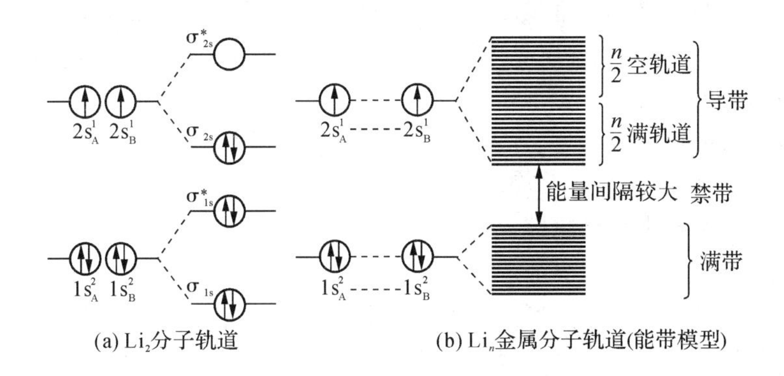

图 7 - 34　Li_2 分子与 Li_n 金属分子轨道比较示意图

已充满电子的能带称为满带；未充满电子的能带称为导带；满带与导带之间的能量间隔，称为禁带。在外电场的作用下，导带中的电子受激后可以从低能级的轨道跃迁到高能级的轨道，从而产生电流，这是金属具有导电性的原因；有时金属中相邻的能带可以重叠，如镁的 3s 能带与 3p 能带发生重叠(图 7 - 35)，因此镁也是良导体。

金属键的能带理论可以很好地说明导体、半导体和绝缘体之间的区别，如图 7 - 36 所示。金属导体的价电子能带是半满的(如 Li、Na)，或价电子能带虽全满，但可与能量间隔不大的空带发生部分重叠(如 Be、Mg)，当外电场存在时，价电子可跃迁到相邻的空轨道，因而能导电。绝缘体中的价电子都处于满带，满带与导带之间存在禁带，能量间隔大，故不能导电。半导体的价电子也处于满带(如 Si、Ge)，但禁带较窄，因此低温时是电子的绝缘体，高温时电子能激发跃过禁带而导电，所以半导体的导电性随温度的升高而升高，而金属却因升高温度，原子振动加剧，电子运动受阻等原因，导电性下降。

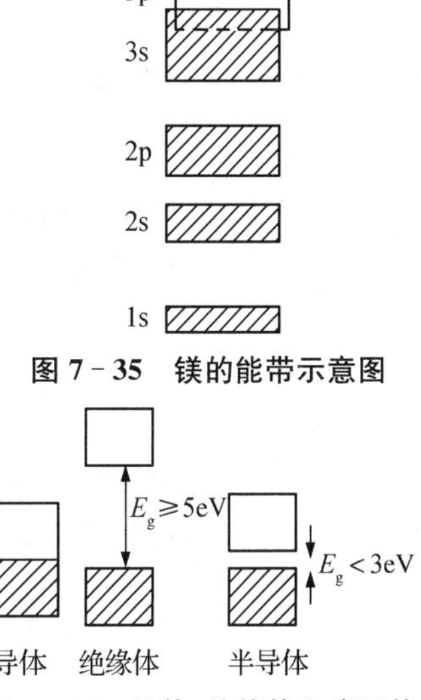

图 7 - 35　镁的能带示意图

图 7 - 36　导体、绝缘体和半导体的能带结构特征

2. 金属晶体的结构

通过金属键作用形成的晶体称为金属晶体。由于金属键无方向性和饱和性，所以金属原子的周围总是尽可能多的排列原子，形成高配位数的结构。如果将金属原子看成是直径相等的圆球，则金属晶体中原子的排列可视为等径圆球的堆积。

将等径圆球在一平面上排列，有两种排布方式，如图 7 - 37 所示。若以(a)方式排列，每个圆球周围的空隙最少，称为密置层；若以(b)方式排列，每个圆球周围的空隙较大，称为非密置层。由密置层按一定方式堆积起来的结构称为密堆积结构。

X射线衍射实验证明，在金属晶体中金属原子的堆积方式主要有三种：六方最密堆积、面心立方最密堆积和体心立方密堆积。

(1) 六方最密堆积

在第一层的堆积中，每个球与周围六个球相切，形成6个空隙的凹位，第二层堆积是将球放入第一层三个球所形成的空隙上，如图7-38所示。

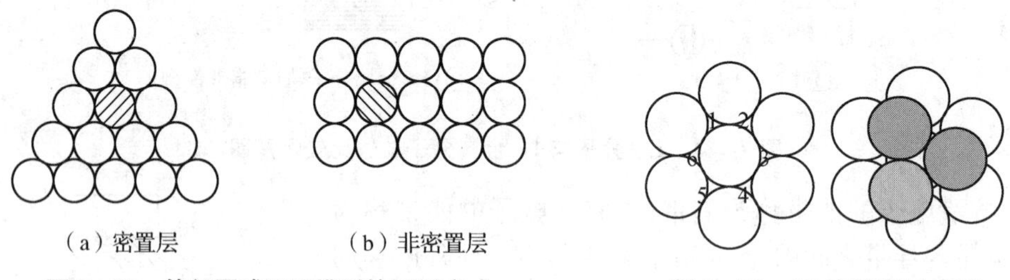

(a) 密置层　(b) 非密置层

图7-37　等径圆球平面排列的不同方式　　**图7-38　AB密堆积示意图**

在这里，对齐空隙1、3、5与对齐空隙2、4、6是等价的，但只能对齐其中一组。通常第一层堆积用A层表示，第二层堆积用B层表示，若第三层的堆积与第一层的球堆砌对齐，则形成ABAB重复堆积，称为六方最密堆积，可抽出六方晶胞，如图7-39所示。

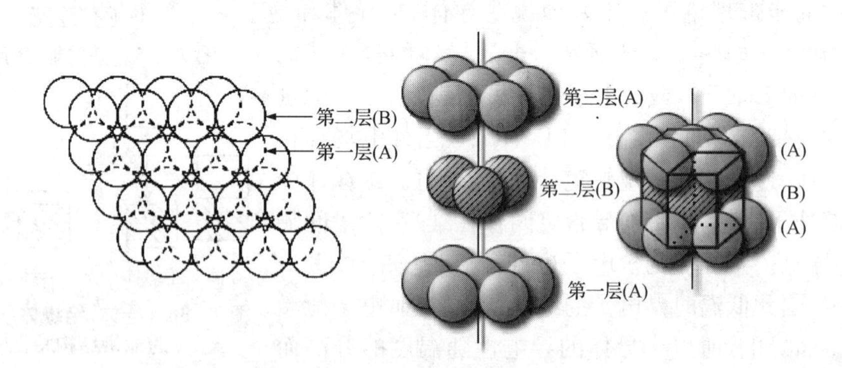

图7-39　六方最密堆积结构示意图

在六方最密堆积中每个原子的配位数为12，空间利用率为74.05%。

(2) 面心立方最密堆积

第一层与第二层的堆积与六方最密堆积相同，差别来自于第三层的堆积。第三层对齐第一层中未被第二层占据的另一半空隙，第三层用C层表示，第四层则与第一层完全一样，形成ABCABC重复堆积，称为面心立方最密堆积，可抽出面心立方晶胞，如图7-40所示。

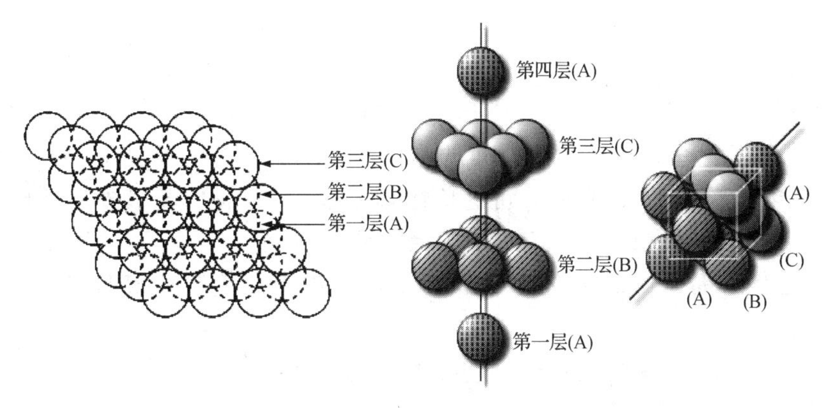

图 7-40　面心立方最密堆积结构示意图

面心立方最密堆积的配位数也是12，空间利用率也是74.05%。

(3) 体心立方密堆积

体心立方密堆积不是最密堆积结构，从这种堆积中可划分出体心立方晶胞，立方体的中心和8个角上各有一个金属原子。体心立方密堆积的配位数为8，空间利用率为68%，如图7-41所示。

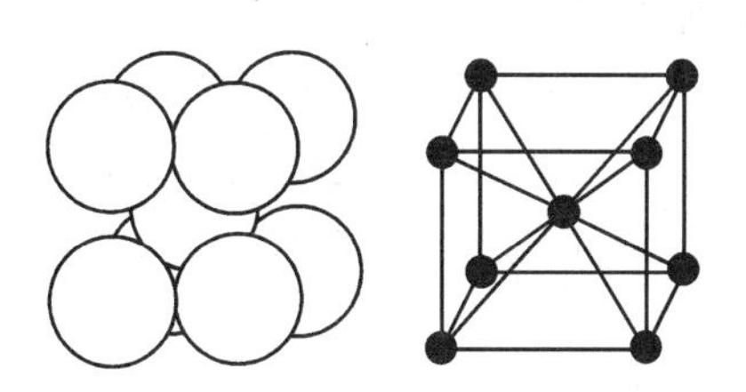

图 7-41　体心立方密堆积结构示意图

许多金属单质采取面心立方最密堆积和六方最密堆积，如铜、银、金、镍、钯、铂等单质的结构采取面心立方最密堆积，钴、钌、锇及大部分镧系金属单质的结构采取六方最密堆积，而碱金属多采用体心立方密堆积。常温下某些金属元素的晶体结构见表7-13。

表 7-13　常温下一些金属元素的晶体结构

金属原子堆积方式	配位数	空间利用率(%)	实例
简单立方堆积	6	52	α-Po 钋
体心立方密堆积	8	68	Li,Na,K,Rb,Cs,V,Nb,Ta,Cr,Mn,Fe…
面心立方最密堆积	12	74	Ca,Sr,Pt,Pd,Cu,Ag…
六方最密堆积	12	74	Be,Mg,Sc,Ti,Zn,Cd…

7.3.3 离子晶体

1. 离子键的形成和特征

1916 年，德国化学家科赛尔（W. Kossel）认为活泼金属元素的原子和活泼非金属元素的原子相互接近时，由于原子间电负性相差较大，金属原子最外层的电子转移到非金属原子上，分别形成具有稀有气体稳定结构的正、负离子，正、负离子通过静电引力结合在一起形成离子化合物。正、负离子之间由静电引力所形成的化学键称为离子键。如：

$$Na(1s^2 2s^2 2p^6 3s^1) \qquad Cl(1s^2 2s^2 2p^6 3s^2 3p^5)$$

$$\downarrow \qquad\qquad \downarrow$$

$$Na^+(1s^2 2s^2 2p^6) \ + \ Cl^-(1s^2 2s^2 2p^6 3s^2 3p^6) \longrightarrow Na^+Cl^-$$

离子键的本质是静电作用力。离子的电荷越高，离子间距离越小，则离子键越强。

离子键的特点是既无方向性也无饱和性。无方向性是指由于正、负离子的电荷分布是球形对称的，离子可以在空间的任何方向与带有相反电荷的离子互相吸引。无饱和性是指每个离子可吸引尽可能多的带有异号电荷的离子。一个离子周围所排列的相反电荷离子的数目主要与正、负离子的半径比有关。

基于离子键的特点，在离子晶体中无法找到一个个独立的分子。例如在 NaCl 晶体中，不存在一个氯化钠分子。NaCl 只是氯化钠的化学式，而不是分子式。书写成 NaCl 只是表示整个晶体中钠离子和氯离子的数目之比是 1∶1。

2. 离子的特征

(1) 离子的电荷

离子的电荷越高，离子间吸引力越大，离子化合物熔沸点就越高，硬度就越大。例如：CaO 的熔点（2 614 ℃）比 NaCl（801 ℃）高。离子的电荷不仅影响离子化合物的物理性质，对离子化合物的化学性质也有影响。如铁形成 Fe^{3+} 和 Fe^{2+} 两种离子，它们相应化合物的性质也不同。

(2) 离子的半径

离子半径也并非由确定的界面决定，而是由相邻两个离子的核间距来衡量。离子晶体中相邻正、负离子的核间距为正、负离子的半径和，即

$$d = r_+ + r_- \qquad (7-12)$$

鲍林和戈德施米特（V. Goldschmidt）等都提出了推算离子半径的方法。鲍林的离子半径数据引用最广泛，一些离子的鲍林离子半径数据见表 7-14。

表 7-14 若干种离子的鲍林离子半径

离子	r/pm	离子	r/pm	离子	r/pm
H^-	208	Be^{2+}	31	B^{3+}	20
F^-	136	Mg^{2+}	65	Al^{3+}	50
Cl^-	181	Ca^{2+}	99	Sc^{3+}	81
Br^-	195	Sr^{2+}	113	Y^{3+}	93
I^-	216	Ba^{2+}	135	La^{3+}	115
				Ga^{3+}	62
O^{2-}	140	Zn^{2+}	74	In^{3+}	81
S^{2-}	184	Cd^{2+}	97	Tl^{3+}	95
Se^{2-}	198	Hg^{2+}	110	Fe^{3+}	64
Te^{2-}	221			Cr^{3+}	69
Li^+	60	Sn^{2+}	112	C^{4+}	15
Na^+	95	Pb^{2+}	120	Si^{4+}	41
K^+	133	Mn^{2+}	80	Ge^{4+}	53
Rb^+	148	Fe^{2+}	76	Sn^{4+}	71
Cs^+	169	Co^{2+}	74	Pb^{4+}	84
Cu^+	96	Ni^{2+}	72	Ti^{4+}	68
Ag^+	126	Cu^{2+}	70	Zr^{4+}	80
Tl^+	140				

在周期表中，离子半径的大小有一些共同的变化趋势。

① 同一主族自上而下电子层数依次增大，具有相同电荷的离子半径也依次增大。

② 同一周期，正离子的电荷数越高，半径越小；负离子的电荷数越高，半径越大。

③ 同一元素负离子半径大于原子半径，同一元素正离子半径小于原子半径，且正电荷越高，半径越小。

离子半径是决定离子化合物中正、负离子间吸引力的因素之一。离子半径越小，离子间吸引力越大，相应化合物的熔点越高。如下列化合物的熔点大小顺序为

$$NaCl > KCl > RbCl > CsCl$$

(3) 离子的电子构型

离子的电子构型对离子型化合物的性质也有重要的影响。例如，Na^+ 与 Cu^+ 电荷相同，半径相似，但 NaCl 和 CuCl 的性质差异较大。这与 Na^+ 及 Cu^+ 的电子构型不同有关。

简单的负离子如 F^-、O^{2-} 等，通常具有稳定的 8 电子构型。正离子的电子构型比较复

杂，通常有五种类型，见表 7-15。

表 7-15 离子的电子构型类型

离子电子构型类型	离子电子构型	示例
2 电子构型	ns^2（最外层有 2 个电子）	Li^+，Be^{2+}
8 电子构型	ns^2np^6（最外层有 8 个电子）	Na^+，Ca^{2+}
9—17 电子构型	$ns^2np^6nd^{1-9}$（最外层有 9—17 个电子）	Fe^{2+}，Fe^{3+}，Cr^{3+}
18 电子构型	$ns^2np^6nd^{10}$（最外层有 18 个电子）	Ag^+，Zn^{2+}，Cu^+
18+2 电子构型	$(n-1)s^2(n-1)p^6(n-1)d^{10}ns^2$（次外层有 18 个电子，最外层有 2 个电子）	Pb^{2+}，Sn^{2+}

3. 离子晶体的结构

由正、负离子靠离子键结合而成的晶体称为离子晶体。离子晶体最显著的特点是熔、沸点比较高，脆而硬，在熔融状态或在水溶液中都是电的良导体。离子晶体通常溶于水和极性溶剂。

(1) 离子晶体类型

离子晶体中离子的堆积方式与金属晶体类似，由于离子键没有方向性和饱和性，所以离子在晶体中常常趋向于采取紧密方式堆积。离子晶体的种类很多，下面以最简单的立方晶系 AB 型离子晶体为代表，讨论常见的三种典型的离子晶体结构。

① CsCl 型

CsCl 型晶体结构属于简单立方晶系，如 CsCl 晶体可以看成 Cl^- 采取简单立方堆积，Cs^+ 填入立方体的空穴中，CsCl 型结构中正、负离子的配位比为 8∶8，即每个正离子被 8 个负离子包围，同时每个负离子也被 8 个正离子所包围。如图 7-42(a)所示。每个晶胞中离子的个数：

$$Cs^+:1 \qquad Cl^-:8\times1/8=1$$

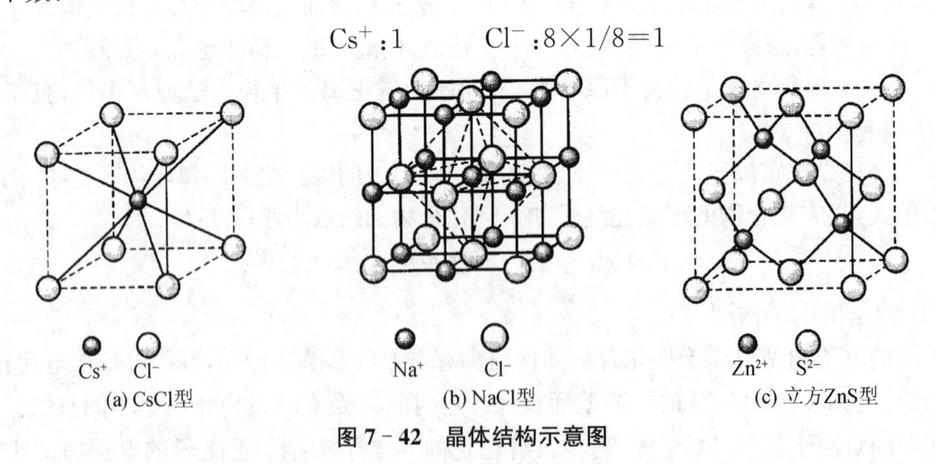

(a) CsCl型　(b) NaCl型　(c) 立方ZnS型

图 7-42 晶体结构示意图

② NaCl 型

NaCl 型晶体属于面心立方晶系，如 NaCl 晶体可以看成由 Cl^- 作面心立方堆积，Na^+ 填入所有八面体空隙中，如图 7-42(b)所示，NaCl 型晶体配位比为 6∶6，即每个离子被 6 个带相反电荷的离子所包围。晶胞中离子的个数：

$$Na^+:12\times1/4+1=4 \qquad Cl^-:8\times1/8+6\times1/2=4$$

③ 立方 ZnS 型

立方 ZnS 型晶体属于面心立方晶系，如立方 ZnS 晶体可看成由 S^{2-} 作面心立方堆积，四个四面体空隙被 Zn^{2+} 占据，Zn^{2+} 和 S^{2-} 配位比为 4∶4，如图 7-42(c)所示。每个 Zn^{2+} 与周围 4 个 S^{2-} 连成四面体。晶胞中离子的个数：

$$Zn^{2+}:4 \qquad S^{2-}:6\times1/2+8\times1/8=4$$

(2) 离子半径与配位数

形成离子晶体时只有当正、负离子紧密堆积在一起，晶体才能稳定。而离子能否紧密堆在一起与正、负离子的半径比有关。以 NaCl 型晶体为例，若正、负离子接触，负、负离子接触，如图 7-43(a)所示，则可推导出正负离子的半径比：

$$4r_-=2\sqrt{2}(r_++r_-) \qquad \frac{r_+}{r_-}=0.414$$

即当 $r_+/r_-=0.414$ 时，正、负离子接触，负、负离子也接触。若 $r_+/r_-<0.414$，如图 7-43(b)所示，则负、负离子接触，而正、负离子不接触，这样的构型不稳定，会转入配位数较少的构型即 4∶4 配位，这样正、负离子才能接触得比较好。若当 $r_+/r_->0.414$，如图 7-43(c)所示，正、负离子接触，负、负离子不接触，这样的构型比较稳定。但当 r_+/r_- 超过 0.732 时，正离子可以接触更多的负离子，配位数提高至为 8。对于 AB 型离子晶体来说，正、负离子的半径比与配位数、晶体构型的关系见表 7-16。

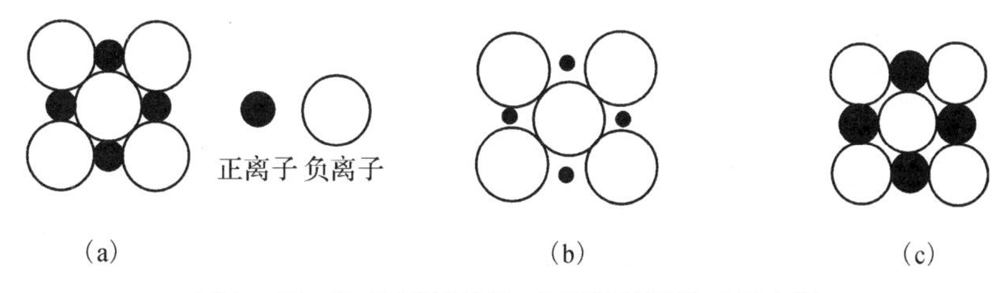

图 7-43　NaCl 型晶体正、负离子接触关系示意图

值得注意的是，正、负离子半径比的数值并不是决定配位数的唯一因素，离子极化等因素也会对配位数及晶体构型产生影响。

表 7-16　离子半径比、配位数与晶体构型的关系

离子半径比 r_+/r_-	配位数	晶体构型
0.225—0.414	4	立方 ZnS 型
0.414—0.732	6	NaCl 型
0.732—1	8	CsCl 型

(3) 晶格能

晶格能是指在标准状态下，由 1 mol 离子晶体变成相距无穷远的气态正、负离子时所吸收的能量，用符号 U 表示，例如：

$$NaCl(s) \longrightarrow Na^+(g) + Cl^-(g)$$

$$\Delta_r H_m^\ominus = U = 786 \text{ kJ} \cdot \text{mol}^{-1}$$

常用晶格能的大小来衡量离子键的强度。晶格能越大，离子键越强。表 7-17 给出了部分常见 NaCl 型离子化合物的晶格能、熔点、硬度等数值。从表中可见，晶格能的大小与离子电荷、核间距等因素有关。在晶体类型相同时，晶格能的大小与正、负离子电荷数成正比，与核间距成反比；晶格能越大，正、负离子的结合力越强，相应晶体的熔点越高，硬度越大。

表 7-17　离子电荷、离子核间距对晶格能、熔点及硬度的影响

NaCl 型离子晶体	离子电荷	最短核间距/pm	晶格能 U/kJ · mol^{-1}	熔点/℃	Mohs 硬度
NaF	1	231	923	993	3.2
NaCl	1	282	786	801	2.5
NaBr	1	298	747	747	<2.5
NaI	1	323	704	662	<2.5
MgO	2	210	4 147	2 852	6.5
CaO	2	239	3 401	2 614	4.5
SrO	2	257	3 223	2 430	3.5
BaO	2	275	3 054	1 923	3.3

计算晶格能的方法有很多，最常用的是玻恩(Born)-哈伯(Haber)循环法。下面以 NaCl 为例来说明如何运用玻恩—哈伯循环法计算晶格能。

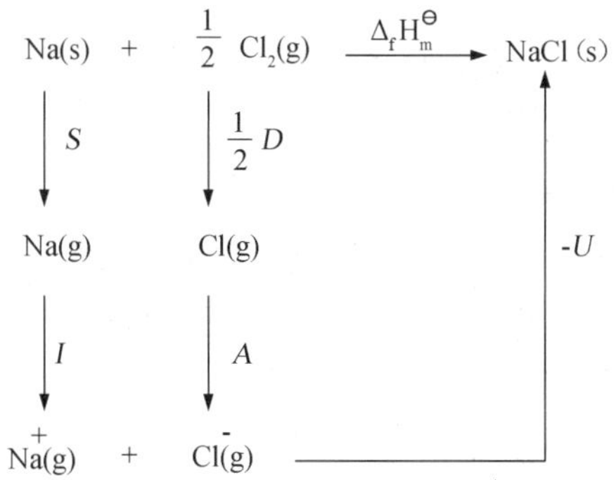

$$
\begin{array}{ccccc}
Na(s) & + & \frac{1}{2}Cl_2(g) & \xrightarrow{\Delta_f H_m^\ominus} & NaCl(s) \\
\downarrow S & & \downarrow \frac{1}{2}D & & \uparrow -U \\
Na(g) & & Cl(g) & & \\
\downarrow I & & \downarrow A & & \\
Na^+(g) & + & Cl^-(g) & \longrightarrow &
\end{array}
$$

上述循环中 $S=108.4\ \mathrm{kJ\cdot mol^{-1}}$，为钠的升华热，表示 1 mol 固态钠转变为气态时所吸收的能量；$D=239.2\ \mathrm{kJ\cdot mol^{-1}}$，为氯的解离能，表示 1 mol 气态的双原子分子解离为2 mol 气态原子时所吸收的能量；$I=495.0\ \mathrm{kJ\cdot mol^{-1}}$，是金属钠的电离能，$A=-348.3\ \mathrm{kJ\cdot mol^{-1}}$，是氯的电子亲和能，$\Delta_f H_m^\ominus=-410.9\ \mathrm{kJ\cdot mol^{-1}}$，为 NaCl 的标准摩尔生成焓；$U$ 为 NaCl 的晶格能。根据盖斯定律，NaCl 的晶格能可从下列公式计算得到：

$$\Delta_f H_m^\ominus = S+I+\frac{1}{2}D+A-U$$

$$
\begin{aligned}
U &= S+I+\frac{1}{2}D+A-\Delta_f H_m^\ominus \\
&= 108.4+495.0+\frac{1}{2}\times 239.2+(-348.3)-(-410.9) \\
&= 785.6(\mathrm{kJ\cdot mol^{-1}})
\end{aligned}
$$

4. 离子极化

离子本身带有电荷，会形成一个电场，在相互电场的作用下，离子的电荷分布中心偏离原子核，电子云发生变形，这种变形称为离子极化。

离子极化涉及两个概念：极化力和极化率。极化力(f)是描述一个离子对其他离子变形的影响能力，离子产生的电场强度越大，极化力越大。极化率(α)是描述离子本身变形性的物理量，离子的极化率愈大，说明该离子的变形性愈大。

正、负离子都带有电荷，会相互极化，也会被极化产生变形。但正离子半径较小，电子云不易变形，有较高的极化力；而负离子半径较大，电子云容易变形，容易被极化，即极化率较大。因此，对于正离子来说，极化作用占主要地位，而对负离子来说，变形性占主要地位。

(1) 影响离子极化力的因素

① 正离子的电荷越高，极化作用越强。如：

$$Si^{4+} > Al^{3+} > Mg^{2+} > Na^{+}。$$

② 在电子构型、电荷相同的条件下，正离子半径越小，极化作用越强。如：

$$Na^+ > K^+ > Rb^+ > Cs^+$$

③ 不同电子构型的离子，其极化作用大小不同。当离子大小相近、电荷相同时，不同电子构型的正离子极化作用大小顺序：

18 或 18+2 电子构型的离子>9—17 电子构型的离子>8 电子构型的离子

对负离子而言，简单离子的半径越小，极化作用越大，如 $F^- > Cl^- > Br^- > I^-$。复杂离子的极化作用一般较小，电荷高的复杂离子也有一定的极化作用，如 SO_4^{2-} 和 PO_4^{3-}。

(2) 影响离子变形性的因素

① 在电子构型、电荷相同的条件下，负离子的半径越大，变形性越大，如：

$$F^- < Cl^- < Br^- < I^-$$

② 负离子电荷越高，半径越大，变形性越大，如：

$$O^{2-} > F^-$$

③ 不同电子构型的正离子变形性大小顺序不同。在电荷、半径相近条件下，不同电子构型的正离子变形性的大小顺序：

18 或 18+2 电子构型的离子>9—17 电子构型的离子>8 电子构型的离子

由此可知，最容易变形的离子是体积大的阴离子和 18 电子构型或不规则电子构型的带较少电荷的阳离子(如 Ag^+、Pb^{2+}、Hg^{2+} 等)；最不容易变形的离子是半径小、电荷高的惰性气体型的阳离子，如 Be^{2+}、Al^{3+}、Si^{4+} 等。

当正、负离子在一起时，主要考虑正离子的极化力和负离子的变形性，但对 18 与 18+2 电子构型的正离子，如 Ag^+，Cd^{2+} 等，也要考虑其变形性。

(3) 离子极化对物质结构及性质的影响

① 化学键键型的过渡

当极化力很强的正离子与变形性大的负离子结合时，由于相互极化，正、负离子的外层电子云会发生强烈变形，从而导致它们电子云的重叠。相互极化作用越强，电子云重叠程度越大，键的极性也越弱，结果化学键由离子键过渡到共价键。如图 7-44 所示。

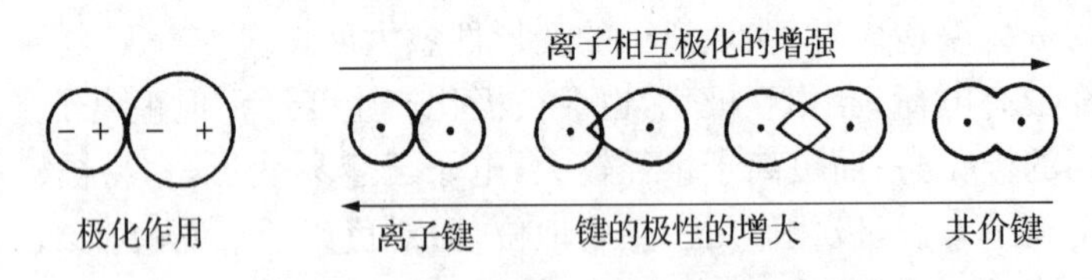

图 7-44　离子极化对键型的影响示意图

卤化银的化学键可以作为由离子键向共价键过渡的例证。Ag^+ 极化力较强，而 F^- 半径较小，不容易发生变形，AgF 的键型为离子键，随着从 $Cl^- \longrightarrow Br^- \longrightarrow I^-$ 半径依次增大，变形性也随之增大，所以 AgF 和 AgI 的化学键从离子键向共价键过渡，AgI 的键型为共价键。

表 7-18 列出卤化银的键型与有关性质。

表 7-18　卤化银的键型与一些性质

	AgF	AgCl	AgBr	AgI
正、负离子半径之和(pm)	262	307	321	342
实测键长(pm)	246	277	289	281
键型	离子键	过渡型键	过渡型键	共价键
晶体类型	NaCl 型	NaCl 型	NaCl 型	立方 ZnS 型
化合物颜色	白色	白色	淡黄	黄
水中溶解度(g/100 g 水)	180	5.2×10^{-5}	1.4×10^{-5}	3×10^{-7}

② 晶体类型的转变

离子极化使离子化合物的键型发生变化，由离子键过渡到共价键，缩短了离子间的距离，晶体的类型发生转变，晶体的配位数减小，如 AgF 晶体为 NaCl 型结构，配位数为 6，而 AgI 晶体则为立方 ZnS 型结构，配位数为 4。

③ 化合物的颜色

离子极化会加深物质的颜色。一般情况下由无色离子所形成的化合物也无色。但极化力较大、变形性也较大的无色离子所形成的化合物会有颜色。如 Ag^+ 和 I^- 都是无色离子，而 AgI 却是黄色。一般来说，化合物的颜色随着正、负离子相互极化作用的增大而加深。如：AgCl 为白色，而 AgBr 为淡黄色。

影响无机物显色的因素很多，离子极化只是其中一个因素。

④ 化合物的溶解度

离子晶体通常是易溶于水的，当离子晶体中正、负离子间极化作用明显时，离子键过渡为共价键，使化合物在水中的溶解度变小。如 AgF 易溶于水，而 AgCl、AgBr 和 AgI 的溶解度依次减小，见表 7-18。

⑤ 影响含氧酸盐的热稳定性

金属离子的极化力越强，含氧酸盐的热稳定性越差。碱土金属碳酸盐的热稳定性顺序：

$$BeCO_3 < MgCO_3 < CaCO_3 < SrCO_3 < BaCO_3$$

7.3.4　原子晶体

原子晶体中，原子与原子之间通过共价键相结合。金刚石就是一种典型的原子晶体，如图 7-45 所示。

在金刚石晶体中，每个碳原子通过 4 个 sp^3 杂化轨道，与其他 4 个碳原子形成 4 个等同的C—C共价键，组成一个正四面体的结构，把晶体内所有的碳原子连接起来成一个整体。因此在金刚石中不存在独立的小分子，整个晶体可以看成是一个巨型分子。金刚砂(SiC)的结构与金刚石相似，只是碳骨架结构中有一半位置为硅所取代，形成C—Si交替的空间骨架。石英(SiO_2)结构中硅和氧以共价键相结合，每一个硅原子周围有4个氧原子排列成以Si为中心的正四面体，许许多多的Si—O四面体通过氧原子相互连接而形成巨大分子。

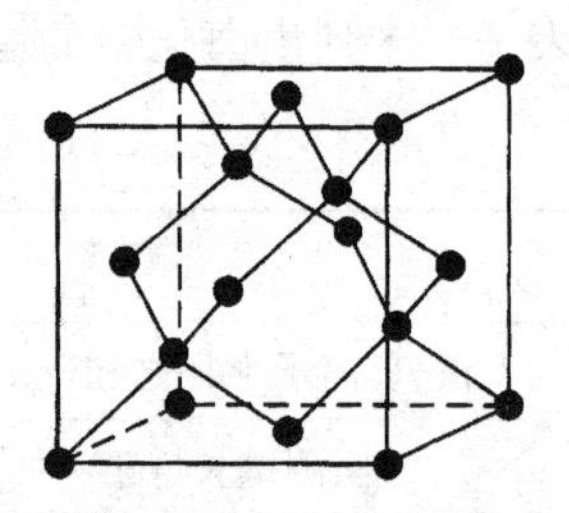

图7-45 金刚石结构示意图

除金刚石、碳化硅(SiC)、石英(SiO_2)外，单质硅、单质硼、碳化硼、氮化硼亦属原子晶体。

在原子晶体中，由于共价键的强度高，因此原子晶体的熔点高、硬度大，延展性很小，性脆，固态、熔融态都不导电。金刚石的熔点可高达3 550 ℃，是自然界中最坚硬的单质。

7.3.5 分子晶体

1. 分子的极性和变形性

(1) 分子的极性

任何分子都有正、负电荷中心，当分子的正、负电荷中心重合，分子为非极性分子，若分子的正、负电荷中心不重合，则为极性分子。同核双原子分子的正、负电荷中心重合，为非极性分子，如H_2、Cl_2等；异核双原子分子的正、负电荷中心不重合，为极性分子，如HCl、CO等。多原子分子如SO_2、CO_2、CH_4、$CHCl_3$等是否为极性分子不仅取决于键的极性，而且与分子的空间构型有关。如果分子的空间构型对称，可以抵消键的极性，故分子无极性；如果分子的空间构型不对称，不能抵消键的极性，则分子有极性。

分子极性的大小常用偶极矩μ来衡量：

$$\mu = d \cdot q \qquad (7-13)$$

式中，q为分子中正电中心或负电中心所带的电量，d为正电中心与负电中心间的距离。偶极矩是一个矢量，它的方向规定从正电中心指向负电中心。偶极距μ的单位是“德拜”，用D表示，$1\text{D} = 3.34 \times 10^{-30}$ C·m(库仑米)。在多原子分子中，分子的偶极矩是键矩的矢量和。一些分子的偶极矩见表7-19。

表7-19 分子的偶极矩(单位:德拜D)

分子	偶极矩(D)	分子	偶极矩(D)
H_2	0	H_2O	1.85
N_2	0	HCl	1.08
CO_2	0	HBr	0.78

（续表）

分子	偶极矩(D)	分子	偶极矩(D)
CH_4	0	HI	0.38
BF_3	0	NH_3	1.48
H_2S	1.10	CO	0.12
SO_2	1.60	HCN	2.98

(2) 分子的变形性

由于极性分子的正、负电荷中心不重合，因此分子中始终存在着正极端和负极端。极性分子固有的偶极称为永久偶极。非极性分子虽没有固有偶极，但是在外加电场的影响下可以变成具有一定偶极的极性分子，这种在外加电场影响下所产生的偶极叫做诱导偶极。产生诱导偶极的过程使分子正、负电荷中心分离，分子发生变形。分子的变形性是指正电中心与负电中心发生位移，正负电荷中心由重合变不重合，或偶极长度从小变大。分子的极化率用于定量地描述分子变形性的大小。

分子发生变形产生的诱导偶极可用诱导偶极矩来表示，其大小与电场强度 E 成正比：

$$\mu = \alpha \cdot E \tag{7-14}$$

α 是分子的极化率，单位为 $C \cdot m^2 \cdot V^{-1}$。

在没有外加电场的情况下，由于分子内部原子核和电子的不停运动，分子瞬间也在不断地改变它们的相对位置，这种在某一瞬间使分子的正、负电荷中心发生位移所产生的偶极叫瞬间偶极。瞬间偶极的大小同分子的变形性有关。分子越大，越容易变形，产生的瞬间偶极也越大。

分子变形不仅仅发生在非极性分子中，也发生在极性分子中。

2. 分子间作用力

原子间强烈的相互作用称为化学键，如离子键、共价键和金属键等，化学键的键能通常为一百到几百千焦每摩尔。而分子和分子之间的相互作用较弱，其结合能较化学键能约小一至二个数量级，大约为几到几十千焦每摩尔。这种分子间的弱相互作用称为分子间作用力或 van der Waals 力。分子间作用力可分为取向力、诱导力和色散力。

(1) 取向力

当两个极性分子相互靠近时，由于同极相斥异极相吸，分子会发生转动，并按异极相邻状态取向，使分子进一步相互靠近，并按一定的方向排列。已取向的极性分子，由静电引力而相互吸引，此作用力称为取向力。如图 7-46 所示。

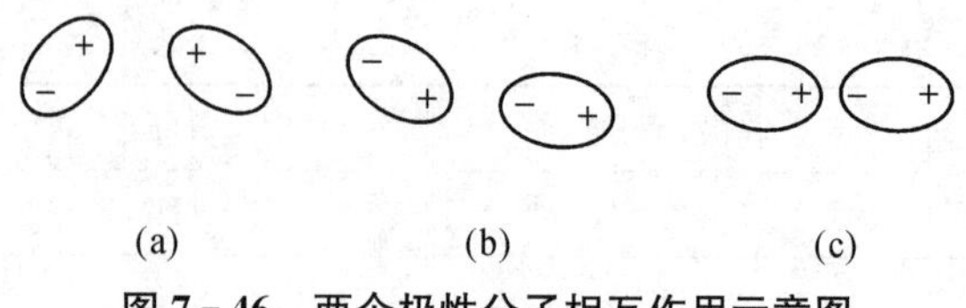

图 7-46　两个极性分子相互作用示意图

(2) 诱导力

当非极性分子与极性分子相遇时，非极性分子受到极性分子偶极电场的影响，电子云发生变形，产生了诱导偶极。诱导偶极与固有偶极间的作用力叫做诱导力。如图 7-47 所示。极性分子的偶极矩 μ 愈大，非极性分子愈容易变形，诱导作用愈强。同样，极性分子与极性分子之间除了取向力外，由于极性分子间电场互相影响，每个分子也会发生变形，产生诱导偶极，从而也产生诱导力。

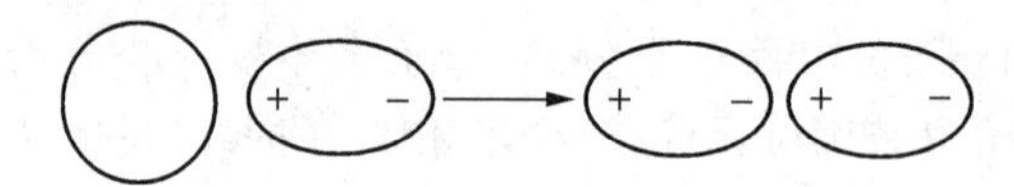

图 7-47　极性分子与非极性分子相互作用示意图

(3) 色散力

瞬间偶极之间相互作用产生的作用力称为色散力。任何一个分子，电子的运动和原子核的振动都可以产生瞬间偶极。两个瞬间偶极处于异极相邻的状态，因此，色散力存在于一切共价分子之间。色散力的大小与相互作用分子的变形性有关，分子的变形性越大，色散力越大。

分子间作用力是永久存在的一种电性作用力，作用范围比较小，强度也较弱。由表 7-20可见，在分子间作用力中，除了偶极矩很大的分子(如 H_2O 等)之外，三种力的大小一般为色散力≫取向力＞诱导力。

表 7-20　部分分子间作用力的构成

分子	取向力/$kJ \cdot mol^{-1}$	诱导力/$kJ \cdot mol^{-1}$	色散力/$kJ \cdot mol^{-1}$
Ar	0.000	0.000	8.49
CO	0.003	0.008	8.74
HI	0.025	0.113	25.86
HBr	0.686	0.502	21.92
HCl	3.305	1.004	16.82
NH_3	13.31	1.548	14.94
H_2O	36.38	1.929	9.00

分子间作用力是决定共价化合物或分子晶体的沸点、熔点、汽化热、蒸气压、溶解度及表面张力等物理性质的主要因素。一般来说，结构相似的同系列物质分子量越大，分子的变形性也越大，分子间作用力越强，物质的熔、沸点也就越高。

3. 氢键

氢键是指分子中已经以共价键与其他原子(X)键合的氢原子与另一个原子(Y)之间产生的一种弱键，常以 X—H…Y 表示，X 与 Y 可以是相同元素的原子，也可以是不同元素的原子。

例如在 HF 分子中，由于 F 的电负性比 H 的电负性大得多，成键电子对强烈地偏向 F 原子的一边，使 H 原子的核几乎裸露出来。这个带部分正电荷的 H 原子与附近另一个 HF 分子中含有孤对电子、带部分负电荷的 F 原子之间产生静电引力作用，这种静电引力作用叫做氢键(图 7 - 48)。

这种 HF 分子之间的氢键，叫做分子间氢键，除了分子间氢键，还有分子内氢键(图 7 - 49)。

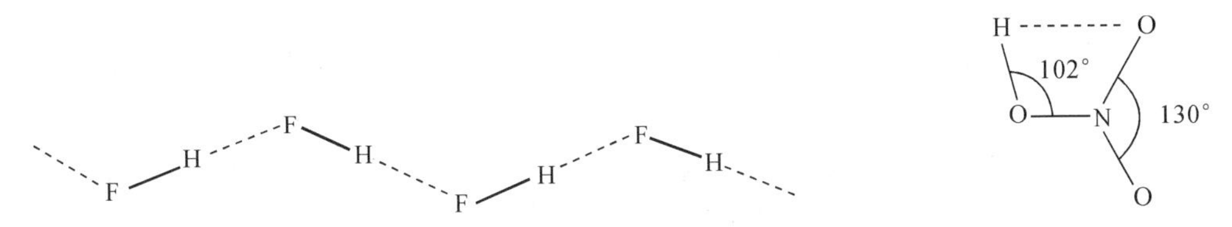

图 7 - 48　HF 分子间氢键

图 7 - 49　HNO_3 中的分子内氢键

常规氢键中 X 和 Y 通常是 F、O、N 等电负性较大的原子，形成的氢键较强。

近年来的研究发现，除了上述的常规氢键外，还存在如 C—H…N，C—H…O 等弱氢键，X—H…π 芳香氢键，X—H…M 金属氢键和 X—H…H…Y 二氢键等类型的氢键。

氢键的键能比共价键的键能小得多，与范德华力更为接近些。氢键广泛存在于水、醇、酚、酸、羧酸、氨、胺、氨基酸、蛋白质、碳水化合物等许多化合物中，氢键的形成对物质的各种物理化学性质都会产生深刻的影响，在人类和动植物的生理生化过程中也起着十分重要的作用。

(1) 氢键对物质熔、沸点的影响

若形成分子间氢键，会使物质的熔、沸点升高。这是由于要使液体气化或使固体液化都需要能量去破坏分子间氢键的缘故。HF、H_2O 和 NH_3 的沸点高于同族氢化物是由于形成了分子间氢键，如图 7 - 50 所示。若形成分子内氢键，则物质的熔、沸点降低。例如：硝酸的分子内氢键使其溶沸点降低。

其他与熔、沸点有关的性质如熔化热、汽化热、蒸气压等的变化情况都与氢键有关。

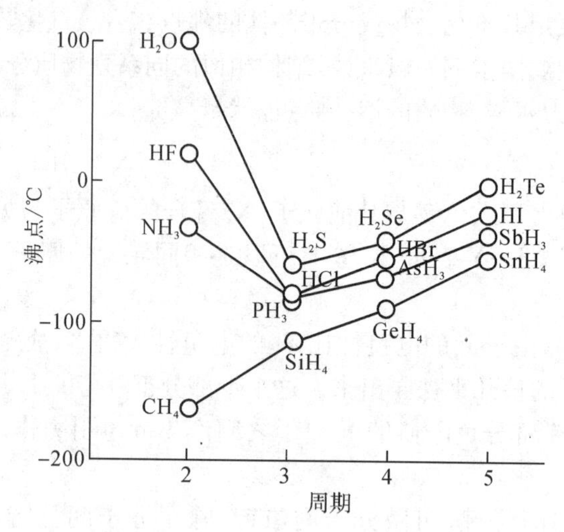

图 7-50　氢化物沸点变化曲线

(2) 氢键对水和冰密度的影响

水除了熔、沸点显著高于同族氢化物外，还有一个反常现象，就是它在 4 ℃时密度最大。这是因为在 4 ℃以上时，水分子的热运动是主要的，水的体积膨胀，密度减小；在 4 ℃以下时，水分子的热运动降低，形成氢键的倾向增加，水分子间形成氢键越多，分子间的空隙越大。当水结成冰时，全部水分子都以氢键连接，形成空旷的结构，密度最低。

冰和水中分子间氢键连接的空旷结构，使它能和许多小分子形成多种类型的晶态水合物，其中最重要的是天然气与水在高压低温条件下结晶成的天然气水合物，它的外形和冰相似，可以燃烧，又称为可燃冰。

(3) 氢键对物质溶解度及黏度的影响

在极性溶剂中，如果溶质和溶剂分子之间形成氢键，则溶质的溶解度增大；如果溶质产生了分子内氢键，在极性溶剂中溶解度减小，而在非极性溶剂中溶解度增大。

若液体形成分子间氢键，其黏度会增大，例如甘油和浓硫酸都是黏度较大的液体。水的表面张力很高，其根源也在于水分子间的氢键。

(4) 氢键对蛋白质构型的影响

氢键对蛋白质维持一定空间构型起着重要作用。在多肽链中由于 $>C=O$ 和 $>N-H$ 可形成大量的氢键(N—H…O)，使蛋白质分子按螺旋方式卷曲成立体构型。

氢键在类型、长度、强度和几何构型上是变化多样的，每个分子中的一个强氢键足以决定固态结构，并且在很大程度上影响其液态和气态的存在。弱氢键在稳定结构中也起到一定的作用，当有很多氢键协同作用时效果可以变得很显著；氢键具有方向性、饱和性和可预见性，能够设计和合成出含有特征质子给体和特征质子受体的分子，可以按照所希望的方式将一定的结构单元或功能单元通过氢键组装成具有优异的光、电、磁、催化、生物活性等特性的材料[3-9]；氢键强度介于化学键和范德华力之间，形成和破坏都比较容易，其动态可逆的特点，使其对外部环境的刺激能产生独特的响应，在决定材料的性质和新型材料的设计中至关重要。

因此，氢键在现代化学、材料科学以及生命科学中所起的作用越来越重要。

4. 分子晶体的结构

凡是靠分子间作用力或氢键聚集在一起的晶体统称为分子晶体。稀有气体、大多数非金属单质以及非金属元素之间形成的化合物、绝大多数有机化合物在固态时都是分子晶体。例如 Cl_2、Br_2、I_2、CO_2、NH_3、HCl 等，它们在常温下是气体、液体或易升华的固体，但是在降温凝聚后的固体都是分子晶体。图 7－51 为 CO_2 分子晶体结构示意图。

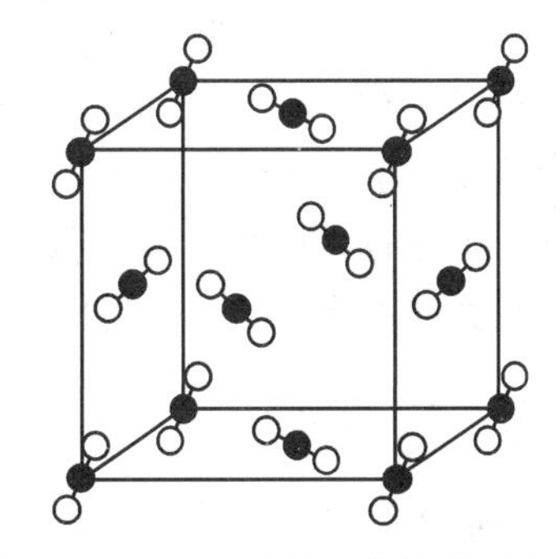

图 7－51 CO_2 分子晶体结构示意图

由于分子间的作用力较弱，所以分子晶体的熔点及沸点低，在固体或熔化状态通常不导电。一些极性强的分子晶体如 HCl 溶解在极性溶剂水中，因发生电离而导电。

以上讨论了四种类型的晶体结构，由于晶体中质点的作用力不同，因此不同类型的晶体具有自己的特性，现归纳于表 7－21 中。

表 7－21 晶体的结构和特性

晶体类型	组成晶胞的质点	结合力	晶体特性	实例
原子晶体	原子	共价键	硬度大，熔、沸点很高，在大多数溶剂中不溶，导电性差	金刚石，SiC
离子晶体	正、负离子	离子键	熔、沸点高，硬而脆，大多溶于极性溶剂中，熔融状态和水溶液中能导电	NaCl，$CaCl_2$
分子晶体	极性分子	分子间力（有氢键）	熔、沸点低，能溶于极性溶剂中	HCl，HF，NH_3，H_2O
	非极性分子	分子间力	熔、沸点低，能溶于非极性或极性弱的溶剂中，易升华	H_2，Cl_2，I_2
金属晶体	金属原子或金属离子	金属键	有金属光泽，电和热的良导体，有延展性，一般熔、沸点较高	Na，W，Ag，Au

7.3.6 过渡型晶体

过渡型晶体是混合键型的晶体，微粒间的作用力不止一种，例如石墨晶体，其特点是同层内碳原子之间作用力是共价键和离域大 π 键，层与层之间的作用力是分子间作用力。图 7－52 为石墨结构示意图。

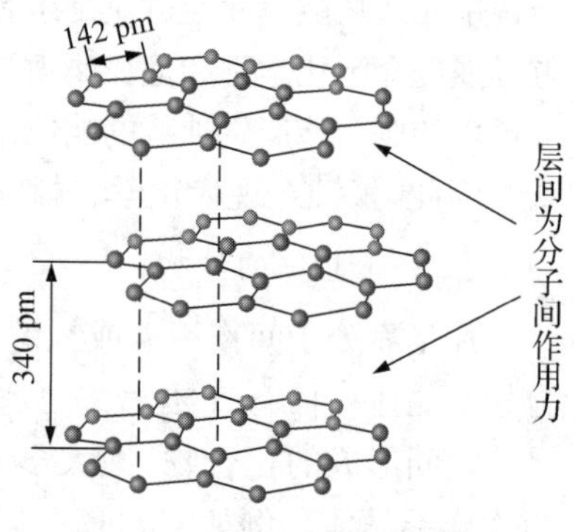

图 7－52 石墨结构示意图

在石墨晶体中，碳原子采用 sp^2 杂化轨道，与周围 3 个碳原子形成 3 个 σ 键，同一层上 C—C 键长为 142 pm，键角为 120°，每个碳原子还有一个 2p 轨道，垂直于 sp^2 杂化轨道平面，2p 电子参与形成了离域大 π 键。层与层间距离为 340 pm，靠分子间作用力结合起来。

7.3.7 液晶

液晶可以认为是介于液体和晶体之间的一种各向异性的流体。晶体、液晶、液体三者转变关系可用下列图解说明：

$$\text{晶体} \overset{T_1}{\rightleftharpoons} \text{液晶} \overset{T_2}{\rightleftharpoons} \text{液体}$$

无流动性	有流动性	有流动性
各向异性	各向异性	各向同性

在晶体中分子的位置和取向都是有序的，当温度升高时分子先失去位置的有序性而产生流动性，但其还保留着分子取向的有序性。温度进一步升高才破坏取向的有序性而形成各向同性的液体。液晶是既具有流动性而又保持分子取向有序的液体。液晶分子的质心位置是随机的，但分子的取向有一定规律，所以液晶与晶体一样表现出各向异性的特征。液晶化合物分子常具有细长棒状、平板或盘状的形态，且常含有一至二个极性基团。

由于液晶对光、电、磁、热及化学环境变化都非常敏感，可以作为各种信息的显示和记忆材料[10-11]，目前已广泛应用于我们日常生活的各个方面。

课外参考读物

[1] Noorden R V. Impossible crystals snag Chemistry Noble[J]. Nature News, doi: 10.1038/news. 2011.572.

[2] Trabesinger A, Quasicrystals: Unearthly beauty[J]. Nature Physics, 2012, (8): 112.

[3] Sadakiyo M, Yamada T, Kitagawa H. Hydroxyl Group Recognition by Hydrogen-Bonding Donor and Acceptor Sites Embedded in a Layered Metal Organic Framework[J]. J. Am. Chem. Soc., 2011,

133:11050.

[4] Zhang W X, Shiga T, Miyasaka H, Yamashita M. New Approach for Designing Single-Chain Magnets: Organization of Chains via Hydrogen Bonding between Nucleobases[J]. J. Am. Chem. Soc., 2012, 134:6908.

[5] Young M C, Liew E, Ashby J, McCoy K E, Hooley R J. Spin state modulation of iron spin crossover complexes via hydrogen-bonding self-assembly[J]. Chem. Commun., 2013, 49:6331.

[6] Olshansky J H, Tran T T, Hernandez K J, Zeller M, Halasyamani P S, Schrier J, Norquist A J. Role of Hydrogen-Bonding in the Formation of Polar Achiral and Nonpolar Chiral Vanadium Selenite Frameworks[J]. Inorg. Chem., 2012, 51:11040.

[7] Hong M, Fritzsching K J, Williams J K. Hydrogen-Bonding Partner of the Proton-Conducting Histidine in the Influenza M2 Proton Channel Revealed From ^{1}H Chemical Shifts[J]. J. Am. Chem. Soc., 2012, 134:14753.

[8] Huynh P N H, Walvoord R R, Kozlowski M C. Rapid Quantification of the Activating Effects of Hydrogen-Bonding Catalysts with a Colorimetric Sensor[J]. J. Am. Chem. Soc., 2012, 134:15621.

[9] Zhang Y, Anderson C A, Zimmerman S C. Quadruply Hydrogen Bonding Modules as Highly Selective Nanoscale Adhesive Agents[J]. Org. Lett., 2013, 15:3506.

[10] Geelhaar T, Griesar K, Reckmann B. 125 Years of Liquid Crystals—A Scientific Revolution in the Home[J]. Angew. Chem. Int. Ed., 2013, 52:8798.

[11] Rahman M L, Hegde G, Yuso M M, Malek M N F A, Srinivasa H T, Kumar S. New pyrimidine-based photo-switchable bent-core liquid crystals[J]. New J. Chem., 2013, 37:2460.

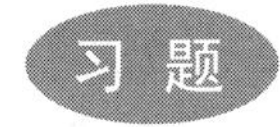

习题

1. 原子中电子的运动有何特点？概率与概率密度有何区别？

2. 原子轨道和轨道的能级由哪些量子数来确定？

3. 指出下列各组量子数哪些不合理？

(1) $n=2, l=1, m=0$　　(2) $n=2, l=0, m=-1$

(3) $n=2, l=2, m=-1$　　(4) $n=2, l=3, m=2$

(5) $n=3, l=1, m=1$　　(6) $n=3, l=0, m=-1$

4. 在下列各组量子数中，填入尚缺的量子数。

(1) $n=?\quad l=3\quad m=0\quad m_s=+\frac{1}{2}$　　(2) $n=2\quad l=?\quad m=-1\quad m_s=-\frac{1}{2}$

(3) $n=4\quad l=2\quad m=0\quad m_s=?$　　(4) $n=3\quad l=0\quad m=?\quad m_s=+\frac{1}{2}$

5. 量子数 $n=3$ 的电子层有几个亚层？各亚层有几个轨道？最多能容纳多少个电子？

6. 电子构型满足下列条件之一的是哪一种元素？

(1) 具有2个2p电子。

(2) 有2个量子数 $n=4, l=0$ 的电子，6个量子数 $n=3, l=2$ 的电子。

(3) 3d为全满,4s只有一个电子。

7. 写出第17号和23号元素的基态原子的核外电子排布式。

8. 写出下列离子的核外电子排布式。

$$S^{2-} \quad K^{+} \quad Pb^{2+} \quad Ag^{+} \quad Mn^{2+} \quad Fe^{2+}$$

9. 114号新元素和116号新元素分别于1999年和2000年在俄罗斯杜布纳联合核研究所被首次合成。2011年,国际理论与应用化学联合会(IUPAC)正式确认了这两种新元素的存在。

(1) 写出114号元素原子的电子排布式,并指出它将属于哪个周期,哪个族?可能与哪个已知元素的性质最为相似?

(2) 第七周期最后一种元素的原子序数是多少?

10. 试预测115号元素基态原子核外电子排布式,并指出它在周期表中位于第几周期第几族。

11. 有第四周期的A、B、C三种元素,其价电子数依次为1、2、7,其原子序数依次增大。已知A、B次外层电子数为8,而C次外层电子数为18,根据结构判断:

(1) 哪些是金属元素?

(2) C与A的简单离子是什么?

(3) 哪一元素的氢氧化物碱性最强?

(4) B与C两元素间能形成何种化合物?试写出化学式。

12. 若元素原子的最外层仅有一个电子,该电子的量子数是$n=4$、$l=0$、$m=0$、$m_s=+\frac{1}{2}$,试问:

(1) 符合上述条件的元素可以有几种?原子序数各为多少?

(2) 写出相应元素原子的电子排布式,并指出在周期表中的位置。

13. 比较下列每组中哪一个元素第一电离能较高?

(1) Li和Cs　(2) Cs和F　(3) F和I

14. (1) 说明在同周期和同族中原子半径的变化规律,并讨论其原因。

(2) 电子亲和能与原子半径之间有何规律性的关系?为什么有些非金属元素(如F,O等)的电子亲和能在同族变化中却显得反常?

(3) 电负性在同周期、同族元素中各有怎样变化规律?

15. 根据元素在周期表中的位置,试推测哪些元素原子之间易形成离子键,哪些元素原子之间易形成共价键?

16. 以Cl_2分子为例,说明共价键的形成,并解释为什么共价键具有方向性和饱和性。

17. 试用杂化轨道理论,说明下列分子的中心原子可能采取的杂化类型,并预测其分子或离子的几何构型。

$$BBr_3 \quad PH_3 \quad H_2S \quad SiCl_4 \quad CO_2 \quad NH_4^+$$

18. 试用价层电子互斥理论判断下列分子或离子的空间构型,并指出中心原子的杂化方式。

$$PCl_5 \quad ClF_3 \quad ICl_2^- \quad SF_6 \quad IF_5 \quad FCl_4 \quad SO_2 \quad NOCl_2 \quad SOCl_2$$

19. 根据价层电子对互斥理论,预测XeF_4的空间构型。

20. CH_4、H_2O、NH_3分子中键角最大的是哪个分子?键角最小的是哪个分子?为什么?

21. 解释下列各组物质分子中键角的变化(括号内为键角数值)。

(1) PF_3(97.8°)、PCl_3(100.3°)、PBr_3(101.5°)。

(2) H_2O(104°45′)、H_2S(92°16′)、H_2Se(91°)。

22. 试用价键理论和分子轨道理论分别说明 O_2 和 F_2 分子的结构。这两种方法有何区别?

23. 写出下列分子或离子的分子轨道表示式,指出其中有哪几种键,是顺磁性还是反磁性物质,并计算键级。

O_2　　O_2^{2-}　　N_2　　N_2^{2-}

24. 已知下列两类晶体的熔点:

	物质	NaF	NaCl	NaBr	NaI
(1)	熔点/℃	993	801	747	661
(2)	物质	SiF_4	$SiCl_4$	$SiBr_4$	SiI_4
	熔点/℃	−90.2	−70	5.4	120.5

为什么钠的卤化物的熔点比相应硅的卤化物的熔点高,而且熔点递变趋势相反?

25. 解释下列问题:

(1) SiO_2 的熔点高于 CO_2。

(2) 冰的熔点高于干冰。

(3) 石墨软而导电,而金刚石坚硬且不导电。

(4) 金属 Cu 和 Zn 都能压成片、抽成丝,而石灰石则不能。

(5) 在卤化银中,AgF 可溶于水,其余卤化银则难溶于水,且从 AgCl 到 AgI 溶解度减小。

(6) NaCl 易溶于水,而 CuCl 难溶于水。

26. 将下列两组离子分别按离子极化力及变形性由小到大的次序重新排列。

(1) Al^{3+},Na^+,Si^{4+}　(2) Sn^{2+},Ge^{2+},I^-

27. 比较下列化合物中正离子极化力的大小:

(1) $ZnCl_2$,$FeCl_2$,$CaCl_2$,KCl。

(2) $SiCl_4$,$AlCl_3$,PCl_5,$MgCl_2$,NaCl。

28. 已知 AlF_3 为离子型;$AlCl_3$、$AlBr_3$ 为过渡型;AlI_3 为共价型。试说明它们键型差别的原因。

29. 根据电负性数据,判断在下列各对化合物中,哪一个化合物内键的极性相对较强些?

(1) ZnO 与 ZnS　(2) NH_3 与 NF_3　(3) AsH_3 与 OF_2　(4) H_2O 与 OF_2　(5) IBr 与 ICl

30. 离子半径 $r(Cu^+) < r(Ag^+)$,所以 Cu^+ 的极化力大于 Ag^+,为什么 Cu_2S 的溶解度却大于 Ag_2S?

31. 解释下列各对分子为什么极性不同?括号内为偶极矩数值(单位是 10^{-30} C·m)。

(1) CH_4(0)与 $CHCl_3$(3.50)　(2) H_2O(6.23)与 H_2S(3.67)

32. 用分子间作用力说明以下事实:

(1) F_2、Cl_2 常温下是气体,Br_2 是液体,I_2 是固体。

(2) HCl、HBr、HI 的熔、沸点随相对分子质量的增大而升高。

(3) He、Ne、Ar、Kr、Xe 稀有气体的沸点随着相对分子质量的增大而升高。

33. 试解释:

(1) 为什么水的沸点比同族元素氢化物的沸点高?

(2) 为什么 NH_3 易溶于水,而 CH_4 则难溶于水?

(3) HBr 的沸点比 HCl 大，但又比 HF 的低？

(4) 为什么室温下 CCl_4 是液体，CH_4 和 CF_4 是气体，而 CI_4 是固体？

34. 判断下列各组分子之间存在着什么形式的分子间作用力？

(1) 苯和 CCl_4 (2) 氨和水 (3) CO_2 气体 (4) HBr 气体 (5) 甲醇和水

35. (1) 今有元素 X、Y、Z，其原子序数分别为 6、38、80，试写出它们的电子分布式，并说明它们在周期表中的位置。

(2) X、Y 两元素分别与氯形成的化合物的熔点哪一个高？为什么？

(3) Y、Z 两元素分别与硫形成的化合物的溶解度哪一个小？为什么？

(4) X 元素与氯形成的化合物其分子偶极矩等于 0，试用杂化轨道理论解释。

36. 试用能带理论说明金属导体、半导体和绝缘体的导电性能的差异。

37. 1946 年，费利克斯·布洛赫和爱德华·珀塞尔发现，核子与电子一样具有自旋运动，具有奇数质子或中子的核子，核自旋产生磁矩。核自旋本身的磁场，在外加磁场下重新排列，大多数核自旋会处于低能态。额外施加电磁场来干涉低能态的核自旋转向高能态，再回到平衡态便会释放出射频，这就是 NMR 讯号。基于这一原理，保罗·劳特伯于 1973 年开发出了基于核磁共振现象的成像技术(MRI)，请阅读相关文献，说明 MRI 在疾病诊断中的应用，并比较 MRI 与 X 射线和 CT 技术的优缺点。

38. 壁虎神奇的爬墙能力自古就受到人类的高度关注，过去很多人认为壁虎之所以能爬墙，是因为在它的脚上有很多吸盘，但直到 2000 年，随着论文《Adhesive force of a single gecko foot-hair》在自然(Nature)杂志上的发表，才逐渐发现了范德华力在壁虎爬墙机制中的作用。随着研究的深入，人们对该机制有了新的认识，并在这一机制的启发下，开发出仿生干型高分子黏合材料。请收集相关资料，简单总结更多分子间力在工业中的应用实例。

39. 随着理论研究的深入和实验水平的提高，诸如原子半径、电离能等数据数值在不断修订、精度在不断提高。这些数据，可以通过各种数据手册查阅。其中应用较广泛的有《兰氏化学手册》，请搜索并下载最新版本的《兰氏化学手册》，查询电离能等相关数据。

40. 物质的结构式和立体结构图是重要的化学语言，掌握用计算机绘制分子的结构式和立体结构图对提高化学学习与应用的能力有很大帮助，请访问www.acdlabs.com网站，下载免费的 ACD/Chemsketch 软件，尝试绘制一些常见分子的结构式及立体结构图。

41. 请访问http://www.crystalimpact.com/diamond/网站，下载安装 Diamond 软件，它可以用来实现分子或晶体结构的可视化。阅读相关教程，绘制 NaCl，CsCl，ZnS 等晶体结构图。

42. 金属玻璃，又称为非晶态金属，是一种新型的金属材料，1960 年被美国科学家皮·杜威等首次发现以来，引起了金属材料发展史上的一场革命。金属玻璃在导电性、强度和导热性方面具有金属的特性，但在原子排列上却又类似于玻璃的原子一样呈无序排列。金属玻璃具有很高的强度、硬度、弹性、刚性和优异磁学、耐腐蚀、耐磨损性能等，它可以经受 180°弯曲而不断裂，断裂韧性值可达到钢的 5 倍，是制作电磁传感器等部件的绝好材料。请阅读相关文献，了解金属玻璃作为结构材料和复合材料大规模运用的种种优点，目前已成功地应用的领域以及影响其大面积推广应用的主要因素。

第8章　配位化合物基础

配位化学是在无机化学的基础上发展起来的一门学科。它所研究的主要对象为配位化合物(简称配合物,又称络合物)。配位化学的创建是以1893年维尔纳(A. Werner)发表的一篇著名论文为标志。当今的配位化学在广度、深度及应用等方向发展迅猛,使其成为众多学科的交叉点及研究热点。

§8.1　配位化合物的基本概念

8.1.1　配位化合物的组成

随着配位化学的不断发展,很难为配位化合物下一个准确的定义。根据1980年中国化学会公布的《无机化学命名原则》,配位化合物的定义是“配位化合物是由可以给出孤对电子或多个不定域电子的一定数目的离子或分子(称为配体)和具有接受孤对电子或多个不定域电子的空位的原子或离子(统称为中心原子)按一定的组成和空间构型所形成的化合物。”据此,配合物中至少含有中心原子和配体两部分,中心原子和配体结合而成的复杂离子或分子,通常称为配合物的内界(也称为配位单元),内界所带的电荷等于中心原子与配体电荷的代数和,内界可以是配阳离子、配阴离子或中性分子,如$[Co(NH_3)_6]^{3+}$、$[Cr(CN)_6]^{3-}$、$Ni(CO)_4$等。除此之外,有的配合物还有抗衡阳离子或抗衡阴离子存在来平衡内界电荷,通常称为配合物的外界。如在$[Cu(NH_3)_4]SO_4$中,内界为$[Cu(NH_3)_4]^{2+}$,外界为SO_4^{2-};在$K_3[Fe(CN)_6]$中,内界为$[Fe(CN)_6]^{3-}$,外界为K^+。

有些配合物不存在外界,如$[PtCl_2(NH_3)_2]$、$[CoCl_3(NH_3)_3]$等。

1. 中心离子(原子)

中心离子或中心原子,可以统称为中心原子,也称为配合物的形成体。形成体一般为金属离子,尤其以过渡金属离子为形成体的配合物的研究和报道较多,如$[Co(NH_3)_6]^{3+}$、$[Mn(CN)_6]^{4-}$中的Co(Ⅲ)、Mn(Ⅱ)等;少数高氧化态的非金属元素也可以作为形成体,如$[BF_4]^-$、$[SiF_6]^{2-}$中的B(Ⅲ)、Si(Ⅳ)等;有些配合物,形成体为中性原子,如$[Ni(CO)_4]$、$[Fe(CO)_5]$中的形成体为镍原子、铁原子。

2. 配体、配位原子、配位数

配体可以是分子，如 NH_3、H_2O、CO、Py（吡啶）、en（乙二胺）等；也可以是阴离子，如 F^-、OH^-、CN^-、$C_2O_4^{2-}$ 等。

配位原子是指配体中给出孤对电子、与形成体直接形成配位键的原子，如 $[Cu(NH_3)_4]^{2+}$ 中，配体为 NH_3，配位原子为氮原子。

提供一个配位原子的配体称为单齿配体（或称为单基配体），提供两个及两个以上配位原子的配体称为多齿配体（或称为多基配体）。如 $[Cu(NH_3)_4]^{2+}$ 中，NH_3 为单齿配体；在 $[Cu(en)_2]^{2+}$ 中（图 8-1），配体 en 提供两个配位氮原子，为二齿配体；在 $[Ca(EDTA)]^{2-}$ 中（图 8-2，EDTA 为乙二胺四乙酸根），配体 EDTA 提供六个配位原子（四个氧原子，两个氮原子），为六齿配体。

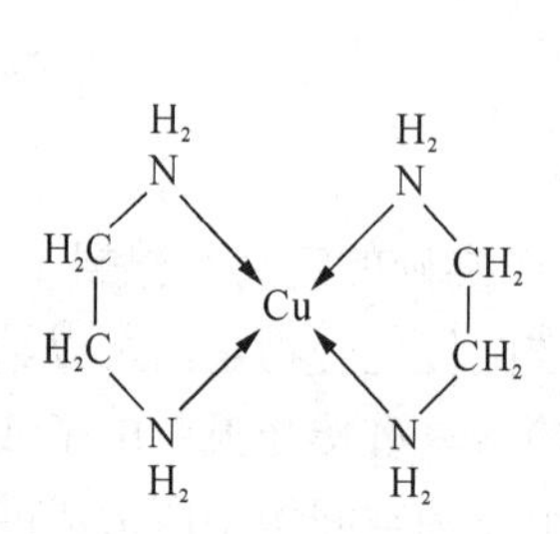

图 8-1 $[Cu(en)_2]^{2+}$ 的结构示意图

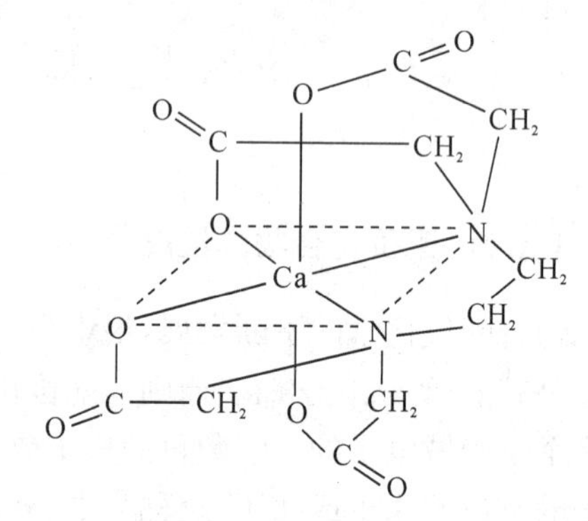

图 8-2 $[Ca(EDTA)]^{2-}$ 的结构示意图

在配合物中，一个形成体所结合的配位原子的总数称为该形成体的配位数。例如在 $[Cu(NH_3)_4]^{2+}$ 中，Cu^{2+} 的配位数为 4；在 $[Cu(en)_2]^{2+}$ 中，Cu^{2+} 的配位数为 4；在 $[Ca(EDTA)]^{2-}$ 中，Ca^{2+} 的配位数为 6。注意不要将配位数与配体个数混淆。

8.1.2 配位化合物的命名

配合物种类繁多，命名比较繁琐，这里仅介绍一些比较简单的配合物命名的一般原则。配合物的命名，遵循无机化合物命名的一般原则。若内界为配阳离子而外界阴离子为简单离子（如 $[Ag(NH_3)_2]Cl$），则命名为"某化某"；若内界为配阴离子（如 $K[PtCl_3NH_3]$），或内界为配阳离子而外界为复杂的酸根（如 $[Cu(NH_3)_4]SO_4$）或配阳离子和配阴离子构成的配合物（如 $[Cu(NH_3)_4][PtCl_4]$），则命名为"某酸某"；若内界为配阳离子而外界阴离子为 OH^-（如 $[Ag(NH_3)_2]OH$），则命名为"氢氧化某"；若内界为配阴离子而外界阳离子为 H^+（如 $H_2[HgI_4]$），则命名为"某酸"。

1. 一些配体的名称

F^- 氟，Cl^- 氯，Br^- 溴，I^- 碘，O^{2-} 氧，S^{2-} 硫，N_3^- 叠氮，OH^- 羟基，CN^- 氰，NH_2^- 氨基，NO_2^- 硝基（N为配位原子），ONO^- 亚硝酸根（O为配位原子），SCN^- 硫氰酸根，NCS^- 异硫氰酸根，SO_4^{2-} 硫酸根，$C_2O_4^{2-}$ 草酸根，O_2 双氧，N_2 双氮，NH_3 氨，H_2O 水，CO 羰基，NO 亚硝酰，en 乙二胺，Ph_3P 三苯基膦，py 吡啶等。

2. 内界的命名

(1) 先配体后形成体，配体与形成体之间加"合"字。

(2) 配体前面用二、三、四……表示该配体个数。

(3) 几种不同的配体之间加'·'隔开。

(4) 形成体后面加括号（ ），括号内用罗马数字表示该形成体的价态。

例如：

$[Ag(NH_3)_2]Cl$ 氯化二氨合银(Ⅰ)

$[Cu(NH_3)_4]SO_4$ 硫酸四氨合铜(Ⅱ)

$[Cu(NH_3)_4][PtCl_4]$ 四氯合铂(Ⅱ)酸四氨合铜(Ⅱ)

$[Ag(NH_3)_2]OH$ 氢氧化二氨合银(Ⅰ)

$H_2[HgI_4]$ 四碘合汞(Ⅱ)酸

3. 配体的先后顺序

(1) 先无机配体后有机配体。如 Cl^- 和 $(Ph)_3P$ 比较，则 Cl^- 在前。

$[PtCl_2(Ph_3P)_2]$ 二氯·二(三苯基膦)合铂(Ⅱ)

(2) 先阴离子类配体，后分子类配体。如 Cl^- 和 NH_3 比较，则 Cl^- 在前。

$K[PtCl_3(NH_3)]$ 三氯一氨合铂(Ⅱ)酸钾

(3) 同类配体中，按配位原子的元素符号在英文字母表中的次序分出先后。如 NH_3 和 H_2O 比较，则 NH_3 在前。

$[Co(NH_3)_5H_2O]Cl_3$ 三氯化五氨一水合钴(Ⅲ)

(4) 配位原子相同，配体中原子个数少的在前。如 NH_3 和 NH_2OH 比较，则 NH_3 在前。

$[Pt(Py)(NH_3)(NO_2)(NH_2OH)]Cl$ 氯化硝基·氨·羟氨·吡啶合铂(Ⅱ)

(5) 配体中原子个数相同，则按与配位原子直接相连的原子的元素符号在英文字母表中的次序分出先后。如 NH_2^- 和 NO_2^- 比较，则 NH_2^- 在前。

$[Pt(NH_3)_2(NO_2)(NH_2)]$ 氨基·硝基·二氨合铂(Ⅱ)

值得注意的是，这5条中的后一条都是以前一条为基础的。

8.1.3 配位化合物的异构现象

一些配合物的化学组成完全相同，但因原子间的连接方式或空间排列方式不同而引起的结构和性质不同的现象称为配合物的异构现象。配合物的异构现象通常分为结构异构和立体异构两大类。

1. 结构异构

原子间的连接方式不同，是结构异构的特点，主要有以下几种类型。

(1) 解离异构

配合物的阴离子配体在内、外界的位置不同而引起的异构现象叫解离异构。如[$CoBr(NH_3)_5$]SO_4（紫色）和[$CoSO_4(NH_3)_5$]Br（红色），SO_4^{2-}、Br^- 在内界和外界的位置恰好相反。

(2) 配位异构

由配阴离子和配阳离子构成的配合物，配离子之间交换配体而引起的异构现象叫配位异构。如[$Co(NH_3)_6$][$Cr(CN)_6$]和[$Cr(NH_3)_6$][$Co(CN)_6$]互为配位异构。

(3) 键合异构

由于配体提供的配位原子不同而产生的异构现象叫键合异构，[$Co(NO_2)(NH_3)_5$]Cl_2 和[$Co(ONO)(NH_3)_5$]Cl_2 互为键合异构，NO_2^- 配体 N 为配位原子，ONO^- 配体 O 为配位原子。

2. 立体异构

原子间的连接方式相同，但配体在形成体周围的空间排列方式不同，是立体异构的特点。立体异构一般分为几何异构和旋光异构。

(1) 几何异构

几何异构常发生在平面正方形和八面体结构的配合物中。

对于配位数为 4 的平面正方形配合物，相同的两个配体位于正方形同一边的为顺式(*cis-*)异构体，位于对角线的为反式(*trans-*)异构体。例如[$Pt(NH_3)_2Cl_2$]的顺式和反式异构体如图 8-3 所示。

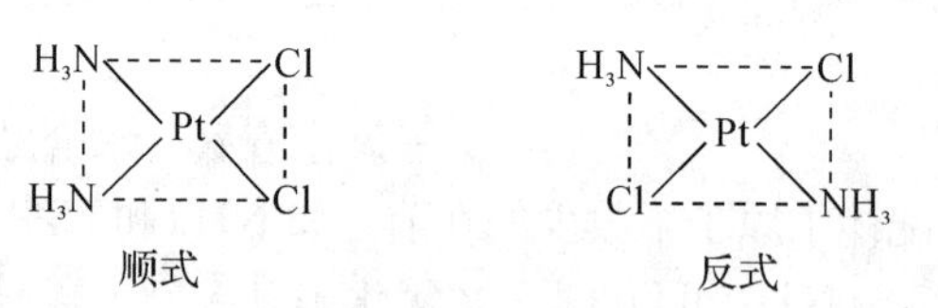

图 8-3 [$Pt(NH_3)_2Cl_2$]顺式和反式异构体示意图

cis-[$Pt(NH_3)_2Cl_2$]（橙黄色），常称为顺铂，能抑制 DNA 的非正常生长和复制，阻止癌细胞的分裂，有抗癌活性，而 *trans-*[$Pt(NH_3)_2Cl_2$]（亮黄色）则不具有抗癌活性。

对于配位数为 6 的八面体配合物，其几何异构现象比较复杂。如[$CrCl_2(NH_3)_4$]，若两个相同的配体位于八面体的同一条棱时，称为顺式异构体；若两个相同的配体位于八面体对角的顶点位置时，称为反式异构体，[$CrCl_2(NH_3)_4$]的顺、反异构体如图 8-4 所示。对于[MA_3B_3]类型的配合物，若 3 个 A 和 3 个 B 各占据八面体的一个三角形面的顶点时，称为面式（*fac*-）或顺-顺式；若3个A和3个B各占据八面体的位置分布如地球的经纬线，称为经式（*mer*-）或顺-反式，[$RhCl_3(py)_3$]的面式、经式异构体如图8－5所示。八面体配合物中，随着不同配体的种类增多，其几何异构体的数目也随之增多，异构现象更加复杂。

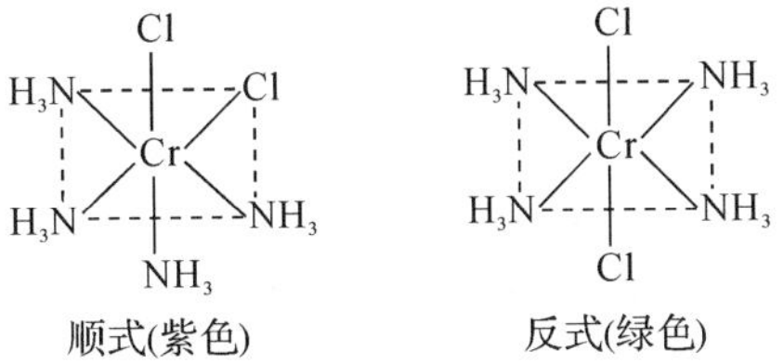

顺式(紫色)　　反式(绿色)

图8－4　[$CrCl_2(NH_3)_4$]的顺式、反式异构体示意图

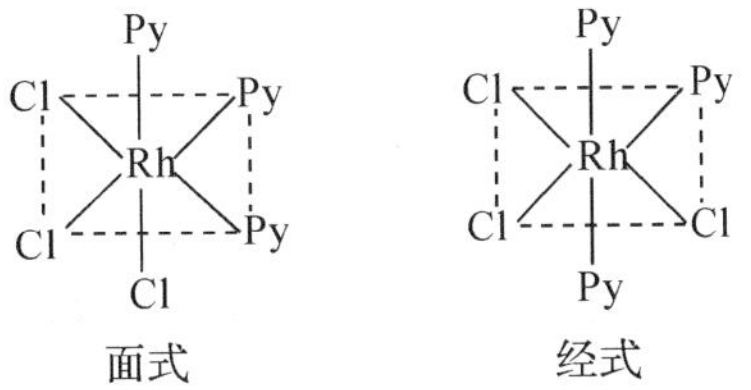

面式　　经式

图8－5　[$RhCl_3(py)_3$]的面式、经式异构体示意图

(2) 旋光异构

旋光异构体是指两种异构体的对称关系类似人的左右手，互为镜像关系，但又不能重合。顺式-[$CoCl(NH_3)(en)_2$]$^{2+}$旋光异构体示意图如图8－6所示。互为旋光异构体的两种物质，物理性质和化学性质完全相同，但两者使平面偏振光发生方向相反的偏转，向左偏转的称为左旋体，用“*l*”表示，向右偏转的称为右旋体，用“*d*”表示。不同的旋光异构体在生物体内的作用及活性不同，因此，旋光异构体的合成及其拆分在药物合成等领域具有重要的意义。

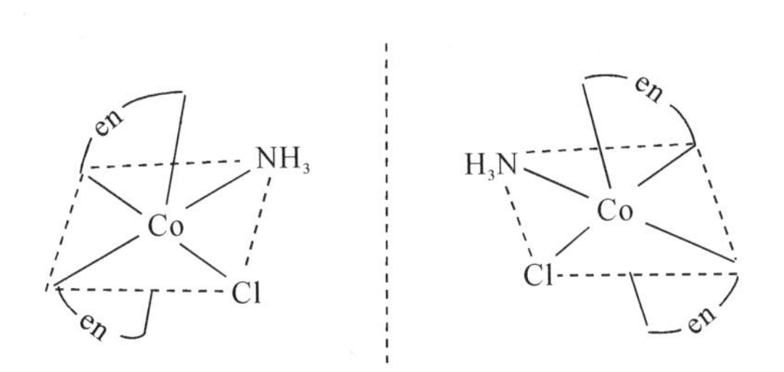

图8－6　顺式-[$CoCl(NH_3)(en)_2$]$^{2+}$旋光异构体示意图

8.1.4　几种类型的配合物简介

配合物的种类繁多、结构多样，其分类方法也多种多样。这里仅简单介绍几种类型的配合物。

1. 简单配合物

由单齿配体与一个形成体配位所形成的配合物称为简单配合物。如[$Cu(NH_3)_4$]SO_4、K_3[$Fe(CN)_6$]、[$CoCl_3(NH_3)_3$]等。

2. 螯合物

多齿配体以两个或两个以上的配位原子与同一个形成体配位而形成的具有环状结构的配合物，称为螯合物。如图 8-1、图 8-2 所示，Cu^{2+} 与 en、Ca^{2+} 与 EDTA 所形成的配合物均为螯合物。

3. 多核配合物

含有两个或两个以上的形成体的配合物称为多核配合物，在两个形成体之间常以配体连接起来。例如$[(H_2O)_4Fe(OH)_2Fe(H_2O)_4]^{4+}$为两核配合物(图 8-7)。

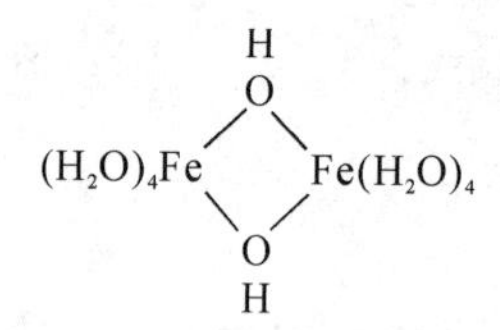

图 8-7 $[(H_2O)_4Fe(OH)_2Fe(H_2O)_4]^{4+}$的结构示意图

4. 羰基配合物

以 CO 为配体所形成的配合物称为羰基配合物。如$[Ni(CO)_4]$、$[Fe(CO)_5]$、$[Fe_2(CO)_9]$等。

5. π-配合物

配体以 π 电子与形成体作用所形成的配合物称为 π-配合物。常见的配体如烯烃、炔烃、芳烃、环戊二烯等，如蔡氏盐(Zeise'ssalt)$K[Pt(C_2H_4)Cl_3]\cdot H_2O$、二茂铁$[Fe(C_2H_5)_2]$均为 π-配合物(图 8-8)。

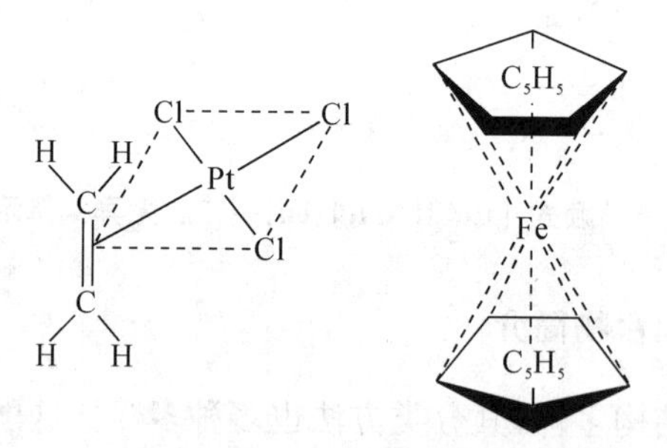

图 8-8 $[Pt(C_2H_4)Cl_3]^-$及$[Fe(C_2H_5)_2]$的结构示意图

6. 簇合物

早期的簇合物指的是含有金属—金属键的多核金属配合物，图 8-9 给出了一个簇合物的例子。后来簇合物的概念逐渐被一般化，把具有多面体或欠完整多面体结构的多个原子(离子)的集合体都认为是簇合物，如图 8-10 给出的例子。

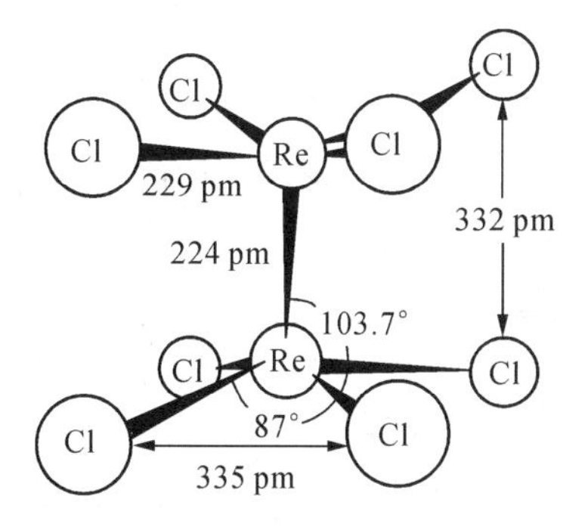

图 8－9　[Re_2Cl_6]的结构示意图

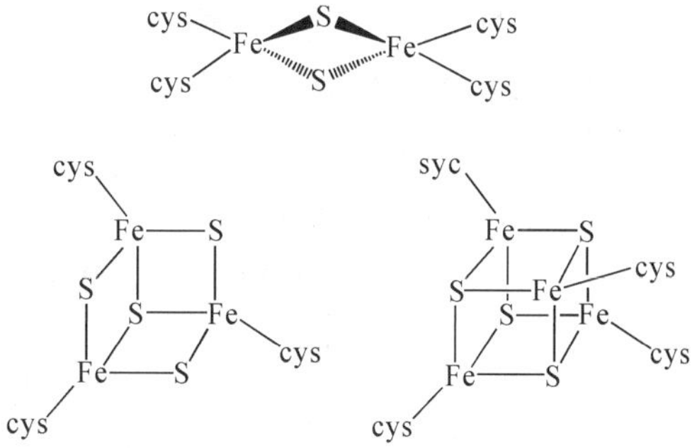

图 8－10　Fe_2S_2、Fe_3S_4、Fe_4S_4 的簇合物结构示意图(cys 半光酸残基)

7. 大环配合物

大环状骨架上含有 O、N、S、P 或 As 等多个配位原子的多齿配体所形成的配合物称为大环配合物。例如人体血液中具有载氧功能的血红素(图 8－11)、植物光合作用中起重要作用的叶绿素(图 8－12)都为大环配合物。

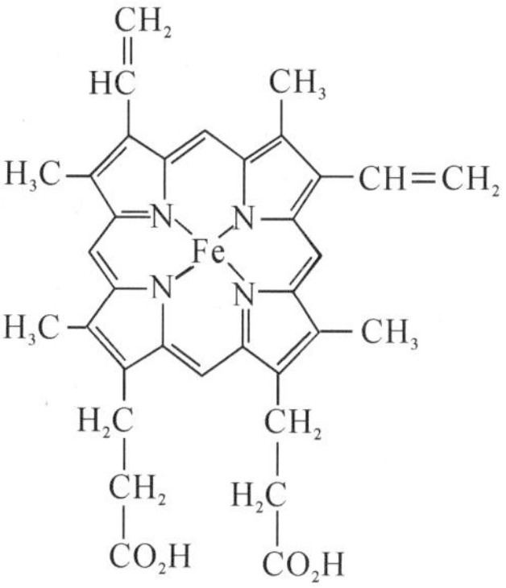

图 8－11　血红素的结构示意图

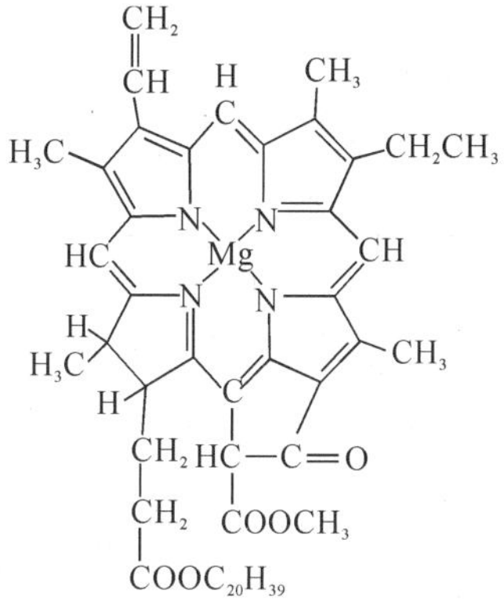

图 8－12　叶绿素 a 的结构示意图

§8.2　配位化合物的化学键理论

配合物的化学键通常是指在配位化合物内形成体与配位体之间的化学键。随着人们对配合物认识的逐步深入，配合物的化学键理论也得到了迅速的发展。本节将介绍价键理论、晶体场理论。

8.2.1　价键理论

20 世纪 30 年代，鲍林把杂化轨道理论应用于配合物的研究，较好地说明了配合物的形成、空间构型、磁性等问题，建立了配合物的价键理论。

价键理论的基本内容如下：

① 形成体以杂化的空轨道来接受配体中配位原子提供的电子对形成配位键。

② 形成体的杂化类型决定配合物的空间构型。如表 8-1 所示。

表 8-1　形成体的杂化类型与空间构型

配位数	杂化类型	空间构型	实例
2	sp	直线形	$[Ag(NH_3)_2]^+$
3	sp^2	平面三角形	$[Cu(CN)_3]^{2-}$
4	sp^3	四面体	$[Zn(NH_3)_4]^{2+}$
	dsp^2	平面正方形	$[Ni(CN)_4]^{2-}$
5	dsp^3	三角双锥	$[Fe(CO)_5]$
6	sp^3d^2	八面体	$[FeF_6]^{3-}$
	d^2sp^3	八面体	$[Co(CN)_6]^{3-}$

若形成体参加杂化的轨道都是最外层轨道(如 ns、np、nd)，则形成的配合物称为外轨型配合物，如$[Ag(NH_3)_2]^+$、$[Cu(CN)_3]^{2-}$、$[Zn(NH_3)_4]^{2+}$、$[FeF_6]^{3-}$等；若形成体参加杂化的轨道为次外层与最外层轨道(如(n−1)d、ns、np)，则形成的配合物称为内轨型配合物，如$[Ni(CN)_4]^{2-}$、$[Fe(CO)_5]$、$[Co(CN)_6]^{3-}$等。

例 8-1　根据价键理论分析$[Zn(NH_3)_4]^{2+}$的成键情况及配位构型。

解：Zn^{2+}的电子构型为 $3d^{10}$。形成$[Zn(NH_3)_4]^{2+}$时，Zn^{2+}采取 sp^3 杂化，提供四个空的杂化轨道。每个空的 sp^3 杂化轨道接受一个 NH_3 中 N 提供的孤对电子，形成 σ 配位键。$[Zn(NH_3)_4]^{2+}$的空间构型为四面体。Zn^{2+}的杂化示意图如图 8-13 所示。

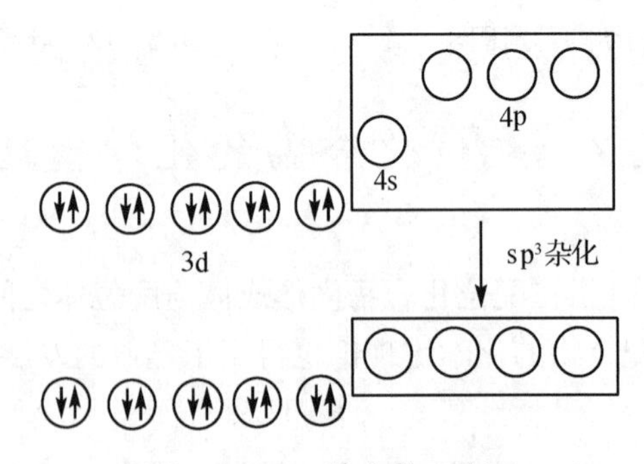

图 8-13　Zn^{2+}杂化示意图

例 8-2　根据价键理论分别分析$[FeF_6]^{3-}$、$[Fe(CN)_6]^{3-}$的成键情况及配位构型，并比较两者的稳定性。

解：Fe^{3+} 的电子构型为 $3d^5$。在 $[FeF_6]^{3-}$ 中，F^- 为弱配体，不能使 Fe^{3+} 的 3d 电子发生重排，故 Fe^{3+} 采取 sp^3d^2 杂化方式，提供六个空的 sp^3d^2 杂化轨道。每个空的 sp^3d^2 杂化轨道接受一个 F^- 提供的孤对电子，形成 σ 配位键。$[FeF_6]^{3-}$ 的空间构型为八面体。Fe^{3+} 杂化示意图如图 8-14 所示。

在 $[Fe(CN)_6]^{3-}$ 中，CN^- 为强配体，使 Fe^{3+} 的 3d 电子发生重排，空出两个 3d 轨道，故 Fe^{3+} 采取 d^2sp^3 杂化方式，提供六个空的 d^2sp^3 杂化轨道。每个空的 d^2sp^3 杂化轨道接受一个 CN^- 中 C 提供的孤对电子，形成 σ 配位键。$[Fe(CN)_6]^{3-}$ 的空间构型为八面体。Fe^{3+} 杂化示意图如图 8-15 所示。

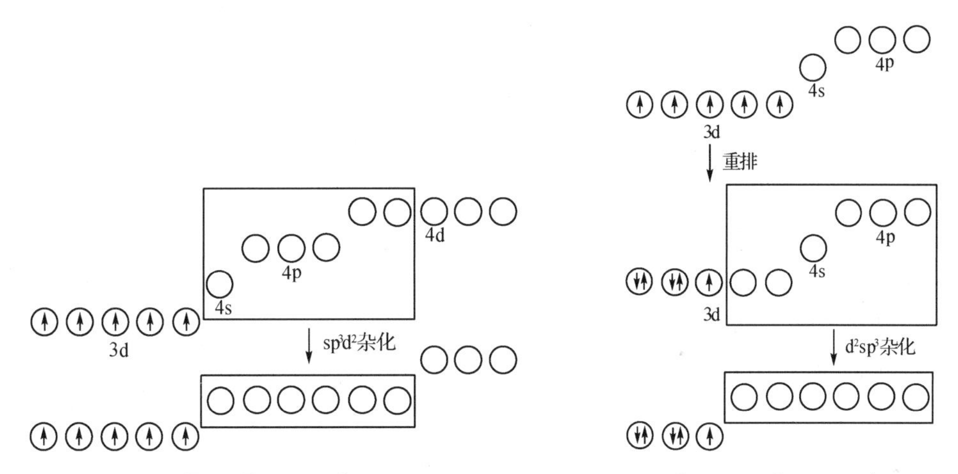

图 8-14　$[FeF_6]^{3-}$ 中 Fe^{3+} 杂化示意图　　**图 8-15　$[Fe(CN)_6]^{3-}$ 中 Fe^{3+} 杂化示意图**

由此可见，$[FeF_6]^{3-}$ 为外轨型配合物，$[Fe(CN)_6]^{3-}$ 为内轨型配合物。由于 d^2sp^3 杂化轨道的能量比 sp^3d^2 杂化轨道能量低，所以 $[Fe(CN)_6]^{3-}$ 比 $[FeF_6]^{3-}$ 稳定。

配合物中形成体的未成对电子数和其宏观实验现象中的磁性有关。物质的磁矩 μ 和未成对电子数 n 有如下近似关系：

$$\mu = \sqrt{n(n+2)}\ \text{B. M.} \tag{8-1}$$

B. M. 叫玻尔磁子，为磁矩的常用单位。1 B. M. $= 9.274\ 078 \times 10^{-24}\ \text{A} \cdot \text{m}^2$。

根据式(8-1)，可以用未成对电子数来估算磁矩 μ，如表 8-2 所示。

表 8-2　磁矩估算

未成对电子数(n)	0	1	2	3	4	5
μ/B. M.	0	1.73	2.83	3.87	4.90	5.92

注意：式(8－1)不适应于计算第四周期后的元素的磁矩。

若 μ 大于零，配合物为顺磁性；若 μ 等于零，配合物为反磁性。配合物的磁性是配合物的重要性质之一。配合物的磁性对配合物的结构研究提供了重要的依据，可以通过对配合物磁矩的测定来确定配合物中形成体的未成对电子数。

例 8－3 实验测得$[Co(NH_3)_6]^{3+}$的磁矩 $\mu = 0$ B. M.，根据价键理论分析$[Co(NH_3)_6]^{3+}$的成键情况及配位构型。

解：Co^{3+}的电子构型为 $3d^6$。

根据 $\mu = \sqrt{n(n+2)}$ B. M.，由于$[Co(NH_3)_6]^{3+}$的磁矩 $\mu = 0$ B. M.，故 $n = 0$，表明$[Co(NH_3)_6]^{3+}$中 Co^{3+}没有未成对电子。由此可以推断，由于配体 NH_3 的作用，Co^{3+}的 3d 电子发生重排，空出两个 3d 轨道，Co^{3+}采取 d^2sp^3 杂化方式，提供六个空的 d^2sp^3 杂化轨道。每个空的 d^2sp^3 杂化轨道接受一个 NH_3 中 N 提供的孤对电子，形成 σ 配位键。$[Co(NH_3)_6]^{3+}$的空间构型为八面体。Co^{3+}杂化示意图如图 8－16 所示。

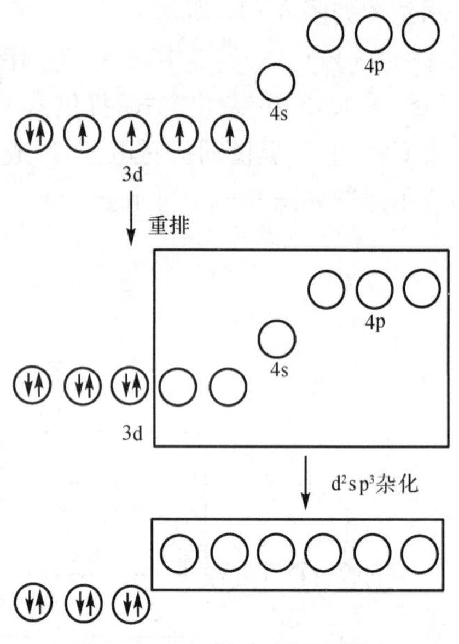

图 8－16 Co^{3+}杂化示意图

价键理论简单明了，较好地解释了形成体与配体之间的结合力、形成体的配位数、配离子的空间构型及磁性等问题。但价键理论也有缺陷，如还不能定量地说明过渡金属配离子的稳定性，也不能解释配离子的吸收光谱和特征颜色等。

8.2.2 晶体场理论简介

晶体场理论由皮塞(H. Bethe)在 1929 年首先提出，直到 20 世纪 50 年代才用于处理配合物的化学键问题。

晶体场理论要点：

① 中心离子处于由它周围的配体(阴离子或极性分子)所产生的静电场中，中心离子和配体阴离子(或极性分子)之间完全靠静电作用结合在一起。由配体阴离子(或极性分子)对中心离子所产生的静电场叫做晶体场。

② 中心离子的 d 轨道在配体静电场的作用下，有些轨道能量升高较大，有些轨道能量升高较小，能级发生分裂，分裂后能量最高的 d 轨道与能量最低的 d 轨道之间的能量之差，称为分裂能。

③ 由于中心离子 d 轨道的能级分裂，d 轨道上的电子将重新排布，使配合物体系的能量降低，即给配合物带来了额外的晶体场稳定化能。

下面仅以配位数为 6、空间构型为八面体的配合物为例来说明。

(1) d 轨道的能级分裂

在自由离子状态，主量子数相同的五个 d 轨道(d_{xy}、d_{xz}、d_{yz}、$d_{x^2-y^2}$、d_{z^2})的能量是相同的。如果中心离子处在一个带负电荷的球形场(均匀场)中心，d 电子受到负电场的排斥，使 d 轨道的能量有所升高，但由于每个 d 轨道受到的斥力是相等的，故各个 d 轨道的能量升高程度相同而不发生分裂。

当中心离子形成配位数为 6、空间构型为八面体的配合物时，中心离子位于坐标原点，六个相同的配体，沿着 x、y、z 坐标轴分别从 x、y、z 的正向和反向接近中心离子，带正电的中心离子与作为配体的阴离子(或极性分子带负电的一端)相互吸引，但同时中心离子 d 轨道上的电子受到配体的排斥，五个 d 轨道的能量都升高。如图 8-17 所示，由于 $d_{x^2-y^2}$ 和 d_{z^2} 轨道处于和配体迎头相碰的位置，因而这两个 d 轨道中的电子受到的静电斥力较大，它们的能量比球形对称场的能量高。而 d_{xy}、d_{xz}、d_{yz} 这三个轨道分别伸展在两个坐标轴的夹角平分线上，刚好与配体相错开，因而处于这些轨道中的电子受到静电排斥力较小，它们的能量比球形对称场的能量低。即在配体的影响下，原来能量相等的五个 d 轨道能级分裂为两组(图 8-18)：一组为能量较高的 $d_{x^2-y^2}$ 和 d_{z^2} 轨道，称为 e_g 轨道，二者的能量相等；另一组为能量较低的 d_{xy}、d_{xz}、d_{yz} 轨道，称为 t_{2g} 轨道，三者的能量相等。

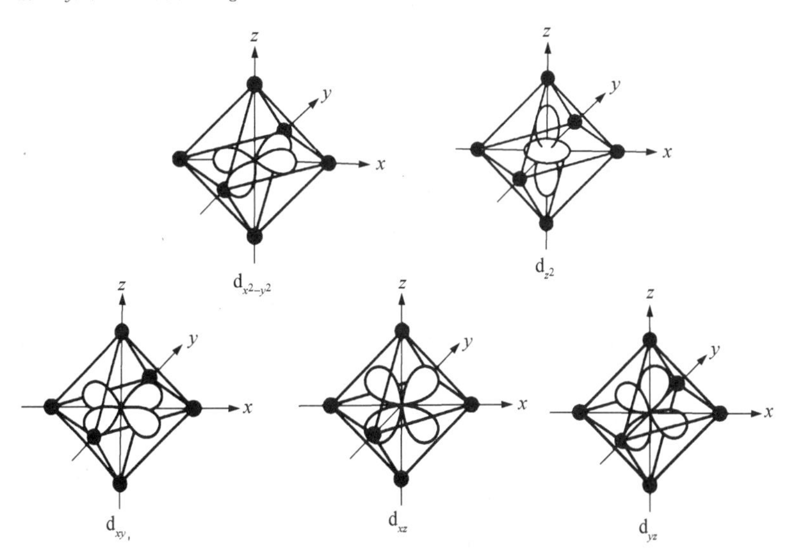

图 8-17　八面体场配合物内中心离子的 d 轨道与配体的相对位置示意图

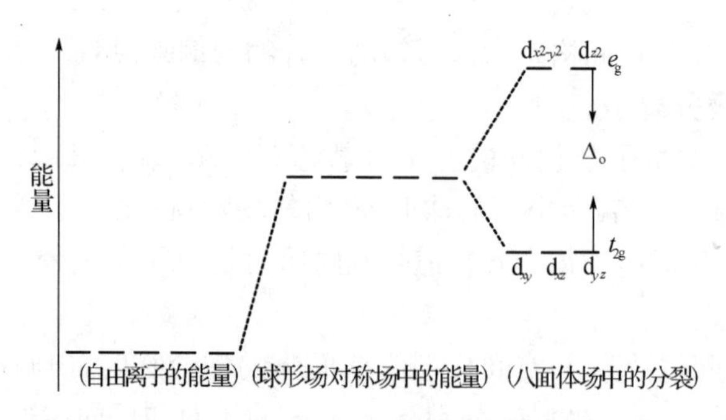

图 8-18 八面体场中中心离子 d 轨道的分裂

(2) 分裂能及影响分裂能大小的因素

八面体场的分裂能用 Δ_o 表示，Δ_o 也用 10Dq 表示(Dq 为场强参数)。即

$$\Delta_o = E(e_g) - E(t_{2g})$$

$$E(e_g) - E(t_{2g}) = 10\text{Dq}$$

影响分裂能大小的主要因素如下：

① 晶体场的对称性

平面正方形场的分裂能用 Δ_p 表示，四面体场的分裂能用 Δ_t 表示，对于相同的中心离子和相同的配体，有

$$\Delta_p > \Delta_o > \Delta_t$$

② 配体的影响

当同一中心离子与不同的配体形成配合物时，因配体的性质不同，在配合物构型相同的前提下，各配体对同一中心离子产生的分裂能由小到大的顺序：$I^- < Br^- < S^{2-} < SCN^- — Cl^- < F^- < OH^- < C_2O_4^{2-} < H_2O < NCS^- <$ EDTA $< NH_3 <$ en $< NO_2^- < CN^- —$ CO。这个顺序是由配合物的光谱实验确定的，故称为光谱化学序列，即配体产生的晶体场由弱到强的顺序，如 CN^-、CO 为强场配体，I^- 为弱场配体。配体是强场还是弱场，常因中心离子的不同而不同。表 8-3 列出了 Cr^{3+} 与不同配体形成八面体构型配离子时分裂能的大小。

表 8-3 不同配体的晶体场分裂能

配离子	$[CrCl_6]^{3-}$	$[CrF_6]^{3-}$	$[Cr(H_2O)_6]^{3+}$
分裂能 $\Delta_o/(kJ \cdot mol^{-1})$	158	182	208
配离子	$[Cr(NH_3)_6]^{3+}$	$[Cr(en)_3]^{3+}$	$[Cr(CN)_6]^{3-}$
分裂能 $\Delta_o/(kJ \cdot mol^{-1})$	258	262	314

③ 中心离子的电荷

同种配体与同一中心离子形成的构型相同的配合物，中心离子正电荷越多，其 Δ 值越大。这是由于随着中心离子正电荷的增多,对配体的引力增大,中心离子与配体之间的距离减小,中心离子外层 d 电子与配体之间的斥力增大,从而使 Δ 值增大。如:

$$\Delta_o[Fe(CN)_6]^{3-} > \Delta_o[Fe(CN)_6]^{4-}$$

④ 中心离子所在的周期数

同种配体与相同氧化值同族过渡元素离子所形成的构型相同的配合物,其 Δ 值随中心离子在周期表中所处的周期数而递增,如表 8-4 所示。这主要是由于与 3d 轨道相比,第五、第六周期元素的 4d 和 5d 轨道伸展的较远,与配体更为接近,与配体间的斥力较大。

表 8-4 不同周期元素的分裂能

周期	配离子	分裂能 $\Delta_o/(kJ\cdot mol^{-1})$
四	$[Co(NH_3)_6]^{3+}$	274
五	$[Rh(NH_3)_6]^{3+}$	408
六	$[Ir(NH_3)_6]^{3+}$	490

(3) 分裂后 d 电子的排布

在八面体场中,中心离子的 d 轨道能级分裂为两组(t_{2g}和 e_g),由于 t_{2g}轨道比 e_g轨道能量低,按照能量最低原理,电子将优先分布在 t_{2g}轨道上。

对于具有 d^1—d^3 构型的离子,当其形成八面体配合物时,根据能量最低原理和洪特规则,d 电子应分布在 t_{2g}轨道上。

对于 d^4—d^7 构型的离子,当其形成八面体配合物时,d 电子可以有两种分布方式。

例如具有 d^4 构型的离子,d 电子的两种分布方式如图 8-19 所示。

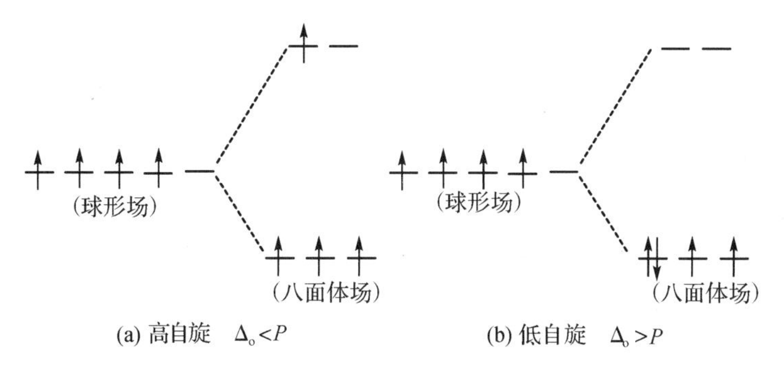

图 8-19 具有 d^4 构型离子的 d 电子分布方式

其第 4 个电子可进入 e_g轨道,形成高自旋配合物,此时需要克服分裂能 Δ_o;这个电子也可进入已被 d 电子占据的 t_{2g}轨道之一,并和原来占据该轨道的电子成对,形成低自旋配合物,此时需要克服电子成对能。所谓电子成对能(P),是指当一个轨道上已有一个电子时,如果另有一个电子进入该轨道与之成对，为克服电子间的排斥作用所需要的能量。

当 $\Delta_o < P$，电子尽可能占据较多的 d 轨道，保持较多的自旋方向相同的成单电子，形成高自旋型配合物。

当 $\Delta_o > P$，电子尽可能占据能量低的 t_{2g} 轨道，成单电子数减少，形成低自旋型配合物。

由以上讨论可知，中心离子 d 轨道上的电子究竟按哪种方式分布，取决于分裂能 Δ_o 值和电子成对能 P 的相对大小。在强场配体作用下，分裂能 Δ 值较大，此时 $\Delta_o > P$，易形成低自旋配合物。在弱场配体作用下，分裂能 Δ 值较小，此时 $\Delta_o < P$，则易形成高自旋配合物。

而具有 d^8—d^{10} 构型的离子，其 d 电子分别只有一种分布方式，无高低自旋之分。

在八面体场中，d^{1-10} 构型的中心离子的电子在 t_{2g} 和 e_g 轨道中的排布情况列在表 8-5中。

表 8-5　八面体场中 d 电子在 t_{2g} 和 e_g 轨道中的排布情况

	弱场			强场		
	t_{2g}	e_g	未成对电子数	t_{2g}	e_g	未成对电子数
d^1	↑		1	↑		1
d^2	↑ ↑		2	↑ ↑		2
d^3	↑ ↑ ↑		3	↑ ↑ ↑		3
d^4	↑ ↑ ↑	↑	4	↑↓ ↑ ↑		2
d^5	↑ ↑ ↑	↑ ↑	5	↑↓ ↑↓ ↑		1
d^6	↑↓ ↑ ↑	↑ ↑	4	↑↓ ↑↓ ↑↓		0
d^7	↑↓ ↑↓ ↑	↑ ↑	3	↑↓ ↑↓ ↑↓	↑	1
d^8	↑↓ ↑↓ ↑↓	↑ ↑	2	↑↓ ↑↓ ↑↓	↑ ↑	2
d^9	↑↓ ↑↓ ↑↓	↑↓ ↑	1	↑↓ ↑↓ ↑↓	↑↓ ↑	1
d^{10}	↑↓ ↑↓ ↑↓	↑↓ ↑↓	0	↑↓ ↑↓ ↑↓	↑↓ ↑↓	0

例 8-4　已知

	$[Co(CN)_6]^{3-}$	$[CoF_6]^{3-}$
Δ_o/J	$6.752\ 4\times10^{-21}$	$2.581\ 8\times10^{-21}$
P/J	$3.535\ 0\times10^{-21}$	$3.535\ 0\times10^{-21}$

讨论这两个配离子中 Co^{3+} d 电子的排布情况，并估算它们的磁矩。

解：如图 8-20 所示。对于$[Co(CN)_6]^{3-}$，$\Delta_o > P$，d 电子的排布为$(t_{2g})^6$ 和$(e_g)^0$，形成低自旋配合物，未成对电子数 $n = 0$，故 $\mu = 0$ B. M.（实验值为 0 B. M.）。

对于$[CoF_6]^{3-}$，$\Delta_o < P$，d 电子的排布为$(t_{2g})^4$ 和$(e_g)^2$，形成高自旋配合物，未成对电子数 $n = 4$，估算 $\mu = 4.90$ B. M.（实验值为 5.26 B. M.）。

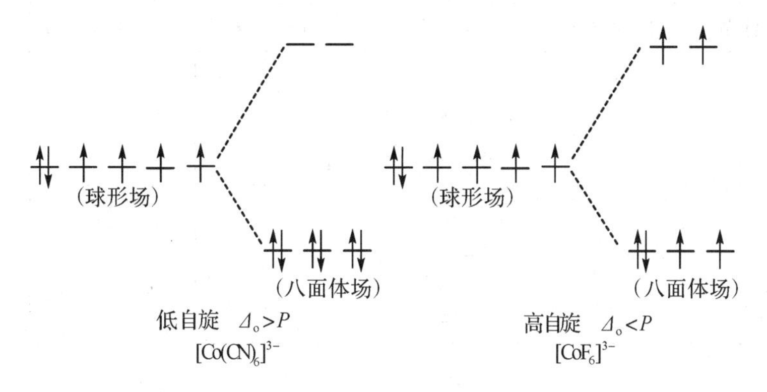

图 8－20　CO^{3+} d 电子的排布

从上述例题中可以看出，由晶体场理论推出的 Co(Ⅲ)的未成对电子数与$[Co(CN)_6]^{3-}$和$[CoF_6]^{3-}$的磁矩实验值比较符合，因而晶体场理论较好地解释了此类配合物的磁矩。

(4) 晶体场稳定化能

中心离子 d 轨道在八面体场中能级分裂为两组(t_{2g}和 e_g)。d 轨道在分裂前后总能量应当不变，若以分裂前的球形场中的离子为基准，设其能量为零($E = 0$)，则

$$2E(e_g) + 3E(t_{2g}) = 0$$

而 e_g和 t_{2g}能量差等于分裂能：

$$E(e_g) - E(t_{2g}) = \Delta_o$$

由以上二式可以解出：

$$E(e_g) = \frac{3}{5}\Delta_o$$

$$E(t_{2g}) = -\frac{2}{5}\Delta_o$$

即与球形场比较，e_g轨道的能量上升了 $0.6\Delta_o$，而 t_{2g}轨道的能量下降了 $0.4\Delta_o$。d 电子进入分裂后的轨道比处于未分裂轨道时的总能量有所降低。其总能量降低值称为晶体场稳定化能，用符号 CFSE(Crystal Field Stabilization Energy)表示。注意中心离子的 d 电子数为 4—7 时，在强场中的晶体场稳定化能还应扣除与弱场相比多出的电子成对能 P。晶体场稳定化能越负，体系越稳定。八面体场的晶体场稳定化能如表 8－6 所示。

表 8-6 八面体场的晶体场稳定化能(CFSE)

d^n	弱场			强场		
	d 电子分布	未成对电子数	CFSE	d 电子分布	未成对电子数	CFSE
d^1	${t_{2g}}^1$	1	$-0.4\Delta_o$	${t_{2g}}^1$	1	$-0.4\Delta_o$
d^2	${t_{2g}}^2$	2	$-0.8\Delta_o$	${t_{2g}}^2$	2	$-0.8\Delta_o$
d^3	${t_{2g}}^3$	3	$-1.2\Delta_o$	${t_{2g}}^3$	3	$-1.2\Delta_o$
d^4	${t_{2g}}^3\ {e_g}^1$	4	$-0.6\Delta_o$	${t_{2g}}^4$	2	$-1.6\Delta_o+P$
d^5	${t_{2g}}^3\ {e_g}^2$	5	$0\Delta_o$	${t_{2g}}^5$	1	$-2.0\Delta_o+2P$
d^6	${t_{2g}}^4\ {e_g}^2$	4	$-0.4\Delta_o$	${t_{2g}}^6$	0	$-2.4\Delta_o+2P$
d^7	${t_{2g}}^5\ {e_g}^2$	3	$-0.8\Delta_o$	${t_{2g}}^6\ {e_g}^1$	1	$-1.8\Delta_o+P$
d^8	${t_{2g}}^6\ {e_g}^2$	2	$-1.2\Delta_o$	${t_{2g}}^6\ {e_g}^2$	2	$-1.2\Delta_o$
d^9	${t_{2g}}^6\ {e_g}^3$	1	$-0.6\Delta_o$	${t_{2g}}^6\ {e_g}^3$	1	$-0.6\Delta_o$
d^{10}	${t_{2g}}^6\ {e_g}^4$	0	$0\Delta_o$	${t_{2g}}^6\ {e_g}^4$	0	$0\Delta_o$

例 8-5 分别计算在八面体场中 $3d^3$ 构型及在八面体弱场中的 $3d^6$ 构型的配离子的 CFSE。

解:在八面体场中,$3d^3$ 构型,其电子排布为$(t_{2g})^3$。

$$CFSE = -0.4\Delta_o \times 3 = -1.2\Delta_o$$

在八面体弱场中,$3d^6$ 构型,其电子排布为$(t_{2g})^4(e_g)^2$。

$$CFSE = -0.4\Delta_o \times 4 + 0.6\Delta_o \times 2 = -0.4\Delta_o$$

例 8-6 已知$[Fe(CN)_6]^{4-}$,$\Delta_o = 33\,000\ cm^{-1}$,$P = 17\,600\ cm^{-1}$。求其 CFSE。

解:对于$[Fe(CN)_6]^{4-}$,$\Delta_o > P$,d 电子的排布为$(t_{2g})^6(e_g)^0$。

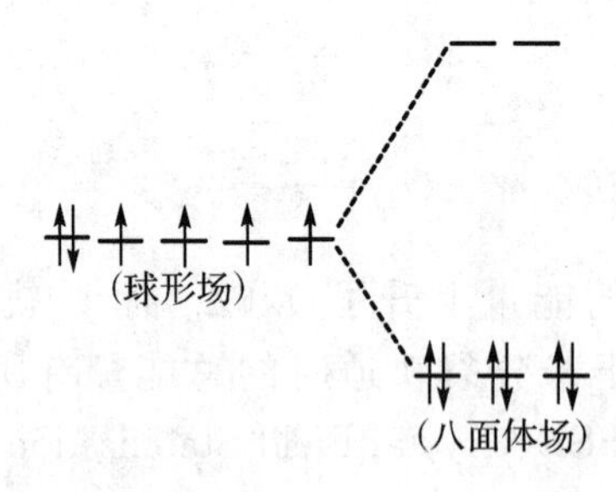

$$CFSE = -0.4\Delta_o \times 6 + P \times 2 = -0.4 \times 33\,000\ cm^{-1} \times 6 + 17\,600\ cm^{-1} \times 2 = -44\,000\ cm^{-1}$$

(5) 配合物的颜色

可见光为复合光,凡是不吸收可见光而将其完全透射的物质为无色,将可见光全部反射的物质为白色,将可见光全部吸收的物质为黑色。若物质吸收部分可见光,而将其余的可见光反射或透射，则反射或透射的可见光（即与被吸收的光互补）就是该物质的颜色。图8－21为互补色光的示意图。

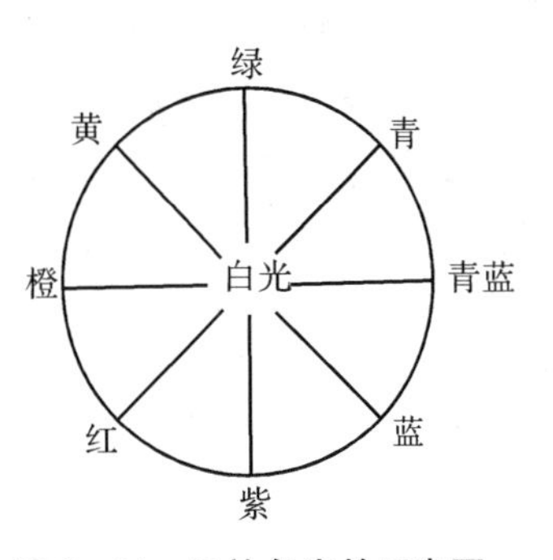

图8－21　互补色光的示意图

晶体场理论能较好地解释配合物的颜色。

例如配位数为6、八面体构型的过渡元素水合配离子，其中心离子在配体水分子的影响下，d轨道能级分裂。而d轨道又常没有填满电子，当配离子吸收可见光区某一部分波长的光时，d电子可从能级低的 t_{2g} 轨道跃迁到能级高的 e_g 轨道上，这种跃迁称为d－d跃迁。发生d－d跃迁所需的能量即为轨道的分裂能 Δ_o。例如 $[Ti(H_2O)_6]^{3+}$，中心离子 Ti^{3+} 因吸收光能，d电子发生d－d跃迁（图8－22），其吸收光谱（图8－23）显示最大吸收峰在490 nm处（蓝绿光），最少吸收的光区为紫外区和红外区，所以它呈现与蓝绿光相应的补色-紫红色。如果中心离子d轨道全空（d^0）或全满（d^{10}），则不可能发生上面所讨论的那种d－d跃迁，故其水合离子是无色的（如 $[Zn(H_2O)_6]^{2+}$，$[Sc(H_2O)_6]^{3+}$ 等）。

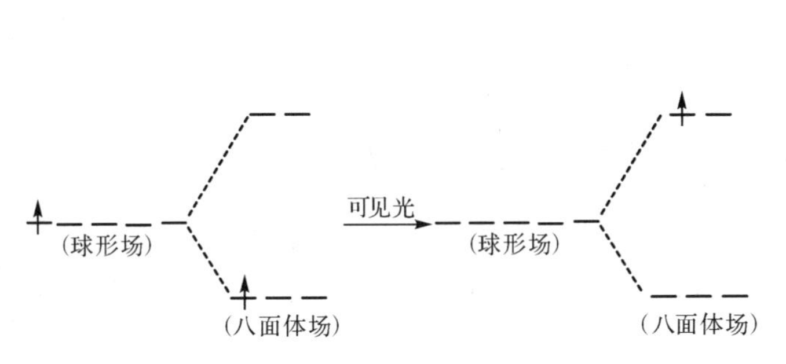

图8－22　$[Ti(H_2O)_6]^{3+}$ 中d－d跃迁

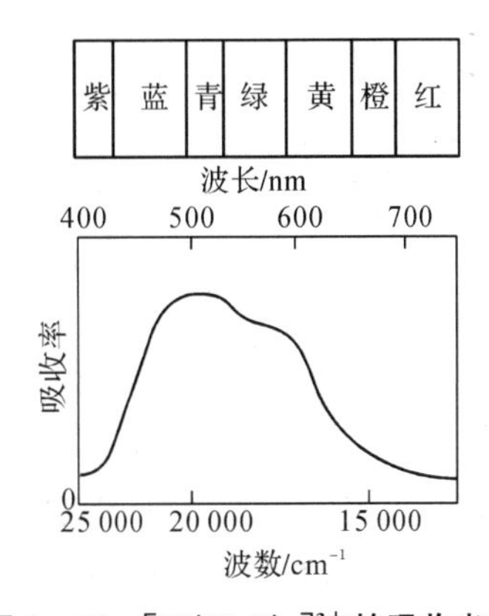

图8－23　$[Ti(H_2O)_6]^{3+}$ 的吸收光谱

晶体场理论比较满意地解释了过渡金属配合物的磁性、稳定性、颜色等问题。但晶体场理论也有它的不足之处，如它只考虑了中心离子与配体间的静电作用，而没有考虑到二者之间存在一定程度的共价键成分，因此不能满意地解释光谱化学序列等问题。

§8.3　配位解离平衡

8.3.1　配位平衡常数

在水溶液中，配合物分子或离子存在着配合物的解离反应和生成反应之间的平衡，这种平衡称为配位-解离平衡，简称配位平衡。

配离子在水溶液中的解离是分步解离出其组成部分，每一步都能达到平衡，其每一步解离反应的平衡常数用 $K_{dn}^{\ominus}$ 表示。例如：

$$[Cu(NH_3)_4]^{2+} \rightleftharpoons [Cu(NH_3)_3]^{2+} + NH_3$$

$$K_{d1}^{\ominus} = \frac{\{c([Cu(NH_3)_3]^{2+})\}\{c(NH_3)\}}{\{c([Cu(NH_3)_4]^{2+})\}}$$

$$[Cu(NH_3)_3]^{2+} \rightleftharpoons [Cu(NH_3)_2]^{2+} + NH_3$$

$$K_{d2}^{\ominus} = \frac{\{c([Cu(NH_3)_2]^{2+})\}\{c(NH_3)\}}{\{c([Cu(NH_3)_3]^{2+})\}}$$

$$[Cu(NH_3)_2]^{2+} \rightleftharpoons [Cu(NH_3)]^{2+} + NH_3$$

$$K_{d3}^{\ominus} = \frac{\{c([Cu(NH_3)]^{2+})\}\{c(NH_3)\}}{\{c([Cu(NH_3)_2]^{2+})\}}$$

$$[Cu(NH_3)]^{2+} \rightleftharpoons Cu^{2+} + NH_3$$

$$K_{d4}^{\ominus} = \frac{\{c(Cu^{2+})\}\{c(NH_3)\}}{\{c([Cu(NH_3)]^{2+})\}}$$

总解离反应：

$$[Cu(NH_3)_4]^{2+} \rightleftharpoons Cu^{2+} + 4NH_3$$

$$K_{d}^{\ominus} = \frac{\{c(Cu^{2+})\}\{c(NH_3)\}^4}{\{c([Cu(NH_3)_4]^{2+})\}} = K_{d1}^{\ominus}K_{d2}^{\ominus}K_{d3}^{\ominus}K_{d4}^{\ominus} \qquad (8-2)$$

$K_{d1}^{\ominus}$、$K_{d2}^{\ominus}$、$K_{d3}^{\ominus}$和 $K_{d4}^{\ominus}$称为$[Cu(NH_3)_4]^{2+}$的分步解离常数或逐级解离常数，将各级解离常数相乘得到 $K_{d}^{\ominus}$，称为$[Cu(NH_3)_4]^{2+}$的总解离常数，又称为配离子的不稳定常数。$K_{d}^{\ominus}$ 值越大，配合物越易解离，越不稳定。

与解离反应相对应，配合物中的金属离子与配位体形成配合物的过程也是逐步完成的，而每一步都会有相应的平衡与平衡常数，这些平衡常数称为逐级稳定常数 $K_{fn}^{\ominus}$。

$$Cu^{2+} + NH_3 \rightleftharpoons [Cu(NH_3)]^{2+}$$

$$K_{f1}^{\ominus} = \frac{\{c([Cu(NH_3)]^{2+})\}}{\{c(Cu^{2+})\}\{c(NH_3)\}}$$

$$[Cu(NH_3)]^{2+} + NH_3 \rightleftharpoons [Cu(NH_3)_2]^{2+}$$

$$K_{f2}^{\ominus} = \frac{\{c([Cu(NH_3)_2]^{2+})\}}{\{c([Cu(NH_3)]^{2+})\}\{c(NH_3)\}}$$

$$[Cu(NH_3)_2]^{2+} + NH_3 \rightleftharpoons [Cu(NH_3)_3]^{2+}$$

$$K_{f3}^{\ominus} = \frac{\{c([Cu(NH_3)_3]^{2+})\}}{\{c([Cu(NH_3)_2]^{2+})\}\{c(NH_3)\}}$$

$$[Cu(NH_3)_3]^{2+} + NH_3 \rightleftharpoons [Cu(NH_3)_4]^{2+}$$

$$K_{f4}^{\ominus} = \frac{\{c([Cu(NH_3)_4]^{2+})\}}{\{c([Cu(NH_3)_3]^{2+})\}\{c(NH_3)\}}$$

总生成反应：

$$Cu^{2+} + 4NH_3 \rightleftharpoons [Cu(NH_3)_4]^{2+}$$

$$K_f^{\ominus} = \frac{\{c([Cu(NH_3)_4]^{2+})\}}{\{c(Cu^{2+})\}\{c(NH_3)\}^4} = K_{f1}^{\ominus}K_{f2}^{\ominus}K_{f3}^{\ominus}K_{f4}^{\ominus} \tag{8-3}$$

$K_{f1}^{\ominus}$、$K_{f2}^{\ominus}$、$K_{f3}^{\ominus}$和 $K_{f4}^{\ominus}$称为$[Cu(NH_3)_4]^{2+}$的逐级生成常数或逐级稳定常数，将各级稳定常数相乘，用β表示这些连乘积（$\beta_n = \prod K_{fn}^{\ominus}$，即$\beta_1 = K_{f1}^{\ominus}$，$\beta_2 = K_{f1}^{\ominus}K_{f2}^{\ominus}$，$\beta_3 = K_{f1}^{\ominus}K_{f2}^{\ominus}K_{f3}^{\ominus}$……），称为累积稳定常数。最后一级累积稳定常数就是配离子的总的稳定常数 $K_f^{\ominus}$。$K_f^{\ominus}$ 值越大，配合物越稳定，越不易解离。由此也可以推得，对于同一配离子，$K_d^{\ominus}$ 和 $K_f^{\ominus}$ 的关系为

$$K_f^{\ominus} = \frac{1}{K_d^{\ominus}} \tag{8-4}$$

根据稳定常数可以判断反应的方向和限度、计算配离子溶液中有关离子的浓度等。常见配离子的稳定常数见附表六。

例 8-7 开始时，溶液中Cu^{2+}和$NH_3 \cdot H_2O$的浓度分别为0.20 mol·L^{-1}和1.0 mol·L^{-1}，Cu^{2+}和 $NH_3 \cdot H_2O$ 反应生成$[Cu(NH_3)_4]^{2+}$，计算平衡时溶液中 Cu^{2+} 的浓度。（已知 $K_f^{\ominus}$（$[Cu(NH_3)_4]^{2+}$）$= 3.89 \times 10^{12}$）

解：设平衡时溶液中 Cu^{2+} 的浓度为 x mol·L^{-1}。

	Cu^{2+}	+	$4NH_3$	$\rightleftharpoons$	$[Cu(NH_3)_4]^{2+}$
初始浓度/mol·L^{-1}	0.20		1.0		0
平衡浓度/mol·L^{-1}	x		$1.0-4\times0.2+4x$		$0.20-x$

由于 $K_f^{\ominus}$（$[Cu(NH_3)_4]^{2+}$）较大，则 x 很小，所以

$$0.20 - x \approx 0.20, 1 - 4 \times 0.2 + 4x \approx 0.20$$

将平衡浓度代入稳定常数表达式得

$$K_f^{\ominus} = \frac{\{c([Cu(NH_3)_4]^{2+})\}}{\{c(Cu^{2+})\}\{c(NH_3)\}^4} = \frac{0.20}{x \cdot (0.2)^4} = 3.89 \times 10^{12}$$

$$x = 3.2 \times 10^{-11}$$

即平衡时溶液中 Cu^{2+} 的浓度为 3.2×10^{-11} mol·L^{-1}

8.3.2 配位平衡的移动

配位平衡的移动同样遵守化学平衡移动的规律。溶液的酸碱性、沉淀反应、氧化还原反

应、配离子之间的转化等对配位平衡会产生影响。

1. 配位平衡与酸碱反应

在配位平衡中，若配体为弱酸根（如 F^-，CN^-，CO_3^{2-}，$C_2O_4^{2-}$），这类配体能与外加的强酸反应生成弱酸，从而降低了配体的浓度，使平衡向配离子解离的方向移动。如：

$$[FeF_6]^{3-} \rightleftharpoons Fe^{3+} + 6F^- \xrightarrow{6H^+} 6HF$$

另一方面，若中心离子为过渡金属离子，特别是高氧化态的过渡金属离子，有明显的水解作用，增大溶液的 pH，可以促进金属离子的水解，从而导致溶液中游离的金属离子浓度降低，使平衡向配离子解离的方向移动。如：

$$[FeF_6]^{3-} \rightleftharpoons Fe^{3} + 6F^- ,\quad Fe^{3} \xrightarrow{3OH^-} Fe(OH)_3(s)$$

由此可以看出酸碱反应对配位平衡的影响。

2. 配位平衡与沉淀反应

沉淀反应与配位平衡的关系，可以看成是沉淀剂与配位剂争夺中心离子的过程，其结果与 $K_{sp}^{\ominus}$、$K_f^{\ominus}$ 的大小有关。

例如，向含有 AgCl 沉淀的溶液中加入足量的氨水，可使白色 AgCl 沉淀溶解，生成无色的 $[Ag(NH_3)_2]^+$ 配离子。若再向该溶液中加入适量的 NaI 溶液，会出现 AgI 黄色沉淀。反应如下：

$$AgCl(s) \rightleftharpoons Cl^- + Ag^+ ,\quad Ag^+ \xrightarrow{2NH_3} [Ag(NH_3)_2]^+$$

$$AgCl(s) + 2NH_3 \rightleftharpoons [Ag(NH_3)_2]^+ + Cl^-$$

$$K^{\ominus} = \frac{\{c([Ag(NH_3)_2]^+)\}\{c(Cl^-)\}}{\{c(NH_3)\}^2} = \frac{\{c([Ag(NH_3)_2]^+)\}\{c(Cl^-)\}}{\{c(NH_3)\}^2} \times \frac{\{c(Ag^+)\}}{\{c(Ag^+)\}}$$

$$= K_{sp}^{\ominus}(AgCl)K_f^{\ominus}([Ag(NH_3)_2]^+) = 1.8 \times 10^{-10} \times 2.51 \times 10^7$$

$$= 4.5 \times 10^{-3}$$

平衡常数不是很小，只要一定浓度的氨水即可以使 AgCl 溶解。

$$[Ag(NH_3)_2]^+ \rightleftharpoons 2NH_3 + Ag^+$$
$$\downarrow I^-$$
$$AgI(s)$$

$$[Ag(NH_3)_2]^+ + I^- \rightleftharpoons AgI(s) + 2NH_3$$

$$K^\ominus = \frac{1}{K_{sp}^\ominus(AgI)K_f^\ominus([Ag(NH_3)_2]^+)} = \frac{1}{8.5\times10^{-17}\times2.51\times10^7}$$
$$= 4.7\times10^8$$

平衡常数很大，说明转化反应相当完全。

再如，照相中的定影剂 $Na_2S_2O_3$ 可以与照相底片上未分解的 AgBr 反应，生成可溶的$[Ag(S_2O_3)_2]^{3-}$，从而实现底片的定影。而定影废液中的银离子则可以加入硫化物得到溶度积更小的 Ag_2S 沉淀后再提取。反应方程式如下：

$$AgBr(s) + 2S_2O_3^{2-} \rightleftharpoons [Ag(S_2O_3)_2]^{3-} + Br^-$$
$$2[Ag(S_2O_3)_2]^{3-} + S^{2-} \rightleftharpoons Ag_2S(s) + 4S_2O_3^{2-}$$

例 8-8 在 1.0 L 0.10 $mol\cdot L^{-1}$的$[Ag(NH_3)_2]^+$溶液中，加入 0.010 mol KBr 后(设体积仍为 1.0 L)，是否有 AgBr 沉淀产生？(已知 $K_f^\ominus([Ag(NH_3)_2]^+) = 2.51\times10^7$，$K_{sp}^\ominus(AgBr) = 5.3\times10^{-13}$)

解：设平衡时 Ag^+ 为 x $mol\cdot L^{-1}$。

	Ag^+	$+2NH_3$	$\rightleftharpoons [Ag(NH_3)_2]^+$
初始浓度/$mol\cdot L^{-1}$	0	0	0.10
平衡浓度/$mol\cdot L^{-1}$	x	$2x$	$0.10-x$

由于 $K_f^\ominus$ ($[Ag(NH_3)_2]^+$)较大，则 x 很小，所以 $0.10 - x \approx 0.10$。

$$\frac{0.10}{x\times(2x)^2} = 2.51\times10^7$$
$$x = 1.0\times10^{-3}$$

当加入 0.010 mol 的 KBr 后：

$$J = \{c(Ag^+)\}\cdot\{c(Br^-)\} = 1.0\times10^{-3}\times0.010 = 1.0\times10^{-5} > K_{sp}^\ominus(AgBr)$$

所以，有 AgBr 沉淀产生。

例 8-9 0.10 L 1.0 $mol\cdot L^{-1}$ 的 $Na_2S_2O_3$ 溶液能溶解多少克 AgBr？(已知 $K_f^\ominus([Ag(S_2O_3)_2]^{3-}) = 3.16\times10^{13}$，$K_{sp}^\ominus(AgBr) = 5.3\times10^{-13}$)

解：设能溶解 AgBr x $mol\cdot L^{-1}$。

	$AgBr(s)+$	$2S_2O_3^{2-}$	$\rightleftharpoons [Ag(S_2O_3)_2]^{3-}$	$+Br^-$
平衡浓度/$mol\cdot L^{-1}$		$1.0-2x$	x	x

$$\frac{x^2}{(1.0-2x)^2} = 3.16 \times 10^{13} \times 5.3 \times 10^{-13} = 17$$

$$x = 0.45$$

溶解 AgBr 的质量为：$0.45\ mol \cdot L^{-1} \times 188\ g \cdot mol^{-1} \times 0.10\ L = 8.5\ g$

3. 配位平衡与氧化还原反应

在配位平衡体系中，若加入氧化剂或还原剂，使游离金属离子因为发生氧化或还原反应而浓度减小，从而降低了配离子的稳定性。例如，往血红色的$[Fe(SCN)_6]^{3-}$配离子溶液中加入 $SnCl_2$ 溶液后，血红色褪去。这是因为配离子解离出来的 Fe^{3+} 被 Sn^{2+} 还原成 Fe^{2+}，使 Fe^{3+} 浓度减少，平衡向$[Fe(SCN)_6]^{3-}$解离方向移动。

$$[Fe(SCN)_6]^{3-} \rightleftharpoons Fe^{3+} + 6SCN^-$$

$$+$$
$$Sn^{2+}$$
$$\Downarrow$$
$$Fe^{2+}$$
$$+$$
$$Sn^{4+}$$

另外，如果金属离子在溶液中形成了配离子，金属离子的氧化还原性往往会发生变化。

例 8-10 已知 $E^{\ominus}(Cu^{2+}/Cu) = 0.345\ V$，$K_f^{\ominus}([Cu(NH_3)_4]^{2+}) = 3.89 \times 10^{12}$。试求电对$[Cu(NH_3)_4]^{2+}/Cu$ 的 $E^{\ominus}$。

解：
$$[Cu(NH_3)_4]^{2+} + 2e^- \rightleftharpoons Cu + 4NH_3$$

对于标准状态，$c([Cu(NH_3)_4]^{2+}) = c(NH_3) = 1\ mol \cdot L^{-1}$

$$Cu^{2+} + 4NH_3 \rightleftharpoons [Cu(NH_3)_4]^{2+}$$

$c([Cu(NH_3)_4]^{2+}) = c(NH_3) = 1\ mol \cdot L^{-1}$ 时，有

$$K_f^{\ominus} = \frac{\{c([Cu(NH_3)_4]^{2+})\}}{\{c(Cu^{2+})\}\{c(NH_3)\}^4} = \frac{1}{\{c(Cu^{2+})\}}$$

$[Cu(NH_3)_4]^{2+}/Cu$ 的 $E^{\ominus}$ 可以看作 Cu^{2+}/Cu 的 E。

$$Cu^{2+} + 2e^- \rightleftharpoons Cu$$

$$\begin{aligned} E^{\ominus}([Cu(NH_3)_4]^{2+}/Cu) &= E^{\ominus}(Cu^{2+}/Cu) + \frac{0.059\ 2\ V}{2}\lg\{c(Cu^{2+})\} \\ &= E^{\ominus}(Cu^{2+}/Cu) + \frac{0.059\ 2\ V}{2}\lg\frac{1}{K_f^{\ominus}([Cu(NH_3)_4]^{2+})} \\ &= 0.345\ V + \frac{0.0592\ V}{2}\lg\frac{1}{3.89 \times 10^{12}} \\ &= -0.027\ 7\ V \end{aligned}$$

4. 配离子之间的转化

在配位反应中，一种配离子可以转化成更稳定的另一种配离子。如：

$$[HgCl_4]^{2-} + 4I^- \rightleftharpoons [HgI_4]^{2-} + 4Cl^-$$

反应的平衡常数：

$$K^{\ominus} = \frac{\{c([HgI_4]^{2-})\}\{c(Cl^-)^4\}}{\{c([HgCl_4]^{2-})\}\{c(I^-)^4\}} \times \frac{\{c(Hg^{2+})\}}{\{c(Hg^{2+})\}}$$

$$= \frac{K_f^{\ominus}([HgI_4]^{2-})}{K_f^{\ominus}([HgCl_4]^{2-})} = \frac{6.31 \times 10^{29}}{1.26 \times 10^{15}} = 5.01 \times 10^{14}$$

计算结果显示该反应的平衡常数很大，所以反应向右进行的程度很大。

§8.4　配位化合物的应用

18 世纪初，普鲁士蓝（$Fe_4[Fe(CN)_6]_3 \cdot nH_2O$）作为第一个历史记载的配位化合物是被用作一种无机颜料。但由于时代的限制，配位化合物结构的理论解释以及各种测试手段的缺乏，都导致关于配位化合物的合成、结构和应用研究的发展较慢。直到 19 世纪末期，瑞士科学家维尔纳提出了具有划时代意义的配位学说，成功解释了配位化合物的结构，奠定了配位化学的基础，他也因此获得 1913 年的诺贝尔化学奖。20 世纪 40 年代以来，配位化合物突飞猛进的发展促进了无机化学的复兴与繁荣，特别是对原子能工业、核燃料、稀有金属及有色金属化学的应用及其在经济发展上做出了重要贡献。近年来，随着配位化合物理论不断完善以及配位化合物合成方法、测试手段、表征技术等方面的飞快发展，越来越多在光、电、磁、热和生物无机等功能上有优异性质的配合物被报道出来，为配位化合物的发展打开了崭新的局面。如今，配合物在生活的诸多方面有着重要的应用，下面仅选择几个方面加以介绍。

8.4.1　生物模拟

生命体中的金属配合物种类繁多、结构多样，在生命体中起着至关重要的作用。例如在绿色植物光合作用中起决定性作用的叶绿素是 Mg^{2+} 与卟啉衍生物所形成的配合物。在叶绿素分子中，作为活性中心，Mg^{2+} 位于卟啉环的中心。卟啉环可以通过结构中的单双键的改变来吸收可见光，为光合作用提供能量。化学家们受到叶绿素的光合作用启发，合成了多吡啶、卟啉、树状配合物等具有与叶绿素类似结构的配合物来模拟叶绿素吸收太阳能驱动光化学反应，这些研究将为配位化学在能源方面翻开新的篇章[1]。近年来，叶绿素及其衍生物还在肿瘤化疗方面崭露头角，对中、晚期癌症病患的临床研究表明，叶绿素可以减少癌症化疗的副作用,改善免疫指标,减轻症状[2]。

氮是蛋白质、核酸、叶绿素等生物有机体的重要组成元素,也是农作物生长发育所必需的主要应用元素,土壤的养分状况和肥力的丰缺都与氮元素的含量有关。利用豆科植物来固氮肥田是老祖宗留下来的传统耕作方法,但如今随着经济的发展,耕地破坏,环境恶化,为了提高粮食产量,长期使用化肥已经导致土壤退化,不能满足农作物的生长。如果能将空气中的氮直接利用作为肥料,将会极大地推进农业生产的发展。而固氮微生物就可以直接将不能被生物体直接利用的无机氮转化成植物可以利用的有机氨分子,在这过程中起重要作用的就是固氮酶。

$$N_2 + 6H^+ + 6e^- \xrightarrow{\text{固氮酶}} 2NH_3$$

然而,这样的一个反应目前在工业上必须在高温高压及催化剂存在下才能发生,不仅消耗巨大的能源,又产生污染。因此,如果我们能够模拟生物固氮的过程,在温和的条件下完成固氮过程,将会极大促进固氮酶的研究工作,这就促使广大的化学和生物工作者们从事模拟固氮酶的研究[3]。目前已有多种固氮酶得到分离、提纯,发现它们都含有铁蛋白和钼铁蛋白两种蛋白质组成。由于钼铁蛋白结构复杂,科学家们一直都未得到精确的结构,只能通过模拟合成与天然钼铁蛋白结构类似的模型化合物来获得对钼铁蛋白的认识,但由于钼铁蛋白在生物固氮过程中的重要性,钼铁蛋白的结构一直都是天然固氮酶的研究热点。20 世纪 90 年代初,Kim 和 Rees 等报道了利用 X-射线单晶衍射表征固氮酶中钼铁蛋白的结构,基本确定了它的三维结构[4]。近年来,美国哈佛大学的 Holm R. H. 和日本名古屋大学的 Tatsumi K. 等在模拟合成 P-簇合物,取得了重要突破,该化合物与天然固氮酶中还原态的 P-簇合物结构十分类似[5]。

固氮酶催化还原氮的过程十分复杂,有关固氮机理尚未明了,因此还需进一步的研究来揭开生物固氮酶高效率的还原氮的作用。

8.4.2 金属药物

19 世纪 60 年代后期,美国的生理学家 B. Rosenberg 偶然发现了顺铂(*cis*-[$Pt(NH_3)_2Cl_2$])可以抑制细胞繁殖的特性,使得顺铂成为临床应用最为广泛的抗癌药物之一,这也打破了人们认为药物主要是有机化合物的传统观念,由此开辟了金属药物分子的新时代[6]。因此,新型金属配合物药物的设计合成和活性筛选一直是抗肿瘤药物中活跃的研究领域,是化学和生物学研究的热点[7]。经过临床应用发现,顺铂的治疗水平虽高,但有较强的毒副作用和耐药性等缺陷,这就促使人们研发疗效更好、毒副作用更少的新型抗癌药物。随之研发出来的第二代铂类抗癌药物如卡铂(carboplatin)、奥沙利铂(oxaliplatin)、奈达铂(nedaplatin)等。早期的研究认为,只有小分子才能通过细胞膜与 DNA 作用,因此多核的抗癌药物鲜见报道。为了寻找更好的广谱抗肿瘤药物,人们深入了解了肿瘤细胞产生耐药性的机理,突破了顺铂、卡铂的经典结构模型，设计合成了众多非经典的铂类抗癌药物[8]。如三核铂化合物 BBR3464 和可以口服的铂(Ⅳ)配合物 JM216，初步临床实验表明两者与顺铂无交叉耐药性，抗肿瘤活性比经典铂配合物更高。目前临床使用的铂类抗癌药物和正在不同临床试验阶段的铂配合物如图 8－24 所示。

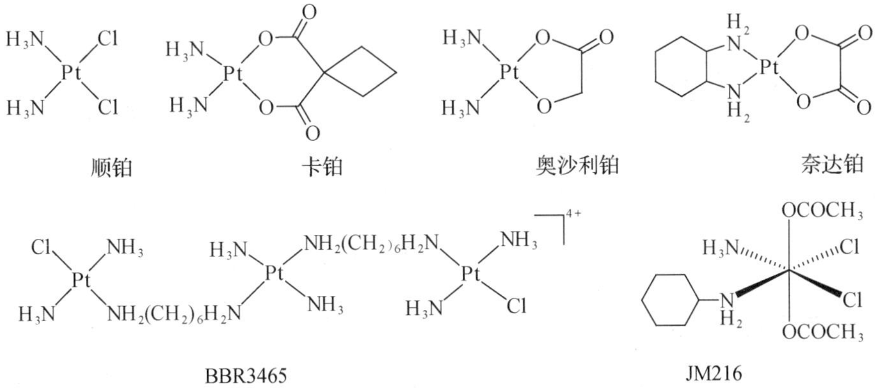

顺铂　卡铂　奥沙利铂　奈达铂

BBR3465　JM216

图 8－24　目前临床使用的铂类抗癌药物和正在不同临床试验阶段的铂配合物

铂类抗癌药物在临床上的成功应用，加快了科学家们寻求高效低毒抗癌药物的脚步，他们发现除了铂配合物以外，Ⅷ族的 Fe、Co、Ni、Ru、Rh、Pd、Ir；ⅠB 族的 Cu、Ag、Au 等金属配合物都能表现出不同程度的抗癌活性。目前也有多种非铂类抗癌药物进入临床试验，例如两种经典的 Ru 配合物 NAMI－A(HIm[*trans*-$RuCl_4$(DMSO)(HIm)]：HIm＝咪唑，DMSO＝二甲亚砜)、KP1019([H_2Ind][*trans*-$RuCl_4$(HInd)$_2$]：HInd＝吲哚)都已经进入临床试验，这大大激励了化学家们合成大量类似结构的配合物，如 KP1339(Na[*trans*-$RuCl_4$(Hind)$_2$])等，并且将它们的抗癌活性与经典铂类抗癌药物进行比较[9－10]。相信随着人们对抗癌机理逐渐深入的研究，将会有更多的抗癌配合物被筛选出来进入临床应用，为人类战胜癌症疾病提供出色的帮助。

金属配合物除了在抗癌方面的应用以外，在治疗其他疾病的过程中也在发挥着重要的作用。例如 Au 的硫醇盐配合物 Auranofin 在临床上可以口服治疗风湿性关节炎[11]Gd(Ⅲ)的离子型配合物 DTPA 和 DOTA 在临床上用作核磁共振造影剂；Bi(Ⅲ)的配合物枸橼酸铋雷尼替丁 RBC 可以用来治疗消化性溃疡和幽门螺杆菌[12]；Ag 的磺胺嘧啶配合物 Flamazine 可以在严重烧伤时作为抗菌消炎药[13](图 8－25)

金属药物的设计和研发在药学、医学、生物学、化学等领域都是研究的热点，通过对金属药物的设计，可以控制金属药物的生物活性，达到早期诊断和治疗特定疾病的目的，这将为人类健康和社会进步做出极大的贡献。

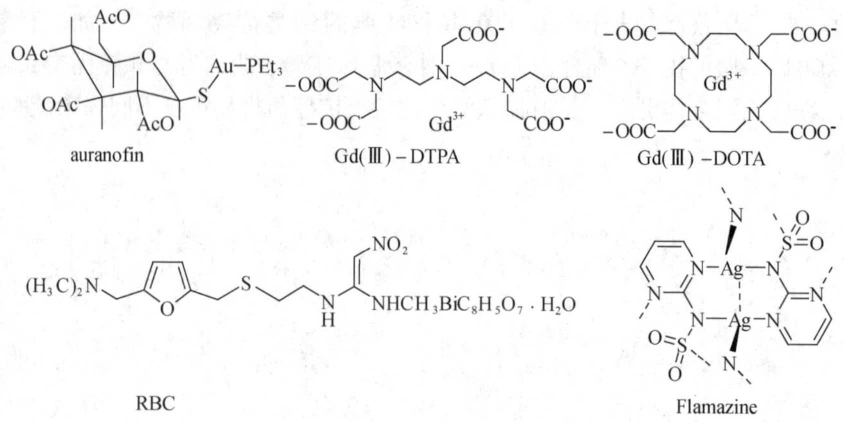

auranofin　Gd(Ⅲ)-DTPA　Gd(Ⅲ)-DOTA

RBC　Flamazine

图 8-25 几种其他金属药物

8.4.3 新型功能材料

由于金属配合物中兼有无机离子和有机配体，所以金属配合物不仅可能具有无机和有机化合物的一些特性，还可能会出现原有无机和有机化合物都没有的新的性质。事实上也是如此，通过人工设计和合成的金属配合物在光学、磁学等方面都出现了令人雀跃的独特性质，这些性质为它们将来作为新型功能材料埋下伏笔，相关的研究也受到了越来越多科学家们的重视，并取得了可喜的成果。

1. 发光材料

发光物质大多集中在稀土、外层电子排布为 d^{10} 和 d^8 等过渡金属化合物及其配合物上。在已知发光的金属离子中镧系离子(Ln^{3+})具有独特的光化学性质，它具有长寿命的激发态和线性尖锐的发射带，这样就有利于设计有实际应用价值的荧光材料。例如诺贝尔奖获得者法国科学家 L. M. Lehn 利用双大环穴醚配体与镧系金属离子构筑光化学超分子器件，他们的研究发现镧系元素与胶囊状配体形成的配合物具有较强的发光性质。这些镧系元素配合物大多以大环穴醚分子为主体，镧系离子为客体的超分子。穴醚具有三维空腔，可将金属离子强烈地拉入空间格子内部，具有比冠醚更强的配位能力和更好的选择性，由这类配合物可得到稳定的荧光化合物，在光能转换分子器件中具有潜在的应用价值[14—15]。

2. 磁体材料

当物质由含有未成对电子的分子组成时，由于分子磁矩的存在而导致物质具有磁性。早在几千年前，我们的祖先就已经发现磁石，我国的四大发明之一指南针就是利用磁石具有指示南北的特性而被应用在古代航海业。传统的磁性材料包括合金磁体和金属氧化物磁体等，是以离子或原子为基础的，称为原子基磁体。很多磁性材料在日常的生活和生产中有重要应用，例如 Fe_3O_4 可用于制备信息记录磁带，将 Cr^{3+} 掺入 Al_2O_3 中制成的红宝石可用于激光器。分子基磁体配合物是近年来磁性研究的热点，分子磁性材料具有结构多样、密度小、可塑性和透光性好等优越的性能可以在国防科技、电子通讯、航空航天、医学等领域扮演重要的角色。

法国科学家 O. Kahn 课题组合成了三氮唑与 Fe 的一维聚合物，该化合物颜色也随着自旋态的变化而变化，而且它们的转变温度和回滞宽度能通过调节混合配体的比例而常温范围得到调整，显示出了诱人的应用前景，于是，他们设想将它开发成分子显示器件，在铝板上涂抹化合物，形成网状结构，然后利用电子器件控制各点的温度，点阵的颜色发生变化，显示出"7"字[16—17]。

3. 多孔配位聚合物材料

配合物中还有一些性质并不直接来源于金属离子和配体，而是由配合物中空腔的大小、形状等决定，这类化合物成为多孔配位聚合物。科学家们运用晶体工程来设计和组装晶体结构，通过选择合适的金属离子和有机配体使得空腔的大小和形状在一定程度上可以人为地进行调控，实现晶体的功能和应用价值。

众所周知，白磷在接触氧气的时候会被快速点燃并引起严重的烧伤，储存时必须十分小心。2009 年，英国剑桥大学的 P. Mal 和 J. R. Nitschke 课题组设计出了一种能够有效地封装及无限期地"锁住"白磷分子(P_4)的四面体分子笼(图 8 - 26)[18]。有趣的是，该分子笼可以使活泼的白磷分子乖乖待在分子笼中确保安全，但如果将该分子笼浸泡在苯分子的氛围中，苯分子能够将闭锁在笼中的磷交换并将其释放出来，而苯分子自己锁入笼中。但是，如果浸泡在正庚烷溶液中，则不会发生交换反应。即使在磷被释放出来之后，该分子笼仍然能够再次使用。这种方法不是通过防止氧气与其接触而使磷变得稳定，它是通过将磷限制在如此小的空间中，使得燃烧反应无法获得空间，反应产物无法容纳在笼中，从而使磷保持其稳定性。该方法将来不仅可以作为实验室存储磷的一种更安全的方法，也可能被用于控制和释放类似的敏感分子或在危险的化学物质泄露出来之后用于环境清理。

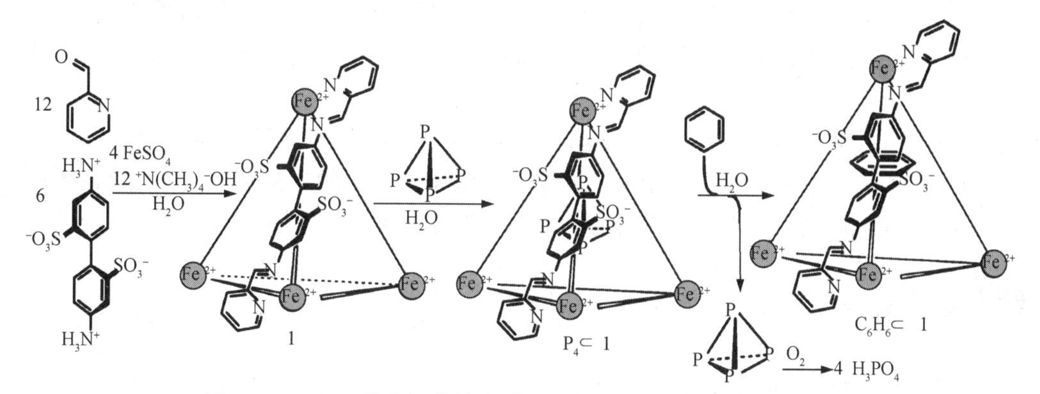

图 8 - 26　四面体分子笼的合成和盛装、萃取白磷过程的示意图

设计合成一些具有特殊尺寸的配位聚合物来"过滤"混合气体分子的工作近年来引起了

广大的化学工作者的研究兴趣，这就要求所得的配位聚合物具有恰当的孔道允许特定的分子通过，而将其他分子阻挡在外。如 H. C. Zhou 课题组设计的配位聚合物 $Yb_4(\mu_4-H_2O)(TATB)_{8/3}\cdot(SO_4)_2\cdot 3H_2O\cdot 10DMSO$（TATB＝4，4′，4″－S－triazine－2，4，6－triyl tribenzoate）可以成功地将分子尺寸相差无几的 N_2 及 O_2 分离。这是由于该化合物中存在着孔径为 3.5×3.5Å^2 的一维孔道，N_2 分子的动力学直径为 3.64Å，而 O_2 分子的动力学直径为 3.46Å。因此，O_2 分子可以通过孔道，而 N_2 分子却不能进入其孔道。所以该化合物也只能选择性地吸附 H_2 和 O_2，而对 N_2 却没有吸附作用[19]。

一些多孔配位聚合物含有不饱和的金属配位点，该配位点对特定的气体如 O_2 具有较强的亲和力，那就可以通过化学吸附在一定程度上分离混合气体[20]。如配位聚合物 $Cr_3(BTC)_2\cdot n$DMF（BTC＝1，3，5－benzenetricarboxylic acid；DMF＝N，N′－dimethylormamide）中的 DMF 分子被除去之后，得到含有不饱和 Cr 配位点的多孔配位聚合物 $Cr_3(BTC)_2$[21]。这些铬原子可以固定 O_2 分子，但是跟 N_2 分子却没有作用力。

4. 催化材料

日本东京大学的 Fujita Makoto 课题组在配合物合成和性质研究方面做出了卓越的贡献[22]。他们课题组对配合物选择性催化合成的应用进行了系统的研究。例如 2006 年，他们利用单晶衍射的方法精确研究了笼状配位化合物和碗状化合物对 Diels-Alder 反应的高选择性催化性质。

同时，日本京都大学的 S. Kitagawa 课题组在配合物的合成和应用上也有不凡的成果。近年来，他们报道了一些具有特殊孔道结构的聚合物，还利用这些孔道及其中的活性反应位点，将含有烯键的单体分子引入到合适的孔道中进行具有空间选择性的高分子聚合反应，合成出结构高度有序的高分子聚合链[23]。由于配位聚合物内部孔道具有特殊的空间形状，这类反应具有较快的反应速率、较好的立体控制以及单体选择性等特点。

诸如此类的多孔化合物的设计合成和开发也吸引了众多化学家和材料学家们的目光，他们不断发现各种新的多孔配位聚合物及有趣的客体分子存储、气体吸附、有机催化等现象，显示出诱人的应用前景。

综上所述，金属配合物的结构和成键方式的多样化导致其种类繁多，兼有无机和有机化合物的特性，在光、电、热、磁和生物医药等多方面都具有重要的应用前景，相信随着人们的进一步研究，功能配合物必将发挥越来越大的作用，为功能材料领域增添更多的色彩。

课外参考读物

[1] 罗勤慧. 配位化学[M]. 北京：科学出版社，2012.

[2] 柳新平，王新明，周开文，孔令亭. 叶绿素在肿瘤防治中的应用研究进展[J]. 中国肿瘤临床与康复，2007，14(3)：269.

[3] 孙为银. 配位化学[M]. 北京:化学工业出版社,2004.

[4] Kim J, Rees D C. Structural models for the metal centers in the nitrogenase molybdenum-iron protein [J]. Science, 1992, 257:1677.

[5] Ohki Y, Sunada Y, Honda M, Katada M, Tatsumi K. Synthesis of the P-Cluster Inorganic Core of Nitrogenases[J]. J. Am. Chem. Soc., 2003, 125:4052.

[6] Rosenberg B, Van Camp L, Krigas T. Inhibition of Cell Division in Escherichia coli by Electrolysis Products from a Platinum Electrode[J]. Nature, 1965, 205:698.

[7] Ernest W, Christen M G. Current Status Of Platinum-Based Antitumor Drugs[J]. Chem. Rev., 1999, (99):2451.

[8] Nial J, Wheate, J, Grant C. Multi-nuclear platinum complexes as anti-cancer drugs[J]. Coord. Chem. Rev., 2003, (241):133.

[9] Schluga P, Hartinger C G, Egger A, Reisner E, Galanski M, Jakupec M A,Keppler B K. Redox behavior of tumor-inhibiting ruthenium(Ⅲ) complexes and effects of physiological reductants on their binding to GMP[J]. Dalton Trans., 2006, 1796.

[10] Reisner E, Arion V B, Guedes da Silva M F C, Lichtenecker R, Eichinger A, Keppler B K, Kukushkin V Yu, Pombeiro A J L. Tuning of redox potentials for the design of ruthenium anticancer drugs-an electrochemical study of $[trans\text{-}RuCl_4L(DMSO)]^-$ and $[trans\text{-}RuCl_4L_2]^-$ complexes, where L=Imidazole, 1,2,4-Triazole, Indazole[J]. Inorg. Chem., 2004,(43):7083.

[11] 兰芬,阳凌燕,管剑龙. 类风湿关节炎治疗药物的研究进展[J]. 药学服务与研究,2013,13(1):38.

[12] 汪佩文,姜海琼,靖大道. 以枸橼酸铋雷尼替丁为基础的三联疗法根除幽门螺杆菌的随机对照研究[J]. 东南国防医药,2013,15(1):27.

[13] 高新富,魏传梅,徐彦飞,王滨,满玉清. 增效磺胺嘧啶银混悬剂体外抑菌效果与临床疗效观察[J]. 实用医学杂志,2013,29(2):308.

[14] 吴成泰. 大环聚醚化学——化学的新领域. 化学通报,1988,7:25.

[15] Sabbatini N, Guardigli M,Lehn J M. Luminescent lanthanide complexes as photochemical supramolecular devices[J]. Coord. Chem. Rev., 1993, 123:201.

[16] 游效曾,孟庆金,韩万书. 配位化学进展[M]. 北京:高等教育出版社,2000.

[17] Kahn O, Krober J, Jay C. Spin Transition Molecular Materials for Displays and Data Recording[J]. Adv. Mater., 1992, 4:718.

[18] Mal P, Breiner B, Rissanen K, Nitschkel J R. White Phosphorus Is Air-Stable Within a Self-Assembled Tetrahedral Capsule[J]. Science,2009,324:1697.

[19] Ma S Q, Wang X S, Yuan D, Zhou H C. A Coordinatively Linked Yb Metal-Organic Framework Demonstrates High Thermal Stability and Uncommon Gas-Adsorption Selectivity[J]. Angew. Chem. Int. Ed., 2008, 47:4130.

[20] Dincă M, Yu A F, Long J R. Microporous Metal-Organic Frameworks Incorporating 1,4-Benzeneditetrazolate:Syntheses, Structures, and Hydrogen Storage Properties[J]. J. Am. Chem. Soc., 2006, 128:8904.

[21] Murray L J, Dincă M, Yano J, Chavan S, Bordiga S, Brown C M, Long J R. Highly-Selective and Reversible O_2 Binding in Cr_3(1,3,5 - benzenetricarboxylate)$_2$[J]. J. Am. Chem. Soc., 2010, 132: 7856.

[22] Yoshizawa M, Tamura M, Fujita M. Diels-Alder in Aqueous Molecular Hosts: Unusual Regioselectivity and Efficient Catalysis[J]. Science, 2006, 312:251.

[23] Uemura T, Hiramatsu D, Kubota Y, Takata M, Kitagawa S. Topotactic Linear Radical Polymerization of Divinylbenzenes in Porous Coordination Polymers[J]. Angew. Chem. Int. Ed., 2007, 46:4987.

1. 指出下列配离子的形成体、配体、配位原子及中心离子的配位数。

配离子	形成体	配体	配位原子	配位数
$[Co(NH_3)_6]^{3+}$				
$[Ti(H_2O)_6]^{3+}$				
$[HgI_4]^{2-}$				
$[Cu(en)_2]^{2+}$				
$[PtCl_3(NH_3)]^-$				

2. 命名下列配合物。

配合物	名称
$K_3[Co(NO_2)_6]$	
$[Pt(NH_3)_2(OH)_2Cl_2]$	
$[Cr(H_2O)_5Cl]Cl_2 \cdot H_2O$	
$[Ni(en)_3]Cl_2$	
$K_3[Fe(C_2O_4)_3] \cdot 3H_2O$	
$[Pt(py)_4][PtCl_4]$	
$Cu[SiF_6]$	
$[Co(ONO)(NH_3)_5]Cl_2$	
$[CoCl_2(NH_3)_3(H_2O)]Cl$	
$[PtCl_2(en)]$	

3. 根据下列配合物和配离子的名称写出其化学式。

名称	化学式
四氯合铂(Ⅱ)酸六氨合铂(Ⅱ)	
四氢合铝(Ⅲ)酸锂	
氯化二氯·四水合钴(Ⅲ)	
氯·硝基·四氨合钴(Ⅲ)配阳离子	
二氨·草酸根合镍(Ⅱ)	
四异硫氰酸根·二氨合铬(Ⅲ)酸铵	
五氰·一羰基合铁(Ⅱ)酸钠	

4. 已知下列配位化合物的磁矩,根据配位化合物价键理论给出形成体的轨道杂化类型,形成体的价层电子排布及配位单元的几何构型。

(1) $[Co(NH_3)_6]^{2+}$　$\mu = 3.9$ B. M.　(2) $[Pt(CN)_4]^{2-}$　$\mu = 0$ B. M.

(3) $[Mn(SCN)_6]^{4-}$　$\mu = 6.1$ B. M.　(4) $[Co(NN_3)_6]^{3+}$　$\mu = 0$ B. M.

5. 已知配离子 $Co(NH_3)_6^{2+}$:电子成对能 $P = 22\ 500\ cm^{-1}$,分裂能 $\Delta_o = 11\ 000\ cm^{-1}$;配离子 $Co(NH_3)_6^{3+}$:电子成对能 $P = 21\ 000\ cm^{-1}$,分裂能 $\Delta_o = 22\ 900\ cm^{-1}$。根据配位化合物晶体场理论,分别画出这两个配离子中心离子 d 电子在 t_{2g} 和 e_g 轨道上的排布图,并分别计算它们的磁矩及晶体场稳定化能。

6. 室温下,将 0.010 mol 的 $AgNO_3$ 固体溶于 1.0 L 0.030 $mol \cdot L^{-1}$ 的氨水中(设体积仍为 1.0 L),计算该溶液中游离的 Ag^+,NH_3 和配离子$[Ag(NH_3)_2]^+$的浓度。(已知$K_f^\ominus([Ag(NH_3)_2]^+) = 2.51 \times 10^7$)

7. 在 25 ℃时,$[Ni(NH_3)_6]^{2+}$溶液中,$c([Ni(NH_3)_6]^{2+}) = 0.10\ mol \cdot L^{-1}$,$c(NH_3) = 1.0\ mol \cdot L^{-1}$,加入乙二胺(en),使开始 $c(en) = 2.3\ mol \cdot L^{-1}$(设体积不变),计算平衡时$[Ni(NH_3)_6]^{2+}$、$NH_3$、$[Ni(en)_3]^{2+}$的浓度。(已知 $K_f^\ominus([Ni(NH_3)_6]^{2+}) = 3.09 \times 10^8$,$K_f^\ominus([Ni(en)_3]^{2+}) = 3.89 \times 10^{18}$)

8. 在 1.0 L 6.0 $mol \cdot L^{-1}$ $NH_3 \cdot H_2O$ 中溶解 0.10 mol $CuSO_4$。试求:

(1) 平衡时溶液中 Cu^{2+}、NH_3、$[Cu(NH_3)_4]^{2+}$的浓度。

(2) 向此溶液中加入 0.010 mol NaOH 固体,是否有氢氧化铜沉淀生成?

(3) 若以 0.010 mol Na_2S 固体代替 NaOH,是否有硫化铜沉淀生成?

(假定加入 $CuSO_4$、NaOH、Na_2S 后,溶液体积不变。)

(已知 $K_f^\ominus([Cu(NH_3)_4]^{2+}) = 3.89 \times 10^{12}$,$K_{sp}^\ominus(Cu(OH)_2) = 2.2 \times 10^{-20}$,$K_{sp}^\ominus(CuS) = 1.3 \times 10^{-36}$)

9. 计算反应:$CuS(s) + 4NH_3(aq) \rightleftharpoons [Cu(NH_3)_4]^{2+}(aq) + S^{2-}(aq)$ 的 $K^\ominus$ 值,评述用氨水溶解 CuS 的效果。(已知 $K_{sp}^\ominus(CuS) = 1.3 \times 10^{-36}$,$K_f^\ominus([Cu(NH_3)_4]^{2+}) = 3.89 \times 10^{12}$)

10. 计算 1.5 L 1.0 $mol \cdot L^{-1}$ 氨水能溶解多少克 AgBr?(已知 $K_f^\ominus([Ag(NH_3)_2]^+) = 2.51 \times 10^7$,$K_{sp}^\ominus(AgBr) = 5.3 \times 10^{-13}$)

11. 用 1.0 L 氨水溶解 0.10 mol AgCl(设体积不变),问氨水的最初浓度至少应该是多少?(已知

$K_f^{\ominus}([Ag(NH_3)_2]^+) = 2.51 \times 10^7$，$K_{sp}^{\ominus}(AgCl) = 1.8 \times 10^{-10}$）

12. 已知 $E^{\ominus}(Hg^{2+}/Hg) = 0.851$ V，$K_f^{\ominus}([HgI_4]^{2-}) = 6.31 \times 10^{29}$。试求电对$[HgI_4]^{2-}/Hg$ 的 $E^{\ominus}$。

13. 已知 $E^{\ominus}(Fe^{3+}/Fe^{2+}) = 0.770$ V，$K_f^{\ominus}([Fe(CN)_6]^{3-}) = 3.98 \times 10^{43}$，$K_f^{\ominus}([Fe(CN)_6]^{4-}) = 2.51 \times 10^{35}$，求 $E^{\ominus}([Fe(CN)_6]^{3-}/[Fe(CN)_6]^{4-})$为多少？

14. 计算反应$[Ag(NH_3)_2]^+ + 2CN^- \rightleftharpoons [Ag(CN)_2]^- + 2NH_3$ 的平衡常数，并判断配位反应进行的方向。（已知 $K_f^{\ominus}([Ag(NH_3)_2]^+) = 2.51 \times 10^7$，$K_f^{\ominus}([Ag(CN)_2]^-) = 1.26 \times 10^{21}$）

第9章　s区元素

s区元素包括周期表中ⅠA和ⅡA族元素，ⅠA族是由锂(Li)、钠(Na)、钾(K)、铷(Rb)、铯(Cs)、钫(Fr)六种金属元素组成。由于其氧化物的水溶液显碱性，所以称为“碱金属”(Alkalimetals)。ⅡA族是由铍(Be)、镁(Mg)、钙(Ca)、锶(Sr)、钡(Ba)及镭(Ra)六种元素组成，由于钙、锶、钡的氧化物在性质上介于“碱性的”和“土性的”(既难溶于水又难熔融的Al_2O_3称为“土”)之间，所以这几种元素又称为“碱土金属”(Alkaline earth metals)，现习惯将铍、镁包括在内，镭是放射性元素。

碱金属和碱土金属元素，最外层电子组态分别为ns^1和ns^2。它们的原子最外层有1—2个s电子，所以这些元素称为s区元素。

§9.1　s区元素的单质

9.1.1　单质的性质

1. 物理性质

碱金属和碱土金属表面都具有银白色光泽，它们的物理性质的主要特点是轻、软、低熔点。其中Li的密度为0.53 g·cm^{-3}，是最轻的金属。碱金属和钙、锶、钡可以用刀切割，最软的是Cs。碱土金属的熔点、沸点都比碱金属高，这是由于碱土金属比碱金属价电子多、原子半径小，形成的金属键较强的原因所造成的。

碱金属的晶体中有活动性较强的自由电子，因而具有良好的导电、导热性。钾一钠合金和锂都可作为核反应堆中的热交换介质。碱金属易失去电子，尤其是Cs和Rb，失去电子的倾向很大，在一定波长光的照射下，金属表面的电子易逸出，因此，常用来制造光电管。例如，铯光管制成的自动报警装置，可报告远处火警。

2. 化学性质

碱金属和碱土金属是化学活泼性很强或较强的金属元素。尤其是碱金属可以与空气中氧、水及许多非金属直接反应，需要保存在无水的煤油中。一些重要反应见表9-1.

表 9-1 碱金属和碱土金属的一些重要反应

金属	直接与金属反应的物质	反应式
碱金属 碱土金属	H_2	$2M+H_2 \longrightarrow 2MH$ $M+H_2 \longrightarrow MH_2$
碱金属 Ca、Sr、Ba Mg	H_2O	$2M+2H_2O \longrightarrow 2MOH+H_2$ $M+2H_2O \longrightarrow M(OH)_2+H_2$ $M+H_2O(g) \longrightarrow MO+H_2$
碱金属 碱土金属	卤素	$2M+X_2 \longrightarrow 2MX$ $M+X_2 \longrightarrow MX_2$
Li Mg、Ca、Sr、Ba	N_2	$6Li+N_2 \longrightarrow 2Li_3N$ $3M+N_2 \longrightarrow M_3N_2$
碱金属 Mg、Ca、Sr、Ba	S	$2M+S \longrightarrow M_2S$ $M+S \longrightarrow MS$
Li Na K、Rb、Cs 碱土金属 Ca、Sr、Ba	O_2	$4Li+O_2 \longrightarrow 2Li_2O$ $2Na+O_2 \longrightarrow Na_2O_2$ $M+O_2 \longrightarrow MO_2$ $2M+O_2 \longrightarrow 2MO$ $M+O_2 \longrightarrow MO_2$

碱金属与水剧烈作用产生氢气和氢氧化物，而它在液氨中却能安然无恙地形成蓝色溶液。当量增多时变成青铜色溶液。如将溶液蒸发又可重新得碱金属。钙、锶、钡和碱金属相似，也能溶于液氨生成蓝色液氨溶液。

碱金属 $M(s)+(x+y)NH_3 \longrightarrow M^+(NH_3)_x+e^-(NH_3)_y$(蓝色)

碱土金属 $M(s)+(x+2y)NH_3 \longrightarrow M^{2+}(NH_3)_x+2e^-(NH_3)_y$(蓝色)

这种金属溶液和熔融的金属在结构上相似，能导电，有顺磁性，溶液有极强还原性，可将某些过渡元素还原成异常低的氧化态。例如：

$$2K+K_2[Ni(CN)_4]_2 \xrightarrow{240\ K} K_4[Ni(CN)_4]$$

$$2Na+Fe(CO)_5 \xrightarrow{240\ K} Na_2[Fe(CO)_4]+CO$$

在这两种产物中，镍和铁的氧化态分别为 0 和 −2。因此，金属液氨溶液广泛用于无机及有机合成中。

3. 焰色反应

钙、锶、钡及碱金属的挥发性化合物在高温火焰中，电子易被激发。当电子从较高的能级回到较低的能级时，便分别发射出一定波长的光，使火焰呈现特征颜色。在分析化学中常利用来鉴定这些元素，这种方法称为焰色反应。光谱颜色及主要的发射(或吸收)波长见表9-2。

表9-2　s区元素的火焰颜色

元素	Li	Na	K	Rb	Cs	Ca	Sr	Ba
颜色	深红	黄	紫	红紫	蓝	橙红	深红	绿
波长/nm	670.8	589.2	766.5	780.0	455.5	714.9	687.8	553.5

9.1.2　s区元素的存在和单质的制备

碱金属和碱土金属具有高度的化学活性，因此它们只能以化合状态存在于自然界中。钠和钾在自然界中有较高的丰度，其主要矿物有钠长石 $Na[AlSi_3O_8]$、钾长石 $K[AlSi_3O_8]$ 和光卤石 $KCl \cdot MgCl_2 \cdot 6H_2O$ 及明矾石 $K_2SO_4 \cdot Al_2(SO_4)_3 \cdot 24H_2O$。另外，钠还以 NaCl 的形式存在于海水、盐湖和岩石中。锂、铷和铯在自然界中储量较少而且分散，故将其列为稀有金属。

碱土金属除镭外，在自然界中分布也很广泛，镁除光卤石之外，还有白云石 $CaCO_3 \cdot MgCO_3$ 和菱镁矿 $MgCO_3$ 等。铍的最重要矿物为绿柱石 $3BeO \cdot Al_2O_3 \cdot 6SiO_2$。钙、锶、钡在自然界中存在的主要形式为难溶的碳酸盐和硫酸盐，如方解石 $CaCO_3$、碳酸锶矿 $SrCO_3$、石膏 $CaSO_4 \cdot 2H_2O$、天青石 $SrSO_4$ 和重晶石 $BaSO_4$ 等。

这两族金属很活泼，还原性很强，不能用任何涉及水溶液的方法制取。较轻且挥发性较小的金属可用电解熔盐制得，其他则通过活泼金属还原氧化物或卤化物制取。工业上大量制备金属钠使用电解熔融氯化钠的方法。电解反应为

$$2NaCl \longrightarrow 2Na + Cl_2$$

由于钾、铷、铯在助剂熔融液中溶解度较大，影响电流效率，严重的甚至得不到金属，所以一般不用电解法制备。基于它们的挥发性高于钠(钙)，在适当温度下可用钠(钙)和氯化物的置换反应制取：

$$Na(g) + MCl(l) \longrightarrow NaCl(l) + M(g) \qquad \text{其中 } M = K, Rb, Cs$$

而其他金属则通过化学热还原法制取。如钾的生产是用金属钠在760—880 ℃还原 KCl 熔体，得到的钾钠合金再经分级蒸馏法分离提纯。生产金属钙的主要方法是在1 200 ℃和真空条件下用金属铝还原 CaO，产生的钙蒸气收集在冷凝装置中。这一方法能用来生产金属钙，是因为钙蒸气挥发的同时，另一个反应产物(Al_2O_3)形成没有挥发性的熔渣。

$$6CaO(s) + 2Al(l) \xrightarrow{1\,170K} 3CaO \cdot Al_2O_3(s) + 3Ca(g)$$

s区元素单质的制备方法见表9-3。

表 9-3　s区元素单质的制备方法

	提取的主要过程
锂	450 ℃下电解 55%LiCl 和 45%KCl 的熔融混合物
钠	580 ℃下电解熔融的 40%NaCl 和 60%$CaCl_2$ 的混合物
钾	850 ℃下,用金属钠还原氯化钾: $KCl + Na \longrightarrow NaCl + K$
铷或铯	13 Pa,800 ℃下,用钙还原氯化铯: $2CsCl + Ca \longrightarrow CaCl_2 + 2Cs$
铍	350—400 ℃下,电解 NaCl 和 $BeCl_2$ 的熔融盐,或采用镁还原氟化铍: $BeF_2 + Mg \longrightarrow Be + MgF_2$
镁	电解水合氯化镁(含 20%$CaCl_2$,60%NaCl),先脱去其中的水,再电解得到镁和氯气: $MgCl_2 \cdot 1.5H_2O(+CaCl_2+NaCl) \xrightarrow{700—720\ ℃} MgCl_2 + 1.5H_2O$ $MgCl_2 \xrightarrow{电解} Mg + Cl_2$ 硅热还原法: $2(MgO \cdot CaO) + FeSi \xrightarrow{熔融} 2Mg + Ca_2SiO_4 + Fe$
钙	780—800 ℃下,电解 $CaCl_2$ 与 KCl 的混合物; 铝热法: $6CaO + 2Al \longrightarrow 3Ca + 3CaO \cdot Al_2O_3$

9.1.3　单质的应用

碱金属和碱土金属有许多优异的性能被广泛应用于工业生产中。

随着科技的发展,锂的用途愈来愈广泛,如锂和锂合金是一种理想的高能燃料。锂电池是一种高能电池。$LiBH_4$ 是一种很好的贮氢材料。锂在核动力技术中将起重要作用,${}^{6}_{3}Li$、${}^{7}_{3}Li$ 被中子轰击都可得到氚,${}^{6}_{3}Li$ 与氘可以进行热核反应。受控热核聚变反应堆可以用氘和锂作为燃料。锂盐如 Li_2CO_3 及其某些化合物可用以治疗脑神经错乱病。

碱金属可以溶解于汞形成汞齐(合金),钠汞齐常用于有机合成中作为还原剂。铷、铯可用于制造最准确的计时仪器—铷、铯原子钟。1967 年正式规定用铯原子钟所定的秒为新的国际时间单位。

碱土金属实际用途较大的是镁,主要用途是制造轻质合金,熔进稀土金属(镨、钕、钍)可大大提高合金的使用温度,用于制造汽车发动机外壳及飞机机身等[1,2]。在同等强度下,最好的镁合金的重量约为钢的四分之一,而最好的铝合金的重量约为钢的三分之一。典型的镁合金为:>90%Mg,2%—9%Al,1%—3%Zn 及 0.2%—1%Mn。由于镁燃烧时发出强光,因此镁粉可作发光剂,用于照明弹、信号弹的制造和照相时的照明。

铍作为新兴材料日益被重视,薄的铍片易被 X 射线穿过,是制造 X 射线管小窗不可取代的材料。铍还是核反应堆中最好的中子反射剂和减速剂之一。

§9.2 s区元素的化合物

9.2.1 氢化物

化学活性很高的碱金属和碱土金属中较活泼的Ca、Sr、Ba能与氢在高温下直接化合，生成离子型氢化物：

$$2M + H_2 \longrightarrow 2MH(M = 碱金属)$$

$$M + H_2 \longrightarrow MH_2(M = Ca、Sr、Ba)$$

这些离子型氢化物都是白色固体或无色晶体，但常因混有痕量金属而发灰。由于碱金属和Ca、Sr、Ba与氢的电负性相差较大，氢从金属原子的外层电子中夺得1个电子形成阴离子H^-，故称为离子型氢化物，又称为盐型氢化物。

碱金属氢化物中以LiH最稳定。加热到熔点(961 K)也不分解。其他碱金属氢化物稳定性较差，加热还不到熔点，就分解成金属和氢。所有碱金属氢化物都是强还原剂。如固态NaH在673 K时能将$TiCl_4$还原为金属钛：

$$TiCl_4 + 4NaH \longrightarrow Ti + 4NaCl + 2H_2$$

LiH和CaH_2等在有机合成中常作为还原剂。它们遇到含有H^+的物质，如水，就迅速反应而放出氢：

$$LiH + H_2O \longrightarrow LiOH + H_2$$

$$CaH_2 + 2H_2O \longrightarrow Ca(OH)_2 + 2H_2$$

由于氢化钙与水反应而能放出大量的氢气，所以常用它作为野外发生氢气的材料。

9.2.2 氧化物

碱金属、碱土金属与氧能形成多种类型的氧化物，如正常氧化物、过氧化物、超氧化物、臭氧化物(含有O_3^-)等，其中前三种的主要形成条件见表9-4。

表9-4 s区元素形成的氧化物

	阴离子	直接形成	间接形成
正常氧化物	O^{2-}	Li,Be,Mg,Ca,Sr,Ba	s区所有元素
过氧化物	O_2^{2-}	Na,(Ba)	除Be外的所有元素
超氧化物	O_2^-	(Na),K,Rb,Cs	除Be,Mg,Li外的所有元素

1. 正常氧化物

碱金属中的锂在空气中燃烧时，生成正常氧化物 Li_2O：

$$4Li + O_2 \longrightarrow 2Li_2O$$

碱金属的正常氧化物也可以用金属与它们的过氧化物或硝酸盐作用而得到的。例如：

$$Na_2O_2 + 2Na \longrightarrow 2Na_2O$$

$$2KNO_3 + 10K \longrightarrow 6K_2O + N_2$$

碱土金属的碳酸盐、硝酸盐、氢氧化物等热分解也能得到氧化物 MO。例如：

$$MCO_3 \longrightarrow MO + CO_2$$

碱金属和碱土金属氧化物的一些性质见表 9－5 和表 9－6。

表 9－5 碱金属氧化物的性质

碱金属氧化物	Li_2O	Na_2O	K_2O	Rb_2O	Cs_2O
颜色	白色	白色	淡黄色	亮黄色	橙红色
熔点/℃	>1 700	1 275	350(分解)	400(分解)	400(分解)

表 9－6 碱土金属氧化物的性质

碱土金属氧化物	BeO	MgO	CaO	SrO	BaO
熔点/℃	2 530	2 852	2 614	2 430	1 918
硬度(金刚石＝10)	9	5.6	4.5	3.5	3.3
M－O 核间距/pm	165	210	240	257	277

碱土金属的氧化物均为白色粉末，一般来说在水中溶解度较小。除 BeO 为 ZnS 型晶体外，其余均为 NaCl 型晶体。由于阴、阳离子带有两个单位电荷，而且 M－O 核间距较小，故 MO 具有较大晶格能，因此它们的硬度和熔点都很高。根据这种特性，BeO 和 MgO 常用来制造耐火材料和金属陶瓷。BeO 还具有反射放射性射线的能力，常用作原子反应堆外壁砖块材料。

2. 过氧化物和超氧化物

过氧化物是含有过氧基(—O—O—)的化合物，可看作是 H_2O_2 的衍生物。除铍和镁外，所有碱金属和碱土金属都能分别形成相应的过氧化物 $M_2^{I}O_2$ 和 $M^{II}O_2$。

除了锂、铍、镁外，碱金属和碱土金属都分别能形成超氧化物 $M^{I}O_2$ 和 $M^{II}(O_2)_2$。钾、铷、铯在空气中燃烧能直接生成超氧化物 MO_2。例如：

$$K + O_2 \longrightarrow KO_2$$

Na_2O_2 是化工中最常用的碱金属过氧化物。将金属钠在铝制容器中加热到 300 ℃,并通入不含二氧化碳的干燥空气,得到淡黄色的 Na_2O_2 粉末:

$$2Na + O_2 \longrightarrow Na_2O_2$$

Na_2O_2 在碱性介质中是强氧化剂,常用作熔矿剂,可以使不溶于水和酸的矿石被氧化分解为可溶于水的化合物。如:

$$2Fe(CrO_2)_2 + 7Na_2O_2 \longrightarrow 4Na_2CrO_4 + Fe_2O_3 + 3Na_2O$$

Na_2O_2 在熔融时几乎不分解,但遇到棉花、木炭或铝粉等还原性物质时,就会发生爆炸,故使用时要特别小心。

钙、锶、钡的氧化物与过氧化氢作用,得到相应的过氧化物:

$$MO + H_2O_2 + 7H_2O \longrightarrow MO_2 \cdot 8H_2O$$

工业上把 BaO 在空气中加热到 600 ℃以上使它转化为过氧化钡:

$$2BaO + O_2 \longrightarrow 2BaO_2$$

室温下,过氧化物与水或稀酸在室温下反应生成过氧化氢,过氧化氢又分解而放出氧气,例如:

$$Na_2O_2 + 2H_2O \longrightarrow 2NaOH + H_2O_2$$

$$Na_2O_2 + H_2SO_4(\text{稀}) \longrightarrow Na_2SO_4 + H_2O_2$$

超氧化物与水反应立即产生氧气和过氧化氢。例如:

$$2KO_2 + 2H_2O \longrightarrow 2KOH + H_2O_2 + O_2$$

因此,超氧化物是强氧化剂。

过氧化物和超氧化物与二氧化碳反应放出氧气:

$$2Na_2O_2 + 2CO_2 \longrightarrow 2Na_2CO_3 + O_2$$

$$4KO_2 + 2CO_2 \longrightarrow 2K_2CO_3 + 3O_2$$

由于 KO_2 较易制备,常用于急救器中,利用上述反应提供氧气。

9.2.3 氢氧化物

碱金属和碱土金属的氢氧化物在空气中易吸水而潮解,故固体 NaOH 和 $Ca(OH)_2$ 常用作干燥剂。

1. 碱金属和碱土金属氢氧化物的溶解性

碱金属的氢氧化物在水中都是易溶的,并在溶解时放出大量的热。碱土金属的氢氧化物的溶解度则较小,其中 $Be(OH)_2$ 和 $Mg(OH)_2$ 是难溶的氢氧化物。碱土金属的氢氧化物的溶解度见表 9－7。由表中数据可见，对碱土金属来说，由 $Be(OH)_2$ 到 $Ba(OH)_2$，溶解度依次增大。这是由于金属离子半径的增大，正、负离子之间的作用力逐渐减小，容易为水分子所解离的缘故。

表 9－7 碱土金属氢氧化物的溶解度(20 ℃)

氢氧化物	$Be(OH)_2$	$Mg(OH)_2$	$Ca(OH)_2$	$Sr(OH)_2$	$Ba(OH)_2$
溶解度/$mol \cdot L^{-1}$	8×10^{-6}	5×10^{-4}	1.8×10^{-2}	6.7×10^{-2}	2×10^{-1}

2. 碱金属和碱土金属氢氧化物的碱性

碱金属、碱土金属的氢氧化物中，除 $Be(OH)_2$ 为两性氢氧化物外，其他的氢氧化物都是强碱或中强碱。这两族元素氢氧化物碱性递变的次序如下：

$$LiOH < NaOH < KOH < RbOH < CsOH$$

中强碱　强碱　强碱　强碱　强碱

$$Be(OH)_2 < Mg(OH)_2 < Ca(OH)_2 < Sr(OH)_2 < Ba(OH)_2$$

两性　中强碱　强碱　强碱　强碱

碱金属、碱土金属氢氧化物的碱性和溶解度递变规律可以归纳如下：

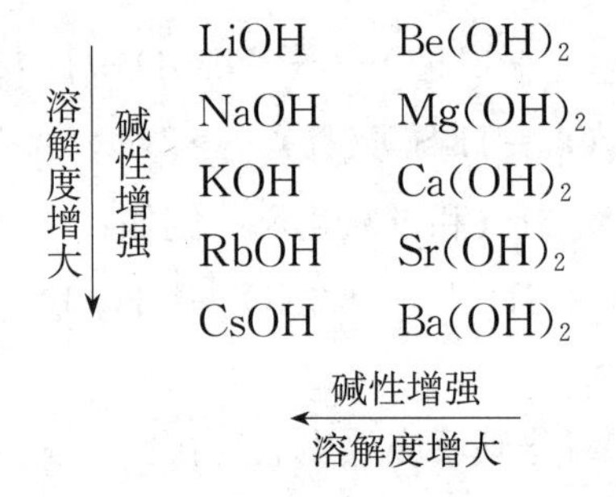

9.2.4 重要的盐类

碱金属、碱土金属的常见的盐有卤化物、硝酸盐、硫酸盐、碳酸盐等。应该注意，碱土金属中铍的盐类及钡的可溶性盐毒性很大。这里着重讨论常见的重要盐的晶体类型、溶解度、热稳定性、配位性以及硬水的软化等。

1. 晶体类型

碱金属的盐大多数是离子型晶体，它们的熔点、沸点较高，见表 9－8。

表 9－8　碱金属盐类的熔点

碱金属名称	氯化物熔点/℃	硝酸盐熔点/℃	碳酸盐熔点/℃	硫酸盐熔点/℃
Li	606	261	618	860
Na	801	308	851	884
K	776	334	891	1069
Rb	715	310	837	1060
Cs	645	414	—	995

由于 Li^+ 半径很小，极化力较强，它在某些盐（如卤化物）中表现出不同程度的共价性。碱土金属离子带两个正电荷，其离子半径较相应的碱金属小，故它们的极化力较强，因此碱土金属盐的离子键特征较碱金属差。但随着金属离子半径的增大，键的离子性也增强。例如，碱土金属氯化物的熔点从 Be 到 Ba 依次增高。

表 9－9　碱土金属氯化物的熔点

名称	$BeCl_2$	$MgCl_2$	$CaCl_2$	$SrCl_2$	$BaCl_2$
熔点/℃	405	714	782	876	962

其中，$BeCl_2$ 的熔点明显很低，这是由于 Be^{2+} 半径小，电荷较多，极化力较强，它与 Cl^-、Br^-、I^- 等极化率较大的阴离子形成的化合物已过渡为共价化合物。$BeCl_2$ 易于升华，气态时形成双聚分子 $(BeCl_2)_2$，固态时形成多聚 $(BeCl_2)_n$，能溶于有机溶剂，这些性质都表明了 $BeCl_2$ 的共价性。$MgCl_2$ 也有一定程度的共价性。

2. 颜色

由于碱金属离子 M^+ 和碱土金属离子 M^{2+} 是无色的，所以它们的盐类的颜色一般取决于阴离子的颜色。无色阴离子（如卤素离子 X^-、NO_3^-、SO_4^{2-}、CO_3^{2-}、ClO^- 等）与之形成的盐一般是无色或白色的，而有色阴离子与之形成的盐则是具有阴离子的颜色，例如紫色的 $KMnO_4$ 和黄色的 $BaCrO_4$、橙色的 $K_2Cr_2O_7$ 等。

3. 溶解度

碱金属的盐类大多数都易溶于水。碱金属的碳酸盐、硫酸盐的溶解度从 Li 至 Cs 依次增大，少数碱金属盐难溶于水，例如 LiF、Li_2CO_3、Li_3PO_4、$KClO_4$、$K_2[PtCl_6]$等。碱土金属的盐类中，除卤化物和硝酸盐外，多数碱土金属的盐只有较低的溶解度，例如它们的碳酸盐、磷酸盐以及草酸盐等都是难溶盐（BeC_2O_4 除外）。铍盐中多数是易溶的，镁盐有部分易溶，而钙、锶、钡的盐则多为难溶，钙盐中以 CaC_2O_4 的溶解度为最小，因此常用生成白色 CaC_2O_4 的沉淀反应来鉴定 Ca^{2+}。

4. 热稳定性

碱金属的盐一般具有较高的热稳定性。碱金属的卤化物在高温时只挥发而不易分解；硫酸盐在高温下既不挥发又难分解；碳酸盐中除 Li_2CO_3 在 700 ℃部分地分解为 Li_2O 和 CO_2 以外，其余的在 800 ℃以下均不分解。碱金属的硝酸盐热稳定性差，加热时易分解，例如：

$$4LiNO_3 \longrightarrow 2Li_2O + 4NO_2 + O_2$$

$$2NaNO_3 \longrightarrow 2NaNO_2 + O_2$$

$$2KNO_3 \longrightarrow 2KNO_2 + O_2$$

由 Li 到 Cs，碱金属氟化物的热稳定性依次降低，而碘化物的热稳定性反而依次增强。

碱土金属的盐的热稳定性较碱金属差，但常温下也都是稳定的。碱土金属的碳酸盐、硫酸盐、硝酸盐等的稳定性都是随着金属离子半径的增大而增强。铍盐的热稳定性特别差，例如，$BeCO_3$ 加热不到 100 ℃就分解，而 $BaCO_3$ 需在 1 360 ℃才分解。

5. 配位性

碱金属的配位化学过去研究得很少，金属离子的低电荷和大体积使其接受配位体的能力比较弱。大环效应的发现使人们对该领域的兴趣和系统研究迅速发展了起来，新化合物的多样性几乎可以使过渡金属配合物的多样性面临挑战了。

ⅠA 族阳离子和ⅡA 族大阳离子最著名的配合物是与大环配体形成的配合物。一类叫作冠醚(crown ether)的配位体是美国化学家佩德森(Pederson C. J.)于 1967 年首次报道的，这类具有大环结构的聚醚化合物因形似皇冠而得名。图 9-1(a)给出的一个例子叫 18-冠-6(18 和 6 分别表示环原子数和环氧原子数)，距离最近的 O 原子间以“—CH_2—CH_2—”相桥联。冠醚与碱金属离子形成相对稳定的配合物，碱金属的 18-冠-6 配合物在非水溶液中几乎能无限期稳定存在。就在佩德森报道冠醚化合物的第二年，法国化学家莱恩(J. M. Lehn)报道了另一类叫作穴醚(cryptand)的大环化合物。这类化合物中含有 O 和 N 两种杂原子，由于分子结构形似地穴而得名。碱金属阳离子的穴醚配合物比冠醚配合物更稳定，甚至能存在于水溶液中。图 9-1(b)给出的例子叫穴醚 2.2.1，结构中存在 3 个氮-氮链节，“2.2.1”表示每个链节中氧原子的数目。图 9-1(c)给出的例子叫穴醚 2.2.2，与穴醚 2.2.1 不同的是，中间的氮-氮链节中有 2 个氧原子。可以想象，穴醚 2.2.2 的穴腔大于穴醚 2.2.1。

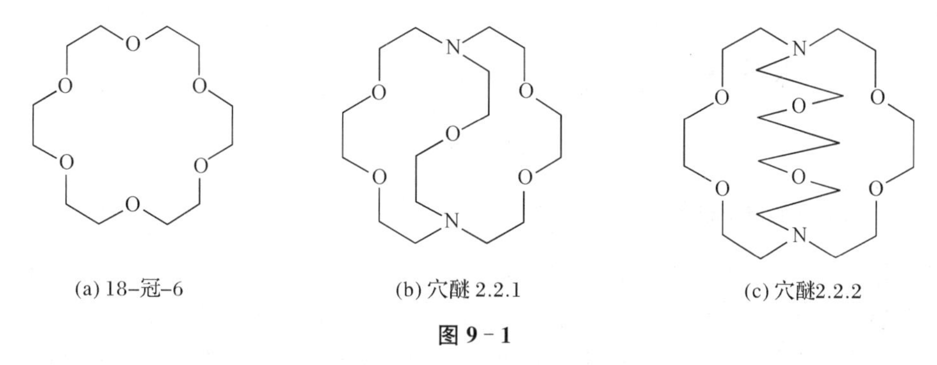

(a) 18-冠-6　　(b) 穴醚 2.2.1　　(c) 穴醚2.2.2

图 9-1

作为配位体，冠醚和穴醚显示一种十分有趣的性质。即不同大小、不同形状的穴腔对碱金属离子具有选择性。穴醚几乎能够实现对 K^+ 和 Na^+ 的完全分离，选择性可高达 $10^5:1$。对 Na^+/K^+ 的选择性具有非常重要的意义，许多生理功能是靠这种选择性支持的。

6. 硬水及其软化

工业上根据水中 Ca^{2+} 和 Mg^{2+} 的含量，把天然水分为两种：溶有较多量 Ca^{2+} 和 Mg^{2+} 的水叫做硬水；溶有少量 Ca^{2+} 和 Mg^{2+} 的水叫做软水。

含有碳酸氢钙 $Ca(HCO_3)_2$ 或碳酸氢镁 $Mg(HCO_3)_2$ 的硬水叫做暂时硬水，暂时硬水经煮沸后，所含的酸式碳酸盐就分解为不溶性的碳酸盐。例如：

$$Ca(HCO_3)_2 \xrightarrow{\triangle} CaCO_3 + H_2O + CO_2$$

$$2Mg(HCO_3)_2 \xrightarrow{\triangle} Mg_2(OH)_2CO_3 + 3CO_2 + H_2O$$

这样，容易从水中除去 Ca^{2+} 和 Mg^{2+}，水的硬度就变低了。

含有碳酸镁 $MgSO_4$、硫酸钙 $CaSO_4$ 或氯化镁 $MgCl_2$、氯化钙 $CaCl_2$ 等的硬水，经过煮沸，水的硬度也不会消失。这种水叫做永久硬水。消除硬水中 Ca^{2+}、Mg^{2+} 的过程叫做硬水的软化。常用的软化方法有石灰纯碱法和离子交换树脂净化水法。

永久硬水可以用纯碱软化。纯碱与钙、镁的硫酸盐和氯化物反应，生成难溶性的盐，使永久硬水失去它的硬性。工业上往往将石灰和纯碱各一半混合用于水的软化，称为石灰纯碱法，反应方程式如下：

$$MgCl_2 + Ca(OH)_2 \longrightarrow Mg(OH)_2 + CaCl_2$$

$$CaCl_2 + Na_2CO_3 \longrightarrow CaCO_3 + 2NaCl$$

反应终了再加沉降剂(例如明矾)，经澄清后得到软水。石灰纯碱法操作比较复杂，软化效果较差，但成本低，适于处理大量的且硬度较大的水。例如，发电厂、热电站等一般采用该法作为水软化的初步处理。

§9.3 锂、铍的特殊性 对角线规则

9.3.1 锂和铍的特殊性

位于第二周期的锂、铍与ⅠA、ⅡA族其他金属及其化合物在性质上有明显的区别。例如，锂的熔点、硬度高于其他碱金属，而导电性则较弱，标准电极电势也特别低；铍的熔点、沸点比其他碱土金属高，硬度也是碱土金属中最大的，但却有脆性，热稳定性相对较差。Li^+和Be^{2+}具有很高的“电荷/半径”比，这是造成锂、铍化合物的许多性质反常的原因之一。

9.3.2 对角线规则

一般说来，碱金属和碱土金属元素性质的递变是很有规律的，但锂和铍却表现出反常性。锂、铍与同族元素性质差异很大，但是锂与镁，铍与铝在性质上却表现出很多的相似性。

在周期系中，某元素的性质和它左上方或右下方的另一元素性质相似性，称对角线规则。这种相似性特别明显地存在于下列三对元素之间：

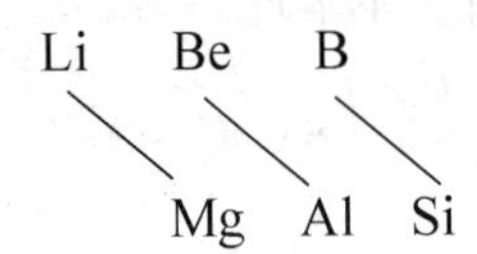

锂与镁相似性：

(1) 锂和镁在过量的氧中燃烧时，并不形成过氧化物，而生成正常的氧化物。

(2) 锂和镁直接和碳、氮化合，生成相应的碳化物或氮化物。例如：

$$6Li + N_2 \longrightarrow 2Li_3N$$

$$3Mg + N_2 \longrightarrow Mg_3N_2$$

(3) Li^+和Mg^{2+}都有很强的水合能力。

(4) 锂和镁的氢氧化物均为中等强度的碱，在水中溶解度不大。加热时可分解为Li_2O和MgO。其他碱金属氢氧化物均为强碱，且加热至熔融也不分解。

(5) 锂和镁的硝酸盐在加热时，均能分解成相应的氧化物Li_2O、MgO及NO_2和O_2，而其他碱金属硝酸盐分解为MNO_2和O_2。

(6) 锂和镁的某些盐类如氟化物、碳酸盐、磷酸盐等均难溶于水，其他碱金属相应化合物均为易溶盐。

(7) 氯化物都具有共价性，能溶于有机溶剂如乙醇中。它们的水合氯化物晶体受热时

都会发生水解反应：

$$LiCl \cdot H_2O \longrightarrow LiOH + HCl(g)$$

$$MgCl_2 \cdot 6H_2O \xrightarrow{\triangle} Mg(OH)Cl + 5H_2O(g) + HCl(g)$$

对角线规则可用离子极化概念粗略地说明。一般来说，若正离子极化力接近，它们形成的化学键性质就相近，因而相应化合物的性质便呈现出某些相似性来。

§9.4 氢能源

氢位于元素周期表中的ⅠA，本节简介氢能源。

能源是现代社会可持续发展所需要考虑的重要因素之一。目前煤、石油等化石燃料在当前的能源结构中仍占很大比例，但一方面化石燃料的使用带来了严重的环境污染，大量CO_2、SO_2、NO_x等污染气体导致了温室效应的产生和酸雨的形成，严重威胁了人类的健康和生存；另一方面，由于化石燃料是一种有限、不可再生的资源，日益增长的能源需求带来了严重的能源危机。因此，开发和利用清洁、高效的可再生能源是当前全球急待解决的任务。

近十多年来，以氢气作为未来的动力燃料的氢能源的研究获得迅速的发展。氢能源具有以下特点：

(1) 原料来源于地球上储量丰富的水，因而资源不受限制。

(2) 氢发热值高，除核燃料外氢的发热值是所有化石燃料、化工燃料和生物燃料中最高的，达到 121 061 J/g，是汽油的三倍。

(3) 氢的燃烧产物是水，对环境无任何污染。

(4) 氢能利用形式多，既可通过燃烧产生热能又可做能源材料用于燃料电池。

(5) 氢可以以气态、液态或固态的金属氢化物出现，能适应贮运及各种应用环境的不同要求。

发展氢能源需要解决三个方面的问题，即氢气的制备、储存和利用。

近年来，人们研究了多种制备氢气的新方法，如 C. Pistonesi[3]、Adam P. Simpson[4]等研究了甲烷蒸馏重整制备氢的方法；M. Watanabe[5]研究了催化分解制备氢的方法；K. G. Kanade[6]研究了催化光解制备氢的方法；S. A. Grigoriev[7]研究了电解制备氢的新技术。另外，还可通过电解水制备氢，或是利用产氢微生物进行发酵或光合作用来制得氢气。

一般条件下氢以气态存在，储存困难。目前，李静等[8]正在研究一种微孔结构的储氢装置，这种充满微孔的薄壁微型球床利用塑料、玻璃、陶瓷或金属等材料制成，氢气可储存在微孔中。另外，人们还研究出了多种合金以贮存氢气，如 V. Knotek 等[9]以电化学氢化法研究了 Mg－Ni－稀土合金对氢气的贮存功能；K. G. Bambhaniya 等[10]以高能球磨碾磨法合成了 Mg－Zr－Mn－Ni 合金用于氢气的贮存；X. S. Ye 等[11]以电化学萃取的方法(SOM法)制备了 Ti－Fe 基贮氢合金材料等。

近几年来氢气的用途得到新的发展，如被广泛应用于燃料电池。氢气作为燃料电池的燃料与其他燃料相比具有无可比拟的优越性，如氢气燃烧热值高、对空气无污染等。燃料电池技术取得突破性进展及其可观的前景，使全世界都看到氢作为能源的可行性和必然性。

氢能由于具有清洁、高效、可再生等优点被誉为21世纪理想能源，其可观的应用前景也已经凸现出来。但目前氢能技术尚未完全成熟且应用成本比较高，这种现状限制了其发展及商业化推广。因此，我们仍需采取有力的政策措施和投入技术资金来鼓励和支持氢能产业的发展，以实现我国能源可持续发展的目标。

课外参考读物

[1] 杨素媛，张丽娟，张堡垒. 稀土镁合金的研究现状及应用[J]. 稀土，2008，29(4)：81.

[2] 张永君，严川伟，王福会，曹楚南. 镁的应用及其腐蚀与防护[J]. 材料保护. 2002，35(4)：4.

[3] Pistonesi C. Theoretical and experimental study of methane steam reforming reactions over nickel catalyst[J]. Applied Surface Science, 2007, 253(9): 4427.

[4] Simpson Adam P, Lutz Andrew E. Exergy analysis of hydrogen production via steam methane reforming[J]. International Journal of Hydrogen Energy, 2007, 32(18): 4811.

[5] Watanabe M, Inomata H, Arai K. Catalytic hydrogen generation from biomass(glucose and cellulose) with ZrO_2 in supercritical water[J]. Biomass and Bioenergy, 2002,22(5):405.

[6] Kanade K G, Baeg Jin-OoK, Kale B B, Lee Sang Mi, Moon Sang-Jin, Kong Ki-jeong. Rose-red color oxynitride $Nb_2Zr_6O_{17}$-xNx: A visible light photocatalyst to hydrogen production[J]. International Journal of Hydrogen Energy, 2007, 32(18):4678.

[7] Grigoriev S A, Porembsky V I, Fateev V N. Pure hydrogen production by PEM electrolysis for hydrogen energy[J]. International Journal of Hydrogen Energy, 2006,31(2):171.

[8] 李静，吴尔东，耿长建，杜晓明. 多孔材料的胶囊化储氢[J]. 化学进展，2010，11：2238.

[9] Knotek V, Vojtěch D. Electrochemical hydriding of Mg - Ni - Mm (Mm = mischmetal) alloys as an effective method for hydrogen storage[J]. International Journal of Hydrogen Energy,2013, 38(7): 3030.

[10] Bambhaniya K G, GrewalG S, Shrinet V, Singh N L, Govindan T P. Fast hydriding Mg - Zr - Mn - Ni alloy compositions for high capacity hydrogen storage application[J]. International Journal of Hydrogen Energy, 2012, 37(4):3671.

[11] Ye X S, Lu X G, Li C H, Ding W Z, Zou X L, Gao Y H, Zhong Q D. Preparation of Ti - Fe

based hydrogen storage alloy by SOM method[J]. International Journal of Hydrogen Energy, 2011, 36(7):4573.

习题

1. 完成下列反应方程式。

(1) $Na + H_2 \xrightarrow{\triangle}$　　(2) $CaH_2 + H_2O \longrightarrow$

(3) $LiH + AlCl_3 \xrightarrow{乙醚}$　　(4) $Na_2O_2 + H_2O \longrightarrow$

(5) $KO_2 + H_2O \longrightarrow$　　(6) $Na_2O_2 + CO_2 \longrightarrow$

(7) $Be(OH)_2 + OH^- \longrightarrow$　　(8) $Mg(OH)_2 + NH_4^+ \longrightarrow$

2. 试以食盐、空气、碳、水为原料,制备下列物质(写出反应式并注明反应条件)。

Na　Na_2O_2　NaOH　Na_2CO_3

3. 如何鉴别下列各组物质?

(1) Na_2CO_3　$NaHCO_3$　NaOH

(2) $CaSO_4$　$CaCO_3$

(3) Na_2SO_4　$MgSO_4$

(4) $Al(OH)_3$　$Mg(OH)_2$　$MgCO_3$

4. 有一份白色固体混合物,其中可能含有 KCl,$MgSO_4$,$BaCl_2$,$CaCO_3$,根据下列实验现象,判断混合物中有哪几种化合物?

(1) 混合物溶于水,得透明澄清溶液;

(2) 对溶液作焰色反应,通过钴玻璃观察到紫色;

(3) 向溶液中加入碱,产生白色胶状沉淀。

5. 现有五瓶无标签的白色固体粉末,它们分别是:$MgSO_4$,$BaCO_3$,无水 Na_2CO_3,无水 $CaCl_2$ 及 $NaSO_4$,试设法加以区别。

6. 市售的 NaOH 中为什么常含有 Na_2CO_3 杂质?如何配制不含 Na_2CO_3 杂质的 NaOH 稀溶液?

7. 某地的土壤显碱性主要是由 Na_2CO_3 引起的,加入石膏为什么有降低土壤碱性的作用?

8. 将 1.00 g 白色固体 A 加强热,得到白色固体 B(加热时直至 B 的质量不再变化)和无色气体。将气体收集在 450 mL 的烧瓶中,温度为 25 ℃,压力为 27.9 kPa。将该气体通入 $Ca(OH)_2$ 饱和溶液中得到白色固体 C。如果将少量 B 加入水中,所得 B 溶液能使红色石蕊试纸变蓝。B 的水溶液被盐酸中和后,经蒸发干燥得白色固体 D。用 D 做焰色反应试验,火焰为绿色。如果 B 的水溶液与 H_2SO_4 反应后,得白色沉淀 E,E 不溶于盐酸。试确定 A,B,C,D,E 各为何种物质。

9. 一固体混合物可能含有 $MgCO_3$,Na_2SO_4,$Ba(NO_3)_2$,$AgNO_3$ 和 $CuSO_4$。混合物投入水中得到无色溶液和白色沉淀;将溶液进行焰色试验,火焰呈黄色;沉淀可溶于稀盐酸并放出气体。试判断哪些物质肯定存在,哪些物质可能存在,哪些物质肯定不存在,并分析原因。

10. CaH_2 与冰反应可释放出 H_2,因此 CaH_2 可用作高寒山区野外作业时的生氢剂。试计算 1.00 g CaH_2 与冰反应最多可制得 0 ℃、101.325 kPa 下的 H_2 体积。

第 10 章　p 区元素

元素周期表第ⅢA—ⅦA 族及 0 族元素，原子的价电子构型为 ns^2np^{1-6}（氦为 $1s^2$），这些元素构成 p 区元素。

§10.1　稀有气体

稀有气体位于元素周期表中的 0 族，因此亦称 0 族元素。除氩气外，其余几种在大气中含量很少，故得名“稀有气体”。

10.1.1　稀有气体的性质与用途

1. 稀有气体的性质

稀有气体都是无色、无臭、无味的气体，微溶于水，溶解度随分子量的增加而增大。稀有气体的分子都是由单原子组成的，它们的熔点和沸点都很低，随着原子量的增加，熔点和沸点增大。它们在低温时都可以液化。

稀有气体原子的最外层电子结构为 ns^2np^6（氦为 $1s^2$），是最稳定的结构，因此，在通常条件下不与其他元素作用，长期以来被认为是化学性质极不活泼，不能形成化合物的惰性元素。

稀有气体的电子亲和势都接近于零，与其他元素相比较，它们都有很高的电离能。因此，稀有气体原子在一般条件下不容易得到或失去电子而形成化学键。表现出化学性质很不活泼，不仅很难与其他元素化合，而且自身也是以单原子分子的形式存在，原子之间仅存在着微弱的范德华力。直到 1962 年，英国化学家巴特利特（N. Bartlett）才利用强氧化剂 PtF_6 与氙作用，制得了第一种稀有气体的化合物 $Xe[PtF_6]$，以后又陆续合成了其他稀有气体化合物。

2. 稀有气体的用途

随着工业生产和科学技术的发展，稀有气体越来越广泛地应用在工业、医学、尖端科学技术以至日常生活中。

利用稀有气体作保护气。在焊接精密零件或镁、铝等活泼金属，以及制造半导体晶体管的过程中,常用氩作保护气。原子能反应堆的核燃料钚,在空气里也会迅速氧化,也需要在氩气保护下进行机械加工。电灯泡里充氩气可以减少钨丝的气化和防止钨丝氧化,以延长灯泡的使用寿命。

利用稀有气体通电时会发光制造照明设备。世界上第一盏霓虹灯是填充氖气制成的。灯管里充入氩气或氦气,通电时分别发出浅蓝色或淡红色光。人们常用的荧光灯,是在灯管里充入少量水银和氩气,并在内壁涂荧光物质而制成的。

利用稀有气体制成多种混合气体激光器。氦—氖激光器就是其中之一。氦氖混合气体被密封在一个特制的石英管中,在外界高频振荡器的作用下,混合气体的原子间发生非弹性碰撞,被激发的原子之间发生能量传递,进而产生电子跃迁,并发出与跃迁相对应的受激辐射波,应用于测量和通讯。

氦气是除了氢气以外最轻的气体,可以代替氢气装在飞船里,不会着火和发生爆炸。液态氦的沸点为-269 ℃,是所有气体中最难液化的,利用液态氦可获得接近绝对零度的超低温。氦气还用来代替氮气作人造空气,供探海潜水员呼吸。

10.1.2 稀有气体的化合物

第一个稀有气体化合物——$Xe[PtF_6]$,它独特的经历和风姿震惊了整个化学界,标志着稀有气体化学的建立,开创了稀有气体化学研究的崭新领域。

1. 氙的氟化物

在一定条件下,Xe 可与 F_2 发生反应,生成稳定的 Xe 的氟化物(XeF_2、XeF_4 和 XeF_6)。

$$Xe + nF_2 \longrightarrow XeF_{2n} (n = 1、2、3)$$

XeF_2、XeF_4 和 XeF_6 全部都是强氧化剂,能将许多物质氧化。例如:

$$XeF_2 + 2I^- \longrightarrow Xe + I_2 + 2F^-$$

$$XeF_2 + H_2 \longrightarrow Xe + 2HF$$

$$XeF_4 + 4Hg \longrightarrow Xe + 2Hg_2F_2$$

$$XeF_4 + Pt \longrightarrow Xe + PtF_4$$

XeF_2、XeF_4 和 XeF_6 都与水反应,XeF_2 溶于水,在稀酸中缓慢水解,而在碱性溶液中迅速分解:

$$2XeF_2 + 2H_2O \longrightarrow 2Xe + 4HF + O_2$$

XeF_4 在碱性溶液中迅速分解,发生歧化反应:

$$6XeF_4 + 12H_2O \longrightarrow 2XeO_3 + 4Xe + 24HF + 3O_2$$

XeF_6 遇水猛烈反应,低温水解比较平稳。当 XeF_6 不完全水解,其水解产物变为 $XeOF_4$:

$$XeF_6 + H_2O \longrightarrow XeOF_4 + 2HF$$

而完全水解时则得到 XeO_3：

$$XeF_6 + 3H_2O \longrightarrow XeO_3 + 6HF$$

XeF_2、XeF_4 和 XeF_6 还是优良、温和的氟化剂，例如：

$$XeF_2 + IF_5 \longrightarrow IF_7 + Xe$$

$$XeF_4 + 2CF_3—CF = CF_2 \longrightarrow 2CF_3—CF_2—CF_3 + Xe$$

$$XeF_4 + 2SF_4 \longrightarrow 2SF_6 + Xe$$

$$2XeF_6 + SiO_2 \longrightarrow 2XeOF_4 + SiF_4$$

最后一个反应说明不能用玻璃或石英器皿盛氟化氙，而要用镍制容器。

2. 氙的含氧化合物

目前已知的 Xe 的含氧化物中，氧化数为 +6 的有 XeO_3 及 $HXeO_4^-$，二者之间有如下平衡：

$$XeO_3 + OH^- \longrightarrow HXeO_4^-$$

$$2HXeO_4^- + 2OH^- \longrightarrow XeO_6^{4-} + Xe + O_2 + 2H_2O$$

三氧化氙是一种易潮解，易爆炸的白色固体。XeO_3 的水溶液浓度最高达 $4\ mol \cdot L^{-1}$，这种溶液不导电，表明 XeO_3 在水中以分子状态存在。

XeO_3 具有很强的氧化性，能将 Fe^{2+} 氧化成 Fe^{3+}，把氨氧化成 N_2，把 Br^- 氧化成 BrO_3^-，把盐酸氧化成 Cl_2，把 Mn^{2+} 氧化成 MnO_4^-，它还能把有机物醇和羧酸等氧化成 CO_2。

向 XeO_3 的水溶液中通入 O_3 生成高氙酸：

$$XeO_3 + O_3 + 2H_2O \longrightarrow H_4XeO_6 + O_2$$

若同时用碱中和上述反应，可制得ⅠA 及ⅡA 族金属的高氙酸盐，例如：

$$XeO_3 + 4NaOH + O_3 + 6H_2O \longrightarrow Na_4XeO_6 \cdot 8H_2O + O_2$$

用强干燥剂将高氙酸脱水，可得其酸酐 XeO_4：

$$H_4XeO_6 \xrightarrow{\text{浓硫酸}} XeO_4 + 2H_2O$$

XeO_4 和 Na_4XeO_6 都是很强的氧化剂。

含有 Xe—N 键和 Xe—C 键的化合物，也已经被合成出来了，但不稳定。

XeO_3 对某些生物生长有显著影响，如抑制红菜豆芽胚生长率，使甜菜根组织的色素消失等。

3. 其他稀有气体化合物

稀有气体中氡的第一电离能最小，理应易于生成化合物，但是由于它所有的同位素都具有很强的放射性，且半衰期都很短(最长的 ^{222}Rn，也只有 3.8 天)，这就增加了研究氡的化合物的难度。至今已制成的氡化合物实际上仅有氟化氡。而且氟化氡是很难制备的。

在室温或低温下，氡可以被氟化氙、氟化氪等氟化生成 RnF_2 并有微量 RnF_4。氟化氡在酸、碱水溶液中均会水解，氡气被释放出来，不会在溶液中留下任何氡化物，这类似于氟化氪，与氟化氙迥然不同。

§10.2 卤　　素

卤族元素又称为卤素，是元素周期表中第ⅦA族元素。卤素的希腊文原意为成盐元素。在自然界，氟主要以萤石(CaF_2)和冰晶石(Na_3AlF_6)等矿物存在；氯、溴、碘主要以钠、钾、钙、镁的无机盐形式存在于海水中，碘因被海藻类植物所吸收而富集；砹为放射性元素，仅以微量且短暂地存在于铀和钍的蜕变物中。

10.2.1 卤素单质

1. 物理性质

卤素单质均为双原子分子，固态时为分子晶体，因此熔点、沸点都比较低。随着卤素原子半径增大和核外电子数目增多，卤素分子之间的色散力逐渐增大，因而卤素单质的熔点、沸点、汽化焓和相对密度等物理性质按 F－Cl－Br－I 顺序依次递增。

常温常压下，氟是浅黄色气体，氯是黄绿色气体，溴是棕红色液体，碘是紫黑色带有金属光泽的固体。随着相对分子质量的增大，卤素单质颜色依次加深。固态碘由于具有高的蒸气压，加热时产生升华现象，利用碘的这一性质，可将粗碘进行精制。

卤素单质在水中的溶解度不大，其中氟与水剧烈反应，不能存在于水中。

$$2F_2 + 2H_2O \longrightarrow 4HF + O_2$$

溴和碘易溶于有机溶剂如乙醇、乙醚、氯仿、四氯化碳和二硫化碳中。碘在纯水中的溶解度很小，但可以以 I_3^- 的形式大量存在于碘化物(如KI)溶液中。

卤素均有毒，刺激眼、鼻、气管的黏膜。少量的氯气具有杀菌作用，液溴可灼伤皮肤，不能直接接触。

2. 化学性质

从卤素在自然界中存在形式可以看出卤素单质化学活泼性很强，价电子层构型为 ns^2np^5，易获一个电子达到最外层8电子稳定结构。卤素单质中 F_2 氧化性最强，随原子序数增大，氧化能力变弱。它们的化学活泼性，从 F_2 到 I_2 依次减弱。

(1) 与金属的反应

F_2 在任何温度下都可与金属直接化合，生成高价金属氟化物。F_2 与 Cu、Ni、Mg 作用时由于金属表面生成一薄层氟化物致密保护膜而中止反应，所以 F_2 可储存在 Cu、Ni、Mg 或合金制成的容器中。

Cl_2 可与各种金属作用，但干燥的 Cl_2 不与 Fe 反应，因此 Cl_2 可储存在铁罐中。

Br_2 与 I_2 在常温下只能与活泼金属作用，与不活泼金属只有在加热条件下反应。

(2) 与非金属反应

除 O_2、N_2 和稀有气体 He、Ne、Ar 外，F_2 可与所有非金属作用，直接化合成高价氟化物。低温下 F_2 可与 C、Si、S、P 猛烈反应，生成的氟化物大多具有挥发性。

Cl_2 与 Br_2 也能与大多数非金属单质直接作用生成相应的共价化合物，但不如 F_2 的反应激烈。

I_2 只能与少数非金属直接反应生成共价化合物。

F_2 在低温黑暗中即可与 H_2 直接化合放出大量热导致爆炸；Cl_2 在常温下与 H_2 缓慢反应，但强光照射时发生爆炸的连锁反应；Br_2 与 H_2 需要加热才能反应；I_2 与 H_2 只有在加热或有催化剂存在的条件下才能反应，且反应可逆。

(3) 与水的反应

卤素与水反应有两种方式，即

$$2X_2 + 2H_2O \longrightarrow 4H^+ + 4X^- + O_2 \qquad ①$$

$$X_2 + H_2O \longrightarrow H^+ + X^- + HXO \qquad ②$$

虽然从热力学上讲 F_2、Cl_2、Br_2 都能发生反应①，但从反应速率看，F_2 反应激烈，Cl_2 只有在光照下才能缓慢进行，Br_2 反应极其缓慢；Cl_2、Br_2、I_2 与水主要按②式反应，而且反应程度依次减弱。

当水溶液呈碱性时，X_2 可发生如下的歧化反应：

$$X_2 + 2OH^- \longrightarrow X^- + XO^- + H_2O \qquad ③$$

$$3XO^- \longrightarrow 2X^- + XO_3^- \qquad ④$$

Cl_2 在 20 ℃时，按③反应，70 ℃时，按④反应；Br_2 在 20 ℃时，③和④反应都很快，在 0 ℃时，④反应较慢；I_2 在 0 ℃时，④反应很快。例如室温下：

$$Cl_2 + 2NaOH \longrightarrow NaCl + NaClO + H_2O$$

$$3Br_2 + 6NaOH \longrightarrow 5NaBr + NaBrO_3 + 3H_2O$$

$$3I_2 + 6NaOH \longrightarrow 5NaI + NaIO_3 + 3H_2O$$

3. 卤素单质的制备和用途

卤素在自然界中以化合物的形式存在，所以卤素的制备可归纳为卤素阴离子的氧化。根据 X^- 还原性和产物 X_2 氧化性的差异，决定了不同卤素的制备方法。

(1) F_2

1886年莫瓦桑(H. Moissan)利用电解法成功制备出单质氟。目前通常用电解三份 KHF_2 和两份无水HF的熔融混合物来制备氟,电解反应为

$$2KHF_2 \xrightarrow{\text{电解}} 2KF + \underset{(\text{阴极})}{H_2} + \underset{(\text{阳极})}{F_2}$$

阳极电解得到的 F_2 压入镍制的特种钢瓶中,在电解槽中有一隔膜将阳极生成的氟和阴极生成的氢分开,防止两种气体混合而发生爆炸反应。

在实验室中,常利用热分解含氟化合物的方法制备单质氟,如:

$$BrF_5 \xrightarrow{\triangle} BrF_3 + F_2$$

1986年,化学家克里斯特(K. Christe)成功地用化学法制得单质 F_2。利用 $KMnO_4$、HF、KF、H_2O_2 采用氧化配合置换法制得单质 F_2。

$$2KMnO_4 + 2KF + 10HF + 3H_2O_2 \longrightarrow 2K_2MnF_6 + 8H_2O + 3O_2$$

$$SbCl_5 + 5HF \longrightarrow SbF_5 + 5HCl$$

$$K_2MnF_6 + 2SbF_5 \xrightarrow{423\ K} 2KSbF_6 + MnF_4$$

$$MnF_4 \longrightarrow MnF_3 + \frac{1}{2}F_2$$

氟主要用来制造制冷剂氟利昂-12(CCl_2F_2)、聚四氟乙烯、杀虫剂 CCl_3F、灭火剂 CBr_2F_2。在原子能工业上,氟用于 U^{235} 和 U^{238} 的分离,因为在铀的化合物中只有 UF_6 具有挥发性,先将铀氧化成 UF_6,然后用气体扩散法将两种铀的同位素分离。

(2) Cl_2

工业上使用的氯主要来源是电解饱和NaCl水溶液。电解反应为

$$2NaCl + 2H_2O \xrightarrow{\text{电解}} H_2 + Cl_2 + 2NaOH$$

实验室常用二氧化锰与浓盐酸反应制备氯:

$$MnO_2 + 4HCl \xrightarrow{\triangle} MnCl_2 + 2H_2O + Cl_2$$

大量氯气用于制造盐酸、农药、染料、含氯有机化合物和聚氯乙烯塑料等,也用于纸浆和棉布的漂白以及饮用水消毒。

(3) Br_2

工业上,通常以海水为原料制备溴。将 Cl_2 通入 pH = 3.5 左右晒盐后留下的苦卤(富含 Br^-)中,Br^- 被氧化成单质 Br_2,然后用空气将 Br_2 带出来,最后用 Na_2CO_3 溶液吸收:

$$3Br_2 + 3Na_2CO_3 \longrightarrow 5NaBr + NaBrO_3 + 3CO_2$$

再调 pH 至酸性，Br^-、BrO_3^- 在酸性介质中反歧化得到单质 Br_2：

$$5HBr + HBrO_3 \longrightarrow 3Br_2 + 3H_2O$$

在实验室中，常利用氧化剂氧化溴化物来制备单质溴：

$$MnO_2 + 2NaBr + 3H_2SO_4 \longrightarrow Br_2 + MnSO_4 + 2NaHSO_4 + 2H_2O$$

$$2NaBr + 3H_2SO_4(浓) \longrightarrow Br_2 + SO_2 + 2NaHSO_4 + 2H_2O$$

溴主要用于制造汽油抗爆剂、照相感光剂、药剂、农药和染料。

(4) I_2

工业上制备 I_2，是用 $NaHSO_3$ 还原从智利硝石提取 $NaNO_3$ 后剩下的母液(含 $NaIO_3$)制得 I_2：

$$2IO_3^- + 5HSO_3^- \longrightarrow 3HSO_4^- + 2SO_4^{2-} + I_2 + H_2O$$

碘还可以从海藻中提取，将适量卤气通入用水浸取海藻所得的溶液，则 I^- 被氧化为 I_2：

$$Cl_2 + 2I^- \longrightarrow 2Cl^- + I_2$$

用此法制碘应避免通入过量的氯气，因为过量的氯气可将碘进一步氧化为碘酸。

$$I_2 + 5Cl_2 + 6H_2O \longrightarrow 2IO_3^- + 10Cl^- + 12H^+$$

实验室里制备少量单质碘的方法与实验室制备溴相似：

$$2NaI + MnO_2 + 3H_2SO_4 \longrightarrow I_2 + MnSO_4 + 2NaHSO_4 + 2H_2O$$

$$8NaI + 9H_2SO_4(浓) \longrightarrow 4I_2 + 8NaHSO_4 + H_2S + 4H_2O$$

碘主要用来制造照相感光剂、药物和饮料添加剂等。

10.2.2 卤素的化合物

1. 卤化氢和氢卤酸

(1) 物理性质

卤化氢都是具有强烈刺激性气味的无色气体，在空气中易与水蒸气结合而形成白色酸雾。

除 HF 外，从 HCl 到 HI 沸点逐渐增高，因为分子量逐渐增大，分子间色散力增大。HF 因形成分子间氢键，所以沸点是本族最高的。

常温常压下，HF 分子间因存在氢键而发生缔合，HF 主要存在形式是$(HF)_2$和$(HF)_3$。其他卤化氢气体，常温下以单分子状态存在。

卤化氢都是极性分子，它们在水中的溶解度很大。常压下蒸馏氢卤酸，溶液的沸点和组成都在不断地变化，最后溶液的组成和沸点恒定不变，形成了恒沸溶液。

(2) 化学性质

① 酸性

卤化氢溶解于水得到相应的氢卤酸,其酸性为

$$HF < HCl < HBr < HI$$

HF是弱酸,其余为强酸。实验表明,HF的解离度随HF浓度的增大而增大,浓度大于5 mol·L^{-1}时,已变成强酸,这一反常现象的原因是生成了缔合离子HF_2^-、$H_2F_3^-$等,由于消耗了F^-,促使HF进一步解离,故溶液酸性增强。

HF另一个独特之处是可以腐蚀玻璃,反应为

$$4HF(g) + SiO_2 \longrightarrow 2H_2O + SiF_4(g)$$

$$6HF(aq) + SiO_2 \longrightarrow 2H_2O + H_2SiF_6$$

因此无论是HF气体还是氢氟酸溶液均必须用塑料质或内涂石蜡的容器贮存。

② 还原性

氢卤酸的还原性次序为

$$HI > HBr > HCl > HF$$

事实上HF不能被一般氧化剂所氧化;HCl不被空气氧化,与一些强氧化剂如F_2、MnO_2、$KMnO_4$等反应才显还原性;Br^-和I^-的还原性较强,空气中的氧气就可以使它们氧化为单质。溴化氢溶液在日光、空气作用下即可变为棕色;而碘化氢溶液即使在阴暗处,也会逐渐变为棕色。

$$4HI + O_2 \longrightarrow 2I_2 + 2H_2O$$

③ 热稳定性

卤化氢的热稳定性是指其受热是否易分解为单质:

$$2HX \xrightarrow{\triangle} H_2 + X_2$$

卤化氢的热稳定性大小可由生成焓及键能来衡量。随卤化氢分子生成焓代数值的依次增大,键能依次减小,它们的热稳定性依HF到HI顺序急剧下降(HF > HCl > HBr > HI)。

(3) 卤化氢的制备

① HF、HCl用卤化物与高沸点难挥发性酸发生置换反应制备:

$$CaF_2 + H_2SO_4(浓) \xrightarrow{200—250\ ℃} CaSO_4 + 2HF$$

$$NaCl + H_2SO_4(浓) \xrightarrow{150\ ℃} NaHSO_4 + HCl$$

$$NaHSO_4 + NaCl \xrightarrow{540—600\ ℃} Na_2SO_4 + HCl$$

制备 HBr、HI 不能用此方法，因为 HBr 和 HI 有较强的还原性，它们可以与浓硫酸进一步反应：

$$2HBr + H_2SO_4(浓) \longrightarrow Br_2 + SO_2 + 2H_2O$$

$$8HI + H_2SO_4(浓) \longrightarrow 4I_2 + H_2S + 4H_2O$$

HBr、HI 可用无氧化性、无挥发性的 H_3PO_4 与 NaBr、NaI 反应来制取：

$$NaBr + H_3PO_4 \xrightarrow{\triangle} NaH_2PO_4 + HBr$$

$$NaI + H_3PO_4 \xrightarrow{\triangle} NaH_2PO_4 + HI$$

② 卤素与氢直接化合

F_2 和 H_2 直接化合反应激烈而无法控制，此法不能用于 HF 的制备。工业上用 Cl_2 和 H_2 直接化合制备 HCl。

$$H_2 + Cl_2 \longrightarrow 2HCl$$

Br_2、I_2 与 H_2 的化合反应缓慢，需在高温下进行，而 HBr、HI 在温度较高时又会分解，影响其产率，但在较低的温度下用合适的催化剂催化 Br_2 与 H_2 的反应合成 HBr 的工艺已投入实际生产。

③ 卤化物水解法

把 Br_2 水滴在磷和少许水的混合物上：

$$2P + 3Br_2 \longrightarrow 2PBr_3$$

$$PBr_3 + 3H_2O \longrightarrow H_3PO_3 + 3HBr$$

总反应 $$2P + 3Br_2 + 6H_2O \longrightarrow 2H_3PO_3 + 6HBr$$

将 H_2O 滴在红磷与 I_2 的混合物上：

$$2P + 3I_2 \longrightarrow 2PI_3$$

$$PI_3 + 3H_2O \longrightarrow H_3PO_3 + 3HI$$

总反应 $$2P + 3I_2 + 6H_2O \longrightarrow 2H_3PO_3 + 6HI$$

④ 烃类化合物的卤化

F_2、Cl_2、Br_2 与饱和烃或芳香烃反应时，副产品为相应的卤化氢，例如：

$$C_6H_6 + 6Br_2 \xrightarrow{\triangle} C_6Br_6 + 6HBr$$

2. 卤化物

卤素与电负性较小的元素形成的化合物称为卤化物。按键型分为离子型和共价型两种。离子型卤化物具有较高的熔点、沸点和较低的挥发性，熔融时能导电，而共价型卤化物一般熔点、沸点较低，具有挥发性，熔融时不能导电。

碱金属（Li除外）、碱土金属（Be除外）和大多数镧系、锕系元素的卤化物基本上是离子型化合物，其离子性随金属氧化数的增高、半径减小以及卤素离子半径的增大而减弱，逐渐由离子型向共价型转化。同一种金属低价态显离子性，高价态显共价性，例如：$SnCl_2$（离子型），$SnCl_4$（共价型）。金属氟化物主要显离子性。

大多数的卤化物易溶于水。氯、溴、碘的银盐、铅盐、亚汞盐、亚铜盐是难溶的。因为F^-离子半径很小，Li和碱土金属以及镧系元素金属氟化物的晶格能远比其他卤化物的高，所以难溶，如CaF_2难溶，$CaCl_2$易溶。而在Hg(Ⅰ)、Ag(Ⅰ)的氟化物中，因为F^-变形性小，与Hg(Ⅰ)、Ag(Ⅰ)形成的氟化物表现离子性而易溶于水，如AgF易溶，AgCl、AgBr及AgI难溶。

金属卤化物的制备最常用的方法是用盐酸与活泼金属（如镁、铁、铝、锌等）反应，如：

$$Zn + 2HCl \longrightarrow ZnCl_2 + H_2$$

对电极电势为正值的某些金属（如铜），只要在盐酸中加入适当的氧化剂，有可能制得相应氯化物。例如：

$$Cu + H_2O_2 + 2HCl \longrightarrow CuCl_2 + 2H_2O$$

此外，用盐酸与氧化物、氢氧化物、碳酸盐反应，亦可制得相应的金属氯化物。例如：

$$ZnO + 2HCl \longrightarrow ZnCl_2 + H_2O$$

$$LiOH + HCl \longrightarrow LiCl + H_2O$$

但强烈水解的氯化物（如$SnCl_4$、$SiCl_4$等）只能采用干法合成。

3. 卤素的含氧酸及其盐

氯、溴及碘具有不同价态的含氧酸，如次卤酸、亚卤酸、卤酸、高卤酸。

(1) 次卤酸及其盐

氯气和水作用生成次氯酸和盐酸，但所得的次氯酸浓度很低，如加入能和HCl作用的物质（如HgO、Ag_2O、$CaCO_3$等），则可使反应继续向右进行，从而得到浓度较大的次氯酸溶液。例如：

$$2Cl_2 + 2HgO + H_2O \longrightarrow HgO \cdot HgCl_2 + 2HClO$$

工业上采用电解冷的稀NaCl溶液的方法制备HClO。

阴极：$2H^+ + 2e^- \longrightarrow H_2$

阳极：$2Cl^- \longrightarrow Cl_2 + 2e^-$

将阳极产生的Cl_2通入阴极区的NaOH中：

$$Cl_2 + 2NaOH \longrightarrow NaClO + NaCl + H_2O$$

加酸，减压蒸馏，可以得到较纯净的HClO浓溶液。

$$ClO^- + H^+ \longrightarrow HClO$$

次卤酸均为弱酸，相应的 $K_a^\ominus$ 如下：

	HClO	HBrO	HIO
$K_a^\ominus$	2.8×10^{-8}	2.6×10^{-9}	2.4×10^{-11}

酸性次序为

$$HClO > HBrO > HIO$$

次卤酸都不稳定，仅存在于水溶液中，稳定性次序为

$$HClO > HBrO > HIO$$

HXO 在光的作用下的分解方式为

$$2HXO \xrightarrow{光} 2HX + O_2$$

在碱性条件下，XO^- 可发生歧化反应：

$$3XO^- \longrightarrow XO_3^- + 2X^-$$

XO^- 的歧化速率与温度有关。室温下 ClO^- 的歧化很慢，而在 70 ℃以上歧化速率明显提高；BrO^- 室温下则迅速歧化，只有在 0 ℃时 BrO^- 相对稳定；IO^- 在 0 ℃时歧化速率就已经很快。

次卤酸都具有强氧化性，如：

$$2HClO + 2HCl \longrightarrow 2Cl_2 + 2H_2O$$

次卤酸氧化性的次序为

$$HClO > HBrO > HIO$$

XO^- 盐比 HXO 酸稳定性高，所以经常用其盐在酸性介质中做氧化剂。

在次卤酸及其盐中，常见的是次氯酸及其盐。漂白粉是通过氯气与熟石灰反应而得到的混合物：

$$2Cl_2 + 3Ca(OH)_2 \xrightarrow{40\ ℃以下} \underbrace{Ca(ClO)_2 + CaCl_2\cdot Ca(OH)_2\cdot H_2O}_{漂白粉} + H_2O$$

漂白粉的有效成分是其中的次氯酸钙 $Ca(ClO)_2$，使用时必须加酸，使之转变成 HClO 后才能有强氧化性，发挥其漂白、消毒作用。例如棉织物的漂白是先将其浸入漂白粉液，然后再用稀酸溶液处理。

LiClO 可用于硬水的处理与牛奶的消毒。NaClO 可作为家庭漂白粉以及游泳池、城市供水及下水道的消毒。

(2) 亚卤酸及其盐

常见的亚卤酸是亚氯酸。

利用 H_2SO_4 和 $Ba(ClO_2)_2$ 反应,可以制备 $HClO_2$:

$$H_2SO_4 + Ba(ClO_2)_2 \longrightarrow BaSO_4 + 2HClO_2$$

过滤除去 $BaSO_4$ 可制得纯净 $HClO_2$。

$HClO_2$ 的酸性大于 HClO。$HClO_2$ 稳定性极差,很快分解:

$$8HClO_2 \longrightarrow Cl_2 + 6ClO_2 + 4H_2O$$

在碱性溶液中,ClO_2 与过氧化物反应,可以得到亚氯酸盐,例如:

$$2ClO_2 + Na_2O_2 \longrightarrow 2NaClO_2 + O_2$$

ClO_2^- 在溶液中较稳定,具有强氧化性,可作漂白剂。亚氯酸盐虽然较亚氯酸稳定,但加热或撞击时会爆炸分解。

(3) 卤酸及其盐

利用卤酸盐与酸反应可以得到卤酸,例如:

$$Ba(ClO_3)_2 + H_2SO_4 \longrightarrow BaSO_4 + 2HClO_3$$

注意:H_2SO_4 浓度不宜太高,否则 $HClO_3$ 浓度过大易发生爆炸分解。

利用卤素单质在 OH^- 介质中歧化的反应可以制备卤酸盐:

$$3X_2 + 6OH^- \longrightarrow 5X^- + XO_3^- + 3H_2O$$

得到的卤酸盐酸化后得卤酸。此法优点是利用溶解度差异,X^-、XO_3^- 易分离,反应彻底;缺点是转化率低。

另外还可以用直接氧化法制取,如:

$$I_2 + 10HNO_3 \longrightarrow 2HIO_3 + 10NO_2 + 4H_2O$$

$$I^- + 3Cl_2 + 6OH^- \longrightarrow IO_3^- + 6Cl^- + 3H_2O$$

$$I_2 + 5Cl_2 + 6H_2O \longrightarrow 2HIO_3 + 10HCl$$

$HClO_3$ 及 $HBrO_3$ 仅存在于溶液中,$HClO_3$ 及 $HBrO_3$ 可存在的最大百分比浓度分别为 40%和 50%,超过以上浓度时将会发生分解。例如:

$$8HClO_3(浓) \xrightarrow{\triangle} 4HClO_4 + 2Cl_2 + 3O_2 + 2H_2O$$

$$4HBrO_3(浓) \xrightarrow{\triangle} 2Br_2 + 5O_2 + 2H_2O$$

HIO_3 为固体,受热分解:

$$2HIO_3 \xrightarrow[170\ ℃]{\triangle} I_2O_5 + H_2O$$

可见卤酸的稳定性次序为

$$HClO_3 < HBrO_3 < HIO_3$$

盐的稳定性大于相应酸的稳定性，但受热时也发生分解。例如：

$$4KClO_3 \xrightarrow{400\ ℃} KCl + 3KClO_4$$

$$2KClO_3 \xrightarrow[\triangle]{MnO_2} 2KCl + 3O_2$$

$$2Zn(ClO_3)_2 \xrightarrow{\triangle} 2ZnO + 2Cl_2 + 5O_2$$

HXO_3 的酸性次序为

$$HClO_3 > HBrO_3 > HIO_3$$

其中，$HClO_3$、$HBrO_3$ 为强酸，HIO_3 为中强酸。

$E^{\ominus}(HXO_3/X_2)$的数据如下：

	Cl	Br	I
$E^{\ominus}(HXO_3/X_2)/V$	1.47	1.48	1.195

可见，HXO_3 均为强氧化剂，其中 $HBrO_3$ 的氧化性最强，这也反映了 p 区第四周期元素的特殊性。

固体氯酸钾是强氧化剂，与硫、磷、碳等还原性物质及有机物、可燃性物质混合后，经摩擦或撞击就会发生燃烧或爆炸，因此氯酸钾多用来制造火柴和焰火等。氯酸钠比氯酸钾易吸潮，常用作除草剂。溴酸钾和碘酸钾是重要的分析基准物质。

(4) 高卤酸及其盐

$KClO_4$ 与浓 H_2SO_4 反应，可制备 $HClO_4$：

$$KClO_4 + H_2SO_4 \longrightarrow KHSO_4 + HClO_4$$

减压蒸馏把 $HClO_4$ 从混合物中分离出来。

工业上利用电解氧化 HCl 的方法制备 $HClO_4$：

阳极　$Cl^- + 4H_2O - 8e^- \longrightarrow ClO_4^- + 8H^+$

阴极　$2H^+ + 2e^- \longrightarrow H_2$

经减压蒸馏可得 60%市售 $HClO_4$。但浓度过高时则不稳定，易爆炸。

用 XeF_2 或 F_2 氧化 $NaBrO_3$ 制取高溴酸盐：

$$NaBrO_3 + XeF_2 + H_2O \longrightarrow NaBrO_4 + Xe + 2HF$$

$$BrO_3^- + F_2 + 2OH^- \longrightarrow BrO_4^- + 2F^- + H_2O$$

过量的 BrO_3^- 及 F^-，可利用生成 $AgBrO_3$ 和 CaF_2 的方法过滤除去。高溴酸盐水溶液通过阳离子交换柱，可得到高溴酸的水溶液，浓缩至质量百分比 55%的 $HBrO_4$ 溶液($6\ mol \cdot L^{-1}$)，在低于100 ℃时此溶液比较稳定，但浓度过高则不稳定。

将氯气通入碘酸盐的碱性溶液中，可得高碘酸盐：

$$NaIO_3 + Cl_2 + 3NaOH \longrightarrow Na_2H_3IO_6 + 2NaCl$$

实验室中，利用高碘酸钡与硫酸反应制备高碘酸：

$$Ba_5(IO_6)_2 + 5H_2SO_4 \longrightarrow 5BaSO_4 + 2H_5IO_6$$

高碘酸为固体，与其他高卤酸不同，碘原子的半径大，它采用 sp^3d^2 杂化轨道成键。HIO_4 常称为偏高碘酸。高碘酸在真空中加热脱水则转化为偏高碘酸。

高氯酸是无机酸中最强的酸，高溴酸也是强酸，但高碘酸是中强酸。高卤酸的酸性次序为

$$HClO_4 > HBrO_4 > H_5IO_6$$

$E^{\ominus}(HXO_4/HXO_3)$的数据如下：

	Cl	Br	I
$E^{\ominus}(HXO_4/HXO_3)/V$	1.19	1.763	1.7

可见在高卤酸中，HXO_4 氧化性次序为

$$HBrO_4 > HIO_4 > HIO_4$$

这也是反映了 p 区第四周期元素的特殊性。冷的稀 $HClO_4$ 没有明显的氧化性。

高氯酸的 K^+、Rb^+、Cs^+、NH_4^+ 盐溶解度小，其余易溶。有些高氯酸盐易吸潮，可以用作干燥剂，如 $Mg(ClO_4)_2$、$Ba(ClO_4)_2$。

§10.3 氧族元素

元素周期表中第ⅥA族的元素称为称为氧族元素，价电子构型为 ns^2np^4。

氧是地壳中分布最广、含量最多的元素，约占地壳总质量的48.6%，存在于 O_2(大气圈)、H_2O(水圈)、SiO_2、硅酸盐及其他含氧化合物(岩石圈)等中。硫在地壳中的原子百分含量为0.03%，分布也比较广，存在于天然单质硫矿、硫化物矿、方铅矿 PbS、闪锌矿 ZnS、硫酸盐矿、石膏 $CaSO_4 \cdot 2H_2O$、芒硝 $Na_2SO_4 \cdot 10H_2O$、重晶石 $BaSO_4$、天青石 $SrSO_4$ 等中。硒存在于硒铅矿 PbSe、硒铜矿 CuSe 等中。碲主要存在于碲铅矿 PbTe 中。

10.3.1 氧及其化合物

1. 氧气

常温下，氧气是无色无味气体，它在 H_2O 中的溶解度很小，沸点为−183 ℃，熔点为−219 ℃。

氧的化学性质主要表现在氧化性上，可以和众多的金属、非金属、化合物反应，例如：

$$2Mg + O_2 \longrightarrow 2MgO$$

$$S + O_2 \longrightarrow SO_2$$

$$2CO + O_2 \longrightarrow 2CO_2$$

工业用氧气主要来源于液态空气分馏。实验室制备氧气常用加热分解金属氧化物或含氧酸盐的方法。

氧有广泛的用途，氧气是生物生存必需的成分。富氧空气或纯氧用于医疗和高空飞行。大量的纯氧用于炼钢。氢氧焰和氧炔焰用来焊接和切割金属。液氧常用作制冷剂和火箭发动机的助燃剂。

2. 臭氧

臭氧分子中，中心氧原子采用 sp^2 杂化，形成 V 型结构。中心氧原子未参与杂化的 2p 轨道上有两个电子，两端氧原子与其平行的 2p 轨道上各有一个电子，这三个 2p 轨道均垂直于分子平面，相互平行，相互重叠，形成 3 中心 4 电子大 π 键 Π_3^4。O_3 的分子结构如图 10－1 所示。

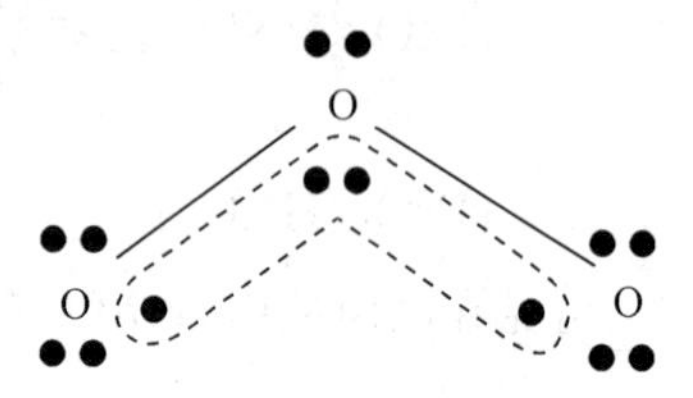

图 10－1　O_3 的分子结构示意图

O_3 为淡蓝色，有鱼腥气味，由于分子有极性，在水中的溶解度比 O_2 大些。在高温和放电的条件下，O_2 可以变成 O_3。

臭氧不稳定，在常温下就可分解：

$$2O_3 \longrightarrow 3O_2$$

臭氧有强氧化性，其氧化性比 O_2 强，例如：

$$PbS + 4O_3 \longrightarrow PbSO_4 + 4O_2$$

$$O_3 + XeO_3 + 2H_2O \longrightarrow H_4XeO_6 + O_2$$

臭氧能迅速氧化 I^- 为单质碘，此反应常作为 O_3 的鉴定反应：

$$O_3 + 2H^+ + 2I^- \longrightarrow I_2 + H_2O + O_2$$

利用 O_3 的强氧化性和它不容易导致二次污染这一优点，在实际中用它来净化空气和废水。臭氧还可用作棉、麻、纸张的漂白剂和皮毛的脱臭剂。空气中微量的臭氧不仅能杀菌，还能刺激中枢神经，加速血液循环。但地表空气中臭氧含量超过 1 mg/m^3 时，则有损人体健康和植物生长。

在离地面 20—40 km 的高空，尤其是在 20—25 km 之间，存在较多的臭氧，形成了薄薄的臭氧层。臭氧层可以吸收太阳辐射的紫外线，对地面生物有重要的保护作用。

近年来，由于人类大量使用了矿物燃料（如汽油、柴油）和氯氟烃，大气中 NO、NO_2 等氮氧化物和氯氟化碳($CFCl_3$、CF_2Cl_2)等含量过多,引起臭氧过多分解,使臭氧层遭到破坏。因此,应采取积极措施来保护臭氧层。

3. 过氧化氢

过氧化氢分子中有一过氧基(—O—O—),两个氧原子都以 sp^3 杂化轨道成键。每个氧原子各连接一个氢原子。这四个原子不在一平面上(图 10-2)。

纯 H_2O_2 是淡蓝色黏稠状液体,极性比 H_2O 强。分子间有比 H_2O 还强的缔合作用,与 H_2O 以任意比例互溶,沸点比 H_2O 高,为 150 ℃,熔点与 H_2O 相近,为 −1 ℃。

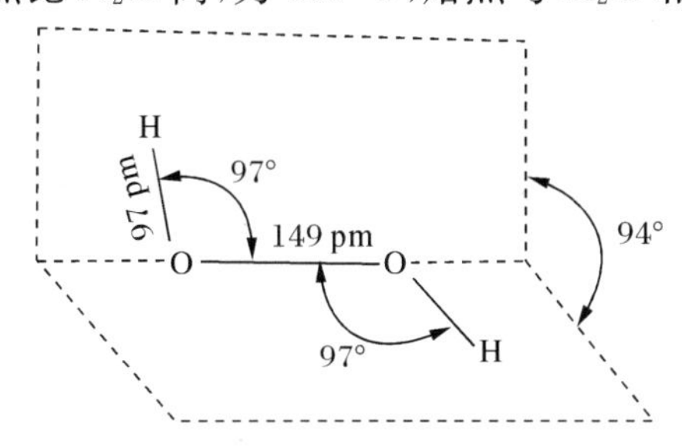

图 10-2 H_2O_2 分子的空间结构示意图

H_2O_2 具有极弱的酸性:

$$H_2O_2 \rightleftharpoons H^+ + HO_2^- \qquad K_{a1}^\ominus = 2.2\times10^{-12}$$

H_2O_2 的 $K_{a2}^\ominus$ 更小,其数量级约为 10^{-25}。

由于过氧基—O—O—中过氧键的键能较小,因此 H_2O_2 不稳定,易分解:

$$2H_2O_2(l) \longrightarrow 2H_2O(l) + O_2(g)$$

见光、受热、碱性介质、重金属离子(Fe^{2+},Mn^{2+},Cu^{2+},Cr^{3+})、MnO_2 等都能加快过氧化氢的分解。因此通常将过氧化氢储存在光滑塑料瓶或加有 Na_2SnO_3,$Na_4P_2O_7$ 等稳定剂的棕色试剂瓶中并放在避光阴冷处。

过氧化氢中氧的氧化数为 −1,处于中间氧化数,因此 H_2O_2 既有氧化性又有还原性。过氧化氢的氧化性较强,例如:

$$2I^- + H_2O_2 + 2H^+ \longrightarrow I_2 + 2H_2O$$

$$2[Cr(OH)_4]^- + 3H_2O_2 + 2OH^- \longrightarrow 2CrO_4^{2-} + 8H_2O$$

油画的染料中含 Pb(Ⅱ),长久与空气中的 H_2S 作用,生成黑色的 PbS,使油画发暗。用 H_2O_2 涂刷,生成 $PbSO_4$,油画变白。

$$PbS + 4H_2O_2 \longrightarrow PbSO_4 + 4H_2O$$

过氧化氢还原性较弱,只有遇到比它更强的氧化剂时才表现出还原性,例如:

$$2MnO_4^- + 5H_2O_2 + 6H^+ \longrightarrow 2Mn^{2+} + 5O_2 + 8H_2O$$

$$Cl_2 + H_2O_2 \longrightarrow 2HCl + O_2$$

前一反应用来测定 H_2O_2 的含量，后一反应在工业上常用于除氯气。

一般来说，H_2O_2 的氧化性比还原性要显著得多，因此，它主要用作氧化剂。H_2O_2 作为氧化剂的主要优点是它的还原产物是水，不会给反应体系引入新的杂质，而且过量部分很容易在加热下分解成 H_2O 及 O_2，O_2 可从体系中逸出也不会增加新的物种。

工业上制备过氧化氢主要有电解法及乙基蒽醌法。

① 电解硫酸氢铵水溶液

用 Pt 做电极，电解 NH_4HSO_4 饱和溶液：

$$2NH_4HSO_4 \xrightarrow{\text{电解}} \underset{\text{(阳极)}}{(NH_4)_2S_2O_8} + \underset{\text{(阴极)}}{H_2}$$

然后加入适量稀硫酸使过二硫酸铵水解，即得到过氧化氢：

$$(NH_4)_2S_2O_8 + 2H_2O \longrightarrow 2NH_4HSO_4 + H_2O_2$$

生成的硫酸氢铵可循环使用。

② 乙基蒽醌法

以 H_2 和 O_2 作原料，借助 2-乙基蒽醌和钯的作用制得过氧化氢。2-乙基蒽醌与氢反应生成 2-乙基蒽醇，2-乙基蒽醇再与氧反应生成 2-乙基蒽醌和过氧化氢，总反应如下：

$$H_2 + O_2 \xrightarrow{\text{2-乙基蒽醌,Pd 催化}} H_2O_2$$

这种方法能耗小、无污染，所用的氧气来源于空气，乙基蒽醌并没有消耗，能重复使用，为"绿色化学"工艺。

过氧化氢的用途主要是基于它的氧化性，医药上用 3%的 H_2O_2 水溶液作杀菌消毒剂，过氧化氢可用于漂白毛、丝织物，清洗油画，作氧化还原剂、杀菌消毒剂，还可用作火箭燃料的氧化剂等。化工生产上 H_2O_2 用于制取过氧化物(如过硼酸钠、过氧乙酸等)、环氧化合物、氢醌以及药物(如头孢菌素)等。

10.3.2 硫及其化合物

1. 单质硫

硫有几种同素异形体，两种常见的同素异形体为正交硫(也称为斜方硫或菱形硫)和单斜硫。

正交硫和单斜硫都是由环状结构的 S_8 组成的(图 10-3)。在 S_8 分子中，每个 S 采用 sp^3 杂化，与相邻的两个 S 形成 σ 键。

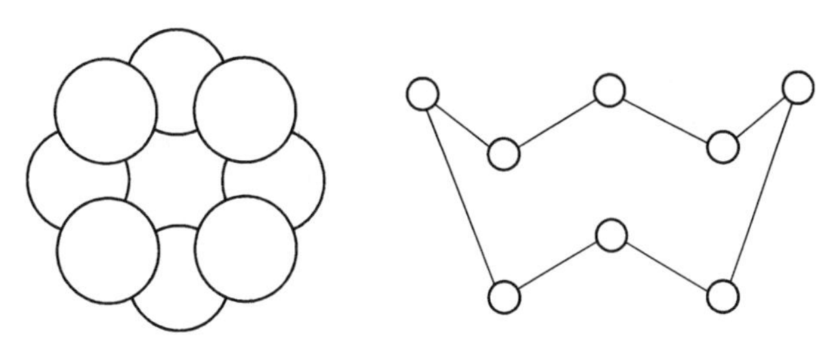

图 10-3　S_8 的分子结构示意图

94.5 ℃是正交硫和单斜硫两种晶体的相变点。

$$\text{S(正交)} \underset{< 94.5\ ℃}{\overset{> 94.5\ ℃}{\rightleftharpoons}} \text{S(单斜)}$$

固体硫加热熔化后气化前，开环形成长链，迅速冷却得具有长链结构的弹性硫，有拉伸性，静置后缓慢转化为稳定的晶状硫。

硫的化学性质比较活泼，能与许多金属和非金属直接作用生成相应的化合物；硫还能与氧化性的酸反应，也能溶于热的碱液，例如：

$$S + O_2 \longrightarrow SO_2 \qquad Fe + S \longrightarrow FeS$$

$$S + 2HNO_3 \longrightarrow H_2SO_4 + 2NO$$

$$3S + 6NaOH \longrightarrow 2Na_2S + Na_2SO_3 + 3H_2O$$

大量的硫用于制备硫酸。硫也用于炸药、药物、农药、橡胶、纸张、焰火等的制备。

2. 硫化氢和氢硫酸

硫化氢 H_2S 的分子结构为 V 型，S 采取 sp^3 杂化，与相邻的两个 H 形成 σ 键。

硫化氢是一种无色具有恶臭味的有毒气体，吸入大量 H_2S 会造成人的昏迷或死亡，空气中的允许含量为 0.01 mg · L^{-1}。H_2S 易溶于水，常温常压下，饱和 H_2S 水溶液的浓度为 0.10 mol · L^{-1}，这被人们看作是一个常数。H_2S 的水溶液称为氢硫酸，它是一个二元弱酸（$K_{a1}^{\ominus} = 9.5 \times 10^{-8}$，$K_{a2}^{\ominus} = 1.3 \times 10^{-13}$）

H_2S 的化学性质主要表现为还原性，例如：

$$2Fe^{3+} + H_2S \longrightarrow 2Fe^{2+} + S + 2H^+$$

$$H_2S + 4Cl_2 + 4H_2O \longrightarrow H_2SO_4 + 8HCl$$

由于空气中的 O_2 能将水溶液中的 H_2S 氧化成单质 S，因此，氢硫酸在空气中不能长期放置，应现用现配。$Pb(Ac)_2$ 试纸遇到 H_2S 气体会变黑，用此法可以定性检验 H_2S。

工业上可用单质硫与 H_2 高温下直接反应制备 H_2S，反应为

$$H_2 + S \xrightarrow{600\ ℃} H_2S$$

虽然反应不完全，但产物易提纯。

实验室中常用金属硫化物与稀硫酸反应制备 H_2S，反应为

$$FeS + H_2SO_4 \longrightarrow FeSO_4 + H_2S$$

其中含有的少量 SO_2、H_2 杂质，可以通过将 H_2S 液化的方法除去。

3. 硫化物、多硫化物

(1) 硫化物

由于氢硫酸是弱酸，因此，金属硫化物在水中都发生不同程度的水解，如：

$$Na_2S + H_2O \longrightarrow NaOH + NaHS$$

$$2CaS + 2H_2O \longrightarrow Ca(HS)_2 + Ca(OH)_2$$

$$Ca(HS)_2 + 2H_2O \longrightarrow 2H_2S + Ca(OH)_2$$

除 Na_2S、K_2S、$(NH_4)_2S$、BaS 等少量硫化物易溶于水外，多数金属硫化物难溶于水，这与 S^{2-} 半径较大、变形性大有关。

按金属硫化物溶解的难易程度可分为以下几种：在 0.3 $mol \cdot L^{-1}$ 的盐酸中可以溶解的硫化物，例如 MnS(肉色)、CoS(黑色)、ZnS(白色)、NiS(黑色)、FeS(黑色)，或者说这些硫化物在 0.3 $mol \cdot L^{-1}$ 的盐酸中通 H_2S 不能生成相应的硫化物沉淀；不溶于 0.3 $mol \cdot L^{-1}$ 稀盐酸，但可以溶于浓盐酸的硫化物，例如 SnS(褐色)、SnS_2(黄色)、PbS(黑色)、Bi_2S_3(暗棕色)、Sb_2S_3(橙色)、Sb_2S_5(橙色)、CdS(黄色)；盐酸中不溶解，但可以溶于硝酸的硫化物，例如 CuS(黑色)、Ag_2S(黑色)；仅溶于王水的硫化物，例如 HgS(黑色)、Hg_2S(黑色)。

可溶性硫化物可用作还原剂，制造硫化染料、脱毛剂、农药和鞣革，也用于制荧光粉。

(2) 多硫化物

多硫化物中含有 S_x^{2-}(一般 $x = 2—6$)，S_x^{2-} 具有链状结构：

$$\left[\cdots \; S-S-S-S-S \; \cdots\right]^{2-}$$

多硫化物与过氧化物相似，都具有氧化性和还原性。例如：

氧化性：　$SnS + S_2^{2-} \longrightarrow SnS_3^{2-}$(硫代锡酸根)

还原性：　$4FeS_2 + 11O_2 \longrightarrow 2Fe_2O_3 + 8SO_2$

多硫化物在酸性溶液中很不稳定，易歧化分解为硫化氢和单质硫：

$$S_2^{2-} + 2H^+ \longrightarrow H_2S_2 \longrightarrow H_2S + S$$

多硫化物在分析化学中是常用的试剂，Na_2S_2 在制革工业中可用作原皮的脱毛剂，CaS_4

在农业上可用作杀虫剂。

4. 硫的含氧化合物

(1) 硫的氧化物

硫的氧化物主要有 SO_2 和 SO_3。

在 SO_2 中硫原子采取 sp^2 杂化,分子中存在两个 S—O σ 键,另外还存在一个 Π_3^4 键,整个分子是 V 形结构,与 O_3 分子的成键情况极其相似。

二氧化硫是一种无色有刺激性气味的气体,是大气的主要污染物,也是酸雨形成的根源。长期吸入会造成人的慢性中毒,引起食欲丧失、大便不通和气管炎症。空气中 SO_2 限量为 0.02 mg·dm^{-3}。SO_2 是一极性分子,熔点为−75.5 ℃,沸点为−10 ℃,易溶于水。

SO_2 中,S 的氧化数为+4,所以 SO_2 既有氧化性,又有还原性,但以还原性为主,例如:

$$I_2 + SO_2 + 2H_2O \longrightarrow H_2SO_4 + 2HI$$

$$2H_2S + SO_2 \longrightarrow 3S + 2H_2O$$

利用 SO_2 与 CO 的反应,可以作为从烟道气分离回收硫的一种方法:

$$SO_2 + 2CO \xrightarrow[500\ ℃]{\text{铝矾土}} 2CO_2 + S$$

SO_2 因易与有色的有机物加合而具有漂白性能,常用来漂白纸浆、麻制品和草编制品。有些不法商贩用 SO_2 漂白银耳、馒头等,危害人的健康。

工业上主要通过燃烧黄铁矿或单质硫来制备 SO_2,反应为

$$4FeS_2 + 11O_2 \longrightarrow 2Fe_2O_3 + 8SO_2$$

$$S + O_2 \longrightarrow SO_2$$

实验室中则主要用亚硫酸盐与酸反应来制取 SO_2,反应为

$$SO_3^{2-} + 2H^+ \longrightarrow SO_2 + H_2O$$

SO_2 主要用于生产硫酸和亚硫酸,还可以用作漂白剂、消毒剂、防腐剂等。

气态 SO_3 分子呈平面三角形。中心硫原子采取 sp^2 杂化,与 3 个氧原子形成 3 个 σ 键,构成平面三角形。同时硫原子提供 3 个电子、三个氧原子各提供一个电子,形成大 π 键 Π_4^6。固态 SO_3,其熔点为 16.8 ℃,沸点为 44.8 ℃。SO_3 可与水以任意比例混合。

SO_3 的化学性质主要表现为强氧化性,如:

$$5SO_3 + 2P \longrightarrow P_2O_5 + 5SO_2$$

工业上制备 SO_3 是用 O_2 催化氧化 SO_2 来实现,即

$$2SO_2 + O_2 \xrightarrow[450\ ℃]{V_2O_5} 2SO_3$$

SO_3 在工业上主要用来生产硫酸。

(2) 亚硫酸及盐

SO_2 溶于水,生成很不稳定的亚硫酸(H_2SO_3)。亚硫酸是一个二元中强酸($K_{a1}^{\ominus}=1.2\times10^{-2}$,$K_{a2}^{\ominus}=5.6\times10^{-8}$),$SO_2$ 溶于水时,主要以物理溶解的形式($SO_2\cdot xH_2O$)存在,H_2SO_3 的含量很少。因此,SO_2 水溶液仅显弱酸性。H_2SO_3 只存在于水溶液,目前尚未制得纯 H_2SO_3。

亚硫酸可形成正盐与酸式盐。碱金属和铵的亚硫酸盐易溶于水,亚硫酸氢盐的溶解度大于相应的正盐。

在亚硫酸及其盐中,硫的氧化数为+4,所以它们既有氧化性,也有还原性,但它们的还原性是主要的,例如:

$$2MnO_4^- + 5SO_3^{2-} + 6H^+ \longrightarrow 2Mn^{2+} + 5SO_4^{2-} + 3H_2O$$

$$H_2SO_3 + I_2 + H_2O \longrightarrow H_2SO_4 + 2HI$$

$$H_2SO_3 + 2H_2S \longrightarrow 3S + 3H_2O$$

亚硫酸主要作为还原剂用于化工生产中。$Ca(HSO_3)_2$ 能溶解木质素,被用于造纸工业。Na_2SO_3 和 $NaHSO_3$ 大量用于染料工业,用作漂白织物时的去氯剂。

(3) 硫酸及其盐

纯硫酸是无色油状液体,凝固点为 10.38 ℃。由于硫酸分子之间形成氢键,所以它是高沸点的酸,98%硫酸的沸点为 338 ℃。

硫酸是二元强酸。它的第一步电离是完全的,但第二步电离并不完全:

$$H_2SO_4 \longrightarrow H^+ + HSO_4^-$$

$$HSO_4^- \rightleftharpoons H^+ + SO_4^{2-} \qquad K_{a2}^{\ominus}=1.0\times10^{-2}$$

浓硫酸有强吸水性。它与水混合时,形成水合物所放出大量的热,可使水局部沸腾而飞溅,所以在配制稀硫酸时,只能在搅拌下将浓硫酸慢慢倒入水中,切不可将水倒入浓硫酸中。利用浓硫酸的吸水能力,可用来干燥不与其起反应的各种气体,如氯气、氢气、二氧化碳等。

浓硫酸有脱水性,它能从一些有机化合物中夺取与水分子组成相当的氢和氧,使这些有机物炭化。例如蔗糖被浓硫酸脱水:

$$C_{12}H_{22}O_{11} \xrightarrow{\text{浓 } H_2SO_4} 12C + 11H_2O$$

因此,浓硫酸能严重地破坏动植物组织,如损坏衣服和烧坏皮肤等,使用时必须注意安全。

稀硫酸中的S(VI)不显氧化性,H_2SO_4(稀)与 Zn 反应生成 H_2。浓、热的硫酸有较强氧化性,可与许多金属或非金属反应,本身一般被还原为 SO_2,例如:

$$Cu + 2H_2SO_4(\text{浓}) \longrightarrow CuSO_4 + SO_2 + 2H_2O$$

$$C + 2H_2SO_4(\text{浓}) \longrightarrow CO_2 + 2SO_2 + 2H_2O$$

$$Zn + 2H_2SO_4(\text{浓}) \longrightarrow ZnSO_4 + SO_2 + 2H_2O$$

由于锌的强还原性，同时还进行下列反应：

$$3Zn + 4H_2SO_4(\text{浓}) \longrightarrow 3ZnSO_4 + S + 4H_2O$$

$$4Zn + 5H_2SO_4(\text{浓}) \longrightarrow 4ZnSO_4 + H_2S + 4H_2O$$

冷的浓硫酸可使 Al、Fe、Cr 等金属钝化。

工业上主要采取接触法制取硫酸。硫铁矿或硫黄在空气中焙烧，得到 SO_2，在 450 ℃左右通过催化剂（V_2O_5），使 SO_2 氧化为 SO_3，然后用 98.3%浓硫酸吸收 SO_3，即得浓硫酸。

硫酸盐有正盐和酸式盐两种。

酸式盐易溶于水，其水溶液因 HSO_4^- 的解离而显酸性。

大多数硫酸盐易溶于水，但 $BaSO_4$、$PbSO_4$ 和 $SrSO_4$ 等难溶。活泼金属的硫酸盐的热稳定性高，如 K_2SO_4 加热到 1 000 ℃仍不分解。多数硫酸盐结晶时含有结晶水，如 $CuSO_4 \cdot 5H_2O$（胆矾），$FeSO_4 \cdot 7H_2O$（绿矾），$Na_2SO_4 \cdot 10H_2O$（芒硝）等。另外硫酸盐易形成复盐，如 $(NH_4)_2SO_4 \cdot FeSO_4 \cdot 6H_2O$（摩尔盐），$K_2SO_4 \cdot Al_2(SO_4)_3 \cdot 24H_2O$（明矾）等。

硫酸是重要的化工产品和基本化工原料，用于化肥、农药、染料、医药等生产，还可以用来生产其他较易挥发的酸（如盐酸、硝酸）。

许多硫酸盐在净水、印染、农药、医药、化工等方面有着重要的用途。如胆矾是消毒剂和农药，明矾为净水剂，绿矾是制备农药和药物的原料，芒硝是重要的化工原料。

（4）焦硫酸及其盐

焦硫酸 $H_2S_2O_7$ 在常温下是无色晶体，熔点为 35 ℃，其结构式为

$$\begin{array}{ccccccc} & & O & & O & & \\ & & \uparrow & & \uparrow & & \\ HO & — & S & —O— & S & — & OH \\ & & \downarrow & & \downarrow & & \\ & & O & & O & & \end{array}$$

焦硫酸也可以看做是两分子的硫酸脱去一分子水的产物。焦硫酸比硫酸具有更强的氧化性、吸水性和腐蚀性。它还是良好的磺化剂，用于制造某些染料、炸药和其他有机磺酸类化合物。

碱金属的酸式硫酸盐受热到熔点以上时，可以得到焦硫酸盐：

$$2KHSO_4 \xrightarrow{\triangle} K_2S_2O_7 + H_2O$$

焦硫酸盐具有熔矿作用，即能与某些难于水也难于酸的金属矿物（如 Cr_2O_3、Al_2O_3 等）共熔，可以生成可溶性盐类。如：

$$Al_2O_3 + 3K_2S_2O_7 \xrightarrow{\triangle} Al_2(SO_4)_3 + 3K_2SO_4$$

分析化学中用焦硫酸钾或焦硫酸钠作为酸性熔矿剂，也基于此性质。

(5) 过硫酸及其盐

过硫酸有过一硫酸和过二硫酸，它们的分子结构如下：

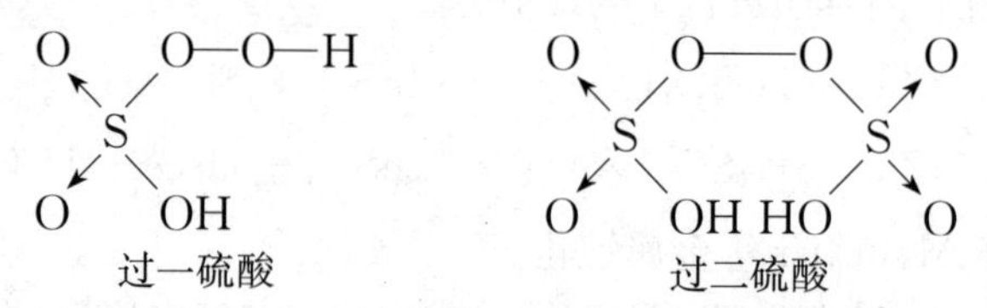

过一硫酸　　过二硫酸

过一硫酸和过二硫酸都是无色晶体，不稳定，有强的吸水性和脱水性，可使纸炭化，也可使石蜡焦化。

常见的过硫酸盐有过二硫酸钾 $K_2S_2O_8$ 和过二硫酸铵 $(NH_4)_2S_2O_8$。过硫酸及过硫酸盐中都含有过氧基(—O—O—)，所以它们都具有强氧化性，例如：

$$K_2S_2O_8 + Cu \longrightarrow CuSO_4 + K_2SO_4$$

$$2Mn^{2+} + 5S_2O_8^{2-} + 8H_2O \xrightarrow{Ag^+} 2MnO_4^- + 10SO_4^{2-} + 16H^+$$

此法可用于钢中测定锰含量。

过硫酸及其盐对热不稳定性，加热分解，例如：

$$2K_2S_2O_8 \xrightarrow{\triangle} 2K_2SO_4 + 2SO_3 + O_2$$

在无水条件下由氯磺酸(HSO_3Cl)和过氧化氢反应制得过一硫酸，它极不稳定，容易爆炸，处理时要小心。

$$H_2O_2 + ClSO_3H \longrightarrow HOOSO_3H + HCl$$

电解硫酸氢盐溶液，可以得到 $S_2O_8^{2-}$。

(6) 硫代硫酸及盐

硫代硫酸($H_2S_2O_3$)可以看作 H_2SO_4 中的一个未与 H 连接的氧原子被硫原子取代后的产物。硫代硫酸极不稳定，纯的 $H_2S_2O_3$ 尚未制得，但其盐却能稳定存在。

硫代硫酸钠($Na_2S_2O_3 \cdot 5H_2O$)为重要的硫代硫酸盐。$Na_2S_2O_3 \cdot 5H_2O$ 俗称海波或大苏打，它是无色透明晶体，易溶水，水溶液显弱碱性，它在中性、碱性溶液中很稳定，在酸性溶液中不稳定，易分解成单质硫和二氧化硫：

$$S_2O_3^{2-} + 2H^+ \longrightarrow S + SO_2 + H_2O$$

硫代硫酸钠是一种中等强度的还原剂，如：

$$S_2O_3^{2-} + 4Cl_2 + 5H_2O \longrightarrow 2SO_4^{2-} + 8Cl^- + 10H^+$$

$$2S_2O_3^{2-} + I_2 \longrightarrow S_4O_6^{2-} + 2I^-$$

前一反应在纺织和造纸工业中用于除去残氯；后一反应在分析化学中用于定量测定碘。

硫代硫酸根有较强的配位能力，例如：

$$AgBr + 2S_2O_3^{2-} \longrightarrow [Ag(S_2O_3)_2]^{3-} + Br^-$$

利用这一性质，硫代硫酸钠用作照相的定影剂，溶解未曝光的 AgBr。

将硫粉加入沸腾的亚硫酸钠溶液中可制得硫代硫酸钠；将硫化钠和碳酸钠按 2∶1 的物质的量比配成溶液再通入 SO_2 气体，也可以制得硫代硫酸钠，反应如下：

$$Na_2SO_3 + S \xrightarrow{\triangle} Na_2S_2O_3$$

$$2Na_2S + Na_2CO_3 + 4SO_2 \longrightarrow 3Na_2S_2O_3 + CO_2$$

(7) 连二亚硫酸及其盐

连二亚硫酸($H_2S_2O_4$)极不稳定，遇水立即分解为硫和亚硫酸。

连二亚硫酸钠($Na_2S_2O_4 \cdot 2H_2O$)俗称保险粉，为白色固体。$Na_2S_2O_4$ 不稳定，受热分解：

$$2Na_2S_2O_4 \xrightarrow{\triangle} Na_2S_2O_3 + Na_2SO_3 + SO_2$$

连二亚硫酸钠是一种强还原剂，在空气中很容易被氧化：

$$2Na_2S_2O_4 + O_2 + 2H_2O \longrightarrow 4NaHSO_3$$

$$Na_2S_2O_4 + O_2 + H_2O \longrightarrow NaHSO_3 + NaHSO_4$$

因此在空气分析中常用来吸收氧气。

连二亚硫酸钠可用锌粉在无氧的条件下还原 $NaHSO_3$ 来制得：

$$Zn + 2NaHSO_3 \longrightarrow Na_2S_2O_4 + Zn(OH)_2$$

连二亚硫酸钠的主要用途是在印染工业作还原剂，使有机染料还原，也应用于造纸、保存食物和医学等部门。

§10.4 氮族元素

氮族元素是元素周期表第ⅤA族的元素，价电子构型为 ns^2np^3。

绝大部分的氮以单质状态存在于空气中，而磷主要以化合状态存在于自然界中。最重要的磷矿石为磷灰石，其主要成分为 $Ca_3(PO_4)_2$。砷、锑、铋是亲硫元素，其主要的矿石为硫化物矿，如雄黄(As_4S_4)、雌黄(As_2S_3)、辉锑矿(Sb_2S_3)、辉铋矿(Bi_2S_3)等。我国锑矿储量居世界首位，主要分布在湖南锡矿山、广西大厂、甘肃崖湾、云南木利、贵州晴隆等地。

10.4.1 氮及其化合物

1. 氮气

N_2 分子中，两个 N 之间形成 1 个 σ 键，2 个 π 键，N_2 是已知的双原子分子中最稳定的分子之一。

N_2 是空气的重要成分之一，无色无味无毒，在水中溶解度小。

常温下 N_2 很稳定，表现出惰性，但高温下仍可与活泼金属和活泼非金属反应。例如：

$$6Li + N_2 \xrightarrow{\triangle} 2Li_3N$$

$$3Mg + N_2 \xrightarrow{\triangle} Mg_3N_2$$

$$N_2 + O_2 \xrightarrow[\text{或高压放电}]{2000\ ℃} 2NO$$

工业上一般由分馏液态空气制备大量的单质氮。实验室中制 N_2，常用加热亚硝酸钠和氯化铵饱和溶液来制备：

$$NH_4Cl + NaNO_2 \xrightarrow{\triangle} NaCl + 2H_2O + N_2$$

氮是最重要的生命必需元素之一，也是植物生长的必需元素。氮主要用于合成氨，也常被用作保护气体。

2. 氨及铵盐

(1) 氨

氨 NH_3 分子中，N 采取 sp^3 杂化，与三个氢形成三个 σ 键，为三角锥形，氨分子中有一个孤电子对。

常温常压下，氨是一种无色、有刺激性的气体。由于分子间氢键的存在，氨具有较大的熔化热和汽化热以及较高的熔沸点。氨为极性分子，极易溶于水。

氨分子中有一个孤电子对，所以可与许多金属离子配位形成配离子，如：

$$Cu^{2+} + 4NH_3 \longrightarrow [Cu(NH_3)_4]^{2+}$$

NH_3 中 N 的氧化数为 -3，故 NH_3 具有还原性，如：

$$4NH_3 + 3O_2(\text{纯}) \xrightarrow{\text{燃烧}} 2N_2 + 6H_2O$$

$$2NH_3 + 3CuO \xrightarrow{\triangle} N_2 + 3Cu + 3H_2O$$

$$2NH_3 + 3Cl_2 \longrightarrow N_2 + 6HCl$$

氨与氯气反应，产生的 HCl 与剩余 NH_3 进一步反应形成 NH_4Cl 白烟，工业上用此反应来检查氯气管道是否漏气。

NH_3 中的 H 可依次被取代，生成氨基、亚氨基和氮化物的衍生物；另外氨基、亚氨基还可取代其他化合物的原子或基团，如：

$$2Na + 2NH_3 \longrightarrow 2NaNH_2 + H_2$$

$$\underset{\text{(光气，碳酰氯)}}{COCl_2} + 4NH_3 \longrightarrow \underset{\text{(尿素)}}{O{=}C(NH_2)_2} + 2NH_4Cl$$

工业上氨的制备通过 H_2 与 N_2 直接化合：

$$3H_2 + N_2 \xrightarrow[\text{催化剂}]{\text{高温、高压}} 2NH_3$$

实验室中是将铵盐与生石灰或消石灰共热制取氨气：

$$2NH_4Cl + Ca(OH)_2 \xrightarrow{\triangle} CaCl_2 + 2H_2O + 2NH_3$$

氨是制备硝酸及其盐、铵盐的生产原料，也用于尿素、染料、医药品和塑料的生产。氨易于液化，且液氨的汽化热较高，因此可以作为制冷剂。液氨是一种极性非水溶剂，可溶解碱金属单质和一些无机盐。

(2) 铵盐

NH_4^+ 的半径($r=143$ pm)与 K^+($r=133$ pm)相近，因此，铵盐的性质与碱金属盐类(特别是钾盐)相类似。铵盐一般为无色晶体，大多数铵盐易溶于水。铵盐的热稳定性较低，受热易分解，例如：

$$(NH_4)_2SO_4 \xrightarrow{\triangle} NH_3 + NH_4HSO_4$$

$$(NH_4)_3PO_4 \xrightarrow{\triangle} 3NH_3 + H_3PO_4$$

$$NH_4HCO_3 \xrightarrow{\triangle} NH_3 + CO_2 + H_2O$$

$$(NH_4)_2Cr_2O_7 \xrightarrow{\triangle} N_2 + Cr_2O_3 + 4H_2O$$

$$2NH_4NO_3 \xrightarrow{>300\ ℃} 2N_2 + O_2 + 4H_2O$$

$$NH_4NO_2 \xrightarrow{\triangle} N_2 + 2H_2O$$

氧化性酸的铵盐受热分解时，产生大量的气体与热量，故制备和使用这类铵盐时要格外小心，以防爆炸。

由于氨是一种弱碱，因此，铵盐都易水解，如：

$$NH_4^+ + H_2O \rightleftharpoons NH_3 \cdot H_2O + H^+$$

NH_4NO_3 和$(NH_4)_2SO_4$ 大量用作化肥，NH_4NO_3 还用来制造炸药。在焊接金属时，常

用 NH_4Cl 来除去待焊金属物件表面的氧化物。

3. 氮的含氧化合物

(1) 氮的氧化物

氮可以形成多种氧化物，常见的有 N_2O、NO、N_2O_3、NO_2 和 N_2O_5，其中以 NO 和 NO_2 较为重要。

在 NO 分子中，N 和 O 价电子数之和为 11，这种价电子数为奇数的分子称为奇电子分子，顺磁性，N 为 sp 杂化，分子中含一个 σ 键，1 个 π 键，1 个 3 电子 π 键：

[· ·]
:N——O:
[· ··]

NO 为无色气体，低温时部分聚合为 N_2O_2。

NO 有还原性，反应活性较高，如空气中迅速地被氧化为 NO_2。NO 能失去单电子生成 NO^+，如：

$$2NO + Cl_2 \longrightarrow 2NOCl$$

工业上用氨的催化氧化方法制备 NO，实验室用铜与稀硝酸反应可得到 NO。

生物化学家和药物化学家近期研究发现，NO 在生命体中起着非常重要的作用，如可舒张血管，调节血压。

NO_2 分子中，N 采取 sp^2 杂化，为 V 形结构，分子中存在一个大 π 键 Π_3^3（也有人认为存在 Π_3^4）。

NO_2 为棕红色气体，有特殊的臭味，有毒，冷却时部分 NO_2 聚合为无色的 N_2O_4，固态时全部为 N_2O_4。

NO_2 中 N 的氧化数为 +4，所以它既有氧化性又有还原性，如与水作用生成硝酸和 NO，与碱反应生成硝酸盐和亚硝酸盐：

$$3NO_2 + H_2O \longrightarrow 2HNO_3 + NO$$

$$2NO_2 + 2NaOH \longrightarrow NaNO_3 + NaNO_2 + H_2O$$

(2) 亚硝酸及其盐

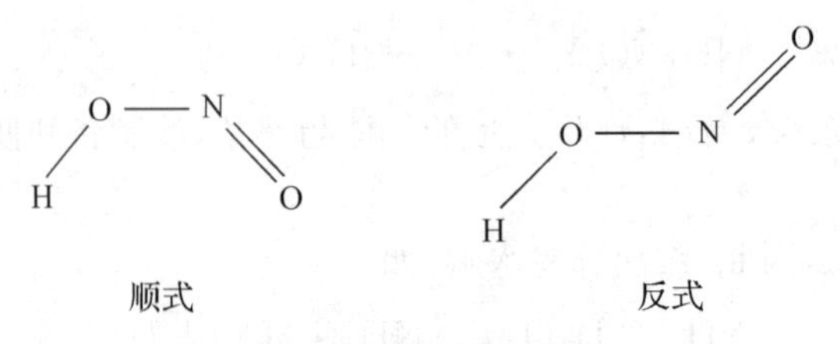

图 10-4 亚硝酸的结构示意图

亚硝酸的分子结构有反式与顺式结构两种：一般来说，反式结构稳定性大于顺式，因为反式结构中双键O与OH在两侧，彼此间排斥力小，稳定。

HNO_2 分子中，N采取 sp^2 杂化，与两个O形成两个σ键，与未连接H的O之间又形成一个π键。

HNO_2 属一元弱酸（$K_a^\ominus = 5.1\times10^{-4}$），稳定性较低，只存在于冷的水溶液中，易分解成 HNO_3 和NO：

$$3HNO_2 \longrightarrow HNO_3 + 2NO + H_2O$$

HNO_2 具有氧化性和还原性，且以氧化性为主，如：

$$2HNO_2 + 2HI \longrightarrow I_2 + 2NO + 2H_2O$$

$$5HNO_2 + 2MnO_4^- + H^+ \longrightarrow 5NO_3^- + 2Mn^{2+} + 3H_2O$$

亚硝酸盐与稀冷的硫酸作用或将等摩尔的NO和 NO_2 溶于水中可得 HNO_2 溶液：

$$Ba(NO_2)_2 + H_2SO_4(稀,冷) \longrightarrow BaSO_4 + 2HNO_2$$

$$NO + NO_2 + H_2O \longrightarrow 2HNO_2$$

NO_2^- 中的N采取 sp^2 杂化，形成两个σ键和一个大π键 Π_3^4（图10－5）。

在酸性条件下，亚硝酸盐也具有氧化性和还原性。亚硝酸根有较强的配位能力，能与许多金属离子形成配离子，如 $[Co(NO_2)_6]^{3-}$ 等。

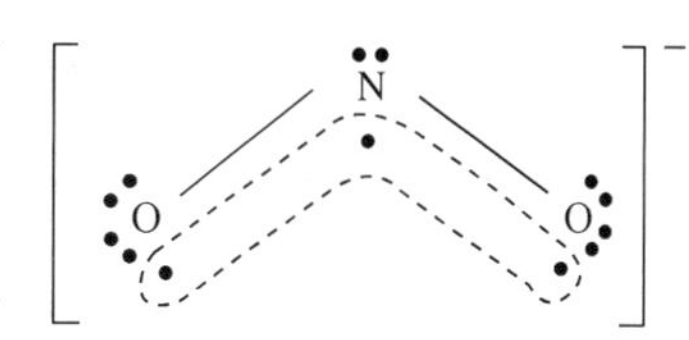

图10－5 亚硝酸根的结构示意图

碱金属及碱土金属的亚硝酸盐比较稳定。大多数的亚硝酸盐易溶于水，但重金属的亚硝酸盐较难溶于水，如 $AgNO_2$ 微溶。

高温下，用金属还原硝酸盐可制备亚硝酸盐，如：

$$Pb(粉) + NaNO_3 \xrightarrow{\triangle} PbO + NaNO_2$$

将产物溶于水，过滤除去不溶的PbO，蒸发结晶就得到白色晶体 $NaNO_2$。

亚酸盐主要用于印染工业和有机合成工业。由于有毒，而且是致癌物质，在使用时应注意。

(3) 硝酸及其盐

在硝酸 HNO_3 分子中，3个氧原子围绕着氮原子分布在同一平面上，呈平面三角形结构，氮原子采用 sp^2 杂化轨道，与3个氧原子形成3个σ键，与两个未与氢连接的氧之间还形成一大π键 Π_3^4（也有人认为N与三个氧原子形成大π键 Π_4^6），如图10－6所示。

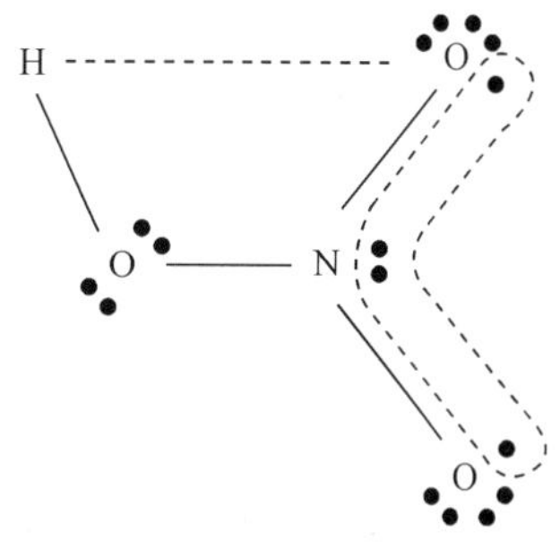

图10－6 硝酸的结构示意图

纯硝酸是无色液体，沸点83 ℃，属挥发性强酸。它能与水以任意比例互溶。实验室常用的市售硝酸约含 HNO_3 65%—68%，相当于 15 mol·L^{-1}。工业上使用的溶有 NO_2（10%—15%）的浓硝酸（含 HNO_3 98%以上），称为发烟硝酸，可存于铝罐贮运（铝罐质轻且被 HNO_3 钝化）。

硝酸受热或光照时分解产生的 NO_2 溶于 HNO_3 中，使硝酸呈黄到棕色。溶解的 NO_2 越多，硝酸颜色越深。硝酸热分解反应如下：

$$4HNO_3 \xrightarrow{\text{热或光}} 4NO_2 + O_2 + 2H_2O$$

硝酸最重要的化学性质为强氧化性，它可与众多的金属及非金属反应。反应产物与硝酸浓度、金属活泼性有关，如：

$$3C + 4HNO_3(\text{稀}) \longrightarrow 3CO_2 + 4NO + 2H_2O$$

$$S + 6HNO_3(\text{浓}) \xrightarrow{\triangle} H_2SO_4 + 6NO_2 + 2H_2O$$

$$Cu + 4HNO_3(\text{浓}) \longrightarrow Cu(NO_3)_2 + 2NO_2 + 2H_2O$$

$$3Cu + 8HNO_3(\text{稀}) \longrightarrow 3Cu(NO_3)_2 + 2NO + 4H_2O$$

$$4Zn + 10HNO_3(\text{稀}) \longrightarrow 4Zn(NO_3)_2 + N_2O + 5H_2O$$

$$4Zn + 10HNO_3(\text{很稀}) \longrightarrow 4Zn(NO_3)_2 + NH_4NO_3 + 3H_2O$$

浓硝酸还可以使含苯环的物质硝化，人的皮肤遇浓硝酸变黄就是硝化的结果。

浓硝酸与浓盐酸的混合物（浓硝酸：浓盐酸=1∶3（体积比））称为王水。有些金属不与硝酸反应，但可溶于王水，如 Au、Pt 等贵金属，这与金属离子与 Cl^- 形成配离子，降低了金属的还原性有关。相应的反应如下：

$$Au + HNO_3 + 4HCl \longrightarrow H[AuCl_4] + NO + 2H_2O$$

$$3Pt + 4HNO_3 + 18HCl \longrightarrow 3H_2[PtCl_6] + 4NO + 8H_2O$$

目前工业上制备硝酸主要是氨的催化氧化法，将 NH_3 和空气的化合物通过灼热（800 ℃）的钯铑丝网（催化剂），NH_3 被氧化为 NO，NO 又被氧化为 NO_2，NO_2 与水反应生成硝酸与 NO：

$$4NH_3 + 5O_2 \xrightarrow{Pt,Rh} 4NO + 6H_2O$$

$$2NO + O_2 \longrightarrow 2NO_2$$

$$3NO_2 + H_2O \longrightarrow 2HNO_3 + NO$$

实验室可用 $NaNO_3$ 和浓硫酸反应制取硝酸：

$$NaNO_3 + H_2SO_4(\text{浓}) \longrightarrow NaHSO_4 + HNO_3$$

硝酸是重要的化工原料之一，广泛用于制造染料、炸药、硝酸盐及其他化工产品。

在 NO_3^- 中，N 仍然是采取 sp^2 杂化。除与 3 个氧原子形成 3 个 σ 键外，还与 3 个氧原子形成一个垂直于3个O键所在平面的大π键Π_4^6。6个π电子中,包括N原子提供两个电子,每个氧原子提供一个电子,再加上硝酸根离子电荷外来的一个电子,如图10－7所示。

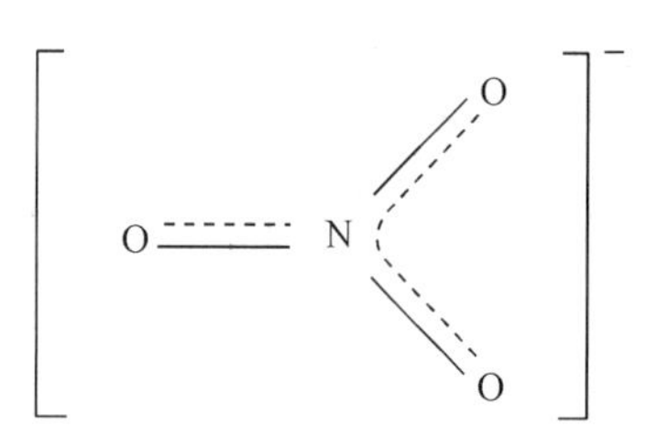

图10－7 硝酸根的结构示意图

硝酸盐多为无色晶体,易溶于水。绝大多数的硝酸盐为离子型化合物。

硝酸盐的水溶液几乎没有氧化性,只有在酸性介质中才有氧化性。固体硝酸盐在高温时是强氧化剂。

硝酸盐固体受热易分解,分解产物与金属离子的性质有关。在金属活泼性顺序中,位于Mg之前的金属硝酸盐一般分解生成亚硝酸盐和O_2,如:

$$NaNO_3 \xrightarrow{\triangle} NaNO_2 + \frac{1}{2}O_2$$

活泼性位于Mg—Cu之间的硝酸盐受热常分解为NO_2、O_2及相应的金属氧化物,例如:

$$2Pb(NO_3)_2 \xrightarrow{\triangle} 2PbO + 4NO_2 + O_2$$

活泼性比Cu差的硝酸盐受热常分解为NO_2、O_2及金属单质,例如:

$$2AgNO_3 \xrightarrow{\triangle} 2Ag + 2NO_2 + O_2$$

硝酸盐可以用来制造焰火及黑火药等。

10.4.2 磷及其化合物

1. 单质磷

单质磷有多种同素异形体,如白磷、红磷和黑磷等。

一般谈到单质磷,经常指白磷,它的$\Delta_f G_m^\ominus$及$\Delta_f H_m^\ominus$都等于零,如图10－8所示,白磷的分子式为P_4,4个磷原子位于四面体的四个顶点。基本上以P轨道相互成键,各∠PPP为60°,故轨道重叠不大。这种σ键不稳定,有张力有弯曲,这是白磷活泼的主要原因。

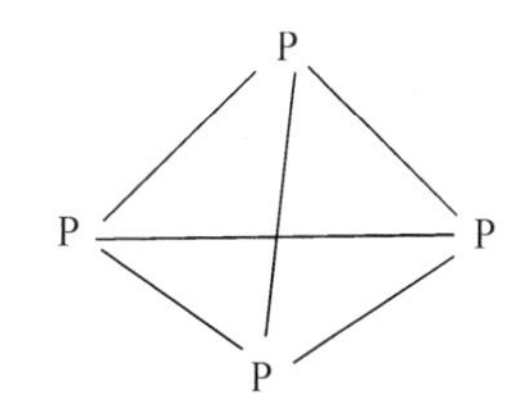

图10－8 白磷结构示意图

纯白磷为无色晶体,遇光逐渐变黄,因此也称黄磷。白磷的熔点为44.15 ℃,沸点为280.3 ℃,燃点为40 ℃,因此通常将它保存在水中。白磷不溶于水,能溶于CS_2。白磷黑暗处能发光,这是因为白磷与空气发生反应时部分能量以光的形式放出。白磷有剧毒,人的致死量为0.1 g,误服少量白磷可用硫酸铜溶液解毒。被白磷灼伤的皮肤难以治愈,使用时要注意安全。

白磷的化学性质比较活泼,如与卤素反应生成PX_3或PX_5,与O_2反应生成P_4O_{10}或P_4O_6,与硝酸反应生成磷酸。白磷在碱性介质中发生歧化反应:

$$P_4 + 3NaOH + 3H_2O \longrightarrow PH_3 + 3NaH_2PO_2\text{(次磷酸钠)}$$

白磷隔绝空气加热可以得到红磷。红磷无毒，不溶于水及 CS_2。红磷较稳定，它长期与空气接触也会发生缓慢氧化，生成极易吸水的氧化物，这就是红磷易潮解的原因。所以红磷应保存在密闭容器中。

在高压下将白磷加热到一定温度得黑鳞。黑磷有导电性，故黑鳞有"金属磷"之称。黑鳞不溶于有机溶剂，一般不易发生化学反应。

工业上用白磷来制备磷酸、生产农药等，大量的红磷用于火柴生产。

2. 磷化氢

磷化氢(PH_3)，又叫作膦，分子构型为三角锥形。

膦为无色、有毒、具有大蒜味的气体，熔点为－133.81 ℃，沸点为－87.78 ℃。膦在水中溶解度比 NH_3 小得多，它的水溶液的碱性比氨水弱得多。

PH_3 的水溶液中几乎不存在 PH_4^+(鏻离子)，因为 PH_4^+ 易水解：

$$PH_4^+ + H_2O \longrightarrow PH_3 + H_3O^+$$

但与过渡金属配合时，其配位能力又比 NH_3 能力强。原因是氮原子价电子层中无 d 轨道，而 P 的原子中有 3d 空轨道，可接受过渡金属离子中的 d 电子对，形成反馈键，所以配位能力 PH_3 大于 NH_3。

PH_3 表现出较强的还原性，稳定性较差。

3. 磷的氧化物

常见的磷的氧化物有 P_4O_6 和 P_4O_{10}(有时简写为 P_2O_3 和 P_2O_5)，它们都是白色固体。单质磷与不足量氧气反应生成 P_4O_6，当氧气过量时则生成 P_4O_{10}。P_4O_6 相当于 P_4 分子中六个 P－P 键断开，各自嵌进一个氧原子，而 P_4O_{10} 则相当于在 P_4O_6 基础上，每个磷原子又各自联结了一个氧原子，每个磷原子共联结四个氧原子形成磷氧四面体，结构如图 10－9 所示。

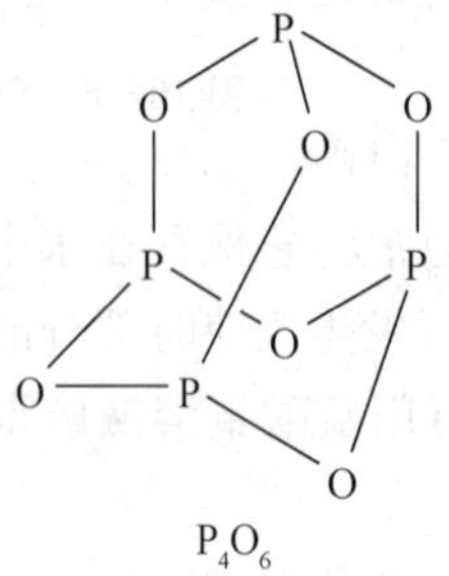

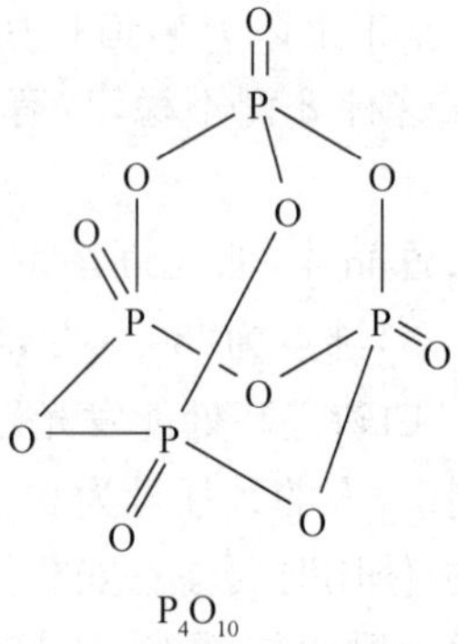

P_4O_6　　P_4O_{10}

图 10－9　P_4O_6 及 P_4O_{10} 的结构示意图

P_4O_6 为白色蜡状固体，熔点为23.8 ℃，沸点为173 ℃，易溶于有机溶剂。P_4O_6 是亚磷酸的酸酐，溶于冷水可生成亚磷酸，但溶于热水则发生歧化反应。

$$P_4O_6 + 6H_2O(冷) \longrightarrow 4H_3PO_3$$

$$P_4O_6 + 6H_2O(热) \longrightarrow 3H_3PO_4 + PH_3$$

P_4O_{10} 为白色雪花状固体，在360 ℃时升华。P_4O_{10} 是正磷酸的酸酐，它与水反应，视水量的多少，生成不同组分的酸。当 P_4O_{10} 与水的物质的量之比超过1∶6，在 HNO_3 存在时煮沸才转变成 H_3PO_4：

$$P_4O_{10} + 6H_2O(热) \longrightarrow 4H_3PO_4$$

P_2O_5 是最强的干燥剂之一，也是有机反应中常用的脱水剂，它甚至可以从许多化合物中夺取化合态的水，如：

$$P_2O_5 + 3H_2SO_4 \longrightarrow 3SO_3 + 2H_3PO_4$$

4. 磷的含氧酸及其盐

(1) 次磷酸及其盐

次磷酸(H_3PO_2)的分子结构示意图一般用图10-10表示。

纯的次磷酸为白色固体，熔点为26.5 ℃，易潮解，极易溶于水。H_3PO_2 为一元中强酸。

次磷酸易发生歧化反应。次磷酸和次磷酸盐都是强还原剂，例如：

$$H_2PO_2^- + 2Ni^{2+} + 6OH^- \longrightarrow PO_4^{3-} + 2Ni + 4H_2O$$

此反应被用作化学镀。

(2) 亚磷酸及其盐

亚磷酸(H_3PO_3)的分子结构示意图一般用图10-11表示。

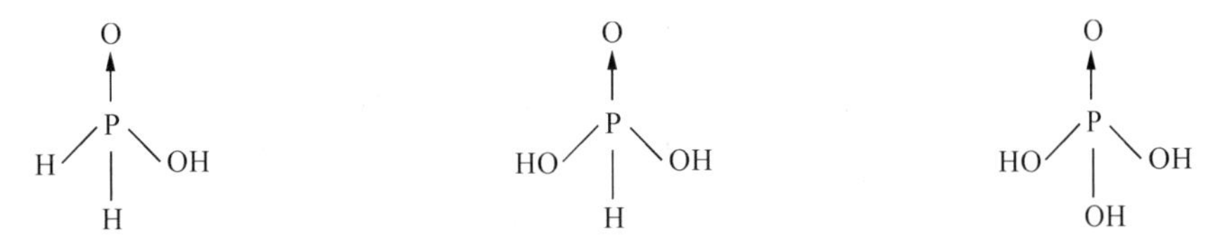

图10-10 次磷酸 H_3PO_2 的分子结构示意图　　**图10-11 亚磷酸 H_3PO_3 的分子结构示意图**　　**图10-12 磷酸 H_3PO_4 的分子结构示意图**

纯的亚磷酸为白色固体，熔点为73 ℃，易潮解。在水中的溶解度较大。H_3PO_3 为二元中强酸。

亚磷酸受热发生歧化反应：

$$4H_3PO_3 \xrightarrow{\triangle} 3H_3PO_4 + PH_3$$

亚磷酸和亚磷酸盐都是强还原剂，如：

$$H_3PO_3 + 2Ag^+ + H_2O \longrightarrow 2Ag + H_3PO_4 + 2H^+$$

(3) 磷酸及其盐

正磷酸 H_3PO_4 一般简称为磷酸。磷酸的分子结构示意图一般用图 10-12 表示。

纯的磷酸是无色固体，熔点为 42 ℃。磷酸能与水以任意比例相混溶。市售的 85% 的 H_3PO_4，相当于 15 mol·L^{-1}，为黏稠溶液。磷酸是一种无氧化性的、不挥发的三元中强酸。

H_3PO_4 加强热发生分子间脱水缩合反应，可生成链状或环状的多聚磷酸。如：

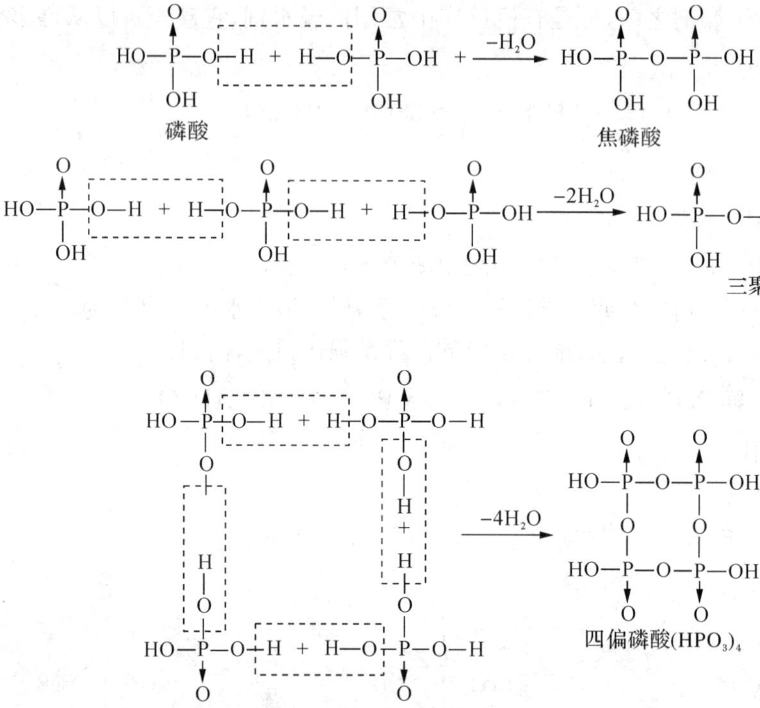

```
      O                   O                      O     O
      ↑                   ↑          -H2O        ↑     ↑
HO—P—O—H  +  H—O—P—OH  +  ———→   HO—P—O—P—OH
      |                   |                      |     |
      OH                  OH                     OH    OH
     磷酸                                         焦磷酸

      O               O               O                  O     O     O
      ↑               ↑               ↑      -2H2O       ↑     ↑     ↑
HO—P—O—H  +  H—O—P—O—H  +  H—O—P—OH  ———→  HO—P—O—P—O—P—OH
      |               |               |                  |     |     |
      OH              OH              OH                 OH    OH    OH
                                                             三聚磷酸

      O                   O
      ↑                   ↑
HO—P—O—H  +  H—O—P—O—H
      |                   |
      O                   O
      |                   |
      H                   H
                          +                             O       O
                          H                             ↑       ↑
      H                   |                        HO—P—O—P—OH
      |                   O          -4H2O              |       |
      O                   |          ———→               O       O
      |                   |                             |       |
HO—P—O—H  +  H—O—P—O—H                            HO—P—O—P—OH
      ↓                   ↓                             ↓       ↓
      O                   O                             O       O
                                                  四偏磷酸(HPO3)4
```

偏磷酸(HPO_3)可以看作 1 分子正磷酸 H_3PO_4 脱去 1 分子 H_2O 的产物。

磷酸除了用于生成化肥外，还用于金属表面的处理，在金属表面生成难溶的磷酸盐薄膜，以保护金属免受腐蚀。另外磷酸与硝酸的混合酸可作为化学抛光剂用以提高金属表面的光洁度。

磷酸盐按组成可分成三种：一种正盐(M_3PO_4)，两种酸式盐(MH_2PO_4，M_2HPO_4)。M_2HPO_4 多易溶于水，而 M_3PO_4，M_2HPO_4 中除 K^+，Na^+，NH_4^+ 盐外其余多难溶，如 Ag_3PO_4，Li_3PO_4，$Ca_3(PO_4)_2$，$CaHPO_4$ 等都难溶于水。易溶的碱金属磷酸盐和磷酸一氢盐

水解显碱性；磷酸二氢盐水解显酸性。

向正磷酸盐（Na_3PO_4、Na_2HPO_4 或 NaH_2PO_4）溶液中加入 $AgNO_3$ 都生成黄色 Ag_3PO_4 沉淀。而偏磷酸盐（如 $NaPO_3$）和焦磷酸盐（如 $Na_4P_2O_7$）与 $AgNO_3$ 反应都生成白色沉淀。偏磷酸盐和焦磷酸盐经醋酸酸化后加入蛋清溶液，能使蛋清（蛋白质）凝聚的是偏磷酸盐。以上反应可以用来定性鉴定正磷酸盐、偏磷酸盐和焦磷酸盐。

磷酸盐可以用作肥料、食品添加剂、钢铁表面保护处理及锅炉用水处理等。

5. 磷的卤化物

磷的卤化物中重要的是 PX_3 和 PX_5。

磷的卤化物易水解：

$$PX_3 + 3H_2O \longrightarrow H_3PO_3 + 3HX$$

$$PX_5 + 4H_2O \longrightarrow H_3PO_4 + 5HX$$

若 H_2O 少，水解不完全：

$$PX_5 + H_2O \longrightarrow POX_3 + 2HX$$

PX_5 液态时不导电，证明 PX_5 为共价化合物（非离子型化合物）。

PX_5 的热稳定性：$PF_5 > PCl_5 > PBr_5$

固态 PF_5 为分子晶体，为三角双锥构型。而固态 PCl_5 和 PBr_5 为离子晶体，PCl_5 晶体中含有正四面体的$[PCl_4]^+$和正八面体的$[PCl_6]^-$，PBr_5 晶体中则含有$[PBr_4]^+$和 Br^-。

10.4.3 砷、锑、铋及其化合物

1. 砷、锑、铋的单质

砷、锑、铋的熔点较低，它们在自然界中主要以硫化物形式存在。

通常情况下，砷、锑、铋在水和空气中能稳定存在，不与非氧化性的稀酸作用，但能与硝酸、浓硫酸、王水反应，高温下砷、锑、铋可与许多非金属反应。

砷、锑、铋能与许多金属形成合金，如铋、锡、铅等金属形成的低熔合金，可作保险丝用于自动灭火设备和自动信号仪上。另外，砷、锑、铋与ⅢA 族金属可形成具有特殊性能的半导体材料。

2. 砷、锑、铋的化合物

砷、锑、铋能形成氧化数为+3 和+5 的化合物。

(1) 氧化物、氢氧化物

砷、锑、铋的氧化物、氢氧化物的相关性质如下：

还原性增强 ←

酸性减弱 ↑				碱性减弱 ↓
	As_2O_3	Sb_2O_3	Bi_2O_3	
	H_3AsO_3	$Sb(OH)_3$	$Bi(OH)_3$	
	两性偏酸	两性	弱碱性	
	酸性减弱，碱性增强 →			
	As_2O_5	Sb_2O_5	Bi_2O_5（极不稳定）	
	H_3AsO_4	$HSb(OH)_6$		
	酸	弱酸性	弱酸性	

氧化性增强 →

As_2O_3 俗称砒霜，白色粉末固体，微溶于水，有剧毒，对人致死量为 0.1 g。

在强酸性溶液中 H_3AsO_4 具有一定的氧化性：

$$H_3AsO_4 + 2H^+ + 2I^- \longrightarrow H_3AsO_3 + I_2 + H_2O$$

这个反应的方向依赖于溶液的酸度，酸性较强时，H_3AsO_4 可以氧化 I^-；酸性较弱时，AsO_3^{3-} 可以还原 I_2。

在酸性溶液中 BiO_3^- 为强氧化剂：

$$5BiO_3^- + 2Mn^{2+} + 14H^+ = 2MnO_4^- + 5Bi^{3+} + 7H_2O$$

这一反应常用来鉴定溶液中的 Mn^{2+}。

(2) 卤化物

砷、锑、铋的三卤化物都易水解，水解能力：

$$PCl_3 > AsCl_3 > SbCl_3 > BiCl_3$$

$$AsCl_3 + 3H_2O \longrightarrow H_3AsO_3 + 3HCl$$

$$SbCl_3 + H_2O \longrightarrow SbOCl(\text{白}) + 2HCl$$

$$BiCl_3 + H_2O \longrightarrow BiOCl(\text{白}) + 2HCl$$

$SbCl_3$、$BiCl_3$ 水解不完全，生成白色的碱式盐沉淀，所以配制 $SbCl_3$ 和 $BiCl_3$ 水溶液时，要用盐酸配制，以抑制水解。

(3) 硫化物

砷、锑、铋的硫化物主要有黄色的 As_2S_3 和 As_2S_5，橙色的 Sb_2S_3 和 Sb_2S_5 及黑色的 Bi_2S_3，它们均难溶于水。其中，As_2S_3、As_2S_5 及 Sb_2S_5 为酸性，Sb_2S_3 为两性，而 Bi_2S_3 为碱性。

酸性及两性的硫化物能溶于 Na_2S、NaOH、$(NH_4)_2S$ 溶液，如：

$$As_2S_3 + 6NaOH \longrightarrow Na_3AsO_3 + Na_3AsS_3 + 3H_2O$$

$$Sb_2S_3 + 3Na_2S \longrightarrow 2Na_3SbS_3$$

$$Sb_2S_5 + 3(NH_4)_2S \longrightarrow 2(NH_4)_3SbS_4$$

Na_3AsS_3、Na_3SbS_3、$(NH_4)_3SbS_4$ 分别称为硫代亚砷酸钠、硫代亚锑酸钠、硫代锑酸铵。具有还原性的 As_2S_3 和 Sb_2S_3 能被氧化而溶于 Na_2S_2 或$(NH_4)_2S_2$ 溶液中，如：

$$As_2S_3 + 3S_2^{2-} \longrightarrow 2AsS_4^{3-} + S$$

硫代酸盐只能在中性或碱性中存在，遇酸分解，如：

$$2Na_3AsS_3 + 6HCl \longrightarrow As_2S_3 + 3H_2S + 6NaCl$$

$$2(NH_4)_3SbS_4 + 6HCl \longrightarrow Sb_2S_5 + 3H_2S + 6NH_4Cl$$

§10.5 碳族元素

元素周期表中第ⅣA 族元素称为碳族元素，价电子构型为 ns^2np^2。

硅的含量在所有元素中居第二位，它以大量的硅酸盐矿和石英矿存在于自然界。碳的含量虽然不多，但它(除氢外)是地球上化合物最多的元素。大气中有 CO_2；矿物界有各种碳酸盐、金刚石、石墨和煤，还有石油和天然气等碳氢化合物；动植物体中的脂肪、蛋白质、淀粉和纤维素等也都是碳的化合物。如果说硅是构成地球上矿物界的主要元素，那么，碳就是组成生物界的主要元素。锗、锡、铅在自然界中以化合状态存在。如硫银锗矿($4Ag_2S \cdot GeS_2$)，锗石矿($Cu_2S \cdot FeS \cdot GeS_2$)，锡石矿($SnO_2$)，方铅矿(PbS)等。

10.5.1 碳及其化合物

1. 碳的单质

单质碳重要的同素异形体有金刚石、石墨和碳簇。金刚石及石墨的结构见图 7-45 及 7-52。图 10-13 为 C_{60} 的结构示意图。

金刚石是典型的原子晶体，属于立方晶系。金刚石中每个碳原子均以 sp^3 杂化轨道与相邻的四个碳原子结合成键。金刚石的硬度很大、熔点很高，不导电。金刚石在工业上常用来做钻头、刀具及精密轴承等。金刚石薄膜是一种新的功能材料，可用于制作手术刀、集成电路、散热芯片等[1-2]。

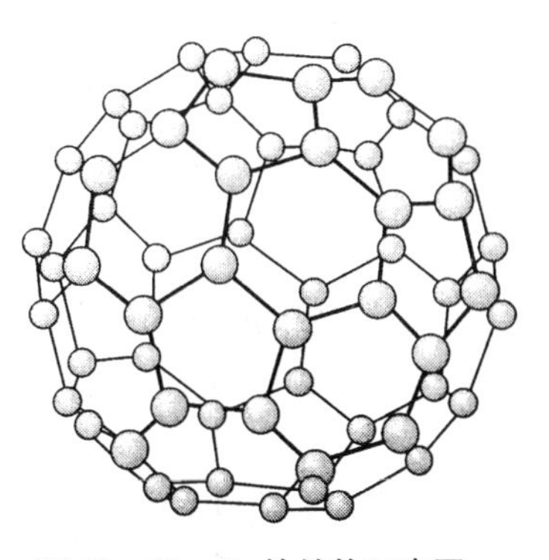

图 10-13 C_{60} 的结构示意图

石墨具有层状结构，每个碳原子以 sp^2 杂化轨道和邻近的3个碳原子以共价单键结合，构成片状结构。层中的每个碳原子各提供一个含成单电子的p轨道形成一个大π键Π_n^n，这些离域电子使得石墨具有良好的导电性，常用作电极。层与层之间靠较弱的分子间作用力结合在一起，所以层间易于滑动，故石墨可以作润滑剂。石墨的硬度小，但熔点却极高(略低于金刚石)。通常所谓的无定形碳具有石墨的结构，活性炭是经过处理的无定形碳，比表面积大，吸附性能好，主要用作制糖、味精生产、制药、水处理等行业的脱色剂、除臭剂、去味剂、吸附剂等。碳纤维也是一种无定形碳，它为新型的结构材料，广泛用于机械、电子、化工、航空工业。

1985年，克罗托(H. W. Kroto)、斯莫利(R. E. Smalley)和柯尔(R. F. Curl)等发现了C_{60}，1996年他们三人为此而获得了诺贝尔化学奖。后来又发现了C_{70}、C_{80}、C_{120}、C_{240}等一系列碳原子簇。C_{60}具有球形结构，60个碳构成三十二面体，即由十二个五边形和二十个六边形组成。每个C原子均采用sp^2杂化，与相邻的三个碳形成σ键，还形成大π键Π_{60}^{60}。近20年来，人们对碳原子簇进行了大量的研究，取得了重大的研究成果，如将碱金属掺入C_{60}晶体中，可制造出一系列的超导材料。

2. 碳的氧化物

(1) 一氧化碳

CO的分子结构如图10-14所示，C与O之间存在叁键，即一个σ键、一个π键及一个π配键。

CO是一种无色、无味、有毒的气体。CO可以与血液中的血红素中的铁元素结合生成羰基化合物，使血液失去运输氧的功能。空气中若含有0.1%(体积分数)CO，就会引起中毒。

CO有还原性。将CO通入$PdCl_2$溶液，可立即生成黑色沉淀，此反应可用于CO的定性检验：

$$CO + PdCl_2 + H_2O \longrightarrow CO_2 + 2HCl + Pd$$

CO与CuCl的酸性溶液的反应进行得很完全，以至于可以用来定量吸收CO：

$$CO + CuCl + 2H_2O \longrightarrow Cu(CO)Cl \cdot 2H_2O$$

冶金工业上CO是重要的还原剂，如：

$$FeO + CO \longrightarrow Fe + CO_2$$

CO有强的配位性。如CO能与许多过渡金属结合生成羰基配合物，例如$Fe(CO)_5$、$Ni(CO)_4$、$Cr(CO)_6$等。这些羰基配合物的生成、分离、加热分解是制备这些高纯金属的方法之一。

(2) 二氧化碳

CO_2分子是直线形的。C采取sp杂化，与两个O分别形成一个σ键，此外有人认为

CO_2 分子中还存在两个相互垂直的 Π_3^4 大 π 键，如图 10－15 所示。

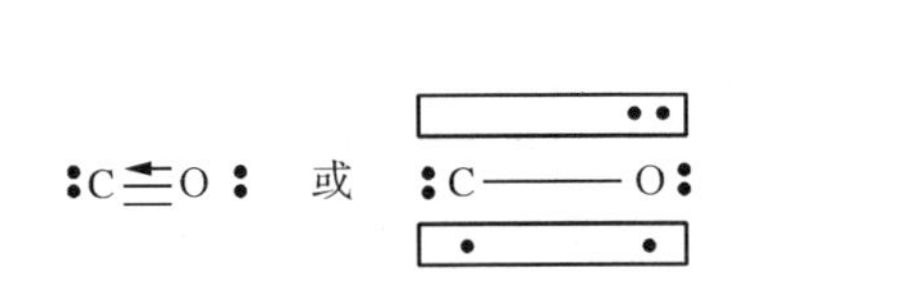

图 10－14 CO 的分子结构示意图

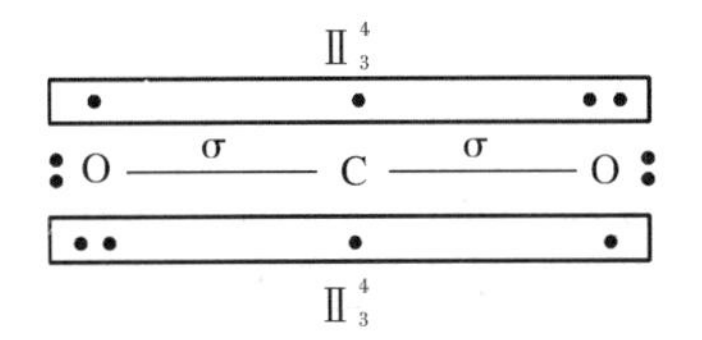

图 10－15 CO_2 的分子结构示意图

CO_2 是一种无色无味的气体，不助燃，易液化，无毒，但大量的 CO_2 可令人窒息，大气中 CO_2 的浓度增加，是造成"温室效应"的主要原因之一。固态的 CO_2 称为干冰，干冰不经过熔化而直接升华，故可作为制冷剂。

3. 碳酸及其盐

(1) 碳酸

H_2CO_3 分子中，中心碳原子采用 sp^2 杂化，为平面三角形。

人们习惯上将 CO_2 的水溶液称为碳酸，实际上 CO_2 在水中主要以水合分子的形式存在，只有极少部分生成 H_2CO_3。碳酸很不稳定，只能存在于水溶液中，为二元弱酸。

(2) 碳酸盐

CO_3^{2-} 中 C 采取 sp^2 杂化，其结构中大 π 键为 Π_4^6，如图 10－16 所示。

碳酸可以形成碳酸正盐和碳酸氢盐。

碳酸正盐中除碱金属(Li^+ 除外)外，其他大多数难溶于水。对于难溶的正盐，其酸式盐溶解度较大，而易溶的正盐其酸式盐的溶解度反而减小，如 $CaCO_3$ 难溶，而 $Ca(HCO_3)$ 易溶；Na_2CO_3、K_2CO_3 和 $(NH_4)_2CO_3$ 等均易溶于水。但 $NaHCO_3$、$KHCO_3$ 和 NH_4HCO_3 的溶解度相对小些，原因是 HCO_3^- 有分子间氢键，发生缔合。

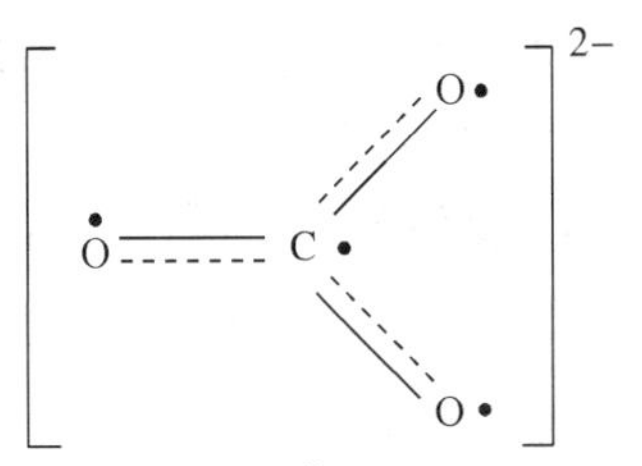

图 10－16 CO_3^{2-} 的结构示意图

碳酸盐的热分解温度相差较大。其阳离子的极化性和变形性越大，碳酸盐的热稳定性越低。

CO_3^{2-} 水解显碱性，金属离子与可溶性的碳酸盐反应，若碳酸盐的溶解度远小于氢氧化物的溶解度，则生成碳酸盐沉淀(如 Ca^{2+}、Ba^{2+} 等)；若氢氧化物的溶解度远小于碳酸盐的溶解度，则生成氢氧化物沉淀(如 Al^{3+}、Fe^{3+} 等)；若碳酸盐的溶解度与氢氧化物的溶解度相差不大，则生成碱式碳酸盐沉淀(如 Mg^{2+}、Cu^{2+} 等)，例如：

$$Ba^{2+} + CO_3^{2-} \longrightarrow BaCO_3$$

$$2Al^{3+} + 3CO_3^{2-} + 3H_2O \longrightarrow 2Al(OH)_3 + 3CO_2$$

$$2Cu^{2+} + 2CO_3^{2-} + H_2O \longrightarrow Cu_2(OH)_2CO_3 + CO_2$$

10.5.2 硅及其化合物

1. 单质

单质硅有无定形和晶体两种，晶体硅结构与金刚石相同，属于原子晶体，熔点、沸点高，硬而脆。无定形硅为灰色粉末。

常温下，硅不活泼，不与水、氧反应，但高温下能与许多单质化合，如：

$$3Si + 2N_2 \xrightarrow{1\,000\ ℃} Si_3N_4 \qquad 2Mg + Si \longrightarrow Mg_2Si$$

硅能与强碱或 HF - HNO_3 的混合酸反应：

$$Si + 2NaOH + H_2O \longrightarrow Na_2SiO_3 + 2H_2$$

$$3Si + 4HNO_3 + 18HF \longrightarrow 3H_2SiF_6 + 4NO + 8H_2O$$

SiO_2 与 C 混合，在高温电炉中加热可制备单质硅。用作半导体用的超纯硅，可用区域熔融的方法提纯。高纯硅主要用于制造半导体。

2. 二氧化硅

SiO_2 晶体无色，熔点高，硬度大。石英是常见的 SiO_2 晶体。

SiO_2 与一般的酸不起反应，但溶于热碱和氢氟酸中，因此，玻璃容器不能盛放浓碱溶液和氢氟酸。

石英是常见的二氧化硅晶体。石英玻璃不吸收可见光和紫外线，而且耐酸、热膨胀系数小，因此被用来制造紫外灯、汞灯和光学仪器的窗口，一些高级的化学玻璃仪器也是用石英玻璃为材料制成的，如比色皿等。

3. 硅酸及其盐

(1) 硅酸

硅酸的组成比较复杂，通常用 $x\mathrm{SiO_2} \cdot y\mathrm{H_2O}$ 表示，H_2SiO_3 称为偏硅酸(常称为硅酸)，H_4SiO_4 称为正硅酸或原硅酸。

H_2SiO_3 是二元弱酸，硅酸钠与盐酸反应可制得硅酸，开始生成的单分子硅酸可溶于水，当单分子硅酸逐渐聚合形成多硅酸时，形成硅酸溶胶。若向稀的硅酸溶胶中加入电解质或酸，则生成硅酸胶状沉淀(凝胶)。凝胶经过洗涤、烘干、加热活化等处理，得到一种多孔性有吸附作用的多孔硅胶，可用作干燥剂。经用 $CoCl_2$ 溶液浸泡、烘干后的硅胶称为变色硅胶($CoCl_2$ 无水时呈蓝色，吸水后$Co(H_2O)_6^{2+}$ 为粉红色)。

(2) 硅酸盐

除 Na_2SiO_3 和 K_2SiO_3 易溶于水外，其他绝大多数硅酸盐难溶于水。工业上最常用的硅酸盐就是 Na_2SiO_3。浓的 Na_2SiO_3 水溶液为黏稠状，称为水玻璃。

硅酸盐种类极多，其结构可分为链状、片状和三维网络状，但其基本结构单元都是硅氧四面体(见图 10－17)。天然沸石是具有多空多穴的铝硅酸盐，具有吸附性、筛选分子的作用，称为分子筛。分子筛也可以人工合成，分子筛的用途广泛，如用作气体的分离、催化剂等。

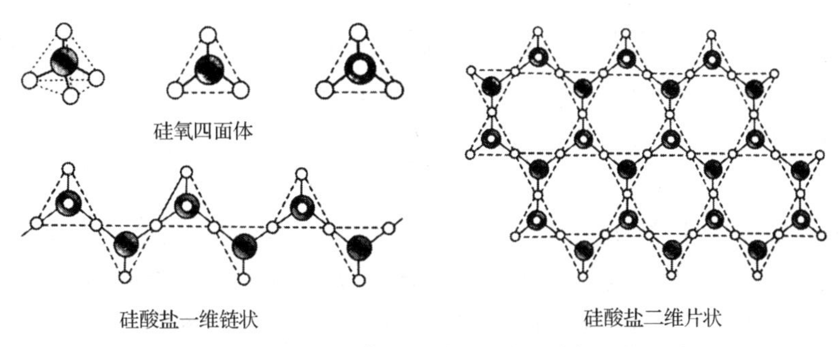

图 10－17　硅氧四面体及硅酸盐链状、片状结构示意图

10.5.3　锡、铅的化合物

1. 氧化物和氢氧化物

常见的 Sn 和 Pb 的氧化物和氢氧化物的酸碱性如下：

SnO(黑色) $Sn(OH)_2$(白色) 两性偏碱	PbO(黄色或黄红色) $Pb(OH)_2$(白色) 两性偏碱	↓ 酸性增强，碱性减弱
SnO_2(白色) $Sn(OH)_4$(白色) 两性偏酸	PbO_2(棕黑色) $Pb(OH)_4$(棕色) 两性偏酸	
→ 酸性减弱，碱性增强		

铅的氧化物还有红色 Pb_3O_4(俗称红铅或铅丹)及橙色的 Pb_2O_3。铅丹的化学性质较稳定，用作防锈漆。

PbO_2 具有强氧化性，在酸性溶液中能把 Cl^-、Mn^{2+} 氧化成 Cl_2、MnO_4^-。反应为

$$5PbO_2 + 2Mn^{2+} + 4H^+ \longrightarrow 5Pb^{2+} + 2MnO_4^- + 2H_2O$$

$$PbO_2 + 4HCl \longrightarrow PbCl_2 + Cl_2 + 2H_2O$$

$Sn(OH)_2$ 和 $Pb(OH)_2$ 具有两性，溶于碱的反应为

$$Sn(OH)_2 + 2OH^- \longrightarrow [Sn(OH)_4]^{2-}$$

$$Pb(OH)_2 + OH^- \longrightarrow [Pb(OH)_3]^-$$

$[Sn(OH)_4]^{2-}$具有很强的还原性，如：

$$3[Sn(OH)_4]^{2-} + 2Bi^{3+} + 6OH^- \longrightarrow 3[Sn(OH)_6]^{2-} + 2Bi$$

该反应可用来鉴定Bi^{3+}。

向Sn(Ⅳ)溶液中加碱或通过$SnCl_4$水解都得锡酸，α-锡酸既可溶于酸溶液，也可溶于碱溶液。而Sn和浓HNO_3作用则得到β-锡酸。β-锡酸既难溶于酸溶液，也难溶于碱溶液。通过加热或静置，α-锡酸可以转化为β-锡酸。

2. 卤化物

市售氯化亚锡是二水合物$SnCl_2 \cdot 2H_2O$，溶于水水解生成碱式氯化亚锡Sn(OH)Cl沉淀。所以配制$SnCl_2$溶液时，要加入盐酸防止其水解，同时加入金属锡粒防止Sn^{2+}被空气中的氧气氧化。$SnCl_2$是强还原剂，能把Fe^{3+}还原成Fe^{2+}，将$HgCl_2$还原为Hg_2Cl_2白色沉淀，$SnCl_2$过量时，进一步将Hg_2Cl_2还原成黑色单质Hg。反应如下：

$$2Fe^{3+} + Sn^{2+} \longrightarrow 2Fe^{2+} + Sn^{4+}$$

$$SnCl_2 + 2HgCl_2 \longrightarrow SnCl_4 + Hg_2Cl_2$$

$$Hg_2Cl_2 + SnCl_2 \longrightarrow SnCl_4 + 2Hg$$

利用$SnCl_2$与$HgCl_2$的反应可以鉴定Sn^{2+}或Hg^{2+}。

通Cl_2于熔融的Sn中生成$SnCl_4$。常温下，$SnCl_4$是略带黄色的液体，极易发生水解，能在空气中冒烟，用于制造舞台上的烟雾。常温下，稳定的水合物$SnCl_4 \cdot 5H_2O$是白色不透明、易潮解的固体。

PbX_2在热水中的溶解度增大，在高浓度的X^-溶液中，PbX_2生成无色的$[PbX_4]^{2-}$而溶解。

$PbCl_4$是黄色液体，只能在低温下存在，在潮湿空气中因水解而冒烟。

3. 硫化物

锡、铅的重要硫化物有SnS、SnS_2及PbS，它们均为难溶性硫化物，颜色及酸碱性如下：

SnS	SnS_2	PbS
棕色	黄色	黑色
碱性	酸性	碱性

在Sn^{2+}、Pb^{2+}溶液中通入H_2S气体，得SnS及PbS；在$SnCl_4$中通H_2S气体，得SnS_2，SnS_2可作为金粉涂料。

SnS不溶于Na_2S溶液中，但可溶解于浓盐酸和碱金属的多硫化物溶液中。

$$SnS + 4Cl^- + 2H^+ \longrightarrow SnCl_4^{2-} + H_2S$$

$$SnS + S_2^{2-} \longrightarrow SnS_3^{2-}$$

SnS_3^{2-} 在酸性介质中不稳定，分解为 SnS_2 和 H_2S。

SnS_2 能溶于浓盐酸，也能和硫化钠或硫化铵溶液及碱反应而溶解。

$$SnS_2 + 6Cl^- + 4H^+ \longrightarrow SnCl_6^{2-} + 2H_2S$$

$$SnS_2 + S^{2-} \longrightarrow SnS_3^{2-}$$

$$3SnS_2 + 6OH^- \longrightarrow Sn(OH)_6^{2-} + 2SnS_3^{2-}$$

PbS 可溶于浓 HCl 和稀 HNO_3，不溶于 Na_2S 和无氧化性的稀酸。

$$PbS + 4HCl \longrightarrow H_2S + H_2[PbCl_4]$$

$$3PbS + 2NO_3^- + 8H^+ \longrightarrow 3Pb^{2+} + 3S + 2NO + 4H_2O$$

§10.6 硼族元素

元素周期表中ⅢA 族统称为硼族元素，价电子构型为 ns^2np^1。硼族元素原子的价键轨道数为4，而价电子数为3，是缺电子原子，可形成缺电子化合物。

硼在地壳中的含量很少，硼的重要矿石有硼镁矿、硼砂、方硼石等；铝在地壳中的含量仅次于氧和硅，占第三位，主要以长石、云母、高岭土等硅酸盐形式存在。镓、铟、铊比较分散，没有单独矿藏，与其他矿物共生。

10.6.1 硼及其化合物

1. 硼单质

硼单质可以分为晶体和无定形两大类。晶体硼呈灰黑色，熔点高，硬度与金刚石相近，化学性质较惰性。无定形硼为棕色粉末，化学性质则较活泼。

晶体硼有各种复杂的晶体结构，但都是以 B_{12} 的20面体为基本单元。该20面体有20个等边三角形面和12个顶角硼原子，每个硼原子与邻近的5个硼原子距离相等，如图10-18所示，由于 B_{12} 单元的联结不同，形成了晶体B的不同晶型。

常温下B与 F_2 化合生成 BF_3：

$$2B + 3F_2 \longrightarrow 2BF_3$$

在空气中燃烧，放出大量的热：

$$4B + 3O_2 \longrightarrow 2B_2O_3$$

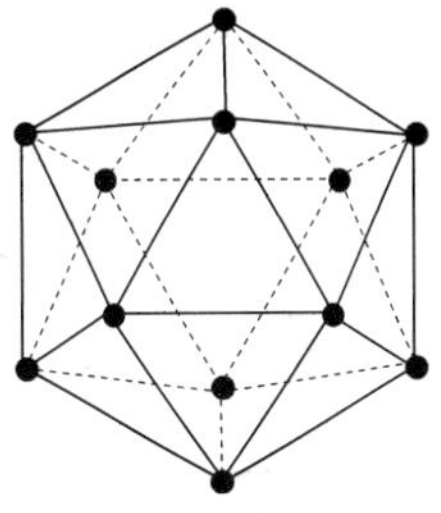

这与硼氧键的键能很大是一致的。基于相同的原因，硼可以从许多稳定的氧化物中夺取氧。硼在炼钢过程中可以作为去氧剂。

图10-18 B_{12} 单元的结构示意图

高温时，无定形硼可以同水蒸气作用生成硼酸：

$$2B + 6H_2O \longrightarrow 2B(OH)_3 + 3H_2$$

在高温下硼可与 N_2，S，X_2 等非金属单质反应，如：

$$2B + N_2 \longrightarrow 2BN \qquad 2B + 3Cl_2 \longrightarrow 2BCl_3 \qquad 2B + 3S \longrightarrow B_2S_3$$

在高温下硼也能同金属反应生成金属硼化物，如 Nb_3B_4，ZrB_2，LaB_6 等。硼化物一般具有高的硬度和熔点。

无定形硼不与非氧化性酸作用，但可以与热浓硫酸、热浓硝酸反应：

$$B + 3HNO_3(浓) \longrightarrow B(OH)_3 + 3NO_2$$

$$2B + 3H_2SO_4(浓) \longrightarrow 2B(OH)_3 + 3SO_2$$

有氧化剂存在时，硼和强碱共熔时可得到偏硼酸盐：

$$2B + 2NaOH + 3KNO_3 \longrightarrow 2NaBO_2 + 3KNO_2 + H_2O$$

工业上用碱法或酸法由硼镁矿制取单质硼。

高温下用 Mg 或 Al 还原 B_2O_3，可得到粗硼：

$$B_2O_3 + 3Mg \longrightarrow 3MgO + 2B$$

高温下分解含硼化合物是得到较纯硼的好办法，如：

$$2BI_3 \longrightarrow 2B + 3I_2$$

用 H_2 还原三溴化硼，也可以获得高纯度的硼：

$$2BBr_3 + 3H_2 \longrightarrow 2B + 6HBr$$

2. 硼的氢化物

硼与氢可以形成一系列氢化物，即硼烷。最简单的硼烷为乙硼烷 B_2H_6。

在 B_2H_6 分子中，共有 12 个价电子，硼是缺电子原子，每个硼原子均以 sp^3 杂化轨道成键。2 个硼原子分别各与 2 个氢原子形成 2 个 B—Hσ 键，这 4 个 σ 键在同一平面，共用去 8 个价电子，剩余的 4 个价电子在 2 个硼原子和另 2 个氢原子之间形成了 2 个垂直于上述平面的三中心二电子键(3c-2e)，这两个 3c-2e 键对称分布于该平面的上、下方。每个 3c-2e 键是由 1 个氢原子和 2 个硼原子共用 2 个电子构成的，B_2H_6 分子结构如图 10-19 所示。

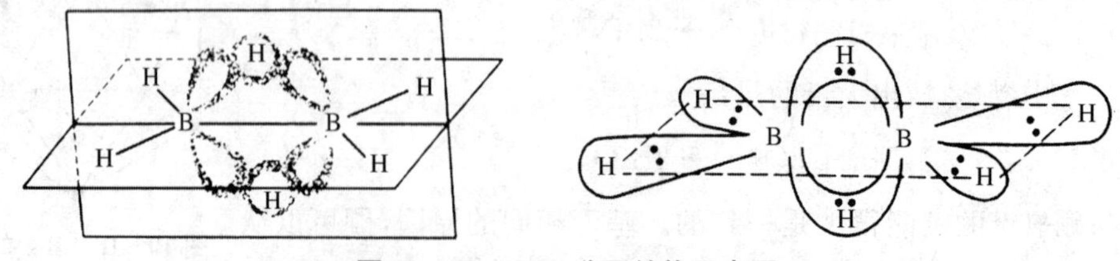

图 10-19　B_2H_6 分子结构示意图

在各种硼烷中主要呈现以下五种成键情况：

B—H	2c—2e	硼氢键
B(H)B（H 桥连两个 B）	3c—2e	氢桥键
B—B	2c—2e	硼硼键
B(B)B（B 桥连两个 B）	3c—2e	硼桥键(开放式)
三个 B 以 Y 形连接	3c—2e	硼桥键(闭合式)

乙硼烷是剧毒的气体，在空气中的最高允许浓度仅为 0.1 ppm，制备和使用一定要注意安全。

乙硼烷是一种 Lewis 酸，可以与提供孤对电子的 Lewis 碱配合生成酸碱加合物，如：

$$B_2H_6 + 2CO \longrightarrow 2[H_3B \leftarrow CO]$$

乙硼烷是一种还原性极强的物质，在空气中易燃：

$$B_2H_6 + 3O_2 \longrightarrow B_2O_3 + 3H_2O$$

该反应放出大量的热，属高能燃料，但因毒性极大而作罢。

乙硼烷极易水解：

$$B_2H_6 + 6H_2O \longrightarrow 2H_3BO_3 + 6H_2$$

3. 硼的含氧化合物

(1) B_2O_3

硼与氧形成的 B—O 键键能较大，硼的氧化物(B_2O_3)稳定性很高。B_2O_3 是白色固体，有晶态和玻璃态两种状态。

B_2O_3 溶于水，在水中形成正硼酸：

$$B_2O_3 + 3H_2O \longrightarrow 2H_3BO_3$$

在 873 K 时，B_2O_3 与 NH_3 反应可制得氮化硼 $(BN)_x$。氮化硼具有石墨型晶体结构(图 10－20)，俗称白石墨。

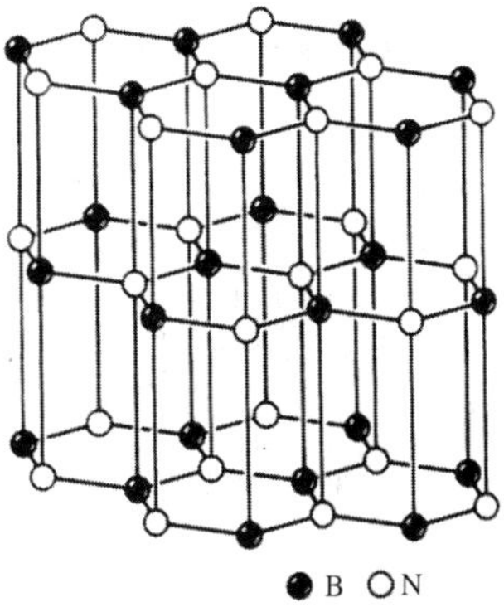

● B ○ N

图 10－20 层状六方氮化硼的晶体结构

B_2O_3 和许多种金属氧化物在熔融时生成有特征颜色的硼珠，称为硼珠试验，可用于鉴定。例如：

$$CuO + B_2O_3 \longrightarrow Cu(BO_2)_2 \quad （蓝色）$$

$$NiO + B_2O_3 \longrightarrow Ni(BO_2)_2 \quad （绿色）$$

$$CoO + B_2O_3 \longrightarrow Co(BO_2)_2 \qquad （深蓝色）$$

在红热的条件下硼酸脱水只能得到玻璃态的 B_2O_3，只有在较低温度下硼酸极其缓慢地脱水才能得到 B_2O_3 晶体。

熔融的 B_2O_3 可溶解许多金属氧化物而得到有色的硼玻璃。由锂、铍和硼的氧化物制成的玻璃可以用作X射线管的窗口；硼玻璃耐高温，可用于制作在高温下使用的玻璃仪器硼玻璃还可用于制作光学仪器设备、绝缘材料和玻璃钢，这些都是建筑、机械和军工方面所需要的材料。

(2) 硼酸及其盐

正硼酸 H_3BO_3（或 $B(OH)_3$）常称为硼酸。H_3BO_3 晶体中的基本单元是平面三角形的 $B(OH)_3$。H_3BO_3 分子中，每个硼原子以 sp^2 杂化轨道与3个氧原子以 σ 键结合形成平面三角形结构，这些平面三角形单元又通过氢键联成层状结构，如图10－21。层与层之间以微弱的范德华力相吸引，H_3BO_3 晶体是片状的，可作润滑剂。硼酸的这种缔合结构使它在冷水中的溶解度很低（在热水中因部分氢键断裂而溶解度增大）。

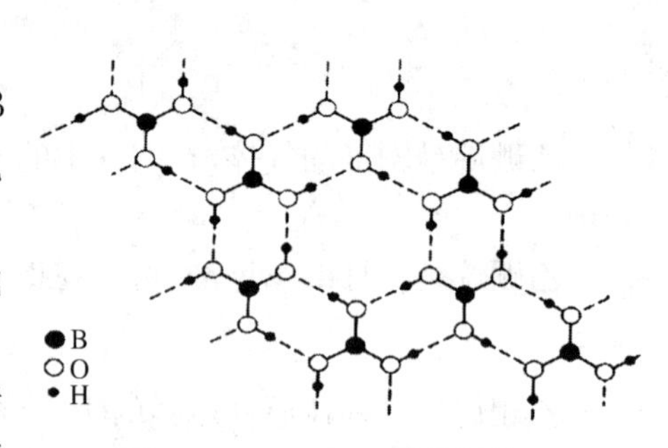

图10－21　H_3BO_3 片状结构

H_3BO_3 是一元弱酸，$K_a^\ominus = 5.81 \times 10^{-10}$，它在溶液中所显的弱酸性是由于加合了来自 H_2O 分子中 OH^-，而不是它本身给出质子：

$$B(OH)_3 + H_2O \rightleftharpoons \left[\begin{array}{c} OH \\ | \\ HO—B \leftarrow OH \\ | \\ OH \end{array} \right]^- + H^+$$

这也表现了硼化合物的缺电子特点，所以 H_3BO_3 是一个典型的路易斯酸。

H_3BO_3 的酸性可因加入甘露醇或甘油等多羟基化合物而大为增强，原因是生成了更稳定的硼酸酯：

$$H—O—B\begin{array}{l} \diagup OH \\ \diagdown OH \end{array} + \begin{array}{l} HO—CH_2 \\ \quad\ | \\ \quad\ CHOH \\ \quad\ | \\ HO—CH_2 \end{array} \longrightarrow \left[\begin{array}{c} CH_2—O \\ HOCH \qquad\quad B—O \\ CH_2—O \end{array} \right]^- + H^+ + 2H_2O$$

H_3BO_3 和甲醇（或乙醇）在浓 H_2SO_4 存在的条件下，生成挥发性硼酸酯。

$$H_3BO_3 + 3CH_3OH \xrightarrow{\text{浓硫酸}} B(OCH_3)_3 + 3H_2O$$

硼酸酯可挥发并且易燃，燃烧时产生特有的绿色火焰，用于硼酸或硼酸根的鉴定。

在工业上，硼酸是用硫酸分解硼的矿物（如硼镁矿）来制备：

$$Mg_2B_2O_5 \cdot H_2O + 2H_2SO_4 \longrightarrow 2MgSO_4 + 2H_3BO_3$$

H_3BO_3 受热时会逐渐脱水，首先生成偏硼酸 HBO_2，继续加热进一步脱水，变成四硼酸 $H_2B_4O_7$，温度更高时则转变为硼酸酐 B_2O_3。

H_3BO_3 大量地用于玻璃和陶瓷工业，在医药卫生方面也有广泛的应用。

（3）硼砂

在硼酸盐中，常见的是硼砂 $Na_2B_4O_7 \cdot 10H_2O$，其结构单元为$[B_4O_5(OH)_4]^{2-}$（见图10－22）。它是由两个 BO_3 原子团和两个 BO_4 原子团通过共用角顶氧原子而联结成的。在其晶体中，$B_4O_5(OH)_4^{2-}$ 通过氢键连接成链状结构，链与链之间通过 Na^+ 以离子键结合，水分子存在于链之间，所以，硼砂的分子式按结构应写为 $Na_2B_4O_5(OH)_4 \cdot 8H_2O$。

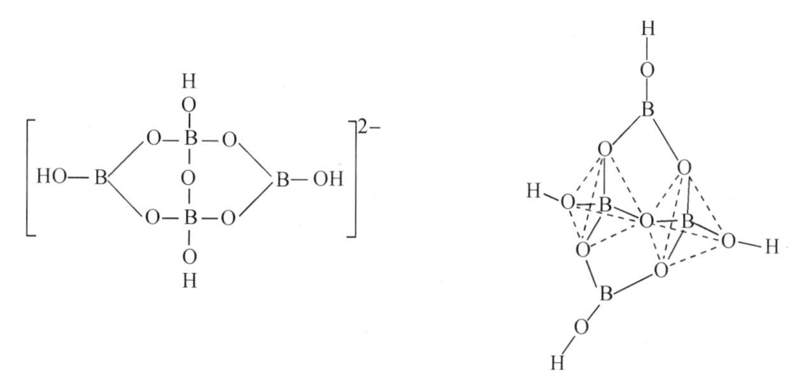

图10－22　四棚酸根离子的结构示意图

硼砂为无色透明晶体或白色结晶性粉末，可以用硼砂代替 B_2O_3 进行硼珠试验，例如：

$$Na_2B_4O_7 + CoO \longrightarrow 2NaBO_2 \cdot Co(BO_2)_2 \quad \text{蓝宝石色}$$

硼砂易溶于水，也较易水解：

$$[B_4O_5(OH)_4]^{2-} + 5H_2O \longrightarrow 2H_3BO_3 + 2B(OH)_4^-$$

硼砂水解生成等物质的量的 H_3BO_3 和 $B(OH)_4^-$，故具有缓冲作用，在实验室中可用它来配制缓冲溶液或作基准物。

硼砂水溶液可与强酸作用，冷却时硼酸即从溶液中析出(溶解度较小)：

$$Na_2B_4O_7 + H_2SO_4 + 5H_2O \longrightarrow 4H_3BO_3 + Na_2SO_4$$

硼砂与 NH_4Cl 一同加热，再经盐酸、热水处理，可得到白色固体氮化硼：

$$Na_2B_4O_7 + 2NH_4Cl \longrightarrow 2NaCl + B_2O_3 + 2BN + 4H_2O$$

工业上通常用浓碱分解硼镁矿，再通入 CO_2 制得硼砂：

$$Mg_2B_2O_5 \cdot H_2O + 2NaOH \longrightarrow 2NaBO_2 + 2Mg(OH)_2$$

$$4NaBO_2 + CO_2 + 10H_2O \longrightarrow Na_2B_4O_7 \cdot 10H_2O + Na_2CO_3$$

由于硼砂能溶解金属氧化物，焊接金属时可用它作助熔剂，除去金属表面的氧化物。此外，硼砂也是陶瓷、搪瓷、玻璃工业的重要原料。硼砂还可以做肥皂和洗衣粉的填料。

4. 硼的卤化物

硼的卤化物中常见的是三卤化硼，三卤化硼属于共价化合物，它们的熔沸点随分子量的增大而升高。

气态三卤化硼的中心硼原子的轨道采用 sp^2 杂化，故分子的构型为平面三角形，中心硼原子未参与杂化的空 p 轨道分别与三个卤素原子充满电子的一个 p 轨道形成大 π 键 Π_4^6。

BF_3 是典型的强的路易斯酸，它可以同路易斯碱结合而成酸碱配合物，如：

$$BF_3 + NH_3 \longrightarrow H_3N \rightarrow BF_3$$

BX_3 分子易水解。将 BF_3 通入水中时，首先发生水解反应：

$$BF_3 + 3H_2O \longrightarrow B(OH)_3 + 3HF$$

生成的 HF 进一步和 BF_3 反应，得到氟硼酸溶液，

$$BF_3 + HF \longrightarrow H[BF_4]$$

其他卤素形成的三卤化硼，水解形成硼酸和相应的卤化氢，如：

$$BCl_3 + 3H_2O \longrightarrow H_3BO_3 + 3HCl$$

10.6.2 铝及其化合物

1. 铝单质

铝是一种银白色的轻金属，具有良好的延展性和导电性，能与多种金属形成合金。

铝是亲氧元素，一接触空气或氧气，其表面就被一层致密的氧化物膜所覆盖，使内层铝不能进一步被氧化，因而铝在空气和水中都很稳定，可用来制作日用器皿。

由于铝的亲氧性，铝常被用来从其他氧化物中置换出金属。在反应过程中释放的热量可以将反应混合物加热至很高温度，以致使产物熔化而同氧化铝熔渣分层。例如，将铝粉和 Fe_2O_3 粉末按一定比例混合，用引燃剂点燃，反应即猛烈地进行，得到氧化铝和单质铁并放出大量的热，温度可达 3 000 ℃，使生成的铁熔化。

$$2Al + Fe_2O_3 \longrightarrow Al_2O_3 + 2Fe$$

这种方法也常被用来还原一些难以还原的氧化物，如 MnO_2，Cr_2O_3 等。铝是冶金上常用的还原剂，在冶金学上称此方法为铝热法。

铝也是炼钢的脱氧剂，在钢水中投入铝块可以除去溶在钢水中的氧。

铝是两性金属，铝既能溶于稀盐酸或稀硫酸中，也能溶于强碱中：

$$2Al + 6H^{+} \longrightarrow 2Al^{3+} + 3H_2$$

$$2Al + 2OH^{-} + 6H_2O \longrightarrow 2[Al(OH)_4]^{-} + 3H_2$$

在冷的浓硫酸及浓硝酸中，铝的表面被钝化而不发生作用。常用铝制容器装运浓硝酸或浓硫酸等。但铝同热的浓硫酸反应：

$$2Al + 6H_2SO_4(\text{浓，热}) \longrightarrow Al_2(SO_4)_3 + 3SO_2 + 6H_2O$$

单质铝可从铝矾土(Al_2O_3)中提取。铝矾土与过量的氢氧化钠反应，难溶的 Al_2O_3 转化为可溶的$[Al(OH)_4]^{-}$，然后通入 CO_2，得到 $Al(OH)_3$ 沉淀，煅烧 $Al(OH)_3$，得到 Al_2O_3，电解 Al_2O_3，则获得铝。

铝及其合金可用于制造电讯器材、发电机、建筑以及汽车、飞机和宇宙飞行器等。另外，铝可用来制造高温金属陶瓷，广泛应用于火箭和导弹技术中。

2. 氧化铝与氢氧化铝

Al_2O_3 常见的变体是 α-Al_2O_3 和 γ-Al_2O_3。

α-Al_2O_3 俗称刚玉，是天然宝石、玉石的主要成分，含有 Cr 氧化物的宝石为红宝石，含有 Ti，Fe 氧化物的宝石为蓝宝石。刚玉常用作手表的轴承，还常用作球磨机中的磨料，也可以制成刚玉坩埚。α-Al_2O_3 的晶格能较大，硬度很高，熔点也较高。α-Al_2O_3 化学性质很不活泼，不溶于酸和碱，其耐腐蚀性和绝缘性也较好。

γ-Al_2O_3 的硬度不高，稳定性比 α-Al_2O_3 稍差。γ-Al_2O_3 化学性质比 α-Al_2O_3 活泼，较易溶于酸或碱溶液中：

$$Al_2O_3 + 6H^{+} \longrightarrow 2Al^{3+} + 3H_2O$$

$$Al_2O_3 + 2OH^{-} + 3H_2O \longrightarrow 2[Al(OH)_4]^{-}$$

γ-Al_2O_3 的颗粒小，表面积大，具有良好的吸附能力和催化活性，又称活性氧化铝。γ-Al_2O_3常用作吸附剂或催化剂载体。

Al_2O_3 的水合物一般称为氢氧化铝。由于 Al_2O_3 难溶于水，$Al(OH)_3$ 只能用间接方法制得。如在铝盐溶液中加氨水或碱，可得到凝胶状白色无定形氢氧化铝沉淀。

$$Al_2(SO_4)_3 + 6NH_3 + 6H_2O \longrightarrow 2Al(OH)_3 + 3(NH_4)_2SO_4$$

所得的氢氧化铝沉淀，含水量不定，组成也不均匀，实际上是水合氧化铝($Al_2O_3 \cdot xH_2O$)。这种水合氧化铝静置后，可慢慢失水转化为偏氢氧化铝 AlO(OH)，温度升高，转化速度加快。若在铝盐溶液中加入强碱弱酸盐，如 Na_2CO_3 或 NaAc，则由于弱酸盐的水解，得到的是水合氧化铝和偏氢氧化铝的混合物。只有在铝酸盐溶液中通 CO_2 才可得到氢氧化铝的白色沉淀：

$$2[Al(OH)_4]^{-} + CO_2 \longrightarrow 2Al(OH)_3 + CO_3^{2-} + H_2O$$

结晶的氢氧化铝与无定型的水合氧化铝不同，它难溶于酸，而且加热到 100 ℃也不脱水，若在密封管内长时间地加热，才能转变为偏氢氧化铝。

氢氧化铝是两性氢氧化物，氢氧化铝能与酸作用生成铝盐，与碱作用生成四羟基合铝(Ⅲ)酸盐：

$$Al(OH)_3 + 3H^+ \longrightarrow Al^{3+} + 3H_2O$$

$$Al(OH)_3 + OH^- \longrightarrow [Al(OH)_4]^-$$

3. 铝的卤化物

在三卤化铝中，除 AlF_3 为离子性化合物外，其余均为共价化合物。AlF_3 是白色难溶的固体，而其他 AlX_3 均易溶于水。在 AlF_3 晶体中 Al 是六配位的，在高温下升华所得的 AlF_3 是单分子的。在气相或非极性溶剂中，$AlCl_3$、$AlBr_3$ 和 AlI_3 均是二聚的。

铝的卤化物中以 $AlCl_3$ 最为重要。常温下无水 $AlCl_3$ 是无色晶体。无水 $AlCl_3$ 能溶于有机溶剂，在水中的溶解度也较大。无水 $AlCl_3$ 的水解反应很强烈并放出大量的热。$AlCl_3$ 分子中铝是缺电子原子，$AlCl_3$ 是典型的路易斯酸，表现出强烈的加合作用。三氯化铝在气态及非极性溶剂中以共价的双聚分子 Al_2Cl_6 形式存在。在 Al_2Cl_6 分子中，每个铝原子以 sp^3 杂化轨道与四个氯原子成键，呈四面体结构。两个 $AlCl_3$ 分子间发生 Cl→Al 的电子对授予而配位，形成 Al_2Cl_6，图 10-23 为 Al_2Cl_6 的结构示意图。

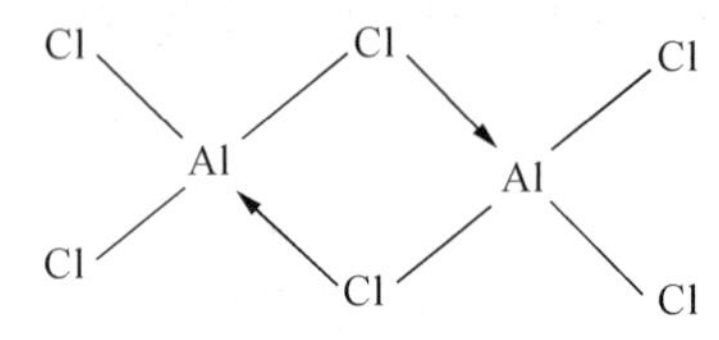

图 10-23　Al_2Cl_6 结构示意图

$AlCl_3$ 还容易与电子对给予体形成配离子(如 $AlCl_4^-$)和加合物(如 $AlCl_3 \cdot NH_3$)。

无水 $AlCl_3$ 可用干燥的氯气作氧化剂在高温下制备，即

$$2Al + 3Cl_2 \longrightarrow 2AlCl_3$$

4. 铝和铍的相似性

(1) 两种金属的标准电极电势相近。

(2) 铍和铝经浓硝酸处理都表现钝化，而其他碱土金属均易与硝酸反应。

(3) 铍和铝都是两性金属，既能溶于酸也能溶于碱。

(4) 氢氧化物均为两性，而其他碱土金属氢氧化物均为碱性。

(5) BeO 和 Al_2O_3 都有高熔点和高硬度。

(6) 铝和铍的氯化物是共价分子，易溶于有机溶剂。

课外参考读物

[1] 熊礼威，崔晓慧，汪建华，张莹，易成，吴超，张林. 纳米金刚石薄膜的应用及其研究进展[J]. 表面技

术,2013,42(5):98.
[2] 李超杰.金刚石薄膜的研究现状与发展前景[J].硅谷,2013,(8):1.

习题

1. 试用反应方程式表示氙的氟化物 XeF_6 和氧化物 XeO_3 的合成方法和条件。

2. 写出 XeO_3 在酸性介质中被 I^- 还原得到 Xe 的反应方程式。

3. 巴特利特用氙气和 PtF_6 作用,制得 Xe 的第一种化合物。在某次实验中,PtF_6 的起始压力为 9.1×10^{-4} Pa,加入 Xe 直至压力为 1.98×10^{-3} Pa,反应后剩余 Xe 的压力为 1.68×10^{-4} Pa,计算产物的化学式。

4. XeO_3 水溶液与 $Ba(OH)_2$ 溶液作用生成一种白色固体。此白色固体中各成分的质量分数分别为:71.75%的 BaO,20.60%的 Xe 和 7.05%的 O。求此化合物的化学式。

5. 简要回答以下问题:

(1) 为什么键解离能 F—F < Cl—Cl,而 H—F > H—Cl?

(2) 氢键键能 HF(l) > H_2O(l),为什么沸点 HF(l) < H_2O(l)?

(3) 为什么铁与盐酸反应得到 $FeCl_2$,而铁与氯气反应却得到 $FeCl_3$?

(4) 工业产品溴常含有少量氯,工业产品碘常含有少量 ICl 和 IBr,如何除去?

6. 室温下 Cl_2、Br_2、I_2 在碱溶液中分别发生歧化反应,主要产物是什么?

7. 通过热力学计算,说明 HF(g)或 HCl(g)是否可以刻蚀玻璃[玻璃中含 SiO_2(s),设反应生成 SiX_4(g)和 H_2O(l)]。

8. NH_4F 水溶液是否可以用玻璃容器保存?为什么?

9. 油画放置久后为什么会发暗、发黑?为什么可用 H_2O_2 来处理?写出反应方程式。

10. 比较氧族元素和卤族元素氢化物在酸性、还原性、热稳定性方面的递变性规律。

11. 比较硫和氮的含氧酸在酸性、氧化性、热稳定性等方面的递变规律。

12. 给出 NCl_3、PCl_3、$AsCl_3$、$SbCl_3$、$BiCl_3$ 的水解反应,并说明 NCl_3 与 PCl_3 水解产物不同的原因。

13. 用路易斯酸碱理论分析 BF_3、NF_3 和 NH_3 的酸碱性。

14. 如何鉴别 As^{3+}、Sb^{3+}、Bi^{3+} 三种离子?

15. 为什么虽然氮的电负性比磷高,但磷的化学性质比氮活泼?

16. 为什么 Bi(Ⅴ)的氧化能力比同族其他元素都强?

17. 为什么 P_4O_{10} 中 P—O 键长有两种?

18. 如何除去 NO 中含有的微量 NO_2?

19. 用反应式表示由 $BiCl_3$ 制备 $NaBiO_3$ 的过程。

20. 解释磷和热的 KOH 溶液反应生成的 PH_3 气体遇空气冒白烟。

21. 为什么向 NaH_2PO_4 或 Na_2HPO_4 溶液中加入 $AgNO_3$ 溶液均析出黄色 Ag_3PO_4?

22. 为什么 $SiCl_4$ 水解而 CCl_4 不水解?

23. 为什么说 H_3BO_3 是一个一元弱酸?

24. 写出下列反应方程式

(1) 往酸化的 $KBrO_3$ 溶液中逐滴加入不足量的 KI 溶液。

(2) 往酸化的 KI 溶液中逐滴加入不足量的 $KBrO_3$ 溶液。

(3) 将酸性 $KMnO_4$ 溶液加到过量的 KI 溶液中。

(4) 将 KI 溶液加到过量的酸性 $KMnO_4$ 溶液中。

25. 有一种白色的固体 A,加入油状无色液体 B,可得紫黑色固体 C。C 微溶于水,加入 A 后溶解度增大,成棕色溶液 D。将 D 分成两份,一份中加一种无色溶液 E,变成无色透明溶液;另一份通入气体 F,也变成无色透明溶液。E 溶液遇到盐酸变为乳白色浑浊液。将气体 F 通入溶液 E,在所得的溶液中加 $BaCl_2$ 溶液有白色沉淀,该沉淀物不溶于 HNO_3。请分别写出 A→F 的分子式。

26. 通过计算,说明银是否可从氢碘酸中置换出氢气。

27. 通过计算,说明为什么铜不溶于稀盐酸,但可溶于浓盐酸中并析出氢气。

28. 写出下列反应的化学方程式:

(1) $KI + KIO_3 + H_2SO_4 \longrightarrow$

(2) $Br_2 + Na_2CO_3(aq) \longrightarrow$

(3) $NaBrO_3 + NaBr + H_2SO_4 \longrightarrow$

(4) $KClO + K_2MnO_4 + H_2O \longrightarrow$

(5) $KClO_3 + FeSO_4 + H_2SO_4 \longrightarrow$

(6) $KClO_3(s)$(无催化剂) $\xrightarrow{\triangle}$

(7) $KBr + H_2SO_4$(浓) $\longrightarrow$

(8) $KI + H_2SO_4$(浓) $\longrightarrow$

29. 根据下列实验现象,写出各步反应的化学方程式:① 把 NaClO 溶液滴加到 KI-淀粉溶液中,溶液颜色出现蓝色→无色的变化;② 以稀硫酸酸化溶液,并加入少量 $Na_2SO_3(s)$,溶液又出现蓝色;③ 继续加入 $Na_2SO_3(s)$,蓝色褪去;④ 加入 KIO_3 溶液,蓝色又出现。

30. 3 瓶失落标签的无色固体试剂,分别是 $KClO_4$、$KClO_3$、KClO。试用 3 种简易方法区别之。

31. 食盐是一种重要的化工原料。试以 NaCl 为初始原料,配合适当的其他原料,制备下列化合物,写出相应的化学方程式。

(1) $KClO_3$

(2) $HClO_4$

(3) NaClO

(4) $Ca(ClO)_2$

32. 完成并配平下列反应式:

(1) $H_2S + H_2O_2 \longrightarrow$

(2) $H_2S + Br_2 \longrightarrow$

(3) $H_2S + I_2 \longrightarrow$

(4) $H_2S + O_2 \longrightarrow$

(5) $H_2S + ClO_3^- + H^+ \longrightarrow$

(6) $Na_2S + Na_2SO_3 + H^+ \longrightarrow$

(7) $Na_2S_2O_3 + I_2 \longrightarrow$

(8) $Na_2S_2O_3 + Cl_2 \longrightarrow$

(9) $SO_2 + H_2O + Cl_2 \longrightarrow$

(10) $H_2O_2 + KMnO_4 + H^+ \longrightarrow$

(11) $Fe(OH)_2 + O_2 + OH^- \longrightarrow$

(12) $K_2S_2O_8 + Mn^{2+} + H^+ + NO_3^- \longrightarrow$

33. 利用电极电势解释在 H_2O_2 中加入少量 Mn^{2+},可以促进 H_2O_2 分解反应的原因。

34. 如何配制 $SnCl_2$ 溶液?

35. 金属 M 与过量的干燥氯气共热得无色液体 A,A 与金属 M 作用转化为固体 B,将 A 溶于盐酸后通入 H_2S 得黄色沉淀 C,C 溶于 Na_2S 溶液得无色溶液 D。将 B 溶于稀盐酸后加入适量 $HgCl_2$ 有白色沉淀 E 生成。向 B 的盐酸溶液中加入适量 NaOH 溶液有白色沉淀 F 生成。F 溶于过量 NaOH 溶液和无色溶液 G。向 G 中加入 $BiCl_3$ 溶液有黑色沉淀 H 生成。试给出 M、A、B、C、D、E、F、G、H 各为何物质。

36. 无色晶体 A 易溶于水。将 A 在煤气灯上加热得到黄色固体 B 和棕色气体 C。B 溶于硝酸后又得到 A 的水溶液。碱性条件下 A 与次氯酸钠溶液作用得黑色沉淀 D,D 不溶于硝酸。向 D 中加入盐酸有白色沉淀 E 和气体 F 生成,F 可使淀粉碘化钾试纸变色。将 E 和 KI 溶液共热,冷却后有黄色沉淀 G 生成,试确定 A、B、C、D、E、F、G 各为何物质。

37. 将白色粉末 A 加热得黄色固体 B 和无色气体 C。B 溶于硝酸得无色溶液 D,向 D 中加入 K_2CrO_4 溶液得黄色沉淀 E。向 D 中加入 NaOH 溶液至碱性,有白色沉淀 F 生成,NaOH 过量时白色沉淀溶解得无色溶液。将气体 C 通入石灰水产生白色沉淀 G,将 G 投入酸中,又有气体 C 放出。试给出 A、B、C、D、E、F、G 各代表何物质。

第 11 章　d 区元素

d 区元素包括周期表中第ⅢB—ⅦB 族及第Ⅷ族元素(不包括镧系元素和锕系元素)。d 区元素的价电子构型可概括为为$(n-1)d^{1-10}ns^{0-2}$。d 区元素都是金属,与 s 区元素相比,d 区元素有较大的有效电荷,而且 d 电子也有一定的成键能力,因此,d 区元素一般具有较小的原子半径、较大的密度、较高的熔沸点和良好的导电导热性。由于$(n-1)d$、ns 轨道能量相近,不仅 ns 电子可作为价电子,$(n-1)d$ 电子也可部分或全部作为价电子,因此,该区元素具有可变的氧化态。d 区元素的原子或离子有较强的形成配合物的倾向,它们易形成配合物。d 区元素的许多水合离子、配离子常呈现颜色。

§11.1　钛族元素

钛族元素是指元素周期表中第ⅥB 族元素。它们属于稀有金属。钛重要的矿石有金红石(TiO_2)、钛铁矿($FeTiO_3$)、钒钛铁矿;锆的主要矿石有锆英石($ZrSiO_4$)和锆矿(ZrO_2)两种,铪常与锆共生。由于镧系收缩,锆和铪的原子半径及离子半径十分接近,因而化学性质十分相似,使得锆和铪的分离非常困难。

11.1.1　钛的单质

钛为银白色金属,外观似钢。钛的熔点为 1 680 ℃,沸点 3 260 ℃,密度为 4.5 $g \cdot cm^{-3}$。钛具有特强的抗腐蚀作用,无论在常温或加热下,或在任意浓度的硝酸中均不被腐蚀。

钛的优异性能使之成为理想的结构材料和特殊的功能材料,从而广泛地应用于现代科技与工业的各个领域。钛或钛合金具有强度高、质量轻、抗腐蚀、耐高低温等优异性能,不仅广泛用于超音速飞机、导弹、运载火箭和航天器上,也大量应用于石油化工、纺织、冶金机电设备等方面。

钛或钛合金的密度与人的骨骼相近,对体内有机物不起化学反应,且亲和力强,易为人体所容纳,对任何消毒方式都能适应,因而常用于接骨、制造人工关节等。此外,钛或钛合金还具有特殊的记忆功能、超导功能和储氢功能等。

室温下钛不能与水或无机酸反应,但能溶于热的浓盐酸或氢氟酸中:

$$2Ti + 6HCl \xrightarrow{\triangle} 2TiCl_3 + 3H_2$$

$$Ti + 6HF \longrightarrow TiF_6^{2-} + 2H^+ + 2H_2$$

钛能够与氢氟酸反应是因为形成了稳定的配离子 TiF_6^{2-}，从而使钛溶解。

11.1.2　钛的化合物

钛可以形成+4、+3、+2、0、−1 氧化态的化合物，而在钛的化合物中，以+4 氧化态最稳定。自然界中的二氧化钛有三种不同的结晶变体：金红石、锐钛矿和板钛矿，其中常见的是金红石。纯净的 TiO_2 称为钛白，是优良的白色颜料。在可见光区具有较高的折射率，细小颗粒散光能力强，可以用它制造高度阻光的膜，同时遮盖能力强，常用来取代铅白。

TiO_2 是白色粉末，不溶于水。TiO_2 是两性氧化物，不溶于稀酸或稀碱溶液，但是能溶于热的浓硫酸、浓碱或氢氟酸中：

$$TiO_2 + H_2SO_4 \xrightarrow{\triangle} TiOSO_4 + H_2O$$

$$TiO_2 + 2NaOH(浓) \longrightarrow Na_2TiO_3 + H_2O$$

$$TiO_2 + 6HF \longrightarrow H_2[TiF_6] + 2H_2O$$

四氯化钛($TiCl_4$)是钛最重要的卤化物，是制备金属钛以及其他化合物的原料。$TiCl_4$ 为共价化合物，其熔点和沸点分别为−23.2 ℃和 136.4 ℃，常温下为无色液体，在水中或潮湿空气中极易水解，与水猛烈作用，部分水解而生成氯化钛酰 $TiOCl_2$，完全水解时生成 $TiO_2 \cdot nH_2O$，将它暴露在空气中会发烟，在军事上可用做烟幕弹：

$$TiCl_4 + 3H_2O \longrightarrow H_2TiO_3 + 4HCl$$

四氯化钛的制备方法是将二氧化钛(金红石)与碳粉混合加热至 1 000—1 100 K 进行氯化得到气态的 $TiCl_4$，冷凝后得到 $TiCl_4$ 液体。

$$2TiO_2 + 2C + 4Cl_2 \longrightarrow 2TiCl_4 + 2CO_2$$

Ti^{4+} 电荷多，半径小，因此有强烈的水解作用，甚至在强酸溶液中也未发现有 $[Ti(H_2O)_6]^{4+}$ 存在。Ti(Ⅳ)在水溶液中是以钛氧离子(TiO^{2+})的形式存在。

在中等酸度的钛(Ⅳ)盐溶液中加入 H_2O_2，生成橘黄色的配合物$[TiO(H_2O_2)]^{2+}$，这一性质常用于鉴定钛和过氧化氢以及比色法测定钛。

$$TiO^{2+} + H_2O_2 \longrightarrow \underset{(橘黄色)}{[TiO(H_2O_2)]^{2+}}$$

在酸性溶液中，Ti(Ⅳ)可以被活泼金属还原为紫色的$[Ti(H_2O)_6]^{3+}$，简写为 Ti^{3+}，它是一种比 Sn^{2+} 略强的还原剂，在分析化学中利用这一性质进行钛含量的测定。即在含 Ti(Ⅳ)的硫酸溶液中，加入铝片先将 TiO^{2+} 还原为 Ti^{3+}，然后用 Fe^{3+} 标准溶液滴定，用

KSCN溶液做指示剂。反应式为

$$3TiO^{2+} + Al + 6H^+ \longrightarrow 3Ti^{3+} + Al^{3+} + 3H_2O$$

$$Ti^{3+} + Fe^{3+} + H_2O \longrightarrow TiO^{2+} + Fe^{2+} + 2H^+$$

在有机化学中，常用 Ti^{3+} 来证实硝基化合物的存在，因为它能将硝基还原为氨基。

$$RNO_2 + 6Ti^{3+} + 4H_2O \longrightarrow RNH_2 + 6TiO^{2+} + 6H^+$$

§11.2 钒族元素

钒族元素是指元素周期表中第ⅤB族元素。钒广泛分布在各种矿藏中，最重要的钒矿有绿硫钒矿（VS_2 或 V_2S_5）、钒铅矿（$PbCl_2 \cdot 3Pb_3(VO_4)_2$）、钒云母（$KV_2(AlSi_3O_{10})(OH)_2$）等。由于镧系收缩的原因，铌和钽在自然界中总是共生的，在铌铁矿中常含有钽，在钽铁矿中也含有铌。由于钒族元素在自然界中非常分散，提取分离比较困难，因此被列为稀有金属。

11.2.1 钒的单质

钒是一种在地壳中分布很广的微量元素，常与其他矿共生。工业上大多以含钒的铁矿石作为提取钒的主要来源。通过高炉炼铁，使90%左右的钒进入生铁中；再通过炼钢过程，可获得富钒炉渣；然后以富钒炉渣为原料提取钒。钒为银白色，质地坚硬。

钒具有较好的耐盐酸、硫酸性，但能被氢氟酸、硝酸、王水等腐蚀，更易溶于氢氟酸和硝酸混酸中。

由于钒具有高沸点、硬度较高、化学性质较稳定等特点，常用其制造特种合金钢。广泛用于结构钢、弹簧钢、工具钢、装甲钢和钢轨，特别是对汽车和飞机制造业有非常重要的用途。

11.2.2 钒的化合物

1. 五氧化二钒

钒可以形成多种氧化物（如：VO、V_2O_3、VO_2、V_2O_5 等），其中五氧化二钒最稳定。五氧化二钒是生产硫酸的催化剂，可以通过偏钒酸铵加热分解制得。

$$2NH_4VO_3 \xrightarrow{\triangle} 2NH_3 + V_2O_5 + H_2O$$

五氧化二钒是以酸性为主的两性氧化物，在冷的碱液中生成正钒酸盐：

$$V_2O_5 + 6NaOH \longrightarrow 2Na_3VO_4 + 3H_2O$$

在热的碱液中生成偏钒酸盐：

$$V_2O_5 + 2NaOH \xrightarrow{\triangle} 2NaVO_3 + H_2O$$

五氧化二钒也溶于强酸（pH＜1），得到的是淡黄色的 VO_2^+：

$$V_2O_5 + 2H^+ \longrightarrow 2VO_2^+ + H_2O$$

钒（Ⅴ）具有强氧化性。当五氧化二钒溶解在盐酸中，钒（Ⅴ）能被还原为钒（Ⅳ）状态。

$$V_2O_5 + 6HCl \longrightarrow 2VOCl_2 + Cl_2 + 3H_2O$$

五氧化二钒属于高毒类化学品，对呼吸道及皮肤有损害作用。

2. 偏钒酸铵

偏钒酸铵（NH_4VO_3）为白色或淡黄色结晶粉末，熔点 200 ℃，微溶于冷水、热乙醇和乙醚，溶于热水。偏钒酸铵主要用作化学试剂、催化剂、催干剂、媒染剂，在陶瓷工业中广泛用作釉料，也是制取五氧化二钒的原料。偏钒酸铵属毒害品，其粉尘能刺激眼睛、皮肤和呼吸道，对肝脏、肾脏有损害。皮肤接触偏钒酸铵可引起荨麻疹，口服可致死亡，吸入会引起咳嗽、胸痛、口中金属味等症状，严重者可致死。

3. 水溶液中钒的离子及其反应

含有 V(V)化合物的水溶液因为 pH 的不同，会形成一系列复杂的离子。当 pH＞12.6 时，水溶液中主要是 VO_4^{3-}，但当溶液的酸性增强时 VO_4^{3-} 逐步缩合为多钒酸根离子。不同 pH 下溶液中存在的 V(V)的离子列于表 11－1 中。

表 11－1　V(V)离子与溶液的 pH

pH	＞12.6	12—9	9—7	7—6.5	6.5—2.2	＜1
主要离子颜色	VO_4^{3-}	$V_2O_6(OH)^{3-}$	$V_3O_9^{3-}$	$V_{10}O_{28}^{6-}$	$V_2O_5 \cdot xH_2O$	VO_2^+
	淡黄色			红棕色	橙棕色	淡黄色
	（或无色）					

由实验事实得知，在酸性溶液中钒（V）常以 VO_2^+ 和 VO^{2+} 存在，VO_2^+ 具有较强的氧化性，用 SO_3^{2-}、Fe^{2+} 或草酸等很容易把 VO_2^+ 还原为 VO^{2+}，例如：

$$2VO_2^+ + 2H^+ + SO_3^{2-} \longrightarrow 2VO^{2+} + SO_4^{2-} + H_2O$$

用 $KMnO_4$ 溶液可把 VO^{2+} 氧化成 VO_2^+：

$$5VO^{2+} + H_2O + MnO_4^- \longrightarrow 5VO_2^+ + Mn^{2+} + 2H^+$$

上述反应颜色变化明显，在分析化学中常用于测定溶液中的钒。

§11.3 铬族元素

铬族元素是指元素周期表中第VIB族元素。铬在自然界中的主要矿物是铬铁矿，其组成为$Fe(CrO_2)_2$。钼主要的矿物是辉钼矿(MoS_2)。钨的主要矿物有黑钨矿($MnFeWO_4$)、白钨矿($CaWO_4$)。我国钼矿资源丰富，钨矿的储量约占世界总储量的50%。

11.3.1 铬的单质

铬的熔点和沸点都较高，铬是硬度最大的金属。这与铬的单电子多、金属键强有关。常温下，铬在空气或水中都相当稳定，能保持光亮的金属光泽。因此常在铁制品的表面镀有一层铬，可起到防腐、美化的作用。高温下，铬的反应活性增强，可与多种非金属反应。无保护膜的纯铬能溶于稀盐酸和硫酸溶液中，而不溶于硝酸。

铬是重要的合金元素，用于制造合金钢。铬能增大钢材的硬度，增强钢材的耐磨性、耐热性和抗腐蚀性。

11.3.2 铬的化合物

1. 铬(Ⅲ)化合物

比较重要的铬(Ⅲ)化合物有Cr_2O_3和$Cr_2(SO_4)_3$。将$(NH_4)_2Cr_2O_7$加热分解或铬在空气中燃烧，都可以得到绿色的Cr_2O_3。

$$(NH_4)_2Cr_2O_7 \xrightarrow{\triangle} Cr_2O_3 + N_2 + 4H_2O$$

$$4Cr + 3O_2 \xrightarrow{\text{燃烧}} 2Cr_2O_3$$

Cr_2O_3为两性氧化物，既能溶于酸，也能溶于碱。但是经过灼烧的Cr_2O_3不溶于酸，因为其化学性质比较稳定，被广泛地用作颜料，称为铬绿，在某些有机合成反应中可作催化剂。

在Cr(Ⅲ)的溶液中加入碱，可得到灰蓝色的$Cr(OH)_3$沉淀，当碱过量时沉淀溶解，生成亮绿色的$[Cr(OH)_4]^-$。

Cr^{3+}在水溶液中以$[Cr(H_2O)_6]^{3+}$的形式存在。内界的水分子可以被其他配体所置换。例如，化学式为$[Cr(H_2O)_6]Cl_3$的晶体，如果内界的水一部分被Cl^-所取代，则呈现不同的颜色：$[Cr(H_2O)_6]Cl_3$呈现紫色；$[Cr(H_2O)_5Cl]Cl_2 \cdot H_2O$为淡绿色；$[Cr(H_2O)_4Cl_2]Cl \cdot 2H_2O$为暗绿色。

从铬的元素电势图可以看出，Cr(Ⅲ)在酸性溶液中很稳定，使Cr^{3+}氧化成为$Cr_2O_7^{2-}$是比较困难的，通常采用氧化性更强的$(NH_4)_2S_2O_8$等作氧化剂，反应如下：

$$2Cr^{3+} + 3S_2O_8^{2-} + 7H_2O \longrightarrow Cr_2O_7^{2-} + 6SO_4^{2-} + 14H^+$$

但 Cr(Ⅲ)在碱性溶液中具有较强的还原性,易被氧化为 CrO_4^{2-}。常用的氧化剂有 Cl_2、Br_2、H_2O_2 和 Na_2O_2 等。例如:

$$2Cr^{3+} + 3H_2O_2 + 10OH^- \longrightarrow 2CrO_4^{2-} + 8H_2O$$

这一反应常用来初步鉴定溶液中是否存在 Cr(Ⅲ),进一步确证时需要在此溶液中加入 Ba^{2+} 或 Pb^{2+},生成黄色的 $BaCrO_4$ 或 $PbCrO_4$ 沉淀,证明原溶液中确有 Cr(Ⅲ)。

铬的配合物中以 Cr^{3+} 的配合物最多。Cr^{3+} 的配合物几乎都是配位数为 6 的,Cr^{3+} 的配合物稳定性较高,在水溶液中不易发生解离或解离程度较小。当 Cr^{3+} 的某一配合物生成后,其他配位体与之发生交换(或取代)反应时,速率很小,因此往往同一组成的配合物可有多种异构体存在。例如上述 $CrCl_3 \cdot 6H_2O$ 的配合物有不同的异构体,这种异构体叫做水合异构体。

2. 铬(Ⅵ)化合物

铬(Ⅵ)重要的化合物是重铬酸钾($K_2Cr_2O_7$),为橙红色晶体,俗称红钾矾(或红矾钾)。重铬酸钾不含结晶水,易溶于水。在水溶液中 $Cr_2O_7^{2-}$(橙红色)和 CrO_4^{2-}(黄色)存在着如下平衡:

$$2CrO_4^{2-} + 2H^+ \rightleftharpoons Cr_2O_7^{2-} + H_2O$$

向溶液中加酸,平衡向右移动,$Cr_2O_7^{2-}$ 增多,溶液变成了橙红色;若加碱,平衡左移,CrO_4^{2-} 增多,溶液变成黄色。

有些铬酸盐比相应的重铬酸盐难溶于水。例如在 $Cr_2O_7^{2-}$ 的溶液中加入 Ag^+、Ba^{2+}、Pb^{2+} 时,分别生成相应的铬酸盐沉淀。

$$2Ba^{2+} + Cr_2O_7^{2-} + H_2O \longrightarrow 2H^+ + \underset{\text{(淡黄色)}}{2BaCrO_4}$$

$$2Pb^{2+} + Cr_2O_7^{2-} + H_2O \longrightarrow 2H^+ + \underset{\text{(黄色)}}{2PbCrO_4}$$

$$4Ag^+ + Cr_2O_7^{2-} + H_2O \longrightarrow 2H^+ + \underset{\text{(砖红色)}}{2Ag_2CrO_4}$$

这些反应常用来鉴定溶液中是否存在相应的阳离子。

在酸性溶液中,$Cr_2O_7^{2-}$ 和 H_2O_2 在乙醚萃取的作用下生成蓝色的过氧化物 $CrO_5 \cdot (C_2H_5)_2O$,此化合物不稳定,它的结构为

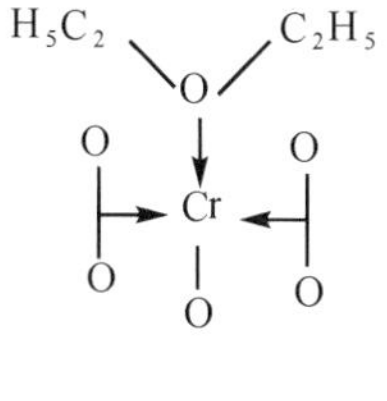

H_5C_2 C_2H_5
O
O O
Cr
O O
O

这一反应用来鉴定溶液中是否存在Cr(Ⅳ)。

在酸性溶液中，$Cr_2O_7^{2-}$ 有较强的氧化性，能够氧化 H_2S、H_2SO_3、KI、$FeSO_4$ 等许多物质，本身被还原为 Cr^{3+}，是分析化学中常用的氧化剂之一，如：

$$Cr_2O_7^{2-} + 6Fe^{2+} + 14H^+ \longrightarrow 2Cr^{3+} + 6Fe^{3+} + 7H_2O$$

用重铬酸钾与浓硫酸可配成铬酸洗液，它具有强氧化性，是玻璃器皿的高效洗涤剂，多次使用后，转变为绿色(Cr^{3+})而失效。但是由于它具有强腐蚀性以及Cr(Ⅵ)是致癌物质，能用一般洗涤剂洗净的器皿，尽量不要选用铬酸洗液。重铬酸钾不仅是常用的化学试剂，在工业上还大量用于鞣革、印染、电镀和医药等方面。

§11.4 锰族元素

锰族元素是指元素周期表中第ⅦB族元素。锰在地壳中的含量在过渡金属中占第三位，仅次于钛和铁。锰在自然界中主要以软锰矿($MnO_2 \cdot xH_2O$)的形式存在，已经发现在深海中有大量的锰矿存在。锝是一种人工合成的元素，在自然界虽然已发现了锝，但主要还是由人工核反应来制得。铼是一种非常稀少通常与钼伴生的元素。锝和铼都是稀有元素。

11.4.1 锰的单质

块状金属锰是白色的，质硬而脆，外形与铁相似。

常温下，锰能缓慢地溶于水。锰能溶于稀酸并放出氢气。在氧化剂存在下，锰能与熔融的碱作用生成锰酸盐。锰还能与氧、卤素等非金属作用，生成相应的化合物。

锰主要用于钢铁工业中生产锰合金，含锰的钢材不仅坚硬，而且抗冲击性和耐磨性增强。锰钢主要用于制造钢轨和破碎机。

11.4.2 锰的化合物

1. 锰(Ⅱ)化合物

常见的锰(Ⅱ)盐有 $MnSO_4 \cdot 5H_2O$、$MnCl_2 \cdot 4H_2O$、$Mn(NO_3)_2 \cdot 3H_2O$ 等。它们都是粉红色晶体，易溶于水。Mn^{2+} 在酸性溶液中稳定，只有很强的氧化剂(如 $NaBiO_3$、$(NH_4)_2S_2O_8$、PbO_2、H_5IO_6 等)才可以把它氧化成为 MnO_4^-，如：

$$2Mn^{2+} + 5NaBiO_3 + 14H^+ \longrightarrow 5Na^+ + 5Bi^{3+} + 2MnO_4^- + 7H_2O$$

这一反应可以用于定性鉴定 Mn^{2+}。

在碱性溶液中，Mn^{2+} 生成白色 $Mn(OH)_2$ 沉淀，该化合物不稳定，在空气中易被氧化成棕色的 $MnO(OH)_2$ 沉淀。

$$2Mn(OH)_2 + O_2 \longrightarrow 2MnO(OH)_2$$

2. 锰(Ⅳ)化合物

重要的锰(Ⅳ)化合物是 MnO_2。在一般情况下它是稳定的黑色粉末。在酸性溶液中具有氧化性，能与浓 HCl 反应，产生氯气；与浓 H_2SO_4 反应产生氧气。

$$MnO_2 + 4HCl(浓) \longrightarrow MnCl_2 + Cl_2 + 2H_2O$$

$$2MnO_2 + 2H_2SO_4(浓) \longrightarrow 2MnSO_4 + O_2 + 2H_2O$$

将 MnO_2 和固体碱混合在空气中或者与 $KClO_3$ 等氧化剂一起加热熔融，可制得锰酸盐：

$$2MnO_2 + 4KOH + O_2 \xrightarrow{熔融} 2K_2MnO_4 + 2H_2O$$

$$3MnO_2 + 6KOH + KClO_3 \xrightarrow{熔融} 3K_2MnO_4 + KCl + 3H_2O$$

3. 锰(Ⅵ)和锰(Ⅶ)化合物

常见的锰(Ⅵ)化合物为 K_2MnO_4，它在强碱性溶液中以绿色的 MnO_4^{2-} 形式存在。在微酸甚至接近中性的条件下，就可以发生歧化反应，且随着溶液酸度增加，歧化反应的趋势越来越大。

$$3MnO_4^{2-} + 4H^+ \longrightarrow 2MnO_4^- + MnO_2 + 2H_2O$$

重要的锰(Ⅶ)化合物是高锰酸钾，为紫黑色晶体。易溶于水，呈现 MnO_4^- 的特征颜色即紫红色。在酸性溶液中 MnO_4^- 不很稳定，会缓慢分解。

$$4MnO_4^- + 4H^+ \longrightarrow 4MnO_2 + 2H_2O + 3O_2$$

光对 $KMnO_4$ 分解起催化作用，所以配制好的 $KMnO_4$ 溶液必须保存在棕色瓶中。$KMnO_4$ 是强氧化剂，在医药中被用作杀菌消毒剂。

介质的酸碱性不仅影响 $KMnO_4$ 的氧化能力，也影响它的还原产物。例如 $KMnO_4$ 与 Na_2SO_3 反应，在酸性介质、弱碱性或中性介质、强碱性介质中，其还原产物依次是 Mn^{2+}、MnO_2 和 MnO_4^{2-}。

$$2MnO_4^- + 5SO_3^{2-} + 6H^+ \longrightarrow 2Mn^{2+} + 5SO_4^{2-} + 3H_2O$$

$$2MnO_4^- + 3SO_3^{2-} + H_2O \longrightarrow 2MnO_2 + 3SO_4^{2-} + 2OH^-$$

$$2MnO_4^- + SO_3^{2-} + 2OH^- \longrightarrow 2MnO_4^{2-} + SO_4^{2-} + H_2O$$

在酸性介质中 $KMnO_4$ 氧化能力很强，它本身有很明显的紫红色，而它的还原产物(Mn^{2+})几乎接近无色，所以在定量分析中用它来测定还原性物质时，可以用它自身作指示剂。

§11.5 铁系元素

铁、钴、镍是第四周期第Ⅷ族元素。由于它们性质相似，通称为铁系元素。铁在地壳中的含量居第四位，在金属中仅次于铝。铁的主要矿石为赤铁矿(Fe_2O_3)、磁铁矿(Fe_3O_4)、黄铁矿(FeS_2)等。钴和镍的常见矿石是辉钴矿(CoAsS)和镍黄铁矿(NiS·FeS)。

11.5.1 铁、钴、镍的单质

铁、钴、镍都是银白色金属，都表现出明显的磁性，许多铁、钴、镍合金都是很好的磁性材料。

钴、镍和纯铁在空气中都是稳定的，但一般的铁因含有杂质在潮湿的空气中慢慢形成棕色的铁锈 $Fe_2O_3 \cdot xH_2O$。

铁、钴、镍属于中等活泼的金属，它们都能从稀酸中置换出氢气。Co、Ni 的相应反应要慢一些。冷的硝酸溶液可使铁、钴、镍变成钝态。浓硫酸可使铁钝化。钝态的铁、钴、镍不再溶于相应的酸中，所以可以用铁罐贮存浓硫酸。在加热条件下，铁、钴、镍能与许多非金属剧烈反应。

铁是钢铁工业最重要的产品和原材料。

钴主要用于制造特种钢和磁性材料。钴的化合物广泛用做颜料和催化剂。维生素 B_{12} 含有钴，可用作防治恶性贫血的药物。

镍主要用作其他金属的保护层或用来生产耐腐蚀的合金钢、硬币及耐热元件等。

11.5.2 铁、钴、镍的化合物

1. 氧化物和氢氧化物

铁系元素主要的氧化物：

FeO	CoO	NiO
(黑色)	(灰绿色)	(暗绿色)
Fe_2O_3	Co_2O_3	Ni_2O_3
(砖红色)	(黑色)	(黑色)

FeO、CoO、NiO 均为碱性氧化物，不溶于碱，可溶于酸。Fe_2O_3 以碱性为主，但有一定的两性，与碱熔融可生成铁酸盐：

$$Fe_2O_3 + 2NaOH \xrightarrow{熔融} 2NaFeO_2 + H_2O$$

Fe_2O_3、Co_2O_3、Ni_2O_3 都具有氧化性，氧化能力依次增强。Co_2O_3 和 Ni_2O_3 与浓盐酸反应都能放出 Cl_2。

$$M_2O_3 + 6HCl \longrightarrow 2MCl_2 + Cl_2 + 3H_2O \qquad (M = Co, Ni)$$

铁的氧化物除 FeO 和 Fe_2O_3 外，还存在具有磁性的 Fe_3O_4（黑色），可把它看作 FeO 和 Fe_2O_3 的混合氧化物。

向 Fe^{2+} 和 Fe^{3+} 的溶液中加入强碱或氨水，分别生成白色的 $Fe(OH)_2$ 和红棕色的 $Fe(OH)_3$ 沉淀。$Fe(OH)_2$ 迅速被空气中的氧氧化，先变成灰绿色沉淀最终变为棕褐色。

向 Co^{2+} 和 Ni^{2+} 的溶液中加入强碱时，分别生成粉红色的 $Co(OH)_2$ 沉淀和绿色的 $Ni(OH)_2$ 沉淀。$Co(OH)_2$ 也会慢慢地被氧化为暗棕色的 CoO(OH)。但 $Ni(OH)_2$ 不会被空气氧化，只有在强碱性溶液中用强氧化剂（如 NaClO）才能将其氧化为黑色的 NiO(OH)。

将 $Fe(OH)_3$、CoO(OH) 和 NiO(OH) 分别与浓盐酸反应，反应式如下：

$$Fe(OH)_3 + 3HCl \longrightarrow FeCl_3 + 3H_2O$$

$$2MO(OH) + 6HCl \longrightarrow 2MCl_2 + Cl_2 + 4H_2O (M = Co, Ni)$$

Co^{3+} 和 Ni^{3+} 都是很强的氧化剂，在水溶液中很难存在，它们能与水、Cl^- 等迅速发生氧化还原反应。

2. 盐类

Fe(Ⅱ)、Co(Ⅱ)和 Ni(Ⅱ)的盐具有一些共同的特性：

(1) 溶解性相似。它们的强酸盐，如卤化物、硝酸盐、硫酸盐都易溶于水；而一些弱酸盐，如碳酸盐、磷酸盐、硫化物都难溶于水。可溶性盐从水溶液中结晶出来时，常含有相同数目的结晶水，如 $MCl_2 \cdot 6H_2O$、$M(NO_3)_2 \cdot 6H_2O$、$MSO_4 \cdot 7H_2O$（M = Fe、Co、Ni）。

(2) Fe^{2+}、Co^{2+} 和 Ni^{2+} 的水合离子都呈现颜色，$[Fe(H_2O)_6]^{2+}$ 浅绿色，$[Co(H_2O)_6]^{2+}$ 粉红色，$[Ni(H_2O)_6]^{2+}$ 苹果绿色。

(3) 它们的硫酸盐和碱金属的硫酸盐均能形成相同类型的复盐 $M_2^{(I)}SO_4 \cdot M^{(II)}SO_4 \cdot 6H_2O$，式中 $M^{(I)} = K^+$、Rb^+、Cs^+、NH_4^+；$M^{(II)} = Fe^{2+}$、Co^{2+}、Ni^{2+}。

但是它们之间也存在明显的差异。Fe^{2+} 具有还原性，而 Co^{2+} 和 Ni^{2+} 稳定。

$FeSO_4 \cdot 7H_2O$ 是重要的亚铁盐，它为绿色晶体，在空气中会逐渐风化，并容易被氧化为黄褐色的碱式硫酸铁[$Fe(OH)SO_4$]。在酸性溶液中，Fe^{2+} 也会被空气氧化，所以在保存 Fe^{2+} 溶液时，应保持足够的酸度，同时加几枚铁钉。$FeSO_4$ 是制造颜料和墨水的原料。在制造蓝黑墨水时，$FeSO_4$ 与单宁酸作用，生成单宁酸亚铁。当墨水写在纸上后，由于空气的氧化作用，生成不溶性黑色的单宁酸铁，使字迹颜色变深。

最常见的钴盐是 $CoCl_2 \cdot 6H_2O$。干燥的 $CoCl_2$ 具有较强的吸水性，吸水量达饱和时即为粉红色的 $CoCl_2 \cdot 6H_2O$。而其一旦受热，又会失去结晶水变为蓝色的 $CoCl_2$。

$$CoCl_2 \cdot 6H_2O \xrightleftharpoons{52.3\ ℃} CoCl_2 \cdot 2H_2O \xrightleftharpoons{90\ ℃} CoCl_2 \cdot H_2O \xrightleftharpoons{120\ ℃} CoCl_2$$

粉红色　　　　紫色　　　　蓝紫色　　　　蓝色

因此，利用这种性质将 $CoCl_2$ 与硅胶制成变色硅胶，常用作实验室中的干燥剂。

铁(Ⅲ)盐稳定，而钴(Ⅲ)盐和镍(Ⅲ)盐不稳定。Fe^{3+} 具有一定的氧化能力，一些较强的还原剂，如 H_2S、HI、Cu 等，可把它还原成 Fe^{2+}：

$$2Fe^{3+} + H_2S \longrightarrow 2Fe^{2+} + S + 2H^+$$

$$2Fe^{3+} + 2I^- \longrightarrow 2Fe^{2+} + I_2$$

$$2Fe^{3+} + Cu \longrightarrow 2Fe^{2+} + Cu^{2+}$$

后一反应在印刷制版中，用作铜版的腐蚀剂。

Fe^{3+} 易水解，只存在于强酸性溶液中。

3. 配合物

在 Fe^{2+} 或 Fe^{3+} 溶液中加入氨水，分别得到的是 $Fe(OH)_2$ 或 $Fe(OH)_3$ 沉淀；在 Co^{2+} 或 Ni^{2+} 溶液中加入过量氨水，则分别得到黄色的 $[Co(NH_3)_6]^{2+}$ 或蓝色的 $[Ni(NH_3)_6]^{2+}$。$[Co(NH_3)_6]^{2+}$ 在空气中慢慢被氧化为橙黄色的 $[Co(NH_3)_6]^{3+}$。

$$4[Co(NH_3)_6]^{2+} + O_2 + 2H_2O \longrightarrow 4[Co(NH_3)_6]^{3-} + 4OH^-$$

铁系元素都能与 CN^- 形成配合物。在 Fe^{2+} 溶液中加入 KCN 溶液，先得到白色的 $Fe(CN)_2$ 沉淀，随后溶于过量的 KCN 中：

$$Fe^{+} + 2CN^- \longrightarrow Fe(CN)_2$$

$$Fe(CN)_2 + 4CN^- \longrightarrow [Fe(CN)_6]^{4-}$$

从溶液中析出的黄色晶体 $K_4[Fe(CN)_6] \cdot 3H_2O$，俗称黄血盐。在 Fe^{3+} 溶液中加入 KCN 溶液可得到深红色的 $K_3[Fe(CN)_6]$，俗称赤血盐。这两种化合物分别是检验 Fe^{3+} 和 Fe^{2+} 的试剂。Fe^{3+} 和 $K_4[Fe(CN)_6]$ 反应生成蓝色沉淀（俗称普鲁士蓝）；Fe^{2+} 和 $K_3[Fe(CN)_6]$ 反应，也生成蓝色沉淀（俗称滕氏蓝）。经实验证明，这两种蓝色沉淀实际上是同一物质，它们不仅化学组成相同，而且基本的晶体结构也相同。

钴和镍也可形成氰合物。在 Co^{2+} 溶液中加入 KCN，可得浅棕色的 $Co(CN)_2$ 沉淀，Co^{2+} 形成氰合物后还原性大为增加，$[Co(CN)_6]^{4-}$ 很不稳定，有很强的还原性，其水溶液稍稍加热，甚至可以把水还原：

$$2[Co(CN)_6]^{4-} + 2H_2O \xrightarrow{\triangle} 2[Co(CN)_6]^{3-} + 2OH^- + H_2$$

Fe^{3+} 与 SCN^- 可生成血红色的配合物 $[Fe(NCS)_n]^{3-n}$，此反应很灵敏，不仅可用于 Fe^{3+} 的定性鉴定，而且也可用于比色法进行 Fe^{3+} 的定量测定。

Co^{2+} 与 SCN^- 作用生成蓝色配合物 $[Co(NCS)_4]^{2-}$，可用于鉴定 Co^{2+}。由于该配离子

在水中较易解离，需要加入某些有机溶剂(如丙酮、戊醇等)，把配合物萃取到有机相，以提高其稳定性。

§11.6 铂系元素简介

第五、第六周期第Ⅷ族元素钌、铑、钯和锇、铱、铂通称为铂系元素。

自然界中铂系元素几乎完全以单质状态存在，高度分散在各种矿石中。铂系元素在地壳中的含量都很小，它们为稀有元素。

同一周期铂系元素的熔点、沸点都是从左到右依次降低，其中最难熔的是锇，最易熔的是钯。在硬度方面，钌和锇硬度高且脆，不能承受机械处理；铑和铱承受机械处理也比较难；铂和钯易承受机械处理。

铂系元素有很高的化学稳定性。常温下它们不与氧、硫、卤素等反应，在高温下才能反应。钯和铂能溶于王水，钯还能溶于硝酸和热硫酸中，而钌、锇、铑铱不但不溶于普通的强酸，甚至也不溶于王水。

大多数铂系元素能吸附气体，特别是能吸附氢气，其中钯吸附氢气的能力最强。

铂系金属主要用于化学工业及电气工业方面。铂具有很高的催化性能，在多种化学工业中用作催化剂。铂的化学稳定性很高，又能耐高温，因此常用它制造各种反应器皿、蒸发皿、坩埚、电极等。铂和铂铑合金是常用的热电偶。较大数量的铂合金用于打造首饰。

在铂系元素的化合物中，以钯和铂的卤化物和配合物尤为重要。

1. 根据下列实验写出有关的反应方程式：将一瓶四氯化钛打开瓶塞时立即冒白烟。向瓶中加入浓盐酸和金属锌时生成紫色溶液，慢慢加入氢氧化钠溶液直到溶液呈碱性，出现紫色沉淀。

2. 完成并配平下列反应方程式

(1) $TiO_2 + H_2SO_4$(浓) $\xrightarrow{\triangle}$

(2) $TiCl_4 + H_2O \longrightarrow$

(3) $VO_4^{3-} + H^+$ (过量) $\longrightarrow$

(4) $2VO_2^+ + SO_3^{2-} + 2H^+ \longrightarrow$

(5) $5VO^{2+} + MnO_4^- + H_2O \longrightarrow$

(6) $V_2O_5 + HCl$(浓) $\longrightarrow$

(7) $V_2O_5 + OH^- \longrightarrow$

3. 根据钒在酸性溶液中的电势图，分别用 1.0 mol·L^{-1}的 Fe^{2+}、1.0 mol·L^{-1}的 Sn^{2+} 和 Zn 还原 1.0

$mol \cdot L^{-1}$的 VO_2^+ 时，最终产物各是什么？

4. 解释下列现象或问题。

(1) 加热$[Cr(OH)_4]^-$溶液和 $Cr_2(SO_4)_3$ 溶液均能析出 $Cr_2O_3 \cdot xH_2O$ 沉淀。

(2) Na_2CO_3 与 $Fe_2(SO_4)_3$ 两溶液作用得不到 $Fe_2(CO_3)_3$。

(3) 在水溶液中用 Fe^{3+} 盐和 KI 不能制取 FeI_3。

(4) 在含有 Fe^{3+} 的溶液中加入氨水，得不到 Fe(Ⅲ)的氨合物。

(5) 在 Fe^{3+} 的溶液中加入 KSCN 时出现血红色，若再加入少许铁粉或 NH_4F 固体则血红色消失。

(6) Fe^{3+} 盐是稳定的，而 Ni^{3+} 盐在水溶液中尚未制得。

(7) Co^{3+} 盐不如 Co^{2+} 盐稳定，而它们的配离子的稳定性则往往相反。

(8) 利用酸性条件下 $K_2Cr_2O_7$ 的强氧化性，使乙醇氧化，反应颜色有橙红变为绿色，据此来监测司机是否酒后驾车。

5. 下列离子中，指出哪些能在氨水溶液中形成氨合物？

Pb^{2+} Cr^{3+} Mn^{2+} Fe^{2+} Fe^{3+} Co^{2+} Ni^{2+} Na^+ Mg^{2+} Sn^{2+}

6. 完成并配平下列反应式：

(1) $[Cr(OH)_4]^- + Br_2 + OH^- \longrightarrow$

(2) $Cr_2O_7^{2-} + H_2S \longrightarrow$

(3) $Cr_2O_7^{2-} + I^- + H^+ \longrightarrow$

(4) $K_2Cr_2O_7$ + HCl(浓) $\longrightarrow$

(5) $Cr_2O_3 + K_2S_2O_7 \longrightarrow$

(6) $Cr^{3+} + S^{2-} + H_2O \longrightarrow$

7. 向 $K_2Cr_2O_7$ 溶液中分别加入以下试剂，会发生什么现象？将现象和主要产物填在下表中。

加入试剂	$NaNO_2$	H_2O_2	$FeSO_4$	NaOH	$Ba(NO_3)_2$
现　　象					
主要产物					

8. 橙红色晶体 A 受热剧烈分解得绿色固体 B 和无色无味气体 C。C 与 $KMnO_4$、KI 等均不发生反应。B 不溶于 NaOH 溶液和盐酸，将 B 与 NaOH 固体共熔后冷却得绿色固体 D，D 溶于水后加入 H_2O_2 得黄色溶液 E。将 A 溶液加入稀硫酸后再加入 Na_2SO_3 得绿色溶液 F。向 F 中加入过量的 NaOH 溶液和 Br_2 水后又得 E。判断 A、B、C、D、E、F 各代表的物质，写出相关的反应方程式。

9. 某绿色固体 A 可溶于水，其水溶液中通入 CO_2 即得棕黑色沉淀 B 和紫红色溶液 C。B 与浓 HCl 溶液共热时放出黄绿色气体 D，溶液近乎无色，将此溶液和溶液 C 混合，即得沉淀 B。将气体 D 通入 A 溶液，可得 C。试判断 A 是哪种钾盐，并写出有关反应方程式。

10. 完成并配平下列反应方程式：

(1) $MnO_4^- +$ HCl(浓) $\longrightarrow$

(2) $2MnO_4^- + NO_2^- \longrightarrow$

(3) $Mn^{2+} + NaBiO_3 \longrightarrow$

(4) $MnO_4^- + H_2O_2 + H^+ \longrightarrow$

11. 某棕黑色粉末，加热情况下和浓 H_2SO_4 作用会放出助燃性气体，所得溶液与 PbO_2 作用（稍加热）时会出现紫红色，并有白色沉淀出现。若再加入 H_2O_2 时，紫红色能退去。问此棕黑色粉末为何物？并写出有关反应方程式。

12. 某氧化物A，溶于浓盐酸得溶液B和气体C。C通入KI溶液后用 CCl_4 萃取生成物，CCl_4 层出现紫色。B加入KOH溶液后析出粉红色沉淀。B遇过量氨水，得不到沉淀而得土黄色溶液，放置后则变为红褐色。B中加入KSCN及少量丙酮时生成蓝色溶液。判断A是什么氧化物，并写出有关反应方程式。

13. 完成下列反应方程式：

(1) $Fe^{3+} + H_2S \longrightarrow$

(2) $Fe(OH)_2 + O_2 + H_2O \longrightarrow$

(3) $Co^{2+} + 4SCN^- \xrightarrow{\text{丙酮}}$

(4) $Ni^{2+} + NH_3 \cdot H_2O$(过量)$\longrightarrow$

(5) $[Co(NH_3)_6]^{2+} + O_2 + H_2O \longrightarrow$

(6) $Ni(OH)_2 + Br_2 + OH^- \longrightarrow$

(7) $Co_2O_3 + H^+ + Cl^- \longrightarrow$

(8) $[Fe(NCS)_6]^{3-} + F^- \longrightarrow$

14. 某金属M溶于稀盐酸中，所得溶液在隔绝空气下加入NaOH溶液得到白色沉淀A，把A暴露在空气中，白色沉淀会经绿色最终转变为棕色沉淀B。B能溶于稀盐酸，得溶液C。C能氧化KI溶液生成 I_2，但在含过量 F^- 的KI溶液中，C与KI不发生反应。C溶液与KSCN溶液和 $K_4[Fe(CN)_6]$ 溶液作用，分别生成血红色溶液D和蓝色沉淀E。试判断M、A、B、C、D、E所代表的物质。并写出相关的反应方程式。

15. 写出以软锰矿（主要成分为 MnO_2）为原料制备 K_2MnO_4、$KMnO_4$、$MnSO_4$ 的步骤及各步反应方程式。

16. 分别写出 Fe^{3+}、Co^{2+}、Fe^{2+}、Ni^{2+}、Cr^{3+} 盐与 $(NH_4)_2S$ 溶液作用的反应方程式。

第 12 章　ds 区元素

ds 区元素包括第ⅠB 族和第ⅡB 族元素。这两族元素原子的价电子构型与其他过渡元素有所不同，为$(n-1)d^{10}ns^{1-2}$。由于它们的次外层 d 能级有 10 个电子（全满结构），而最外层的电子构型又和 s 区相同，所以称为 ds 区。

§12.1　铜族元素

第ⅠB 族元素通常称为铜族元素。铜族元素原子的价电子构型为$(n-1)d^{10}ns^1$。最外层与碱金属相似，只有 1 个电子，而次外层却有 18 个电子（碱金属有 8 个电子）。因此与同周期的第ⅠA 族元素相比，铜族元素原子作用在最外层电子上的有效核电荷较多，最外层的 s 电子受原子核的吸引比碱金属元素原子要强得多，所以铜族元素的电离能比同周期碱金属元素显著增大，原子半径也显著减小，铜族元素单质都是不活泼的重金属，而相应的碱金属元素的单质都是活泼的轻金属。

自然界的铜、银主要以硫化矿存在，如辉铜矿（Cu_2S）、黄铜矿（$CuFeS_2$）、孔雀石[$Cu_2(OH)_2CO_3$]等，银有闪银矿（Ag_2S）。金主要以单质形式分散在岩石或沙砾中，我国江西、甘肃、云南、新疆、山东和黑龙江等省都蕴藏着丰富的铜矿和金矿。

12.1.1　铜族元素单质

铜族元素密度较大，熔点和沸点较高，硬度较小，导电性好，延展性好。1 克金可抽 3 千米长的金丝，可压成 0.1 微米的金箔，500 张金箔的总厚度比头发的直径还薄些。金易生成合金，尤其是生成汞齐。铜是宝贵的工业材料，它的导电能力虽然次于银，但比银便宜得多。目前世界上一半以上的铜用在电器、电机和电讯工业上。铜的合金如黄铜（Cu－Zn）、青铜（Cu－Sn）等在精密仪器、航天工业方面都有广泛的应用。

银的导电、传热性居于各种金属之首，用于高级计算器及精密电子仪表中。自 20 世纪 70 年代以来，金在工业上的用途已经超过制造首饰和货币。

铜是许多动植物体内所必需的微量元素之一。铜和银的单质及可溶性化合物都有杀菌能力，银作为杀菌药剂更具奇特功效。

铜族元素化学性质不活泼，金和银在空气中稳定，可长时间保持明亮的金属光泽。室温下铜在干燥的空气中也比较稳定，也不与水反应，但在常温下与含有 CO_2 的潮湿的空气会反应，表面生成绿色的铜锈（又叫做铜绿，其主要成分为碱式碳酸铜）。

$$2Cu + O_2 + H_2O + CO_2 \longrightarrow Cu_2(OH)_2CO_3(\text{铜绿})$$

在空气中加热时，铜会与空气中的 O_2 反应生成氧化铜。铜族元素在高温下也不能与氢、氮和碳反应；与卤素反应情况不同，铜在常温下就有反应，而银较慢，金只有在加热时才能反应。铜和银在加热时可以与硫直接化合生成硫化物，金不能直接与硫反应。银与硫有较强的亲和力，空气中如果含有 H_2S，银器皿表面会变黑，其反应为

$$4Ag + 2H_2S + O_2 \longrightarrow 2Ag_2S + 2H_2O$$

铜族元素活动顺序排在氢之后，不能从非氧化性稀酸中置换出氢气。铜在加热的条件下能与浓硫酸反应，可以溶于硝酸，银能溶于硝酸，而金只能溶于王水。

$$Au + 4HCl + HNO_3 \longrightarrow H[AuCl_4] + NO + 2H_2O$$

在空气的存在下，铜族元素都能溶于氰化钾或氰化钠溶液中：

$$4M + O_2 + 2H_2O + 8CN^- \longrightarrow 4[M(CN)_2]^- + 4OH^- \quad (M = Cu, Ag, Au)$$

这是因为铜族元素的离子能与 CN^- 形成配合物，使得它们单质的还原性增强。

12.1.2　铜族元素的化合物

通常铜有 +1、+2 两种氧化态的化合物。Cu(Ⅱ)化合物最为常见，如氧化铜 CuO、硫酸铜 $CuSO_4$ 等。Cu(Ⅰ)化合物通常称为亚铜化合物，多存在于矿物中，如氧化亚铜 Cu_2O、硫化亚铜 Cu_2S。银的化合物中常见的氧化态为 +1。金可以形成氧化态为 +1 和 +3 的化合物，一般以 +3 氧化态更稳定。

1. 铜的化合物

固相状态时，Cu(Ⅰ)化合物比 Cu(Ⅱ)化合物要稳定，例如 Cu_2O 的热稳定性比 CuO 还高：CuO 在 1 100 ℃时分解成 Cu_2O 和 O_2，而 Cu_2O 在高达 1 800 ℃时才开始分解。而在水溶液中，Cu(Ⅰ)容易被氧化 Cu(Ⅱ)，因此 Cu(Ⅱ)的化合物更稳定些。几乎所有的 Cu(Ⅰ)化合物都难溶于水，而 Cu(Ⅱ)的化合物溶于水的则比较多。

加热氢氧化铜或碱式碳酸铜可以制得黑色的氧化铜：

$$Cu(OH)_2 \xrightarrow{80\ ℃} CuO + H_2O$$

$$Cu_2(OH)_2CO_3 \xrightarrow{200\ ℃} 2CuO + CO_2 + H_2O$$

$Cu(OH)_2$ 略显两性，不但可以溶于酸，也可溶于过量的浓碱溶液，形成 $[Cu(OH)_4]^{2-}$：

$$Cu(OH)_2 + 2OH^- \longrightarrow [Cu(OH)_4]^{2-}$$

$[Cu(OH)_4]^{2-}$ 有一定的氧化性，可被葡萄糖还原为红色的 Cu_2O：

$$2[Cu(OH)_4]^{2-} + C_6H_{12}O_6 \longrightarrow Cu_2O + C_6H_{11}O_7^- + 3OH^- + 3H_2O$$

这个反应在有机化学上用来检验某些糖的存在，在医院也常用这个反应来检验糖尿病。

CuO分别与H_2SO_4、HNO_3或HCl作用，可以得到相应的盐。从溶液中结晶出来的硫酸铜带有5个结晶水，为五水硫酸铜。$CuSO_4 \cdot 5H_2O$为蓝色结晶，又名胆矾或蓝矾。在空气中慢慢风化，表面上形成白色粉状物。加热至250 ℃左右失去全部结晶水成为无水盐。无水$CuSO_4$为白色粉末，不溶于乙醇和乙醚，其吸水性很强，吸水后即显出特征蓝色。可利用这一性质来检验乙醚、乙醇等有机溶剂中的微量水分，并可作干燥剂使用。

$$CuSO_4 \cdot 5H_2O \xrightarrow[-2H_2O]{102\ ℃} CuSO_4 \cdot 3H_2O \xrightarrow[-2H_2O]{113\ ℃} CuSO_4 \cdot H_2O \xrightarrow[-H_2O]{258\ ℃} CuSO_4$$

硫酸铜有多种用途，如作媒染剂、蓝色染料、船舶油漆、电镀、杀菌及防腐剂等。$CuSO_4$溶液有较强的杀菌能力，可防止水中藻类生长。它和石灰乳混合制得的"波尔多液"能消灭树木的害虫。$CuSO_4$和其他铜盐一样，都是有毒的。

Cu^+为d^{10}构型，不发生d－d跃迁，所以Cu(Ⅰ)的化合物一般为无色。虽然Cu(Ⅰ)的构型属于稳定构型，但根据铜的电势图不难看出在水溶液中Cu(Ⅰ)容易发生歧化反应：

$$E^\ominus/V \qquad Cu^{2+} \xrightarrow{0.152} Cu^+ \xrightarrow{0.522} Cu$$

$E^\ominus_{右} > E^\ominus_{左}$，说明Cu(Ⅰ)在水溶液中不能稳定存在，易发生歧化反应生成Cu和Cu(Ⅱ)。

Cu^{2+}为d^9构型，可发生d－d跃迁而呈现颜色，水合铜离子为蓝色。水溶液中Cu(Ⅱ)稳定，从电势图可以看出，水溶液中Cu^+不稳定，然而要想在水溶液中把Cu^{2+}转化为Cu^+，除了有还原剂存在以外，Cu^+还必须以沉淀或配离子形式存在，借以减小溶液中Cu^+的浓度，以利于Cu^+的歧化反应逆向进行。例如，$CuSO_4$溶液和浓盐酸及铜屑混合加热，可得$[CuCl_2]^-$溶液。

$$Cu^{2+} + Cu + 4Cl^- \xrightarrow{\triangle} 2[CuCl_2]^-$$

将制得的溶液稀释，可得到白色的CuCl沉淀：

$$[CuCl_2]^- \xrightarrow{稀释} CuCl + Cl^-$$

如果用其他还原剂代替Cu，也可得到Cu^+化合物。例如：

$$2Cu^{2+} + 2Cl^- + SO_2 + 2H_2O \longrightarrow 2CuCl + SO_4^{2-} + 4H^+$$

$$2Cu^{2+} + 4I^- \longrightarrow 2CuI + I_2$$

后一反应生成的I_2可用碘量法测定，因此，常在定量分析中用于测定铜。

2. 银的化合物

银通常形成氧化值为+1的化合物。在常见的银的化合物中，除$AgNO_3$、AgF、$AgClO_4$易溶，Ag_2SO_4微溶外，其他银盐及Ag_2O大都难溶于水，这是银盐的一个重要特点。银的化合物都有不同程度的感光性。例如 $AgCl$、$AgNO_3$、Ag_2SO_4、$AgCN$ 等都是白色结晶，见光变成灰黑色或黑色。$AgBr$、AgI、Ag_2CO_3 等为黄色或浅黄结晶，见光也变成灰黑或黑色。故银盐一般都用棕色瓶盛装，并避光存放。银离子易与许多配体形成配合物。常见的配体有 NH_3、CN^-、SCN^-、$S_2O_3^{2-}$ 等，形成的配合物可溶于水，因此难溶解的银盐（包括 Ag_2O）可与上述配体作用而溶解。

(1) 氧化银(Ag_2O)

向可溶性银盐溶液中加入强碱，先生成极不稳定的 $AgOH$，常温下它立即脱水生成暗褐色 Ag_2O 沉淀。Ag_2O 受热不稳定，加热至 300 ℃即完全分解为 Ag 和 O_2。此外，Ag_2O 具有较强的氧化性，有机物摩擦可引起燃烧，能氧化 CO、H_2O_2，本身被还原为单质银。

Ag_2O 可溶于硝酸，也可溶于氰化钠或氨水溶液中：

$$Ag_2O + 4CN^- + H_2O \longrightarrow 2[Ag(CN)_2]^- + 2OH^-$$

$$Ag_2O + 4NH_3 + H_2O \longrightarrow 2[Ag(NH_3)_2] + 2OH^-$$

$[Ag(NH_3)_2]^+$ 的溶液在放置过程中，会分解为黑色的易爆物 AgN_3。因此，该溶液不易久置。而且，凡是接触过$[Ag(NH_3)_2]^+$ 的器皿、用具，用后必须立即清洗干净，以免潜伏安全隐患。

(2) 硝酸银 $AgNO_3$

$AgNO_3$ 是重要的可溶性银盐，是制备其他银的化合物的原料。$AgNO_3$ 在干燥空气中比较稳定，潮湿状态下见光容易分解，并因析出单质银而变黑：

$$2AgNO_3 \longrightarrow 2Ag + 2NO_2 + O_2$$

$AgNO_3$ 具有氧化性，遇到微量有机物即被还原成单质银。实验过程中，皮肤或工作服上不小心沾有 $AgNO_3$ 后，会逐渐变成黑紫色。含有$[Ag(NH_3)_2]^+$ 的溶液能把醛或某些糖类氧化，本身被还原为单质银。例如：

$$2[Ag(NH_3)_2]^+ + HCHO + 3OH^- \longrightarrow HCOO^- + 2Ag + 4NH_3 + 2H_2O$$

工业上利用这类反应（银镜反应）来制镜或在暖水瓶的夹层中镀银。

(3) 卤化银

卤化银中只有 AgF 易溶于水，其余的卤化银均难溶于水。难溶卤化银溶解度依 Cl—Br—I 的顺序降低，颜色也依此顺序加深。卤化银光敏性比较强，因此在制备 $AgBr$ 和 AgI 时常在暗室内进行。基于卤化银的感光性，也可将易于感光变色的卤化银加进玻璃以制造变色眼镜。

§12.2 锌族元素

第ⅡB族元素通常称为锌族元素。锌族元素原子的价电子层结构为$(n-1)d^{10}ns^2$，当

形成 M^{2+} 时为 18 电子外壳，锌族元素与碱土金属相比较，锌族元素的金属性比碱土金属弱，离子有较强的极化力和变形性，容易形成配合物等。另一方面，锌族元素在某些性质上与同周期的 p 区金属元素有些相似，如熔点较低、水合离子没有颜色等。锌族元素很好地衔接了过渡元素与主族元素之间的递变规律。

锌族元素主要以氧化物或硫化物存在于自然界，重要的矿石有闪锌矿(ZnS)、红锌矿(ZnO)、菱锌矿($ZnCO_3$)等。我国锌矿石资源丰富，汞矿石资源比较丰富。

12.2.1 锌族元素单质

锌、镉、汞是银白色金属。锌和镉的熔点都不高，分别为 420 ℃和 321 ℃，汞是唯一在室温下呈液态的金属。在 0—200 ℃之间，汞的膨胀系数随温度的升高而均匀地变化，并且不润湿玻璃，因此被用于制造温度计。汞具有较高的蒸汽压，汞蒸气吸入人体会引起慢性中毒，使用汞时要特别小心，不能把它撒落在地面上，万一不小心撒落，可以把硫粉撒在有汞的地方，防止有毒的汞蒸气进入空气中。若空气中已有汞蒸气，可以把碘升华为气体，使汞蒸气与碘蒸气相遇，生成 HgI_2，以除去空气中的汞蒸气。汞的另一个特性就是能够与许多金属形成合金—汞齐。汞齐中的其他金属依然保留原有的性质，如钠汞齐仍能从水中置换出氢气，只是反应变得温和些罢了，因此常用于有机合成中作还原剂。

常温下，第ⅡB 族元素单质都很稳定。把锌和镉在空气中加热到足够高的温度时能够燃烧起来，分别产生蓝色和红色的火焰，生成 ZnO 和 CdO。因此，工业上常用燃烧锌的方法来制备 ZnO。在空气中加热汞时能生成 HgO(红色)。

Zn、Cd 都能与稀盐酸、稀硫酸反应，放出 H_2，Hg 则不能。Hg 与氧化性酸反应，生成汞盐：

$$Hg + 2H_2SO_4(\text{浓}) \longrightarrow HgSO_4 + SO_2 + 2H_2O$$

$$Hg + 4HNO_3(\text{浓}) \longrightarrow Hg(NO_3)_2 + 2NO_2 + 2H_2O$$

Zn 既能与酸反应，也可与碱性溶液反应，是典型的两性元素：

$$Zn + 2NaOH + 2H_2O \longrightarrow Na_2[Zn(OH)_4] + H_2$$

Cd、Hg 不和碱反应。

12.2.2 锌族元素的化合物

1. 锌和镉的化合物

锌和镉通常有氧化态为+2 的化合物。

ZnO 为白色粉末状固体，CdO 为棕黄色粉末状固体，它们均不溶于水。氧化锌和氧化镉可由金属在空气中燃烧制得，也可由相应的碳酸盐、硝酸盐加热分解而制得。

ZnO 是两性氧化物，既能与酸反应，也能与碱反应：

$$ZnO + 2HCl \longrightarrow ZnCl_2 + H_2O$$

$$ZnO + 2NaOH \longrightarrow Na_2ZnO_2 + H_2O$$

或者

$$ZnO + 2NaOH + H_2O \longrightarrow Na_2[Zn(OH)_4]$$

$Zn(OH)_2$ 和 $Cd(OH)_2$ 都是难溶于水的白色固体物质。$Zn(OH)_2$ 具有明显的两性，可溶于酸和过量强碱中：

$$Zn(OH)_2 + 2H^+ \longrightarrow Zn^{2+} + 2H_2O$$

$$Zn(OH)_2 + 2OH^- \longrightarrow [Zn(OH)_4]^{2-}$$

$Cd(OH)_2$ 呈明显碱性，不溶于过量的碱液。

$Zn(OH)_2$ 和 $Cd(OH)_2$ 都能溶于氨水中，形成配合物：

$$Zn(OH)_2 + 4NH_3 \longrightarrow [Zn(NH_3)_4]^{2+} + 2OH^-$$

$$Cd(OH)_2 + 4NH_3 \longrightarrow [Cd(NH_3)_4]^{2+} + 2OH^-$$

氯化锌（$ZnCl_2 \cdot H_2O$）是比较重要的锌盐，易吸潮，因为有很强的吸水性，在有机合成中常用作脱水剂、缩合剂和氧化剂，以及染料工业的媒染剂，也用作石油净化剂和活性炭活化剂。

$ZnCl_2$ 极易溶于水，由于 Zn^{2+} 水解而呈酸性：

$$Zn^{2+} + H_2O \longrightarrow Zn(OH)^+ + H^+$$

$ZnCl_2$ 浓溶液中由于形成配位酸，而有显著的酸性：

$$ZnCl_2 + H_2O \longrightarrow H[ZnCl_2(OH)]$$

该配位酸能溶解金属氧化物：

$$2H[ZnCl_2(OH)] + FeO \longrightarrow Fe[ZnCl_2(OH)]_2 + H_2O$$

所以 $ZnCl_2$ 能用作“焊药”，清除金属表面的氧化物，便于焊接。

$ZnSO_4 \cdot 7H_2O$ 俗称皓矾，是常见的锌盐。大量用于制备锌钡白 $ZnS \cdot BaSO_4$，（商品名“立德粉”），它是由 $ZnSO_4$ 和 BaS 经复分解反应而得。

$$Zn^{2+} + SO_4^{2-} + Ba^{2+} + S^{2-} \longrightarrow ZnS \cdot BaSO_4$$

锌钡白遮盖力强、无毒，并且在空气中比较稳定，是优良的白色颜料，所以大量用于涂料、油墨和油漆工业。

在可溶性的锌盐和镉盐溶液中，分别通入 H_2S 时，都会有不溶性硫化物析出：

$$Zn^{2+} + H_2S \longrightarrow ZnS(\text{白色}) + 2H^+$$

$$Cd^{2+} + H_2S \longrightarrow CdS(\text{黄色}) + 2H^+$$

从溶液中析出的 CdS 呈黄色，常根据这一反应来鉴别溶液中 Cd^{2+} 的存在。由于 ZnS

的溶度积较大，若溶液的 H^+ 的浓度超过 0.3 mol/L 时，ZnS 就能溶解。而 CdS 比 ZnS 溶度积小得多，它不溶于稀盐酸，但可溶于较浓的盐酸，如 6 mol/L 的盐酸：

$$CdS + 2H^+ + 4Cl^- \longrightarrow [CdCl_4]^{2-} + H_2S$$

Zn^{2+} 和 Cd^{2+} 都能分别与 NH_3、CN^- 形成稳定的配合物。

2. 汞的化合物

汞有氧化值为+1 和+2 两类化合物，汞的化合物里，许多是以共价键结合。氧化数为+1 的汞的化合物称为亚汞化合物。经过 X 射线衍射实验证实，亚汞离子不是 Hg^+，而是 Hg_2^{2+}。

由汞的元素电势图可以看出：Hg_2^{2+} 在溶液中不容易歧化为 Hg^{2+} 和 Hg，而 Hg 能把 Hg^{2+} 还原为 Hg_2^{2+}。

$$Hg^{2+} \xrightarrow{0.920\ V} Hg_2^{2+} \xrightarrow{0.792\ V} Hg$$

(1) 硫化汞

硫化汞(HgS)的天然矿物叫做辰砂或朱砂，呈朱红色，中药用作安神镇静药。硫化汞是最难溶的金属硫化物，它不溶于盐酸及硝酸，但溶于王水：

$$3HgS + 12Cl^- + 2NO_3^- + 8H^+ \longrightarrow 3[HgCl_4]^{2-} + 3S + 2NO + 4H_2O$$

HgS 也溶于硫化钠溶液，生成 $[HgS_2]^{2-}$：

$$HgS + S^{2-} \longrightarrow [HgS_2]^{2-}$$

$[HgS_2]^{2-}$ 遇酸将重新析出 HgS 沉淀：

$$[HgS_2]^{2-} + 2H^+ \longrightarrow HgS + H_2S$$

(2) 氯化汞和氯化亚汞

$HgCl_2$ 为共价型化合物，易升华，因而俗名升汞，中药上把它叫做白降丹。$HgCl_2$ 是剧毒物质，误服 0.2—0.4 g 就能致命。$HgCl_2$ 易溶于水，其稀溶液有杀菌作用，例如 1∶1 000 的稀溶液可用作外科手术器械的消毒剂。

$HgCl_2$ 主要用作有机合成的催化剂(如氯乙烯的合成)，也用于干电池、染料、农药等。医药上用来作防腐剂、杀菌剂。

$HgCl_2$ 在酸性溶液中是较强的氧化剂，适量的 $SnCl_2$ 可将其还原为难溶于水的白色丝状氯化亚汞 Hg_2Cl_2 沉淀，如果 $SnCl_2$ 过量，生成的 Hg_2Cl_2 可进一步被 $SnCl_2$ 还原为金属汞，分析化学中利用此反应鉴定 Hg(Ⅱ)或 Sn(Ⅱ)。

$HgCl_2$ 与 $NH_3 \cdot H_2O$ 反应可生成一种难溶解的白色氨基氯化汞沉淀：

$$HgCl_2 + 2NH_3 \longrightarrow Hg(NH_2)Cl(\text{白色}) + NH_4Cl$$

Hg_2Cl_2 分子结构也为直线型(Cl—Hg—Hg—Cl)，它是白色固体，难溶于水。少量的

Hg_2Cl_2 无毒。因为 Hg_2Cl_2 味略甜，俗称甘汞，为中药轻粉的主要成分，内服可作缓泻剂，外用治疗慢性溃疡及皮肤病。Hg_2Cl_2 也常用于制作甘汞电极。

Hg_2Cl_2 见光易分解：

$$Hg_2Cl_2 \longrightarrow HgCl_2 + Hg$$

在 Hg_2Cl_2 溶液中加入 $NH_3 \cdot H_2O$，生成白色氨基氯化汞沉淀，同时还有黑色汞析出：

$$Hg_2Cl_2 + 2NH_3 \longrightarrow Hg(NH_2)Cl + Hg + NH_4Cl$$

(3) 硝酸汞和硝酸亚汞

$Hg(NO_3)_2$ 和 $Hg_2(NO_3)_2$ 都可由金属汞和硝酸 HNO_3 反应来制得，主要在于两种原料的比例不同：使用过量的 65%的浓硝酸，在加热条件下，反应制得 $Hg(NO_3)_2$。

$$Hg + 4HNO_3(\text{浓}) \xrightarrow{\triangle} Hg(NO_3)_2 + 2NO_2 + 2H_2O$$

使用冷的稀硝酸与过量的汞反应则得到 $Hg_2(NO_3)_2$：

$$6Hg + 8HNO_3(\text{稀}) \longrightarrow 3Hg_2(NO_3)_2 + 2NO + 4H_2O$$

$Hg(NO_3)_2$ 也可由 HgO 溶于硝酸 HNO_3 制得：

$$HgO + 2HNO_3 \longrightarrow Hg(NO_3)_2 + H_2O$$

(4) 汞的配合物

Hg^{2+} 易和 Cl^-、Br^-、I^-、CN^-、SCN^- 等配体形成稳定的配离子。例如，Hg^{2+} 与 I^- 反应，生成红色 HgI_2 沉淀：

$$Hg^{2+} + 2I^- \longrightarrow HgI_2$$

在过量 I^- 作用下，HgI_2 又溶解生成无色$[HgI_4]^{2-}$配离子：

$$HgI_2 + 2I^- \longrightarrow [HgI_4]^{2-}$$

Hg_2^{2+} 形成配合物的倾向较小。Hg_2^{2+} 能与 I^- 反应，生成绿色 Hg_2I_2 沉淀，在过量 I^- 作用下，Hg_2I_2 发生歧化反应，也生成$[HgI_4]^{2-}$配离子：

$$Hg_2^{2+} + 2I^- \longrightarrow Hg_2I_2$$

$$Hg_2I_2 + 2I^- \longrightarrow [HgI_4]^{2-} + Hg$$

此反应可用于鉴定 Hg(Ⅰ)。

$[HgI_4]^{2-}$ 的碱性溶液称为奈斯勒(Nessler)试剂。如果溶液中有微量的 NH_4^+ 存在，滴加奈斯勒试剂，会立即生成红棕色沉淀，此反应常用来鉴定出微量的 NH_4^+：

$$2[HgI_4]^{2-} + 4OH^- + NH_4^+ \longrightarrow \left[O\begin{matrix} Hg \\ \\ Hg \end{matrix}NH_2 \right]I + 7I^- + 3H_2O$$

12.2.3 含镉及含汞废水的处理

1. 含镉废水

镉(Cd^{2+})进入人体后，首先损害肾脏，并能置换骨骼中的钙(Ca^{2+})引起骨质疏松、骨质软化，使人感觉骨骼疼痛，故名“骨痛病”，同时还伴有疲倦无力，头痛和头晕等症。并且镉在肾和肝脏中积蓄，造成积累性中毒。因此，含镉废水是世界上危害较大的工业废水之一。采矿、冶炼、电镀、蓄电池、玻璃、油漆、陶瓷、原子反应堆等部门是含镉废水的主要来源。国家规定含镉废水的排放不大于0.1 mol/L。

含镉废水可采用以下方法处理：

(1) 沉淀法

对于一般工业含镉废水，可采用加碱或可溶性硫化物，使Cd^{2+}转化为$Cd(OH)_2$或CdS沉淀出去：

$$Cd^{2+} + 2OH^- \longrightarrow Cd(OH)_2$$

$$Cd^{2+} + S^{2-} \longrightarrow CdS$$

(2) 氧化法

氧化法常用于处理氰化镀镉废水。在废水中主要含有$[Cd(CN)_4]^{2-}$，另外，还有Cd^{2+}和CN^-等有毒物质，因此在除去Cd^{2+}的同时，也要除去CN^-。以漂白粉作氧化剂加入废水中，使CN^-被氧化破坏，Cd^{2+}被沉淀而除去。

漂白粉在溶液中水解：

$$Ca(ClO)_2 + 2H_2O \longrightarrow Ca(OH)_2 + 2HClO$$

HClO将CN^-氧化为N_2和CO_3^{2-}：

$$2CN^- + 5ClO^- + 2OH^- \longrightarrow 2CO_3^{2-} + N_2 + 5Cl^- + H_2O$$

Cd^{2+}转化为沉淀：

$$Cd^{2+} + 2OH^- \longrightarrow Cd(OH)_2$$

除上述介绍的两种方法外，还可采用电解法、离子交换法等方法来处理含镉废水。

2. 含汞废水

含汞废水的处理早为世界各国所关注，它是重金属污染中危害最大的工业废水之一。催化合成乙烯、含汞农药、各种汞化合物的制备以及由汞齐电解法制备烧碱等都是含汞废水的来源，对环境和人体健康威胁极大。我国国家标准规定，汞的排放标准不大于0.050 mg/L。

含汞废水的处理方法很多，如化学沉淀法、还原法、活性炭吸附法、离子交换法以及微生物法等。这些方法可以根据生产规模，含汞浓度以及汞化合物的类型进行选用。下面简述几种常用的方法。

(1) 化学沉淀法

用 Na_2S 或 H_2S 为沉淀剂，使汞生成难溶的硫化汞 HgS，这是经典的方法。由于 HgS 的溶解度极小，除汞效果很好。但 HgS 易造成二次污染，此乃美中不足。

(2) 凝聚沉淀法

在废水中加入明矾 $K_2SO_4 \cdot Al_2(SO_4)_3 \cdot 24H_2O$ 或 $FeCl_3$、$Fe_2(SO_4)_3$ 等铁盐，利用其水解产物如 $Al(OH)_3$ 或 $Fe(OH)_3$ 胶体，将废水中的汞吸附并一起沉淀除去。

(3) 还原法

用铁屑、铜屑、锌、锡等金属将废水中的 Hg^{2+} 还原成 Hg，再进行回收。这些金属离子进入水中不会造成二次污染。此外，还有的用肼、水合肼、醛类等作为还原剂还原废水中的 Hg^{2+}。

(4) 离子交换法让

废水流经离子交换树脂，Hg^{2+} 被交换下来。此法操作简便，去汞效果好，得到普遍采用。

对于含汞量较高的废水，例如化工厂制备汞化合物后的废水，有时高达 500 mg/L 以上，适于采用先沉淀后离子交换的二级处理法。首先用废碱液(Na_2CO_3 或 NaOH)将废水中大量的汞沉淀出来，废水然后进入离子交换柱，既可使汞的含量达到排放标准，又可延长交换柱使用时间。

近年来，人们不断寻求更加安全和经济的方法来处理含镉、汞废水，以减少或消除镉、汞在环境中的积累。含镉、汞废水成分复杂，处理达标要求又非常严格，传统的物理化学法各有优缺点。其缺点表现为处理剂使用量大，反应不易控制，水质差，回收贵金属难等。特别是镉等重金属离子浓度较低时，往往操作费用和材料的成本相对过高。而生物法能耗少，成本低，效率高，而且容易操作，最重要的是没有二次污染，因此在城市污水和工业污水的处理中得到广泛应用。微生物能去除重金属离子，主要是因为微生物可以把重金属离子吸附到表面，然后通过细胞膜将其运输到体内积累，从而达到去除重金属的效果。

习题

1. 完成并配平下列反应方程式：

(1) $2Cu + \underbrace{O_2 + CO_2 + H_2O}_{\text{湿空气}} \longrightarrow$

(2) $Cu_2O + HCl(\text{稀}) \longrightarrow$

(3) $Cu_2O + H_2SO_4(\text{稀}) \longrightarrow$

(4) $CuSO_4 + KI \longrightarrow$

(5) $CuSO_4 + KCN(\text{过量}) \longrightarrow$

(6) $AgBr + Na_2S_2O_3 \longrightarrow$

(7) $ZnSO_4 + NH_3$(过量)$\longrightarrow$

(8) $Hg(NO_3)_2 + KI$(过量)$\longrightarrow$

(9) $Hg_2(NO_3)_2 + KI$(过量)$\longrightarrow$

(10) $Hg(NO_3)_2 + NaOH \longrightarrow$

(11) $Hg_2Cl_2 + SnCl_2 \longrightarrow$

(12) $HgS + Na_2S \longrightarrow$

2. 写出下列有关反应方程式，并解释反应现象。

(1) $ZnCl_2$ 溶液中加入适量 NaOH 溶液，再加入过量的 NaOH 溶液。

(2) $CuSO_4$ 溶液中加入少量氨水，再加入过量氨水。

(3) $HgCl_2$ 溶液中加入适量 $SnCl_2$ 溶液，再加过量 $SnCl_2$ 溶液。

(4) $HgCl_2$ 溶液中加入适量 KI 溶液，再加过量 KI 溶液。

3. 试设计出一种由工业纯 $ZnCl_2$ 生产 ZnO 试剂的简单工艺流程（工业纯 $ZnCl_2$ 中含有少量 Pb^{2+}、Cu^{2+} 及 Fe^{2+} 杂质）。

4. 在含有大量 NH_4F 的 1 $mol \cdot L^{-1}$ $CuSO_4$ 溶液和 1 $mol \cdot L^{-1}$ $Fe_2(SO_4)_3$ 的混合液中，加入 1 $mol \cdot L^{-1}$ 的 KI 溶液。有何现象发生？为什么？写出反应方程式。

5. 某一化合物 A 溶于水得浅蓝色溶液。在 A 溶液中加入 NaOH 溶液可得浅蓝色沉淀 B。B 能溶于 HCl 溶液，也能溶于氨水。A 溶液中通入 H_2S 有黑色沉淀 C 生成。C 难溶于 HCl 溶液而易溶于热浓 HNO_3 中。在 A 溶液中加入 $Ba(NO_3)_2$ 溶液，无沉淀产生，而加入 $AgNO_3$ 溶液有白色沉淀 D 生成，D 溶于氨水。试判断 A、B、C、D 为何物？写出相关的反应方程式。

6. 某一无色溶液，加入氨水时有白色沉淀生成；若加入稀碱则有黄色沉淀生成；若滴加 KI 溶液，先析出橘红色沉淀，当 KI 过量时，橘红色沉淀消失；若在此无色溶液中加入数滴汞并振荡，汞逐渐消失，仍变为无色溶液，此时加入氨水得灰黑色沉淀。问此无色溶液中含有哪种化合物？写出有关反应方程式。

7. 化合物 A 是白色固体，加热能升华，微溶于水。A 的溶液可起下列反应：

(1) 加入 NaOH 于 A 溶液中，产生黄色沉淀 B，B 不溶于碱可溶于 HNO_3。

(2) 通 H_2S 于 A 溶液中，产生黑色沉淀 C，C 不溶于浓 HNO_3，但可溶于 Na_2S 溶液，得溶液 D。

(3) 加 $AgNO_3$ 于 A 溶液中，产生白色沉淀 E，E 不溶于 HNO_3，但可溶于氨水，得溶液 F。

(4) 在 A 的溶液中滴加 $SnCl_2$ 溶液，产生白色沉淀g，继续滴加，最后得黑色沉淀 H。

试确定 A、B、C、D、E、F、g、H 各为何物？

8. 用适当的方法区别下列各对物质

(1) $MgCl_2$ 和 $ZnCl_2$

(2) $HgCl_2$ 和 Hg_2Cl_2

(3) $ZnSO_4$ 和 $Al_2(SO_4)_3$

(4) CuS 和 HgS

(5) AgCl 和 Hg_2Cl_2

(6) ZnS 和 Ag_2S

(7) Pb^{2+} 和 Cu^{2+}

(8) Pb^{2+} 和 Zn^{2+}

9. 无色晶体 A 溶于水，加入 NaCl 溶液，得到白色沉淀 B 和无色溶液；沉淀分离后，在无色溶液中加入 $FeSO_4$ 溶液，小心地加入浓 H_2SO_4，在浓 H_2SO_4 与溶液的界面上出现棕色环 C。白色沉淀 B 可溶于氨水，得到溶液 D，把 NaBr 溶液加到溶液 D 中，有浅黄色沉淀 E 生成。在溶液 A 中滴加少量 $Na_2S_2O_3$ 溶液有白色沉淀 F 生成。若在 A 溶液中加入过量 $Na_2S_2O_3$ 溶液，则生成无色溶液 G。沉淀 F 经黄—橙—棕色，最后变为黑色沉淀 H。向 G 溶液中加入 NaI 溶液，有黄色沉淀 I 生成，I 可溶于 NaCN 溶液中，得到溶液 J，在 J 中加入 Na_2S 溶液，也可得到沉淀 H。H 溶于 HNO_3，得到浅黄色固体 K 和气体 L，滤去沉淀 K 后又得到溶液 A。试判断 A、B、C、D、E、F、G、H、I、J、K、L 各为何物？并写出有关反应方程式。

10. 解释下列现象：

(1) 将 SO_2 通入 $CuSO_4$ 和 NaCl 的浓混合溶液中，有白色的沉淀析出。

(2) 在 $AgNO_3$ 溶液中滴加 KCN 溶液时，先生成白色沉淀而后溶解，再加入 NaCl 溶液时无沉淀生成，但加入少许 Na_2S 溶液时就析出黑色沉淀。

(3) HgC_2O_4 难溶于水，但可溶于 NaCl 溶液中。

(4) 在 $Hg_2(NO_3)_2$ 溶液中通入 H_2S 时，有黑色的金属汞析出。

(5) 银可置换 HI 溶液中的氢，为什么却不能置换酸性更强的 HCl 溶液中的氢？

11. 回答下列问题：

(1) $CuSO_4$ 是杀虫剂，为什么要和石灰乳混用？

(2) 废定影也可加 Na_2S 溶液再生。若 Na_2S 过量，则在用再生的定影液时，相片出现发花现象。

(3) 锌是最重要的微量生命元素之一，是生物体内多种酶的组成元素。$ZnCO_3$ 和 ZnO 亦可用于药膏，促进伤口愈合。为什么在炼锌厂附近会造成严重的环境污染？

第13章　f区元素简介

周期表中有两个系列的内过渡元素，即第六周期的镧系和第七周期的锕系。镧系包括从镧（原子序数57）到镥（原子序数为71）的15种元素；锕系包括从锕（原子序数89）到铹（原子序数103）的15种元素。镧系元素以及钪（Sc）、钇（Y）共17种元素统称为稀土元素，用RE表示。

镧系元素和锕系元素的一些性质分别列于表13－1和表13－2。

表13－1　镧系元素的一些性质

原子序数	名称	符号	价电子构型	主要氧化数	原子半径/pm	Ln^{3+}半径/pm
57	镧	La	$5d^1 6s^2$	+3	183	103.2
58	铈	Ce	$4f^1 5d^1 6s^2$	+3，+4	181.3	102
59	镨	Pr	$4f^3 6s^2$	+3，+4	182.4	99
60	钕	Nd	$4f^4 6s^2$	+3	181.4	98.3
61	钷	Pm	$4f^5 6s^2$	+3	183.4	97
62	钐	Sm	$4f^6 6s^2$	+2，+3	180.4	95.8
63	铕	Eu	$4f^7 6s^2$	+2，+3	208.4	94.7
64	钆	Gd	$4f^7 5d^1 6s^2$	+3	180.4	93.8
65	铽	Tb	$4f^9 6s^2$	+3，+4	178	92.3
66	镝	Dy	$4f^{10} 6s^2$	+3，+4	178.1	91.2
67	钬	Ho	$4f^{11} 6s^2$	+3	176.2	90.1
68	铒	Er	$4f^{12} 6s^2$	+3	176.1	89.0
69	铥	Tm	$4f^{13} 6s^2$	+2，+3	177.3	88
70	镱	Yb	$4f^{14} 6s^2$	+2，+3	193.3	86.8
71	镥	Lu	$4f^{14} 5d^1 6s^2$	+3	173.8	86.1

表 13-2 锕系元素的一些性质

原子序数	名称	符号	价电子构型	氧化数*	原子半径/pm	离子半径/pm	
						An^{3+}	An^{4+}
89	锕	Ac	$6d^1 7s^2$	+3	187.8	111	—
90	钍	Th	$6d^2 7s^2$	+3，$\underline{+4}$	179	—	94
91	镤	Pa	$5f^2 6d^1 7s^2$	+3，+4，$\underline{+5}$	163	104	90
92	铀	U	$5f^3 6d^1 7s^2$	+3，+4，+5，$\underline{+6}$	156	102.5	89
93	镎	Np	$5f^4 6d^1 7s^2$	+3，+4，$\underline{+5}$，+6，+7	155	101	87
94	钚	Pu	$5f^6\ \ 7s^2$	+3，$\underline{+4}$，+5，+6	159	100	86
95	镅	Am	$5f^7\ \ 7s^2$	+2，$\underline{+3}$，+4，+5，+6	173	97.5	89
96	锔	Cm	$5f^7 6d^1 7s^2$	$\underline{+3}$，+4	174	97	85
97	锫	Bk	$5f^9\ \ 7s^2$	$\underline{+3}$，+4	170.4	98	87
98	锎	Cf	$5f^{10}\ \ 7s^2$	$\underline{+3}$，+4	186	95	82.1
99	锿	Es	$5f^{11}\ \ 7s^2$	$\underline{+3}$，+4	186	98	
100	镄	Fm	$5f^{12}\ \ 7s^2$	+2，$\underline{+3}$	(194)		
101	钔	Md	$5f^{13}\ \ 7s^2$	+2，$\underline{+3}$	(194)		
102	锘	No	$5f^{14}\ \ 7s^2$	+2，$\underline{+3}$	(194)		
103	铹	Lr	$5f^{14} 6d^1 7s^2$	$\underline{+3}$			

* 下划线的数字表示水溶液中最稳定的氧化数

§13.1 价电子层构型与氧化数

镧系元素的价电子层构型除 La 为 $5d^1 6s^2$、Ce 为 $4f^1 5d^1 6s^2$、Gd 为 $4f^7 5d^1 6s^2$ 外，其余均为 $4f^x 6s^2$(x=3—7、9—14)构型。锕系元素的原子光谱很复杂，确定锕系元素基态原子的电子层结构也是很困难的。表 13-2 所列出的价层电子构型是根据目前实验结果总结的，被认为是最可能的价层电子分布。

从表 13-1 可知，除镧原子外，其余镧系元素原子的基态电子层结构中都有 f 电子。镧虽然没有 f 电子，但它与其余镧系元素在化学性质上十分相似。

镧系元素在形成化合物时，一般能形成氧化数为+3 的化合物，除此之外，某些镧系元素还能形成其他氧化数的化合物(如表 13-1 所示)。

§13.2 原子半径、离子半径

以镧系元素为例来说明。

13.2.1 原子半径

在镧系元素的原子中，电子逐个填充4f轨道，由于4f电子对原子核的屏蔽效应变大，所以随原子序数的增加，有效核电荷数缓慢增大，结果使得原子半径缓慢缩小，这就是所谓的镧系收缩。受镧系收缩的影响，第三过渡系与第二过渡系的同族元素在原子半径（或离子半径）上相近，其中尤以ⅣB族中的Zr和Hf、ⅤB族中的Nb和Ta、ⅥB族中的Mo和W更为相近，以致Zr和Hf、Nb和Ta、Mo和W的性质相似，分离十分困难。

从图13-1(a)中可以看到在总的收缩趋势中，Eu和Yb原子半径比较大，原因是Eu和Yb分别具有半充满$4f^7$和全充满$4f^{14}$电子层结构，这一相对稳定结构对核电荷的屏蔽增强，它们的原子半径明显增大。

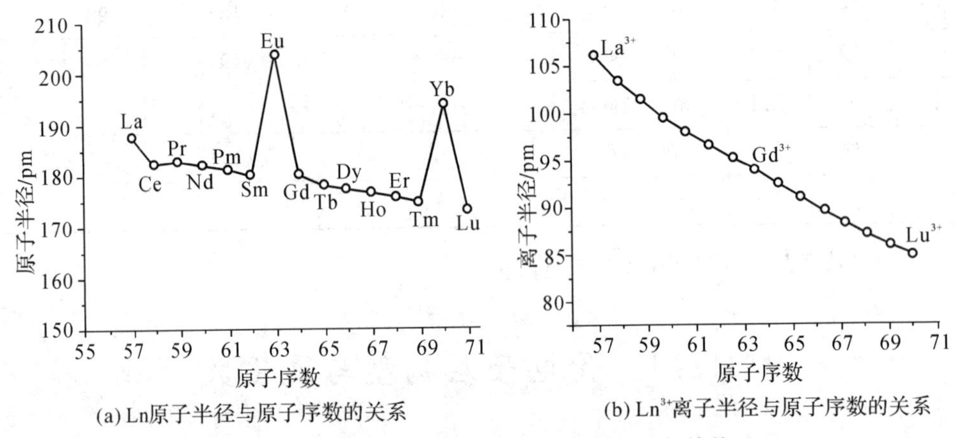

(a) Ln原子半径与原子序数的关系　(b) Ln^{3+}离子半径与原子序数的关系

图13-1　镧系元素原子、离子半径与原子序数的关系

13.2.2 离子半径

Ln^{3+}半径在86.8—103.2 pm之间，与其他氧化数相同的金属离子相比是比较大的（Al^{3+}为53.5 pm；Cr^{3+}为61.5 pm；Fe^{3+}为64.5 pm），与由La到Yb原子半径在Eu、Yb处会出现峰的变化有所不同，Ln^{3+}半径的变化十分有规律，如图13-1(b)所示。镧系元素Ln^{3+}已无6s和5d电子，最外层皆为$5s^25p^6$结构，La到Yb有效核电荷数依次增加比在原子中显著，从La^{3+}到Lu^{3+}总共收缩16.4 pm。

Ln^{3+}所带电荷数相同，而且Ln^{3+}的构型及半径相差不大，致使Ln^{3+}性质极为相似：其离子化合物的溶解度、氢氧化物的酸碱性、配合物的稳定常数、离子晶体的晶格能等彼此都很接近，造成Ln^{3+}间分离上的困难。

§13.3　金属活泼性

镧系元素单质都是非常活泼的金属，它们在空气中缓慢被氧化，如果加热，它们很容易燃烧而生成Ln_2O_3，Ce 则生成CeO_2。镧系金属都可以与水反应放出氢气，与热水反应较剧烈，如果与稀酸反应，则更容易放出氢气，因此镧系金属要保存在煤油中。

镧系金属可以与大多数非金属反应，反应一般不很剧烈，但在加热时，可在卤素中燃烧生成LnX_3。加热时也可与氢气反应生成LnH_2或LnH_3，这些氢化物大多属于金属型氢化物。

锕系元素很活泼，例如，它们与沸水作用，生成氧化物和氢氧化物的混合物。在适当的温度下能与多数非金属发生反应。它们均可被氢氟酸侵蚀，但大多数仅缓慢与硝酸反应，均不与碱反应。

§13.4　离子的颜色

镧系元素Ln^{3+}水合离子及在晶体中的颜色见表 13－3，离子的颜色与未成对的 f 电子数有关，并且具有$f^x(x=0—7)$电子的离子与具有f^{14-x}电子的离子，常显相同或相近的颜色。由于 f 电子对光吸收的影响，锕系元素与镧系元素在离子的颜色上表现得十分相似。

表 13－3　Ln^{3+}离子的颜色

离子	未成对电子数	颜色	未成对电子数	离子
La^{3+}	$0(4f^0)$	无色	$0(4f^{14})$	Lu^{3+}
Ce^{3+}	$1(4f^1)$	无色	$1(4f^{13})$	Yb^{3+}
Pr^{3+}	$2(4f^2)$	绿色	$2(4f^{12})$	Tm^{3+}
Nd^{3+}	$3(4f^3)$	淡紫	$3(4f^{11})$	Er^{3+}
Pm^{3+}	$4(4f^4)$	粉红，黄	$4(4f^{10})$	Ho^{3+}
Sm^{3+}	$5(4f^5)$	黄色	$5(4f^9)$	Dy^{3+}
Eu^{3+}	$6(4f^6)$	无色	$6(4f^8)$	Tb^{3+}
Gd^{3+}	$7(4f^7)$	无色	$7(4f^7)$	Gd^{3+}

§13.5 稀土元素的应用

稀土元素用途非常广泛，已渗透到现代科学技术的各个领域，成为发展高新技术所必需的物质。

据统计，目前世界稀土消费总量的70%左右用于材料方面。稀土材料应用至广，遍及国民经济的各个领域及行业，如冶金、石油化工、轻工、光学、磁学、电子、生物医疗和原子能工业等。

冶金工业应用稀土元素十分普遍。由于稀土元素对硫、氧等元素有很强的亲和力，炼钢中常用混合稀土脱除氧、硫等杂质。在铸铁中加入稀土可使石墨球化制成球墨铸铁，能显著地提高铸铁的机械性能。在不锈钢中加入稀土，可提高其在热加工时的可锻性。混合稀土加到某些合金中，可增加合金的抗张强度，改善其抗腐蚀性和抗氧化性等。

稀土催化剂广泛应用于石油化工和环境污染的治理。在重油催化裂化反应中，加入少量混合稀土，可使分子筛催化剂的效率增加，寿命也可延长，并使汽油产率大幅度提高。稀土催化剂还可用于废气和废水的处理。例如，氧化铈可脱除工业废水的氟离子，清除率高。内燃机尾气净化稀土催化剂已进入实用阶段。

氧化铈或混合稀土氧化物可作精密光学玻璃的抛光机，用于平板玻璃、电视机显像管、照相机透镜灯研磨材料。在玻璃中添加稀土化合物可制得各种特种玻璃，例如吸收紫外线的玻璃、耐X-射线玻璃和耐酸、耐热玻璃等。含有氧化镧的光学玻璃具有低散射、高折射率的特点，利用这种玻璃的纤维，可制造在医疗上作直接探视人体肠胃和腹腔的内窥镜。

各种稀土荧光体和激光材料需要高纯稀土。例如，彩色电视机的显像管中含有钇、铕等稀土元素，才能产生红、蓝、绿三种基本色，进而演变为五光十色的绚丽景象。近年来彩色电视、特别是计算机显示屏的彩色化和大屏幕彩电的需求量增加，对荧光粉的需求量也大大增长。稀土材料在电光源工业应用广泛，由此可以获得接近自然光的高级荧光灯，亮度比一般荧光灯提高1/3，且光色好，不失真，使用寿命长，适用于各种要求的自然光的场合。

在制陶配料中加入混合稀土的氧化物，可大大改善陶瓷的耐高温性和脆性。这种稀土陶瓷可用来制造切削刀具、发动机活塞等部件。稀土氧化物可使陶瓷的釉彩鲜艳柔和，光彩夺目，如稀土颜料有镨锆黄、镨铽锆绿、铈黄、铒红和钕紫等。

稀土永磁体由于其磁性能很高，已在计算机、汽车电动机、电声器件及轻工产品等领域得到广泛应用。稀土石榴石型磁泡信息储存元件，尤其是钆镓石榴石(GGG)磁泡，由于其容量巨大且体积小，已在新一代计算机上应用。稀土永磁材料用于电机制造，可缩小体积，做到微型、高效化。

稀土在农业上也有广泛应用。现有稀土微肥施用于西瓜田中，可使西瓜个大、皮薄、味甜，并且可以提高产量；施于其他瓜果、菜园也都获得增产、优质的效果。

此外，稀土金属在电子材料、原子能材料、药物合成以及超导技术等高新技术领域的应用也日益广泛。稀土储氢材料（已制成的主要有 $LaNi_5$ 及 La_2Mg_{17} 等）可用于氢气储运，能源转换、制冷及提纯氢等方面。

面向未来，稀土元素作为材料研究，在激光、发光、信息、永磁、超导、能源、催化、传感、生物等领域将会作为主攻方向。我国拥有十分丰富的稀土资源，开展稀土的研究、开发和应用，无疑对我国的经济建设和科学技术的发展有重要意义。

习题参考答案

第1章

1. 16.0
2. XeF_2
3. $P(N_2)=3.92$ kPa; $P(O_2)=43.4$ kPa; P(总)$=47.3$ kPa
4. 2.07×10^3 Pa
5. 3.68 g
6. $b=0.91\ \text{mol}\cdot\text{kg}^{-1}$, $c=0.88\ \text{mol}\cdot\text{L}^{-1}$, $x=0.016$
7. 18.1 kPa
8. $165\ \text{g}\cdot\text{mol}^{-1}$
9. S_8
10. $6.7\times10^4\ \text{g}\cdot\text{mol}^{-1}$
11. (1) 0.049 9; (2) 753 Pa

第2章

1. (1) $\Delta U=-152$ kJ (2) $\Delta U=14.0$ kJ
3. (2) 127.4 kJ (3) 0.735 g (4) -32.4 kJ
4. $-1\,300.0$ kJ
5. -2.48×10^3 kJ
6. (1) $-197.78\ \text{kJ}\cdot\text{mol}^{-1}$ (2) $950.2\ \text{kJ}\cdot\text{mol}^{-1}$
7. $-924.8\ \text{kJ}\cdot\text{mol}^{-1}$
8. (1) $\Delta_r G_m^\ominus=113.4\ \text{kJ}\cdot\text{mol}^{-1}$ (2) $\Delta_r G_m^\ominus=68.7\ \text{kJ}\cdot\text{mol}^{-1}$
9. $K^\ominus(298.15\ \text{K})=8.3\times10^{40}$; $K^\ominus(373.15\ \text{K})=1.0\times10^{34}$
10. (1) $\Delta_r G_m^\ominus=-32.90\ \text{kJ}\cdot\text{mol}^{-1}$ (2) $K^\ominus=5.8\times10^5$
11. $\Delta_r H_m^\ominus=-373.23\ \text{kJ}\cdot\text{mol}^{-1}$; $\Delta_r S_m^\ominus=-98.89\ \text{J}\cdot\text{mol}^{-1}\cdot\text{K}^{-1}$; $\Delta_r G_m^\ominus=-343.74\ \text{kJ}\cdot\text{mol}^{-1}$
12. $\Delta_r G_m^\ominus(1\,573.15\ \text{K})=70.76\ \text{kJ}\cdot\text{mol}^{-1}$; $K^\ominus=4.48\times10^{-3}$
13. (1) $\Delta_r G_m^\ominus(623\ \text{K})=-43.9\ \text{kJ}\cdot\text{mol}^{-1}$ (2) 1 639 K
17. (1) 4.8×10^{-6}; 4.5×10^2
18. 5.1×10^8
19. 0.88

20. (1) 62%;(2) 86%

21. 0.940 mol;5.28

22. $p(CO)$ = 273.9 kPa;$p(H_2)$ = 547.8 kPa

23. $p(CO)$ = 24.8 kPa;$p(Cl_2)$ = 3.08 × 10^{-6} kPa;$p(COCl_2)$ = 114.8 kPa

24. (1) $K^{\ominus}$=27.2,71% (2) 69% (3) 69%

25. (1) 52 kPa;17 kPa

26. $K^{\ominus}$=16.02;$\Delta_r G_m^{\ominus}$=15.52 kJ·mol^{-1}

27. 1.4×10^{10}

28. Ag_2O:467.8 K;$AgNO_3$:673.0 K

第3章

3. (3) 3.41 L·mol^{-1}·s^{-1}

4. (2) 277 min (3) 1.48×10^{-3} min (4) 0.12 mol·L^{-1}

5. (1) 0.010 8 mol (2) 263 s (3) 102 s

7. (1) 2.7 s^{-1} (2) 68 s^{-1}

8. 1.30

9. 54.7 kJ·mol^{-1}

10. 39.0 kJ·mol^{-1}

11. (1) 3.4×10^{17} (2) 304.1 kJ·mol^{-1}

第4章

4. 1.0×10^{-14}

5. 2.0×10^2 mL(HAc);3.5×10^2 mL(NaAc)

6. (1) 1.00 (2) 11.11 (3) 9.26 (4) 12.82 (5) 4.27

7. 1.9×10^3

8. 1.0×10^{-6};1.0%

10. (1) 0.050 mol·L^{-1},1.30 (2) 2.2×10^{-13} mol·L^{-1},12.66

11. 0.20 mol·L^{-1}(HCl);1.1×10^{-5} mol·L^{-1}(HCN)

13. 1.8 × 10^{-5};4.2 × 10^{-4} mol·L^{-1}

15. (2) 0.71

16. 7.6×10^{-3} mol·L^{-1};0.057 mol·L^{-1};2.2×10^{-14} mol·L^{-1};2.12

17. 3.3 L;0.11 mol·L^{-1},0.20 mol·L^{-1}

18. (1) 9.24;(2) 9.18

19. (1) 25.0 mL (2) 9.96×10^{-4} mol·L^{-1}

第5章

6. 2.2 × 10^{-6} g·L^{-1};2.0 × 10^{-12} g·L^{-1}

7. (1) 1.1×10^{-4} mol·L^{-1} (2) $c(Mg^{2+})=1.1\times10^{-4}$ mol·L^{-1}, $c(OH^-)=2.2\times10^{-4}$ mol·L^{-1}; (3) 5.6×10^{-8} mol·L^{-1} (4) 1.2×10^{-5} mol·L^{-1}

9. $c(Cl^-)=0.0050$ mol·L^{-1}, $c(Ag^+)=3.5\times10^{-8}$ mol·L^{-1}, $c(I^-)=2.4\times10^{-9}$ mol·L^{-1}

10. (2) 7.7×10^{-3} mol·L^{-1} (3) 1.7%

11. 9.89

12. (1) 1.4×10^{-4} mol·L^{-1}

13. 2.81—9.38

14. (1) 0.010 mol·L^{-1} (2) 0.25 mol·L^{-1}

第6章

7. (1) 0.74 V, −0.78 V, 1.5 V (2) 1.561 4 V, 5.76×10^{52}, -3.014×10^{2} kJ·mol^{-1}

8. (2) 0.721 V (3) 0.816 V

9. 0.55 mol·L^{-1}

10. 1.31×10^{-3} mol·L^{-1}, 1.74×10^{-5}

12. 6.31×10^{-6} mol·L^{-1}

第8章

5. $Co(NH_3)_6^{2+}$: $\mu=3.87$ B.M, CFSE $=-8\,800$ cm^{-1}; $Co(NH_3)_6^{3+}$: $\mu=0$ B.M, CFSE $=-12\,960$ cm^{-1}

6. $c(Ag^+)=4.0\times10^{-6}$ mol·L^{-1}, $c(NH_3)=c([Ag(NH_3)_2^+])=0.010$ mol·L^{-1}

7. $c([Ni(NH_3)_6]^{2+})=1.7\times10^{-10}$ mol·L^{-1}, $c(NH_3)=1.6$ mol·L^{-1}, $c([Ni(en)_3]^{2+})=0.10$ mol·L^{-1}

8. (1) $c(Cu^{2+})=2.6\times10^{-17}$ mol·L^{-1}, $c(NH_3)=5.6$ mol·L^{-1}, $c([Cu(NH_3)_4]^{2+})=0.1$ mol·L^{-1}

9. 5.1×10^{-24}

10. 1.0 g

11. 1.7 mol·L^{-1}

12. 0.031 1 V

13. 0.285 V

14. 5.05×10^{13}

第9章

10. 1.06 L

附　　录

附表一　一些物理和化学的基本常数

量的名称	符号	数值	单位	备注
电磁波在真空中的速度	c, c_0	299 792 458	$m \cdot s^{-1}$	准确值
真空磁导率	μ_0	$4\pi \times 10^{-7}$ $1.256\,637 \times 10^{-6}$	$H \cdot m^{-1}$	准确值
真空介电常数(真空电容率) $\varepsilon_0 = 1/\mu_0 c_0^2$	ε_0	$\frac{10^7}{4\pi \times 299\,792\,458^2}$ $8.854\,188 \times 10^{-12}$	$F \cdot m^{-1}$	准确值
引力常量 $F = Gm_1 m_2/r^2$	G	$(6.672\,59 \pm 0.000\,85) \times 10^{-11}$	$N \cdot m^2 \cdot kg^{-2}$	
普朗克常量 $\hbar = h/2\pi$	h $\hbar$	$(6.626\,075\,5 \pm 0.000\,004\,0) \times 10^{-34}$ $(1.054\,572\,66 \pm 0.000\,000\,63) \times 10^{-34}$	$J \cdot s$ $J \cdot s$	
元电荷	e	$(1.602\,177\,33 \pm 0.000\,000\,49) \times 10^{-19}$	C	
电子[静]质量	m_e	$(9.109\,389\,7 \pm 0.000\,005\,4) \times 10^{-31}$ $(5.485\,799\,03 \pm 0.000\,000\,13) \times 10^{-4}$	kg u	
质子[静]质量	m_p	$(1.672\,623\,1 \pm 0.000\,001\,0) \times 10^{-27}$ $(1.007\,276\,470 \pm 0.000\,000\,012)$	kg u	

(续表)

量的名称	符号	数值	单位	备注
精细结构常数 $\alpha=\frac{e^2}{4\pi\varepsilon_0 hc}$	α	(7.297 353 08±0.000 000 33)×10^{-3}	1	
里德伯常量 $R_\infty=\frac{e^2}{8\pi\varepsilon_0\alpha_0 hc}$	R_∞	(1.097 373 153 4±0.000 000 001 3)×10^{7}	m^{-1}	
阿伏伽德罗常数 $L=N/n$	L, N_A	(6.022 136 7±0.000 003 6)×10^{23}	mol^{-1}	
法拉第常数 $F=Le$	F	(6.648 530 9±0.000 002 9)×10^{4}	$C \cdot mol^{-1}$	
摩尔气体常数* $pV_m=RT$	R	(8.314 510±0.000 070)	$J \cdot mol^{-1} \cdot K^{-1}$	
玻耳兹曼常数 $k=R/T$	k	(1.380 658±0.000 012)×10^{-23}	$J \cdot K^{-1}$	
斯忒藩-玻耳兹曼常量 $\sigma=\frac{2\pi^5 k^4}{15h^3c^2}$	σ	(5.670 51±0.000 19)×10^{-8}	$W \cdot m^{-2} \cdot K^{-4}$	
质子质量常量	m_u	(1.660 540 2±0.000 001 0)×10^{-27}	kg	原子质量单位 1 u =(1.660 5540 2±0.000 001 0)×10^{-27} kg

附表二 国际单位制(SI)基本单位

量的名称	单位名称	单位符号		备注
		中文	国际	
物质的量	摩尔 mole	摩	mol	定义:(1) 摩尔是一系统的物质的量,该系统中所包含的基本单元数与 0.012 千克碳-12 的原子数目相等。(2) 在使用摩尔时,基本单位应予指明可以是原子、分子、离子、电子及其他粒子,或是这些粒子的特定组合

（续表）

量的名称	单位名称	单位符号		备注
		中文	国际	
发光强度	坎德拉 candela	坎	cd	定义：坎德拉是一光源在给定方向上的发光强度，该光源发出的频率为 540×10^{12} Hz(赫)的单色辐射，且在此方向上的辐射强度为$\frac{1}{683}$W·Sr^{-1}（瓦特每球面度）
长度	米 metre	米	m	定义：米是光在真空中$\frac{1}{299\ 742\ 458}$秒的时间间隔内所进行的路程的长度
质量	千克 kilogram	千克	kg	定义：千克是质量单位，等于国际千克原器的质量
时间	秒 second	秒	s	定义：秒是铯-133 原子基态的两个超精细能级之间跃迁所对应的辐射的 9 192 631 770 个周期的持续时间
电流	安培 ampere	安	A	定义：安培是一恒定电流，若保持处于真空中相距 1 米的两无限长而圆截面可忽略的平行直导线内，则此两导线之间在每米长度上产生的力等于 2×10^{-7} 牛顿
热力学温度	开尔文 kelvin	开	K	定义：热力学温度单位开尔文是水三相点热力学的温度的$\frac{1}{273.16}$

附表三　一些单质和化合物的热力学函数(298.15 K,100 kPa)

单质或化合物	$\frac{\Delta_r H_m^\ominus}{kJ\cdot mol^{-1}}$	$\frac{\Delta_r G_m^\ominus}{kJ\cdot mol^{-1}}$	$\frac{S_m^\ominus}{J\cdot mol^{-1}\cdot K^{-1}}$	$\frac{C_{p,m}^\ominus}{J\cdot mol^{-1}\cdot K^{-1}}$
O(g)	249.170	231.731	161.055	21.912
O_2(g)	0	0	205.138	29.355
O_3(g)	142.7	163.2	238.93	39.20
H_2(g)	0	0	130.684	28.824
H(g)	217.965	203.247	114.713	20.784

(续表)

单质或化合物	$\frac{\Delta_r H_m^\ominus}{kJ \cdot mol^{-1}}$	$\frac{\Delta_r G_m^\ominus}{kJ \cdot mol^{-1}}$	$\frac{S_m^\ominus}{J \cdot mol^{-1} \cdot K^{-1}}$	$\frac{C_{p,m}^\ominus}{J \cdot mol^{-1} \cdot K^{-1}}$
$H_2O(l)$	−285.830	−237.129	69.91	75.291
$H_2O(g)$	−241.818	−228.572	188.825	33.577
$H_2O_2(l)$	−187.78	−120.35	109.6	89.1
第0族				
He(g)	0	0	126.150	20.786
Ne(g)	0	0	146.328	20.786
Ar(g)	0	0	154.843	20.786
Kr(g)	0	0	164.082	20.786
Xe(g)	0	0	169.683	20.786
Rn(g)	0	0	176.21	20.786
第Ⅶ族				
$F_2(g)$	0	0	202.78	31.30
HF(g)	−271.1	−273.2	173.779	29.133
$Cl_2(g)$	0	0	223.066	33.907
HCl(g)	−92.307	−95.299	186.908	29.12
$Br_2(l)$	0	0	152.231	75.689
$Br_2(g)$	30.907	3.110	245.463	36.02
$I_2(cr)$	0	0	116.135	54.438
$I_2(g)$	62.438	19.327	260.69	36.90
HI(g)	26.48	1.70	206.594	29.158
第Ⅵ族				
S(cr,正交晶的)	0	0	31.80	22.64
S(cr,单斜晶的)	0.33	—	—	—
SO(g)	6.259	−19.853	221.95	30.17
$SO_2(g)$	−296.830	−300.194	248.22	39.87
$SO_3(g)$	−395.72	−371.06	256.76	50.67
$H_2S(g)$	−20.63	−33.56	205.79	34.23

（续表）

单质或化合物	$\frac{\Delta_r H_m^\ominus}{kJ \cdot mol^{-1}}$	$\frac{\Delta_r G_m^\ominus}{kJ \cdot mol^{-1}}$	$\frac{S_m^\ominus}{J \cdot mol^{-1} \cdot K^{-1}}$	$\frac{C_{p,m}^\ominus}{J \cdot mol^{-1} \cdot K^{-1}}$
第Ⅴ族				
N_2(g)	0	0	191.61	29.125
NO(g)	90.25	86.55	210.761	29.844
NO_2(g)	33.18	51.31	240.06	37.20
N_2O(g)	82.05	104.20	219.85	38.45
N_2O_4(g)	9.16	97.89	304.29	77.28
N_2O_5(cr)	−43.1	113.9	178.2	143.1
NH_3(g)	−46.11	−16.45	192.45	35.06
HNO_3(l)	−174.10	−80.71	155.60	109.87
NH_4Cl(cr)	−314.43	−202.87	94.6	84.1
P(cr,白色)	0	0	41.09	23.840
P(cr,红色,三斜晶的)	−17.6	−12.1	22.80	21.21
P_4(g)	58.91	24.44	279.98	67.15
P_4O_{10}(cr,六方晶的)	−2 984.0	−2 697.7	228.86	211.71
PH_3(g)	5.4	13.4	210.23	37.11
第Ⅳ族				
C(cr,石墨)	0	0	5.740	8.527
C(cr,金刚石)	1.895	2.900	2.377	6.113
C(g)	716.682	671.257	158.096	20.838
CO(g)	−110.525	−137.168	197.674	29.142
CO_2(g)	−393.509	−394.359	213.74	37.11
CH_4(g)	−74.81	−50.72	186.264	35.309
HCOOH(l)	−424.72	−361.35	128.95	99.04
CH_3OH(l)	−238.66	−166.27	126.8	81.6
CH_3OH(g)	−200.66	−161.96	239.81	43.89
CCl_4(l)	−135.44	−65.21	216.40	131.75
CCl_4(g)	−102.9	−60.59	309.85	83.30

(续表)

单质或化合物	$\frac{\Delta_r H_m^\ominus}{kJ \cdot mol^{-1}}$	$\frac{\Delta_r G_m^\ominus}{kJ \cdot mol^{-1}}$	$\frac{S_m^\ominus}{J \cdot mol^{-1} \cdot K^{-1}}$	$\frac{C_{p,m}^\ominus}{J \cdot mol^{-1} \cdot K^{-1}}$
$CH_3Cl(g)$	−80.83	−57.37	234.58	40.75
$CHCl_3(l)$	−134.47	−73.66	201.7	113.8
$CHCl_3(g)$	−103.14	−70.34	295.71	65.69
$CH_3Br(g)$	−35.1	−25.9	246.38	42.43
$CS_2(l)$	89.70	65.27	151.34	75.7
HCN(g)	135.1	124.7	201.78	35.86
$CH_3CHO(g)$	−166.19	−128.86	250.3	57.3
$CO(NH_2)_2(cr)$	−333.51	−197.33	104.60	93.14
$C_6H_6(g)$ *	82.9	129.7	269.2	82.4
$C_6H_6(l)$ *	49.1	124.5	173.4	136.0
Si(cr)	0	0	18.83	20.00
SiO_2(cr,α 石英)	−910.94	−856.64	41.84	44.43
Pb(cr)	0	0	64.81	26.44
		第Ⅲ族		
B(cr)	0	0	5.86	11.09
$B_2O_3(cr)$	−1 272.77	−1 193.65	53.97	62.93
$B_2H_6(g)$	35.6	86.7	232.11	56.90
$B_5H_9(g)$	73.2	175.0	275.92	96.78
Al(cr)	0	0	28.33	24.35
Al_2O_3(cr,α,刚玉)	−1 675.7	−1 582.3	50.92	79.04
		第ⅡB族		
Zn(cr)	0	0	41.63	25.40
ZnS(cr,纤锌矿)	−192.63	—	—	—
ZnS(cr,闪锌矿)	−205.98	−201.29	57.7	46.0
Hg(l)	0	0	76.02	27.983
HgO (cr,红色,斜方晶的)	−90.83	−58.539	70.29	44.06

（续表）

单质或化合物	$\frac{\Delta_r H_m^\ominus}{kJ\cdot mol^{-1}}$	$\frac{\Delta_r G_m^\ominus}{kJ\cdot mol^{-1}}$	$\frac{S_m^\ominus}{J\cdot mol^{-1}\cdot K^{-1}}$	$\frac{C_{p,m}^\ominus}{J\cdot mol^{-1}\cdot K^{-1}}$
HgO(cr,黄色)	−90.46	−58.409	71.1	—
$HgCl_2$(cr)	−224.3	−178.6	146.0	—
Hg_2Cl_2(cr)	−256.22	−210.745	192.5	—
第ⅠB族				
Cu(cr)	0	0	33.150	24.435
CuO(cr)	−157.3	−129.7	42.63	42.30
$CuSO_4$(cr)	−771.36	−661.8	109	100.0
$CuSO_4\cdot 5H_2O$(cr)	−2 279.65	−1 879.745	300.4	280
Ag(cr)	0	0	42.55	25.351
Ag_2O(cr)	−31.05	−11.20	121.3	65.86
AgCl(cr)	−127.068	−109.789	96.2	50.79
$AgNO_3$(cr)	−124.39	−33.41	140.92	93.05
第Ⅷ族				
Fe(cr)	0	0	27.28	25.10
Fe_2O_3(cr,赤铁矿)	−824.4	−742.2	87.40	103.85
Fe_3O_4(cr,磁铁矿)	−1 118.4	−1 015.4	146.4	143.43
第ⅦB族				
Mn(cr)	0	0	32.01	26.32
MnO_2(cr)	−520.03	−465.14	53.05	54.14
第Ⅱ族				
Be(cr)	0	0	9.50	16.44
Mg(cr)	0	0	32.68	24.89
MgO(cr,方镁石)	−601.70	−569.43	26.94	37.15
$Mg(OH)_2$(cr)	−924.54	−833.51	63.18	77.03
$MgCl_2$(cr)	−641.32	−591.79	89.62	71.38
Ca(cr)	0	0	41.42	25.31
CaO(cr)	−635.09	−604.03	39.75	42.80

（续表）

单质或化合物	$\frac{\Delta_r H_m^\ominus}{kJ \cdot mol^{-1}}$	$\frac{\Delta_r G_m^\ominus}{kJ \cdot mol^{-1}}$	$\frac{S_m^\ominus}{J \cdot mol^{-1} \cdot K^{-1}}$	$\frac{C_{p,m}^\ominus}{J \cdot mol^{-1} \cdot K^{-1}}$
CaF_2(cr)	−1 219.6	−1 167.3	68.87	67.03
$CaSO_4$（cr,无水石膏）	−1 434.11	−1 321.79	106.7	99.66
$CaSO_4 \cdot 1/2H_2O$（cr,α）	−1 576.74	−1 436.74	130.5	119.41
$CaSO_4 \cdot 2H_2O$（cr,透石膏）	−2 022.63	−1 797.28	194.1	186.02
$Ca_3(PO_4)_2$（cr,β,低温型）	−4 120.8	−3 884.7	236.0	227.82
$CaCO_3$（cr,方解石）	−1 206.92	−1 128.79	92.9	81.88
$CaO \cdot SiO_2$（cr,钙硅石）	−1 634.94	−1 549.66	81.92	85.27
第Ⅰ族				
Li(cr)	0	0	29.12	24.77
Li(g)	159.37	126.66	138.77	20.786
Li_2(g)	215.9	174.4	196.996	36.104
Li_2O(cr)	−597.94	−561.18	37.57	54.10
LiH(g)	139.24	116.47	170.900	29.727
LiCl(cr)	−408.61	−384.37	59.33	47.99
Na(cr)	0	0	51.21	28.24
Na(g)	107.32	76.761	153.712	20.786
Na_2(g)	142.05	103.94	230.23	37.57
NaO_2(cr)	−260.2	−218.4	115.9	72.13
Na_2O(cr)	−414.22	−375.46	75.06	69.12
Na_2O_2(cr)	−510.87	−447.7	95.0	89.24
NaOH(cr)	−425.609	−379.494	64.455	59.54
NaCl(cr)	−411.153	−384.138	72.13	50.50
NaBr(cr)	−361.062	−348.983	86.82	51.38
Na_2SO_4(cr,斜方晶的)	−1 387.08	−1 270.16	149.58	128.20

（续表）

单质或化合物	$\frac{\Delta_f H_m^\ominus}{kJ \cdot mol^{-1}}$	$\frac{\Delta_f G_m^\ominus}{kJ \cdot mol^{-1}}$	$\frac{S_m^\ominus}{J \cdot mol^{-1} \cdot K^{-1}}$	$\frac{C_{p,m}^\ominus}{J \cdot mol^{-1} \cdot K^{-1}}$
$Na_2SO_4 \cdot 10H_2O$(cr)	−4 327.26	−3 646.85	592.0	—
$NaNO_3$(cr)	−467.85	−367.00	116.52	92.88
Na_2CO_3(cr)	−1 130.68	−1 044.44	134.98	112.30
K(cr)	0	0	64.18	29.58
K(g)	89.24	60.59	160.336	20.786
K_2(g)	123.7	87.5	249.73	37.89
K_2O(cr)	−361.5	—	—	—
KOH(cr)	−424.764	−379.08	78.9	64.9
KCl(cr)	−436.747	−409.14	82.59	51.30
$KMnO_4$(cr)	−837.2	−737.6	171.71	117.57

注：(1) 本表资料引自[美]Wagman D D，Evans W H，Parker V B，et al．The NBS tables of Chemical，thermodynamic properties，Selected values for inorganic and C_1 and C_2 organic substances in SI units．刘天和，赵梦月译．NBS化学热力学性质表，SI的单位表示的无机物质和C_1与C_2有机物质选择值。中国标准出版社，1998

(2) “ * ”的数据引自[美] Lide D R．Handbook of Chemistry and Physics，78th ed. Juc Boca Raton，New York：CRC，Press，1997—1998

附表四　一些质子酸的解离常数(298.15 K)

化学式	名称	$K_a^\ominus$
H_3AsO_3	亚砷酸	5.1×10^{-10}
H_3AsO_4	砷酸	6.2×10^{-3} 1.2×10^{-7} 3.1×10^{-12}
H_3BO_3	硼酸	5.8×10^{-10}
HBrO	次溴酸	2.6×10^{-9}
HCN	氢氰酸	6.2×10^{-10}
HCNO	氰酸	3.3×10^{-4}

(续表)

化学式	名称	$K_a^\ominus$
H_2CO_3	碳酸	4.4×10^{-7} 4.7×10^{-11}
$HClO$	次氯酸	2.8×10^{-8}
$HClO_2$	亚氯酸	1.0×10^{-2}
HF	氢氟酸	6.8×10^{-4}
HIO	次碘酸	2.4×10^{-11}
HIO_3	碘酸	4.9×10^{-1}
HNO_2	亚硝酸	7.1×10^{-4}
H_2O	水	1.0×10^{-14}
H_2O_2	过氧化氢	2.2×10^{-12}
H_3PO_2	次磷酸	5.9×10^{-2}
H_3PO_3	亚磷酸	3.7×10^{-2} 2.9×10^{-7}
H_3PO_4	磷酸	7.1×10^{-3} 6.2×10^{-8} 4.5×10^{-13}
$H_4P_2O_7$	焦磷酸	2.0×10^{-1} 6.5×10^{-3} 1.6×10^{-7} 2.6×10^{-10}
H_2S	氢硫酸	9.5×10^{-8} 1.3×10^{-13}
H_2SO_3	亚硫酸	1.2×10^{-2} 5.6×10^{-8}
H_2SO_4	硫酸	$1.0\times10^{-2}(K_{a2}^\ominus)$
$H_2S_2O_3$	硫代硫酸	2.5×10^{-1} 1.9×10^{-2}
NH_4^+	铵根离子	5.6×10^{-10}
$HCOOH$	甲酸	1.8×10^{-4}
$H_2C_2O_4$	草酸	5.6×10^{-2} 5.4×10^{-5}

（续表）

化学式	名称	$K_a^\ominus$
CH_3COOH	醋酸（乙酸）	1.8×10^{-5}
$C_8H_6O_4$	邻苯二甲酸	1.1×10^{-3} 3.9×10^{-6}
$C_7H_4O_3H_2$	水杨酸（邻羟基苯甲酸）	1.0×10^{-3} 2.2×10^{-14}

附表五　一些常见难溶物的溶度积常数(298.15 K)

化合物	K_{sp}	化合物	K_{sp}
AgAc	1.9×10^{-3}	FeS	1.6×10^{-19}
AgBr	5.3×10^{-13}	HgI_2	2.8×10^{-29}
$AgBrO_3$	5.3×10^{-5}	$Hg(OH)_2$	3.1×10^{-26}
AgCN	6.0×10^{-17}	HgS(黑)	6.4×10^{-53}
AgCl	1.8×10^{-10}	HgS(红)	2.0×10^{-53}
AgI	8.5×10^{-17}	Hg_2Br_2	6.4×10^{-23}
$AgIO_3$	3.2×10^{-8}	Hg_2CO_3	3.7×10^{-17}
AgSCN	1.0×10^{-12}	$Hg_2C_2O_4$	1.8×10^{-13}
Ag_2CO_3	8.3×10^{-12}	Hg_2Cl_2	1.4×10^{-18}
$Ag_2C_2O_4$	5.4×10^{-12}	Hg_2F_2	3.1×10^{-6}
Ag_2CrO_4	1.1×10^{-12}	Hg_2I_2	5.3×10^{-29}
AgOH	2.0×10^{-8}	Hg_2SO_4	8.0×10^{-7}
$\alpha-Ag_2S$	6.7×10^{-50}	$Hg_2(SCN)_2$	3.1×10^{-20}
$\beta-Ag_2S$	1.7×10^{-49}	$KClO_4$	1.0×10^{-2}
Ag_2SO_3	1.5×10^{-14}	$K_2[PtCl_6]$	7.5×10^{-6}
Ag_2SO_4	1.2×10^{-5}	Li_2CO_3	8.2×10^{-4}

（续表）

化合物	K_{sp}	化合物	K_{sp}
Ag_3AsO_4	1.0×10^{-22}	$MgCO_3$	6.8×10^{-6}
Ag_3PO_4	8.9×10^{-17}	$MgCO_3\cdot3H_2O$	2.4×10^{-6}
$Al(OH)_3$	1.1×10^{-33}	$MgCO_3\cdot5H_2O$	3.8×10^{-6}
$AlPO_4$	9.8×10^{-21}	$MgC_2O_4\cdot2H_2O$	4.8×10^{-6}
$BaCO_3$	2.6×10^{-9}	MgF_2	7.4×10^{-11}
$BaCrO_4$	1.17×10^{-10}	$Mg(OH)_2$	5.6×10^{-12}
BaF_2	1.8×10^{-7}	$Mg_3(PO_4)_2$	9.9×10^{-25}
$Ba(IO_3)_2$	4.0×10^{-9}	$MnCO_3$	2.2×10^{-11}
$Ba(IO_3)_2\cdot H_2O$	1.7×10^{-9}	$MnC_2O_4\cdot2H_2O$	1.7×10^{-7}
$Ba(OH)_2\cdot H_2O$	2.6×10^{-4}	$Mn(IO_3)_2$	4.4×10^{-7}
$BaSO_4$	1.1×10^{-10}	$Mn(OH)_2$	2.1×10^{-13}
$BiAsO_4$	4.4×10^{-10}	MnS	4.7×10^{-14}
Bi_2S_3	1.8×10^{-99}	$NiCO_3$	1.4×10^{-7}
$CaCO_3$	5.0×10^{-9}	$Ni(IO_3)_2$	4.7×10^{-5}
$CaC_2O_4\cdot H_2O$	2.3×10^{-9}	$Ni(OH)_2$	5.5×10^{-16}
CaF_2	1.5×10^{-10}	NiS	1.1×10^{-21}
$Ca(IO_3)_2$	6.5×10^{-6}	$Ni_3(PO_4)_2$	4.7×10^{-32}
$Ca(IO_3)_2\cdot6H_2O$	7.5×10^{-7}	$PbBr_2$	6.6×10^{-6}
$Ca(OH)_2$	4.7×10^{-6}	$PbCO_3$	1.5×10^{-13}
$CaSO_4$	7.1×10^{-5}	PbC_2O_4	8.5×10^{-10}
$Ca_3(PO_4)_2$	2.1×10^{-33}	$PbCl_2$	1.2×10^{-5}
$Ca_5(PO_4)_3OH$	6.8×10^{-37}	PbF_2	7.1×10^{-7}
$Ca_5(PO_4)_3F$	1.0×10^{-60}	PbI_2	8.5×10^{-9}
$CdCO_3$	6.2×10^{-9}	$Pb(IO_3)_2$	3.7×10^{-13}
$CdC_2O_4\cdot3H_2O$	1.4×10^{-8}	$Pb(OH)_2$	1.4×10^{-20}

（续表）

化合物	K_{sp}	化合物	K_{sp}
CdF_2	6.4×10^{-3}	PbS	9.0×10^{-29}
$Cd(IO_3)_2$	2.5×10^{-8}	$PbSO_4$	1.8×10^{-8}
$Cd(OH)_2$	5.3×10^{-15}	$Pb(SCN)_2$	2.1×10^{-5}
CdS	1.4×10^{-29}	PdS	2.0×10^{-58}
$Cd_3(AsO_4)_2$	2.2×10^{-33}	$Pd(SCN)_2$	4.4×10^{-23}
$Cd_3(PO_4)_2$	2.5×10^{-33}	PtS	9.9×10^{-74}
$Co(IO_3)_2\cdot 2H_2O$	1.2×10^{-2}	$Sn(OH)_2$	5.4×10^{-27}
$Co(OH)_2$（粉红）	1.1×10^{-15}	SnS	3.3×10^{-28}
$Co(OH)_2$（蓝）	5.9×10^{-15}	$SrCO_3$	5.6×10^{-10}
$Co_3(AsO_4)_2$	6.8×10^{-29}	SrF_2	4.3×10^{-19}
$Co_3(PO_4)_2$	2.0×10^{-35}	$Sr(IO_3)_2$	1.1×10^{-7}
CuBr	6.3×10^{-9}	$Sr(IO_3)_2\cdot H_2O$	3.6×10^{-7}
CuC_2O_4	4.4×10^{-10}	$Sr(IO_3)_2\cdot 6H_2O$	4.7×10^{-7}
CuCl	1.7×10^{-7}	$SrSO_4$	3.4×10^{-7}
CuI	1.3×10^{-12}	$Sr_3(AsO_4)_2$	4.3×10^{-19}
$Cu(IO_3)_2\cdot H_2O$	6.9×10^{-8}	$ZnCO_3$	1.2×10^{-10}
$Cu(OH)_2$	2.2×10^{-20}	$ZnCO_3\cdot H_2O$	5.4×10^{-11}
CuS	1.3×10^{-36}	$ZnC_2O_4\cdot 2H_2O$	1.4×10^{-9}
CuSCN	1.8×10^{-13}	ZnF_2	3.0×10^{-2}
Cu_2S	2.3×10^{-48}	$Zn(IO_3)_2$	4.3×10^{-6}
$Cu_3(AsO_4)_2$	7.9×10^{-36}	$\gamma-Zn(OH)_2$	6.9×10^{-17}
$FeCO_3$	3.1×10^{-11}	$\beta-Zn(OH)_2$	7.7×10^{-17}
FeF_2	2.4×10^{-6}	$\varepsilon-Zn(OH)_2$	4.1×10^{-17}
$Fe(OH)_2$	4.9×10^{-17}	ZnS	2.9×10^{-25}
$Fe(OH)_3$	2.6×10^{-39}	$Zn_3(AsO_4)_2$	3.1×10^{-28}
$FePO_4\cdot 2H_2O$	9.9×10^{-29}		

附表六　某些配离子的标准稳定常数(298.15 K)

配离子	$K_f^\ominus$	配离子	$K_f^\ominus$
$AgCl_2^-$	5.01×10^{4}	$Fe(CN)_6^{4-}$	2.51×10^{35}
$AgBr_2^-$	1.26×10^{7}	$Fe(SCN)^{2+}$	1.99×10^{2}
AgI_2^-	2.00×10^{12}	$Fe(SCN)_2^+$	1.58×10^{4}
$Ag(NH_3)^+$	2.51×10^{3}	$Fe(SCN)_3$	3.58×10^{5}
$Ag(NH_3)_2^+$	2.51×10^{7}	$Fe(SCN)_4^-$	2.51×10^{6}
$Ag(CN)_2^-$	1.26×10^{21}	$Fe(C_2O_4)_2^-$	2.00×10^{14}
$Ag(SCN)_2^-$	1.26×10^{9}	$Fe(C_2O_4)_3^{3-}$	3.16×10^{18}
$Ag(S_2O_3)_2^{3-}$	3.16×10^{13}	$Fe(EDTA)^{2-}$	1.55×10^{14}
$Al(OH)_4^-$	2.00×10^{33}	$Fe(EDTA)^-$	1.10×10^{11}
AlF_6^{3-}	5.01×10^{19}	$HgCl^+$	5.01×10^{6}
$Al(EDTA)^-$	2.00×10^{16}	$HgCl_2$	1.58×10^{13}
$Ba(EDTA)^{2-}$	7.24×10^{7}	$HgCl_3^-$	1.26×10^{14}
$Be(EDTA)^{2-}$	4.79×10^{8}	$HgCl_4^{2-}$	1.26×10^{15}
$Bi(EDTA)^-$	6.31×10^{27}	$HgBr_4^{2-}$	1.00×10^{21}
$Ca(EDTA)^{2-}$	4.90×10^{10}	HgI_4^{2-}	6.31×10^{29}
$Cd(NH_3)_4^{2+}$	8.32×10^{6}	$Hg(NH_3)_4^{2+}$	2.51×10^{19}
$Cd(CN)_4^{2-}$	7.94×10^{18}	$Hg(CN)_4^{2-}$	3.16×10^{41}
$Cd(OH)_4^{2-}$	1.00×10^{12}	$Hg(SCN)_4^{2-}$	7.94×10^{20}
$CdBr_4^{2-}$	3.39×10^{2}	$Hg(EDTA)^{2-}$	1.05×10^{22}
CdI_4^{2-}	1.41×10^{6}	$Ni(NH_3)_6^{2+}$	3.09×10^{8}
$Cd(en)_3^{2+}$	1.23×10^{12}	$Ni(CN)_4^{2-}$	2.00×10^{31}
$Cd(EDTA)^{2-}$	2.88×10^{16}	$Ni(en)_3^{2+}$	3.89×10^{18}
$Co(NH_3)_4^{2+}$	2.04×10^{5}	$Ni(EDTA)^{2-}$	4.57×10^{18}
$Co(NH_3)_6^{2+}$	5.62×10^{4}	$Pb(OH)_3^-$	2.00×10^{13}
$Co(NH_3)_6^{3+}$	1.58×10^{35}	$PbBr_3^-$	1.58×10^{2}

（续表）

配离子	$K_f^\ominus$	配离子	$K_f^\ominus$
$Co(EDTA)^{2-}$	2.04×10^{16}	PbI_3^-	2.51×10^3
$Co(EDTA)^-$	1.26×10^{41}	PbI_4^{2-}	7.94×10^3
$Cr(OH)_2^+$	2.00×10^{10}	$Pb(EDTA)^{2-}$	1.10×10^{18}
$Cr(EDTA)^-$	6.31×10^{12}	$Pd(EDTA)^{2-}$	3.16×10^{18}
$Cu(NH_3)_4^{2+}$	3.89×10^{12}	$Sc(EDTA)^-$	6.92×10^{21}
$Cu(C_2O_4)_2^{2-}$	7.94×10^8	$Zn(OH)_3^-$	2.51×10^{14}
$Cu(CN)_2^-$	1.00×10^{24}	$Zn(OH)_4^{2-}$	3.16×10^{15}
$Cu(CN)_3^{2-}$	3.98×10^{28}	$Zn(NH_3)_4^{2+}$	1.15×10^9
$Cu(CN)_4^{3-}$	2.00×10^{30}	$Zn(CN)_4^{2-}$	5.01×10^{16}
$Cu(SCN)_4^{3-}$	1.00×10^3	$Zn(C_2O_4)_2^{2-}$	1.00×10^6
$Cu(EDTA)^{2-}$	6.76×10^{18}	$Zn(EDTA)^{2-}$	3.16×10^{16}
$Fe(CN)_6^{3-}$	3.98×10^{43}		

附表七 一些半反应的标准电极电势(298.15 K)

1. 在酸性溶液内

电对	电极反应	E/V
H(Ⅰ)—(0)	$2H^+ + 2e^- = H_2$	0.000 0
D(Ⅰ)—(0)	$2D^+ + 2e^- = D_2$	−0.044
Li(Ⅰ)—(0)	$Li^+ + e^- = Li$	−3.040 1
Na(Ⅰ)—(0)	$Na^+ + e^- = Na$	−2.710 9
K(Ⅰ)—(0)	$K^+ + e^- = K$	−2.931
Rb(Ⅰ)—(0)	$Rb^+ + e^- = Rb$	−2.98
Cs(Ⅰ)—(0)	$Cs^+ + e^- = Cs$	−2.923
Cu(Ⅰ)—(0)	$Cu^+ + e^- = Cu$	0.522
Cu(Ⅰ)—(0)	$CuI + e^- = Cu + I^-$	−0.185 2
Cu(Ⅱ)—(0)	$Cu^{2+} + 2e^- = Cu(Hg)$	0.345

（续表）

电对	电极反应	E/V
Cu(Ⅱ)—(Ⅰ)	$Cu^{2+}+e^{-}=Cu^{+}$	0.152
*Cu(Ⅱ)—(Ⅰ)	$2Cu^{2+}+2I^{-}+2e^{-}=Cu_2I_2$	0.86
Ag(Ⅰ)—(0)	$Ag^{+}+e^{-}=Ag$	0.799 6
Au(Ⅰ)—(0)	$Au^{+}+e^{-}=Au$	1.692
Au(Ⅲ)—(0)	$Au^{3+}+3e^{-}=Au$	1.498
Au(Ⅲ)—(0)	$AuCl_4^{-}+3e^{-}=Au+4Cl^{-}$	1.002
Au(Ⅲ)—(Ⅰ)	$Au^{3+}+2e^{-}=Au^{+}$	1.401
Be(Ⅱ)—(0)	$Be^{2+}+2e^{-}=Be$	−1.847
Mg(Ⅱ)—(0)	$Mg^{2+}+2e^{-}=Mg$	−2.372
Ca(Ⅱ)—(0)	$Ca^{2+}+2e^{-}=Ca$	−2.86
Sr(Ⅱ)—(0)	$Sr^{2+}+2e^{-}=Sr$	−2.89
Ba(Ⅱ)—(0)	$Ba^{2+}+2e^{-}=Ba$	−2.912
Zn(Ⅱ)—(0)	$Zn^{2+}+2e^{-}=Zn$	−0.761 8
Cd(Ⅱ)—(0)	$Cd^{2+}+2e^{-}=Cd$	−0.402 6
Cd(Ⅱ)—(0)	$Cd^{2+}+2e^{-}=Cd(Hg)$	−0.352 1
Hg(Ⅰ)—(0)	$Hg_2^{2+}+2e^{-}=2Hg$	0.797 3
Hg(Ⅰ)—(0)	$Hg_2I_2+2e^{-}=2Hg+2I^{-}$	−0.040 5
Hg(Ⅱ)—(0)	$Hg^{2+}+2e^{-}=Hg$	0.851
Hg(Ⅱ)−Hg(Ⅰ)	$2Hg^{2+}+2e^{-}=Hg_2^{2+}$	0.920
*B(Ⅲ)—(0)	$H_3BO_3+3H^{+}+3e^{-}=B+3H_2O$	−0.869
Al(Ⅲ)—(0)	$Al^{3+}+3e^{-}=Al$ (0.1fNaOH)	−1.706
Ca(Ⅲ)—(0)	$Ca^{3+}+3e^{-}=Ca$	−0.560
In(Ⅲ)—(0)	$In^{3+}+3e^{-}=In$	−0.338 2
Tl(Ⅰ)—(0)	$Tl^{+}+e^{-}=Tl$	−0.336 3
La(Ⅲ)—(0)	$La^{3+}+3e^{-}=La$	−2.522
Ce(Ⅳ)—(Ⅲ)	$Ce^{4+}+e^{-}=Ce^{3+}$	1.61
U(Ⅲ)—(0)	$U^{3+}+3e^{-}=U$	−1.80

（续表）

电对	电极反应	E/V
U(Ⅳ)—(Ⅲ)	$U^{4+}+e^- = U^{3+}$	−0.607
C(Ⅳ)—(Ⅱ)	$CO_2(g)+2H^++2e^- = HCOOH$	−0.199
C(Ⅳ)—(Ⅲ)	$2CO_2+2H^++2e^- = H_2C_2O_4$	−0.49
Si(Ⅳ)—(0)	$SiO_2+4H^++4e^- = Si+2H_2O$	−0.857
Sn(Ⅱ)—(0)	$Sn^{2+}+2e^- = Sn$	−0.137 5
Sn(Ⅳ)—(Ⅱ)	$Sn^{4+}+2e^- = Sn^{2+}$	0.151
Pb(Ⅱ)—(0)	$Pb^{2+}+2e^- = Pb$	−0.1263
Pb(Ⅱ)—(0)	$PbCl_2+2e^- = Pb(Hg)+2Cl^-$	−0.262
Pb(Ⅱ)—(0)	$PbSO_4+2e^- = Pb(Hg)+SO_4^{2-}$	−0.3505
Pb(Ⅱ)—(0)	$PbSO_4+2e^- = Pb+SO_4^{2-}$	−0.359
*Pb(Ⅱ)—(0)	$PbI_2+2e^- = Pb(Hg)+2I^-$	−0.358
Pb(Ⅳ)—(Ⅱ)	$PbO_2+4H^++2e^- = Pb^{2+}+2H_2O$	1.455
Ti(Ⅱ)—(0)	$Ti^{2+}+2e^- = Ti$	−1.628
Ti(Ⅳ)—(0)	$TiO_2+4H^++4e^- = Ti+2H_2O$	−0.86
*Ti(Ⅲ)—(Ⅱ)	$Ti^{3+}+e^- = Ti^{2+}$	−0.37
Zr(Ⅳ)—(0)	$ZrO_2+4H^++4e^- = Zr+2H_2O$	−1.43
N(Ⅰ)—(0)	$N_2O+2H^++2e^- = N_2+H_2O$	1.77
N(Ⅱ)—(Ⅰ)	$2NO+2H^++2e^- = N_2O+H_2O$	1.59
N(Ⅲ)—(Ⅰ)	$2HNO_2+4H^++4e^- = N_2O+3H_2O$	1.297
N(Ⅲ)—(Ⅱ)	$HNO_2+H^++e^- = NO+H_2O$	0.99
*N(Ⅳ)—(Ⅱ)	$N_2O_4+4H^++4e^- = 2NO+2H_2O$	1.035
N(Ⅴ)—(Ⅱ)	$NO_3^-+4H^++3e^- = NO+2H_2O$	0.96
N(Ⅳ)—(Ⅲ)	$N_2O_4+2H^++2e^- = 2HNO_2$	1.07
N(Ⅴ)—(Ⅲ)	$NO_3^-+3H^++2e^- = HNO_2+H_2O$	0.934
N(Ⅴ)—(Ⅳ)	$2NO_3^-+4H^++2e^- = N_2O_4+3H_2O$	0.803
*P(Ⅰ)—(0)	$H_3PO_2+H^++e^- = P$(白磷)$+2H_2O$	−0.508
P(Ⅲ)—(Ⅰ)	$H_3PO_3+2H^++2e^- = H_3PO_2+H_2O$	−0.499

(续表)

电对	电极反应	E/V
P(Ⅴ)—(Ⅲ)	$H_3PO_4+2H^++2e^-=H_3PO_3+H_2O$	−0.276
As(0)—(−Ⅲ)	$As+3H^++3e^-=AsH_3$	−0.608
As(Ⅲ)—(0)	$HAsO_2+3H^++3e^-=As+2H_2O$	0.247 5
As(Ⅴ)—(Ⅲ)	$H_3AsO_4+2H^++2e^-=HAsO_2+2H_2O$(1fHCl)	0.58
Sb(Ⅲ)—(0)	$Sb_2O_3+6H^++6e^-=2Sb+3H_2O$	0.152
Sb(Ⅴ)—(Ⅲ)	$Sb_2O_5(s)+6H^++4e^-=2SbO^++3H_2O$	0.581
Bi(Ⅲ)—(0)	$BiO^++2H^++3e^-=Bi+H_2O$	0.32
V(Ⅲ)—(Ⅱ)	$V^{3+}+e^-=V^{2+}$	−0.255
V(Ⅳ)—(Ⅱ)	$V^{4+}+2e^-=V^{2+}$	−1.186
V(Ⅳ)—(Ⅲ)	$VO^{2+}+2H^++e^-=V^{3+}+H_2O$	0.337
V(Ⅴ)—(Ⅳ)	$V(OH)_4^++2H^++e^-=VO^{2+}+3H_2O$	0.991
V(Ⅵ)—(Ⅳ)	$VO_2^{2+}+4H^++2e^-=V^{4+}+2H_2O$	0.62
O(−Ⅰ)—(−Ⅱ)	$H_2O_2+2H^++2e^-=2H_2O$	1.776
O(0)—(−Ⅱ)	$O_2+4H^++4e^-=2H_2O$	1.229
O(0)—(−Ⅱ)	$1/2O_2+2H^+(10^{-7}mol\cdot L^{-1})+2e^-=H_2O$	0.815
O(Ⅱ)—(−Ⅱ)	$OF_2+2H^++4e^-=H_2O+2F^-$	2.1
O(0)—(−Ⅰ)	$O_2+2H^++2e^-=H_2O_2$	0.692
S(0)—(−Ⅱ)	$S+2e^-=S^{2-}$	−0.476
S(0)—(−Ⅱ)	$S+2H^++2e^-=H_2S(aq)$	0.141
S(Ⅳ)—(0)	$H_2SO_3+4H^++4e^-=S+3H_2O$	0.45
*S(Ⅵ)—(Ⅳ)	$SO_4^{2-}+4H^++2e^-=H_2SO_3+H_2O$	0.172
S(Ⅶ)—(Ⅵ)	$S_2O_8^{2-}+2e^-=2SO_4^{2-}$	2.0
Se(0)—(−Ⅱ)	$Se+2H^++2e^-=H_2Se(aq)$	−0.399
Se(Ⅳ)—(0)	$H_2SeO_3+4H^++4e^-=Se+3H_2O$	0.74
Se(Ⅵ)—(Ⅳ)	$SeO_4^{2-}+4H^++2e^-=H_2SeO_3+H_2O$	1.151
Cr(Ⅲ)—(0)	$Cr^{3+}+3e^-=Cr$	−0.74
Cr(Ⅲ)—(Ⅱ)	$Cr^{3+}+e^-=Cr^{2+}$	−0.41

(续表)

电对	电极反应	E/V
Cr(Ⅵ)—(Ⅲ)	$Cr_2O_7^{2-}+14H^++6e^-=2Cr^{3+}+7H_2O$	1.23
Mo(Ⅲ)—(0)	$Mo^{3+}+3e^-=Mo$	−0.20
F(0)—(−Ⅰ)	$F_2+2e^-=2F^-$	2.87
F(0)—(−Ⅰ)	$F_2(g)+2H^++2e^-=2HF(aq)$	3.03
Cl(0)—(−Ⅰ)	$Cl_2(g)+2e^-=2Cl^-$	1.358 3
Cl(Ⅰ)—(−Ⅰ)	$HClO+H^++2e^-=Cl^-+H_2O$	1.49
Cl(Ⅲ)—(−Ⅰ)	$HClO_2+3H^++4e^-=Cl^-+2H_2O$	1.56
Cl(Ⅴ)—(−Ⅰ)	$ClO_3^-+6H^++6e^-=Cl^-+3H_2O$	1.45
Cl(Ⅰ)—(0)	$HClO+H^++e^-=1/2Cl_2+H_2O$	1.63
Cl(Ⅴ)—(0)	$ClO_3^-+6H^++5e^-=1/2Cl_2+3H_2O$	1.47
Cl(Ⅶ)—(0)	$ClO_4^-+8H^++7e^-=1/2Cl_2+4H_2O$	1.39
Cl(Ⅲ)—(Ⅰ)	$HClO_2+2H^++2e^-=HClO+H_2O$	1.645
Cl(Ⅴ)—(Ⅲ)	$ClO_3^-+3H^++2e^-=HClO_2+H_2O$	1.21
Cl(Ⅶ)—(Ⅴ)	$ClO_4^-+2H^++2e^-=ClO_3^-+H_2O$	1.19
Br(0)—(−Ⅰ)	$Br_2(l)+2e^-=2Br^-$	1.085
Br(0)—(−Ⅰ)	$Br_2(aq)+2e^-=2Br^-$	1.087
Br(Ⅰ)—(−Ⅰ)	$HBrO+H^++2e^-=Br^-+H_2O$	1.33
Br(Ⅴ)—(−Ⅰ)	$BrO_3^-+6H^++6e^-=Br^-+3H_2O$	1.44
Br(Ⅰ)—(0)	$HBrO+H^++e^-=1/2Br_2(l)+H_2O$	1.60
Br(Ⅴ)—(0)	$BrO_3^-+6H^++5e^-=1/2Br_2+3H_2O$	1.48
I(0)—(−Ⅰ)	$I_2+2e^-=2I^-$	0.535
I(Ⅰ)—(−Ⅰ)	$HIO+H^++2e^-=I^-+H_2O$	0.99
I(Ⅴ)—(−Ⅰ)	$IO_3^-+6H^++6e^-=I^-+3H_2O$	1.085
I(Ⅰ)—(0)	$HIO+H^++e^-=1/2I_2+2H_2O$	1.45
I(Ⅴ)—(0)	$IO_3^-+6H^++5e^-=1/2I_2+3H_2O$	1.195
I(Ⅶ)—(Ⅴ)	$H_5IO_6+H^++2e^-=IO_3^-+3H_2O$	约 1.7
Mn(Ⅱ)—(0)	$Mn^{2+}+2e^-=Mn$	1.185

（续表）

电对	电极反应	E/V
Mn(Ⅳ)—(Ⅱ)	$MnO_2+4H^++2e^-=Mn^{2+}+2H_2O$	1.228
Mn(Ⅶ)—(Ⅱ)	$MnO_4^-+8H^++5e^-=Mn^{2+}+4H_2O$	1.491
Mn(Ⅶ)—(Ⅳ)	$MnO_4^-+4H^++3e^-=MnO_2+2H_2O$	1.679
Mn(Ⅶ)—(Ⅵ)	$MnO_4^-+e^-=MnO_4^{2-}$	0.558
Fe(Ⅱ)—(0)	$Fe^{2+}+2e^-=Fe$	−0.440 2
Fe(Ⅲ)—(0)	$Fe^{3+}+3e^-=Fe$	−0.036
Fe(Ⅲ)—(Ⅱ)	$Fe^{3+}+e^-=Fe^{2+}$	0.770
Fe(Ⅲ)—(Ⅱ)	$[Fe(CN)_6]^{3-}+e^-=[Fe(CN)_6]^{4-}$ (0.01fNaOH)	0.55
Co(Ⅱ)—(0)	$Co^{2+}+2e^-=Co$	−0.28
Co(Ⅲ)—(Ⅱ)	$Co^{3+}+e^-=Co^{2+}$ ($3fNHO_3$)	1.842
Ni(Ⅱ)—(0)	$Ni^{2+}+2e^-=Ni$	−0.257
Pt(Ⅱ)—(0)	$Pt^{2+}+2e^-=Pt$	约 1.2
Pt(Ⅱ)—(0)	$PtCl_4^{2-}+2e^-=Pt+4Cl^-$	0.755

2. 在碱性溶液内

电对	电极反应	E^q/V
H(Ⅰ)—(0)	$2H_2O+2e^-=H_2+2OH^-$	−0.827 7
Cu(Ⅰ)—(0)	$[Cu(NH_3)_2]^++e^-=Cu+2NH_3$	−0.12
Cu(Ⅰ)—(0)	$Cu_2O+H_2O+2e^-=2Cu+2OH^-$	−0.361
* Cu(Ⅰ)—(0)	$Cu(CN)_3^{2-}+e^-=Cu+3CN^-$	(−1.10)
Ag(Ⅰ)—(0)	$AgCN+e^-=Ag+CN^-$	−0.02
* Ag(Ⅰ)—(0)	$Ag(CN)_2^-+e^-=Ag+2CN^-$	−0.31
Ag(Ⅰ)—(0)	$Ag_2S+2e^-=2Ag+S^{2-}$	−0.705 1
Be(Ⅱ)—(0)	$Be_2O_3^{2-}+3H_2O+4e^-=2Be+6OH^-$	−2.63
Mg(Ⅱ)—(0)	$Mg(OH)_2+2e^-=Mg+2OH^-$	−2.69
Ca(Ⅱ)—(0)	$Ca(OH)_2+2e^-=Ca+2OH^-$	−3.02
Sr(Ⅱ)—(0)	$Sr(OH)_2\cdot 8H_2O+2e^-=Sr+2OH^-+8H_2O$	−2.99
Ba(Ⅱ)—(0)	$Ba(OH)_2\cdot 8H_2O+2e^-=Ba+2OH^-+8H_2O$	−2.97

(续表)

电对	电极反应	$E^\ominus$/V
* Zn(Ⅱ)—(0)	$Zn(NH_3)_4^{2+}+2e^-=Zn+4NH_3$	−1.04
Zn(Ⅱ)—(0)	$ZnO_2^{2-}+2H_2O+2e^-=Zn+4OH^-$	−1.216
Hg(Ⅱ)—(0)	$HgO+H_2O+2e^-=Hg+2OH^-$	0.098 4
Zn(Ⅱ)—(0)	$Zn(OH)_4^{2+}+2e^-=Zn+4OH^-$	−1.245
* Zn(Ⅱ)—(0)	$Zn(CN)_4^{2-}+2e^-=Zn+4CN^-$	−1.26
Cd(Ⅱ)—(0)	$Cd(OH)_2+2e^-=Cd(Hg)+2OH^-$	0.081
B(Ⅲ)—(0)	$H_2BO_3^-+H_2O+3e^-=B+4OH^-$	−2.5
Al(Ⅲ)—(0)	$H_2AlO_3^-+H_2O+3e^-=Al+4OH^-$	−2.35
La(Ⅲ)—(0)	$La(OH)_3+3e^-=La+3OH^-$	−2.90
Lu(Ⅲ)—(0)	$Lu(OH)_3+3e^-=Lu+3OH^-$	−2.72
U(Ⅲ)—(0)	$U(OH)_3+3e^-=U+3OH^-$	−2.17
U(Ⅳ)—(0)	$UO_2+2H_2O+4e^-=U(OH)_3+OH^-$	−2.39
U(Ⅵ)—(Ⅲ)	$U(OH)_4+e^-=U+4OH^-$	−2.2
U(Ⅵ)—(Ⅳ)	$Na_2UO_4+4H_2O+2e^-=U(OH)_4+2Na^++4OH^-$	−1.61
Si(Ⅳ)—(0)	$SiO_3^{2-}+3H_2O+4e^-=Si+6OH^-$	−1.69
Ge(Ⅳ)—(0)	$H_2GeO_3+4H^++4e^-=Ge+3H_2O$	−0.18
Sn(Ⅱ)—(0)	$H_2SnO_2^-+H_2O+2e^-=Sn+3OH^-$	−0.909
Sn(Ⅳ)—(Ⅱ)	$Sn(OH)_6^{2-}+2e^-=HSnO_2^-+H_2O+3OH^-$	−0.93
Pb(Ⅳ)—(Ⅱ)	$PbO_2+H_2O+2e^-=PbO+2OH^-$	0.247
N(Ⅴ)—(Ⅲ)	$NO_3^-+H_2O+2e^-=NO_2^-+2OH^-$	0.01
N(Ⅴ)—(Ⅳ)	$2NO_3^-+2H_2O+2e^-=N_2O_4+4OH^-$	−0.85
P(Ⅴ)—(Ⅲ)	$PO_4^{3-}+2H_2O+2e^-=HPO_3^{2-}+3OH^-$	−1.05
P(0)—(−Ⅲ)	$P+3H_2O+3e^-=PH_3(g)+3OH^-$	−0.87
As(Ⅲ)—(0)	$AsO_2^-+2H_2O+3e^-=As+4OH^-$	−0.68
As(Ⅴ)—(Ⅲ)	$AsO_4^{3-}+2H_2O+2e^-=AsO_2^-+4OH^-$	−0.71
Sb(Ⅲ)—(0)	$SbO_2^-+2H_2O+3e^-=Sb+4OH^-$	−0.66
Bi(Ⅲ)—(0)	$Bi_2O_3+3H_2O+6e^-=2Bi+6OH^-$	−0.46
O(0)—(−II)	$O_2+2H_2O+4e^-=4OH^-$	0.401
S(Ⅳ)—(Ⅱ)	$S_4O_6^{2-}+2e^-=2S_2O_3^{2-}$	0.09
* S(Ⅳ)—(Ⅱ)	$2SO_3^{2-}+3H_2O+4e^-=S_2O_3^{2-}+6OH^-$	−0.58
S(Ⅵ)—(Ⅳ)	$SO_4^{2-}+H_2O+2e^-=SO_3^{2-}+2OH^-$	−0.92

(续表)

电对	电极反应	$E^\ominus$/V
S(0)—(−II)	$S+2e^-=S^{2-}$	−0.476
Se(VI)—(IV)	$SeO_4^{2-}+H_2O+2e^-=SeO_3^{2-}+2OH^-$	0.05
Se(IV)—(0)	$SeO_3^{2-}+3H_2O+4e^-=Se+6OH^-$	−0.35
Se(0)—(−II)	$Se+2e^-=Se^{2-}$	−0.924
Cr(III)—(0)	$CrO_2^-+2H_2O+3e^-=Cr+4OH^-$	−1.2
Cr(III)—(0)	$Cr(OH)_3+3e^-=Cr+3OH^-$	−1.48
Cr(VI)—(III)	$CrO_4^{2-}+4H_2O+3e^-=Cr(OH)_3+5OH^-$	−0.12
Cl(VII)—(V)	$ClO_4^-+H_2O+2e^-=ClO_3^-+2OH^-$	0.36
Cl(V)—(III)	$ClO_3^-+H_2O+2e^-=ClO_2^-+2OH^-$	0.35
Cl(V)—(I)	$ClO_3^-+3H_2O+6e^-=Cl^-+6OH^-$	0.62
Cl(III)—(I)	$ClO_2^-+H_2O+2e^-=ClO^-+2OH^-$	0.66
Cl(III)—(−I)	$ClO_2^-+2H_2O+4e^-=Cl^-+4OH^-$	0.76
Cl(I)—(−I)	$ClO^-+H_2O+2e^-=Cl^-+2OH^-$	0.81
Br(V)—(−I)	$BrO_3^-+3H_2O+6e^-=Br^-+6OH^-$	0.76
Br(I)—(−I)	$BrO^-+H_2O+2e^-=Br^-+2OH^-$ (1fNaOH)	0.70
I(VII)—(V)	$H_3IO_6^{2-}+2e^-=IO_3^-+3OH^-$	约 0.70
I(V)—(−I)	$IO_3^-+3H_2O+6e^-=I^-+6OH^-$	0.26
I(I)—(−I)	$IO^-+H_2O+2e^-=I^-+2OH^-$	0.49
Mn(VII)—(IV)	$MnO_4^-+2H_2O+3e^-=MnO_2+4OH^-$	0.595
Mn(IV)—(II)	$MnO_2+2H_2O+3e^-=Mn(OH)_2+2OH^-$	−0.05
Mn(II)—(0)	$Mn(OH)_2+2e^-=Mn+2OH^-$	−1.56
Fe(III)—(II)	$Fe(OH)_3+e^-=Fe(OH)_2+OH^-$	−0.56
Co(III)—(II)	$Co(NH_3)_6^{3+}+e^-=Co(NH_3)_6^{2+}$	0.108
Co(III)—(II)	$Co(OH)_3+e^-=Co(OH)_2+OH^-$	0.17
Co(II)—(0)	$Co(OH)_2+2e^-=Co+2OH^-$	−0.73
Ni(II)—(0)	$Ni(OH)_2+2e^-=Ni+2OH^-$	−0.72
Pt(II)—(0)	$Pt(OH)_2+2e^-=Pt+2OH^-$	0.14

数据摘自 Weast R C. Handbook of Chemistry and Physics，D-151，69th ed. (1988—1989)

有 * 号者摘自 Dean John A. Lange's Handbook of Chemistry，6-6，12th ed. 1979

参考文献

[1] 大连理工大学无机化学教研室. 无机化学[M]. 5 版. 北京:高等教育出版社,2006.

[2] 大连理工大学无机化学教研室. 无机化学学习指导[M]. 大连:大连理工大学出版社,2010.

[3] 宋天佑,程鹏,等. 无机化学[M]. 2 版. 北京:高等教育出版社,2009.

[4] 宋天佑,徐家宁,等. 无机化学[M]. 2 版. 北京:高等教育出版社,2010.

[5] 徐家宁,史苏华,等. 无机化学例题与习题[M]. 2 版. 北京:高等教育出版社,2007.

[6] 宋天佑,于杰辉,等. 无机化学核心教程[M]. 北京:科学出版社,2011.

[7] 宋天佑. 简明无机化学[M]. 北京:高等教育出版社,2007.

[8] 杨宏孝,无机化学简明教程[M]. 北京:高等教育出版社,2010.

[9] 天津大学无机化学教研室. 无机化学[M]. 4 版. 北京:高等教育出版社,2010.

[10] 天津大学无机化学教研室. 无机化学学习指导[M]. 北京:高等教育出版社,2010.

[11] 北京师范大学,华中师范大学,南京师范大学无机化学教研室. 无机化学[M]. 4 版. 北京:高等教育出版社,2002.

[12] 南京大学《无机及分析化学》编写组. 无机及分析化学[M]. 4 版. 北京:高等教育出版社,2006.

[13] 苏小云,藏祥生. 工科无机化学[M]. 上海:华东理工大学出版社,2004.

[14] 贾之慎,张仕勇. 无机及分析化学[M]. 2 版. 北京:高等教育出版社,2008.

[15] 徐春祥. 无机化学[M]. 2 版. 北京:高等教育出版社,2008.

[16] 竺际舜,龚剑,谷名学. 无机化学学习指导[M]. 2 版. 北京:科学出版社,2006.

[17] 古国榜,展树中,李朴. 无机化学[M]. 北京:化学工业出版社,2010.

[18] 狄奥多尔 · L. 布朗 (Theodore L. Brown),小 H. 尤金 · 勒梅 (H. Eugene LeMay, Jr.),布鲁斯 · E. 伯斯坦 (Bruce E. Bursten). 化学:中心科学 (英文版 · 原书第 8 版)[M]. 北京:机械工业出版社,2003.

[19] 武汉大学,吉林大学等校. 曹锡章,宋天佑,王杏乔. 无机化学[M]. 北京:高等教育出版社,1994.

[20] 龚孟濂,梁宏斌,等. 无机化学[M]. 北京:科学出版社,2010.

[21] 高职高专化学教材编写组. 无机化学[M]. 3 版. 北京:高等教育出版社,2008.

[22] 权新军. 无机化学简明教程[M]. 北京:科学出版社,2009.

[23] 张光明.生理学[M].2版.北京:人民卫生出版社,1991.

[24] 竺际舜,龚剑,谷名学.无机化学习题精解[M].北京:科学出版社,2001.

[25] 周井炎,李东风,吴映辉.无机化学习题精解[M]. 北京:科学出版社,1999.

[26] 董平安,魏益海,邵学俊.无机化学习题与解答[M].武汉:武汉大学出版社,2004.

[27] 周公度,段连运.结构化学基础[M].4版.北京:北京大学出版社,2008.

[28] Housecroft,C.,&Sharpe A. G. Inorganic Chemistry [M]. 3rd Ed. London:Prentice Hall, 2007.

[29] 北京师范大学,等.无机化学[M].3版.北京:高等教育出版社,1992.

[30] 傅献彩.大学化学[M].北京:高等教育出版社,1999.

[31] 申泮文.近代化学导论(上、下册)[M].北京:高等教育出版社,2002.

[32] 尹敬执,申泮文.基础无机化学[M].北京:人民教育出版社,1980.

[33] 何凤娇.无机化学[M].北京:科学出版社,2001.

[34] 庞锡涛.无机化学[M].2版.北京:高等教育出版社,1995.

[35] 竺际舜.无机化学习题精解[M].北京:科学出版社,2001.

[36] N. N.格林伍德,A. 厄恩肖元素化学(上册)[M]. 曹庭礼等译. 北京:高等教育出版社,1996.

[37] 严宣申,王长富.普通无机化学[M].2版.北京:北京大学出版社,1999.

[38] 唐有祺,王夔.化学与社会[M].北京:高等教育出版社,1997.

[39] 邵学俊,董平安,魏益海.无机化学[M].武汉:武汉大学出版社,2002.

[40] 陈亚光.无机化学[M].北京:北京师范大学出版社,2011.